새 출제기준에 따른 **최신판!!**

용접기능사
필기시험문제

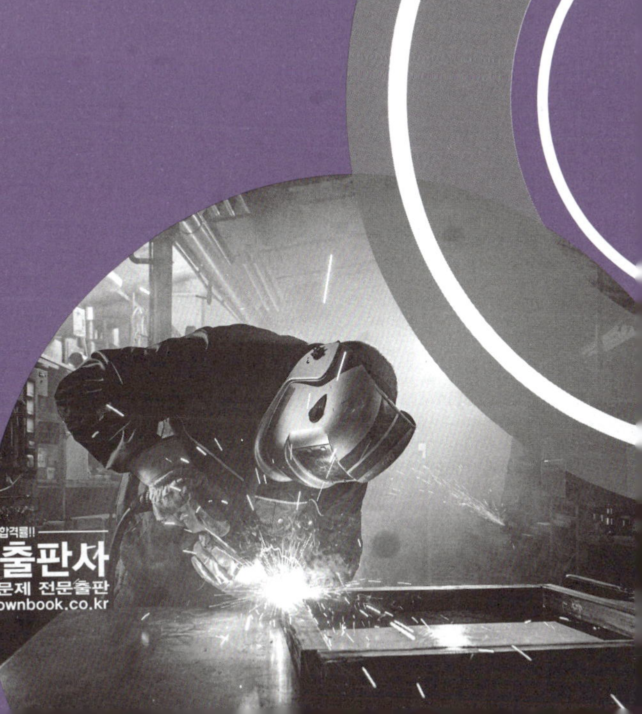

대한민국
국가대표
브 랜 드

국가자격
시험문제
전문출판

CROWN
Publishing.co

최고의 적중률!! 최고의 합격률!!
크라운출판사
국가자격시험문제 전문출판
http://www.crownbook.co.kr

이 책을 펴내며

용접은 조선, 기계, 자동차, 전기, 전자 및 건설 등의 산업에서 제품이나 설비의 제조, 조립, 설치, 보수 등에 이르기까지 활용범위가 광범위하게 사용되고 있다. 또한 기술개발을 통한 고용착 및 고속 용접기법이 개발되고 있어 현장 적용능력을 갖춘 숙련기능인력에 대한 수요가 늘어날 것으로 예상된다. 본 수험서는 용접기능사 자격증을 취득하고자 하는 분들을 위해 만들어졌다.

이 책의 특징은
1. 용접(피복아크, 가스텅스텐아크, 이산화탄소가스아크)기능사 최근 CBT 출제경향을 반영하였다.
2. 시험 전 체크할 수 있는 핵심이론과 요약을 수록하였다.
3. 시험에 자주 출제되는 문제와 이론들로 구성하였다.

오늘도 자신의 목표를 위해 최선을 다하며 노력하는 분들이 이 책을 통하여 쉽고 효과적으로 공부하고, 더 나아가 용접 분야의 발전에 이바지할 수 있기를 바란다.

저자 드림

출제기준(필기)

1. 피복아크용접기능사

직무분야	재료	중직무분야	용접	자격종목	피복아크용접기능사	적용기간	2023.1.1. ~ 2026.12.31.
○ 직무내용 : 용접 도면을 해독하여 용접절차 사양서를 이해하고 용접재료를 준비하여 작업환경 확인, 안전보호구 준비, 용접장치와 특성 이해, 용접기 설치 및 점검관리하기, 용접 준비 및 본 용접하기, 용접부 검사, 작업장 정리하기 등의 피복아크 용접(SMAW) 관련 직무이다.							
필기검정방법	객관식		문제수	60		시험시간	1시간

주요항목	세부항목	세세항목	
1. 아크용접 장비 준비 및 정리정돈	1. 용접장비 설치, 용접설비 점검, 환기장치 설치	1. 용접 및 산업용 전류, 전압 3. 용접기 운전 및 유지보수 주의사항 5. 용접기 각 부 명칭과 기능 7. 용접봉 건조기 9. 환기장치, 용접용 유해가스 11. 피복아크용접봉, 용접와이어	2. 용접기 설치 주의사항 4. 용접기 안전 및 안전수칙 6. 전격방지기 8. 용접 포지셔너 10. 피복아크용접설비 12. 피복아크용접기법
2. 아크용접 가용접작업	1. 용접개요 및 가용접작업	1. 용접의 원리 3. 용접의 종류 및 용도 5. 가용접 주의사항	2. 용접의 장·단점 4. 측정기의 측정원리 및 측정방법
3. 아크용접 작업	1. 용접조건 설정, 직선비드 및 위빙 용접	1. 용접기 및 피복아크용접기기 3. T형 필릿 및 모서리용접	2. 아래보기, 수직, 수평, 위보기 용접
4. 수동·반자동 가스절단	1. 수동·반자동 절단 및 용접	1. 가스 및 불꽃 3. 산소, 아세틸렌용접 및 절단기법 5. 플라스마, 레이저 절단 7. 스카핑 및 가우징	2. 가스용접 설비 및 기구 4. 가스절단 장치 및 방법 6. 특수가스절단 및 아크절단
5. 아크용접 및 기타용접	1. 맞대기(아래보기, 수직, 수평, 위보기)용접, T형 필릿 및 모서리용접	1. 서브머지드아크용접 2. 가스텅스텐아크용접, 가스금속아크용접 3. 이산화탄소가스 아크용접 5. 플라스마아크용접 7. 전자빔용접 9. 저항용접	4. 플럭스코어드아크용접 6. 일렉트로슬래그용접, 테르밋용접 8. 레이저용접 10. 기타용접
6. 용접부 검사	1. 파괴, 비파괴 및 기타검사(시험)	1. 인장시험 3. 충격시험 5. 방사선투과시험 7. 자분탐상시험 및 침투탐상시험	2. 굽힘시험 4. 경도시험 6. 초음파탐상시험 8. 현미경조직시험 및 기타시험

주요항목	세부항목	세세항목
7. 용접 결함부 보수용접 작업	1. 용접 시공 및 보수	1. 용접 시공 계획 2. 용접 준비 3. 본 용접 4. 열영향부 조직의 특징과 기계적 성질 5. 용접 전·후처리(예열, 후열 등) 6. 용접결함, 변형 등 방지대책
8. 안전관리 및 정리정돈	1. 작업 및 용접안전	1. 작업안전, 용접 안전관리 및 위생 2. 용접 화재방지 3. 산업안전보건법령 4. 작업안전 수행 및 응급처치 기술 5. 물질안전보건자료
9. 용접재료준비	1. 금속의 특성과 상태도	1. 금속의 특성과 결정 구조 2. 금속의 변태와 상태도 및 기계적 성질
	2. 금속재료의 성질과 시험	1. 금속의 소성 변형과 가공 2. 금속재료의 일반적 성질 3. 금속재료의 시험과 검사
	3. 철강재료	1. 순철과 탄소강 2 열처리 종류 3. 합금강 4. 주철과 주강 5. 기타재료
	4. 비철 금속재료	1. 구리와 그 합금 2. 알루미늄과 경금속 합금 3. 니켈, 코발트, 고용융점 금속과 그 합금 4. 아연, 납, 주석, 저용융점 금속과 그 합금 5. 귀금속, 희토류 금속과 그 밖의 금속
	5. 신소재 및 그 밖의 합금	1. 고강도 재료 2. 기능성 재료 3. 신에너지 재료
10. 용접도면해독	1. 용접절차사양서 및 도면해독 (재도 통칙 등)	1. 일반사항 (양식, 척도, 문자 등) 2. 선의 종류 및 도형의 표시법 3. 투상법 및 도형의 표시방법 4. 치수의 표시방법 5. 부품번호, 도면의 변경 등 6. 체결용 기계요소 표시방법 7. 재료기호 8. 용접기호 9. 투상도면해독 10. 용접도면 11. 용접기호 관련 한국산업규격(KS)

출제기준(필기)

2. 가스텅스텐아크용접기능사

직무 분야	재료	중직무 분야	용접	자격 종목	가스텅스텐 아크용접기능사	적용 기간	2023.1.1. ~ 2026.12.31.

○ 직무내용 : 용접 도면을 해독하여 용접절차 사양서를 이해하고 용접재료를 준비하여 작업환경 확인, 안전보호구 준비, 용접장치와 특성 이해, 용접기 설치 및 점검관리하기, 용접 준비 및 본 용접하기, 용접부 검사, 작업장 정리하기 등의 가스텅스텐아크용접(GTAW) 관련 직무이다.

필기검정방법	객관식	문제수	60	시험시간	1시간

주요항목	세부항목	세세항목	
1. 아크용접 장비 준비 및 정리정돈	1. 용접장비 설치, 용접설비 점검, 환기장치 설치	1. 용접 및 산업용 전류, 전압 3. 용접기 운전 및 유지보수 주의사항 5. 용접기 각 부 명칭과 기능 7. 용접봉 건조기 9. 환기장치, 용접용 유해가스 11. 피복아크용접봉, 용접와이어	2. 용접기 설치 주의사항 4. 용접기 안전 및 안전수칙 6. 전격방지기 8. 용접 포지셔너 10. 피복아크용접설비 12. 피복아크용접기법
2. 아크용접 가용접작업	1. 용접개요 및 가용접작업	1. 용접의 원리 3. 용접의 종류 및 용도 5. 가용접 주의사항	2. 용접의 장·단점 4. 측정기의 측정원리 및 측정방법
3. 아크용접 작업	1. 용접조건 설정, 직선비드 및 위빙 용접	1. 용접기 및 피복아크용접기기 3. T형 필릿 및 모서리용접	2. 아래보기, 수직, 수평, 위보기 용접
4. 수동·반자동 가스절단	1. 수동·반자동 절단 및 용접	1. 가스 및 불꽃 3. 산소, 아세틸렌용접 및 절단기법 5. 플라스마, 레이저 절단 7. 스카핑 및 가우징	2. 가스용접 설비 및 기구 4. 가스절단 장치 및 방법 6. 특수가스절단 및 아크절단
5. 아크용접 및 기타용접	1. 맞대기(아래보기, 수직, 수평, 위보기)용접, T형 필릿 및 모서리용접	1. 서브머지드아크용접 2. 가스텅스텐아크용접, 가스금속아크용접 3. 이산화탄소가스 아크용접 5. 플라스마아크용접 7. 전자빔용접 9. 저항용접	4. 플럭스코어드아크용접 6. 일렉트로슬래그용접, 테르밋용접 8. 레이저용접 10. 기타용접
6. 용접부 검사	1. 파괴, 비파괴 및 기타검사(시험)	1. 인장시험 3. 충격시험 5. 방사선투과시험 7. 자분탐상시험 및 침투탐상시험	2. 굽힘시험 4. 경도시험 6. 초음파탐상시험 8. 현미경조직시험 및 기타시험

주요항목	세부항목	세세항목	
7. 용접 결함부 보수용접 작업	1. 용접 시공 및 보수	1. 용접 시공 계획 3. 본 용접 4. 열영향부 조직의 특징과 기계적 성질 5. 용접 전·후처리(예열, 후열 등)	2. 용접 준비 6. 용접결함, 변형 등 방지대책
8. 안전관리 및 정리정돈	1. 작업 및 용접안전	1. 작업안전, 용접 안전관리 및 위생 3. 산업안전보건법령 4. 작업안전 수행 및 응급처치 기술 5. 물질안전보건자료	2. 용접 화재방지
9. 용접재료준비	1. 금속의 특성과 상태도	1. 금속의 특성과 결정 구조 2. 금속의 변태와 상태도 및 기계적 성질	
	2. 금속재료의 성질과 시험	1. 금속의 소성 변형과 가공 3. 금속재료의 시험과 검사	2. 금속재료의 일반적 성질
	3. 철강재료	1. 순철과 탄소강 3. 합금강 5. 기타재료	2 열처리 종류 4. 주철과 주강
	4. 비철 금속재료	1. 구리와 그 합금 3. 니켈, 코발트, 고용융점 금속과 그 합금 4. 아연, 납, 주석, 저용융점 금속과 그 합금 5. 귀금속, 희토류 금속과 그 밖의 금속	2. 알루미늄과 경금속 합금
	5. 신소재 및 그 밖의 합금	1 고강도 재료 3. 신에너지 재료	2. 기능성 재료
10. 용접도면해독	1. 용접절차사양서 및 도면해독 (재도 통칙 등)	1. 일반사항 (양식, 척도, 문자 등) 3. 투상법 및 도형의 표시방법 5. 부품번호, 도면의 변경 등 7. 재료기호 9. 투상도면해독 11. 용접기호 관련 한국산업규격(KS)	2. 선의 종류 및 도형의 표시법 4. 치수의 표시방법 6. 체결용 기계요소 표시방법 8. 용접기호 10. 용접도면

출제기준(필기)

3. 이산화탄소가스아크용접기능사

직무분야	재료	중직무분야	용접	자격종목	이산화탄소가스아크용접기능사	적용기간	2023.1.1. ~ 2026.12.31.

○ 직무내용 : 용접 도면을 해독하여 용접절차 사양서를 이해하고 용접재료를 준비하여 작업환경 확인, 안전보호구 준비, 용접장치와 특성 이해, 용접기 설치 및 점검관리하기, 용접 준비 및 본 용접하기, 용접부 검사, 작업장 정리하기 등의 이산화탄소가스아크용접(CO2) 관련 직무이다.

필기검정방법	객관식	문제수	60	시험시간	1시간

주요항목	세부항목	세세항목	
1. 아크용접 장비 준비 및 정리정돈	1. 용접장비 설치, 용접설비 점검, 환기장치 설치	1. 용접 및 산업용 전류, 전압 3. 용접기 운전 및 유지보수 주의사항 5. 용접기 각 부 명칭과 기능 7. 용접봉 건조기 9. 환기장치, 용접용 유해가스 11. 피복아크용접봉, 용접와이어	2. 용접기 설치 주의사항 4. 용접기 안전 및 안전수칙 6. 전격방지기 8. 용접 포지셔너 10. 피복아크용접설비 12. 피복아크용접기법
2. 아크용접 가접작업	1. 용접개요 및 가용접작업	1. 용접의 원리 3. 용접의 종류 및 용도 5. 가용접 주의사항	2. 용접의 장·단점 4. 측정기의 측정원리 및 측정방법
3. 아크용접 작업	1. 용접조건 설정, 직선비드 및 위빙 용접	1. 용접기 및 피복아크용접기기 3. T형 필릿 및 모서리용접	2. 아래보기, 수직, 수평, 위보기 용접
4. 수동·반자동 가스절단	1. 수동·반자동 절단 및 용접	1. 가스 및 불꽃 3. 산소, 아세틸렌용접 및 절단기법 5. 플라스마, 레이저 절단 7. 스카핑 및 가우징	2. 가스용접 설비 및 기구 4. 가스절단 장치 및 방법 6. 특수가스절단 및 아크절단
5. 아크용접 및 기타용접	1. 맞대기(아래보기, 수직, 수평, 위보기)용접, T형 필릿 및 모서리용접	1. 서브머지드아크용접 2. 가스텅스텐아크용접, 가스금속아크용접 3. 이산화탄소가스 아크용접 5. 플라스마아크용접 7. 전자빔용접 9. 저항용접	4. 플럭스코어드아크용접 6. 일렉트로슬래그용접, 테르밋용접 8. 레이저용접 10. 기타용접
6. 용접부 검사	1. 파괴, 비파괴 및 기타검사 (시험)	1. 인장시험 3. 충격시험 5. 방사선투과시험 7. 자분탐상시험 및 침투탐상시험	2. 굽힘시험 4. 경도시험 6. 초음파탐상시험 8. 현미경조직시험 및 기타시험

주요항목	세부항목	세세항목	
7. 용접 결함부 보수용접 작업	1. 용접 시공 및 보수	1. 용접 시공 계획 3. 본 용접 4. 열영향부 조직의 특징과 기계적 성질 5. 용접 전·후처리(예열, 후열 등)	2. 용접 준비 6. 용접결함, 변형 등 방지대책
8. 안전관리 및 정리정돈	1. 작업 및 용접안전	1. 작업안전, 용접 안전관리 및 위생 3. 산업안전보건법령 5. 물질안전보건자료	2. 용접 화재방지 4. 작업안전 수행 및 응급처치 기술
9. 용접재료준비	1. 금속의 특성과 상태도	1. 금속의 특성과 결정 구조 2. 금속의 변태와 상태도 및 기계적 성질	
	2. 금속재료의 성질과 시험	1. 금속의 소성 변형과 가공 3. 금속재료의 시험과 검사	2. 금속재료의 일반적 성질
	3. 철강재료	1. 순철과 탄소강 3. 합금강 5. 기타재료	2 열처리 종류 4. 주철과 주강
	4. 비철 금속재료	1. 구리와 그 합금 3. 니켈, 코발트, 고용융점 금속과 그 합금 4. 아연, 납, 주석, 저용융점 금속과 그 합금 5. 귀금속, 희토류 금속과 그 밖의 금속	2. 알루미늄과 경금속 합금
	5. 신소재 및 그 밖의 합금	1. 고강도 재료 3. 신에너지 재료	2. 기능성 재료
10. 용접도면해독	1. 용접절차사양서 및 도면해독 (재도 통칙 등)	1. 일반사항 (양식, 칙도, 문지 등) 3. 투상법 및 도형의 표시방법 5. 부품번호, 도면의 변경 등 7. 재료기호 9. 투상도면해독 11. 용접기호 관련 한국산업규격(KS)	2. 선이 종류 및 도형의 표시법 4. 치수의 표시방법 6. 체결용 기계요소 표시방법 8. 용접기호 10. 용접도면

Chapter 1
용접이론

1. 용접의 원리 ·· 12
2. 피복아크용접 ·· 17
3. 특수용접 ·· 26
4. 가스용접 ·· 55

Chapter 2
최근 CBT 출제경향 반영

CBT 출제 예상문제 1–30회 ································ 65

Chapter 3
시험 전 체크하는 핵심요약

1. 가스용접 ·· 338
2. 가스절단 ·· 346
3. 계산식 정리 ·· 350
4. 시험과 검사 ·· 354
5. 용접기호 ·· 357
6. 용접설계 및 시공 ·· 359
7. 용접일반 ·· 368
8. 용접재료 ·· 383
9. 특수용접 ·· 391

제1장

용접 이론

1 용접의 원리

Ⅰ. 개요

1. 용접의 원리

(1) 용접이란 접합하고자 하는 2개 이상의 물체나 재료의 접합 부분을 냉간, 반용융 또는 용융 상태로 하여 직접 접합시키거나 또는 접합하고자 하는 두 가지 이상의 물체 사이에 용융된 용가재를 첨가하여 간접적으로 접합함을 말한다.

(2) 금속의 접합법
  ① 기계적 접합법 : 반영구적 접합법(볼트, 너트, 리벳, 시임, 키)
  ② 야금적 접합법 : 영구적 접합법(용접, 납땜, 단접)

2. 접합과 용접 종류

(1) 접합의 분류
  ① 기계적 접합법 : 볼트, 리벳, 나사, 핀고정, 등으로 결합하는 방법이며 볼트나 키 이음의 경우 분리가 가능하나 접어잇기 이음의 경우 분리할 수 없다.
  ② 야금적 접합법 : 고체 상태에 있는 두 개의 금속 재료를 열이나 압력, 또는 열과 압력을 동시에 가하여 서로 융합되어 접합하는 것으로 용접이라 한다.

(2) 용접의 종류

① 융접(Fusion Welding) : 접합 부분을 용융 또는 반용융 상태로 만들고 여기에 용접봉 즉 용가재를 첨가하여 접합하는 방법

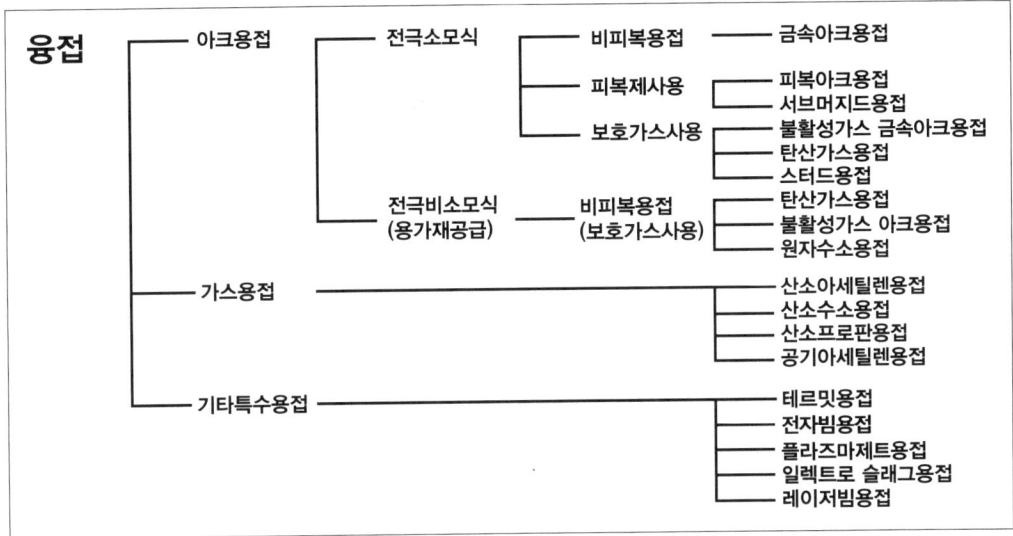

② 압접(Pressure Welding) : 접합 부분을 열간 또는 냉간 상태에서 압력을 주어 접합하는 방법

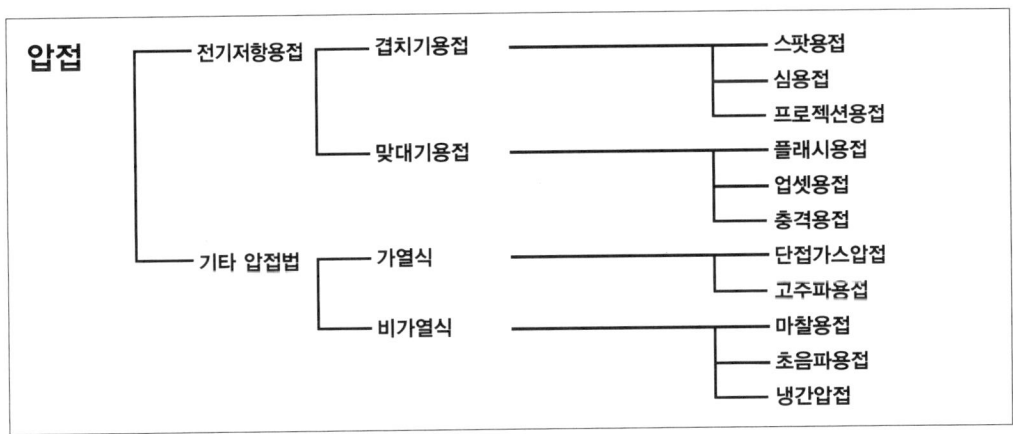

③ 납땜(Brazing and Soldering) : 접합하고자 하는 재료 즉 모재는 녹이지 않고 모재보다 용융점이 낮은 금속을 녹여 표면 장력으로 접합시키는 방법

3 용접의 분류

(1) 융접(Fusion Welding)

접합 부분을 용융 또는 반용융 상태로 하고 여기에 용접봉 즉 용가재를 첨가하여 접합하는 방법

① **피복 아크 용접** : 교류를 사용한 용접의 경우 아크가 불안정하므로 피복제를 입힌 용접봉을 사용하여 용접해야 아크를 안정시킬 수 있다. 피복제를 사용하므로 피복 아크 용접 또는 에너지원을 전기를 사용하므로 전기 용접이라고도 한다.

② **불활성가스 아크 용접(티그, 미그 용접)** : 티그 용접은 GTAW(Gas Tungsten Arc Welding) 용접이라고도 하나 상품명인 아르곤 용접으로 일반적으로 부르고 있다. 수동 용접으로 박판에 주로 사용된다. 반면, 미그 용접은 GMAW(Gas Metal Arc Welding) 용접이라고 하며, 반자동 또는 자동 용접으로 티그보다 두꺼운 판 용접에 사용되고 있다.

③ **이산화탄소 아크 용접** : 환원성 분위기 조성을 위하여 이산화탄소를 사용하는 반(半)자동 용접으로 조선소, 교량 건축 등에서 가장 많이 사용되고 있는 용접법으로 솔리드 와이어 또는 플럭스 코드 와이어를 사용하여 용접한다.

④ **서브머지드 아크 용접** : 미세한 입상의 플럭스를 접합부에 부어 모아 그 가운데에 와이어를 송급하여 와이어와 모재와의 사이의 아크를 발생시켜 용접하는 것으로 아크가 보이지 않아 잠호용접이라고 한다.

⑤ **일렉트로 슬래그 용접** : 전기용접 방법으로 용융 슬래그 중 전기저항 발열을 사용하여 용접한다. 용접부 주변을 수냉동판으로 부착 후 슬래그 속에 전극 와이어를 연속적으로 투입하여 용융 슬래그의 저항열을 사용하여 와이어와 모재를 용접한다. 일반적으로 수직 자동용접에 사용된다.

⑥ **일렉트로 가스 용접** : 일렉트로 슬랙 용접과 같이 수직 자동 용접이나 플럭스를 사용하지 않고 실드 가스(탄산가스)를 사용하며, 용접봉과 모재 사이에 발생한 아크열에 의하여 모재를 용융 용접하는 방법이다.

⑦ **원자 수소 용접** : 수소 기류 중에서 2개의 텅스텐 전극 사이에 아크를 발생시키면 수소 분자는 수소 원자로 해리되고, 이 때 나오는 열을 이용하여 용접하는 방법으로 오늘날 거의 실용화되지 못하고 그 사용이 매우 적다.

⑧ **산소-아세틸렌 용접** : 지연성 가스인 산소와 가연성 가스인 아세틸렌을 이용하여 전기가 없는 곳에서도 이용할 수 있는 용접법이다. 일반적으로 산소와 아세틸렌을 1 : 1로 혼합하여 용접봉을 첨가하여 용접하는 방법이다. 하지만 재질에 따라 그 혼합비는 달라질 수 있다.

⑨ **산소-수소 용접** : 산소와 수소의 혼합 가스의 연소열을 이용하는 용접으로 화염 온도가 낮아 저 융점 금속재료에 이용된다. 수소의 화염은 무광이나 용접 장치는 산소-아세틸렌 용

접과 거의 동일하다.
⑩ 산소-프로판 용접 : 산소-프로판의 경우는 대부분 절단용으로 많이 쓰인다. 왜냐하면 절단을 위해서는 산소를 많이 필요로 하는데 프로판 팁의 경우 산소 분출공이 많아 절단용으로 우수하다. 하지만 얇은 판 절단의 경우에는 산소-아세틸렌이 더 우수하다.
⑪ 아크스터드 용접 : 직경 10mm 이하의 봉 등을 볼트로 모재에 심어 붙이는 용접법으로 스터드 선단에 세라믹 캡을 씌워 스터드 끝부분을 모재에 접촉시켜 전류를 통해 아크를 발생시키고 용접한다.
⑫ 아크스폿 용접 : 아크의 높은 열과 집중성을 이용하여 포개진 2장의 옆면에서 아크를 0.5~5초간 정도 발생시켜 팁 밑 부분을 융합시키는 용접한다.
⑬ 테르밋 용접 : 산화철과 알루미늄의 화학반응을 이용하여 생긴 고온의 화학 반응열을 이용하여 용접하는 것으로 전기가 없는 곳에서도 사용가능하다. 하지만 오늘날 그 사용이 점점 줄어들고 있다.
⑭ 레이저 용접 : 레이저 빔에서 발생한 강한 에너지를 사용하여 용접한다. 전자 빔과 같이 높은 에너지 밀도가 얻어지며, 좁고 깊이 융합하기 때문에 피용접재의 열 변형이나 재료 특성의 열화가 적다.
⑮ 전자빔 용접 : 고 진공 중에 전자 빔을 가속 충돌시켜 충돌에너지에 의해 피 용접 물을 고온으로 용융 용접한다.

(2) 압접(Pressure Welding)
접합 부분을 열간 또는 냉간 상태에서 압력을 주어 접합하는 방법
① 냉간 압접 : 재료의 온도를 상온 그대로 고압력을 가해 용접하는 방법으로 상온 용접법이라고도 불리기도 한다. 하지만 재료의 변형이 크다는 결점이 있다.
② 초음파 용접 : 가벼운 압력으로 용접 팁 사이에 접합재를 놓고 초음파를 넣으면 혼(Horn)을 통해 전달된 진동 에너지를 이용하여 재료를 접합하는 방법으로 필름, 박판 등의 접합에 이용된다.
③ 마찰 용접 : 한쪽의 재료를 고정해 놓고 다른 쪽의 재료를 고속 회전시켜 단면을 접촉해 접촉면에서 생긴 마찰열을 이용하여 온도를 올리고 적당한 온도가 되었을 때 회전을 멈추고 강한 압력을 주어 접합시킨다.
④ 고주파 용접 : 고주파 유도가열 압접법으로 유도 코일에 의해 모재 내에 집중적으로 형성시킨 유도전류의 저항 발열을 이용하여 용접한다.
⑤ 폭팔 압접 : 용접물의 한끝에 붙인 뇌관부에서 폭발이 진행되어 맞은편의 재료에 충돌해서 압접된다.
⑥ 단접 : 가열한 재료를 다이에 통과시켜 인발될 때의 압력으로 관 형태를 제조할 때 일반적

으로 사용한다.
- ⑦ 확산 압접 : 재료의 양쪽 단면을 깨끗이 해놓고 가압해서 온도를 올리면 원자들 사이에는 공동을 통해 양자의 금속은 서로 확산하게 되면서 접합한다.
- ⑧ 점용접 : 맞대어 놓은 두 모재에 강하게 가압하면서 대전류를 흘려 짧은 시간 내에 접합한다.
- ⑨ 심 용접 : 점 용접의 연속이라고 생각하면 된다. 회전 전극을 이용하여 접합한다.
- ⑩ 프로젝션 용접 : 용접할 모재에 돌기를 만들어 접촉시킨 후 통전 가압해서 용접하는 방법이다.
- ⑪ 업셋 용접 : 접합 단면을 전극으로 해서 통전하고 압접 온도에 도달하면 가압력을 가하여 접합하는 맞대기 저항 용접한다.
- ⑫ 플래시 용접 : 업셋 용접과의 차이는 용접면을 가볍게 접촉시키면서 통전해서 생긴 불꽃으로 재료를 가열해서 가압하여 접합하는 용접법이다.
- ⑬ 퍼커션 용접 : 축적된 전기 에너지를 맞대기 면에 급격히 방전시켜 발생하는 아크로 가열하고 충격적 압력으로 접합한다.
- ⑭ 가스 압접 : 산소-아세틸렌 불꽃으로 접합하고자 하는 부분을 가열하고 적당한 온도가 되었을 때 가압하여 용접하는 것으로 용접봉이 필요 없다.

(3) 납땜(Brazing and Soldering)

접합하고자 하는 재료 즉 모재는 녹이지 않고 모재보다 용융점이 낮은 금속을 녹여 표면 장력으로 접합시키는 방법

- ① 저항 납땜 : 납땜을 하려고 하는 부분에 납땜 재료를 넣고 전극을 통해 전류를 흘려서 줄 열에 의해 납땜 재료를 녹여 납땜한다.
- ② 유도가열 납땜 : 납땜하고자 하는 재료를 고주파 가열 코일의 내부 또는 가깝게 두고 코일에 고주파 전류를 통하여 납땜하고자 하는 것에 유도 전류를 생성케 하여 납땜한다.
- ③ 노내 납땜 : 피 납땜물을 적당한 온도로 가열한 노내에서 납땜하는 방법으로 복잡한 형상의 물건이나 작업량이 많은 경우에 적합한 방법이다.

2 피복 아크 용접

1 원리

(1) 아크 용접봉에 피복제를입힌 용접봉과 모재간에전류를 통하여 발생한 아크 열을 이용하여 용접하는 방법

① 아크(Arc) 청백색의 강렬한 빛과 열을 내는 것으로 온도가 가장 높은 부분 (아크중심)의 최고온도는 약 6000℃에 달하며 보통 3500~5000℃ 정도이다.

② 용입 : 녹은 모재의 깊이

③ 용융지 : 모재가 녹은 부분

④ 용적 : 용접봉이 녹아 이루어진 용융 방울

⑤ 용착금속 : 용융지에 용착되어 모재의 일부로서 융합된 것

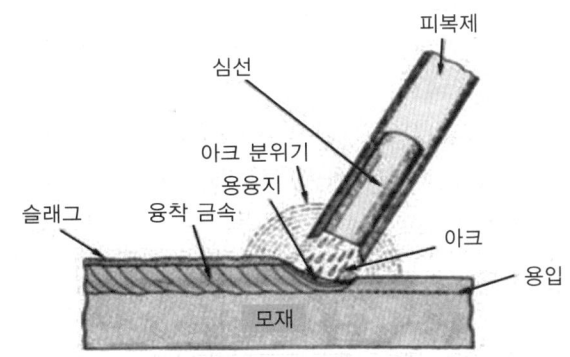

2 용접회로

(1) 용접기를 사용한 용접작업 중 전류가 흐르는 통로

① 용접기 – 전극케이블 – 용접봉 홀더 – 피복아크용접봉 – 아크 – 모재 – 접지케이블 순으로 이루어진다.

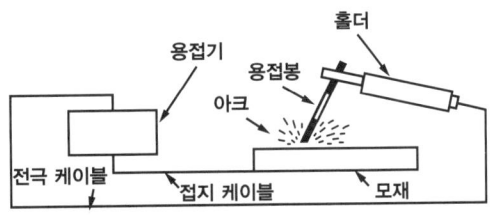

3. 아크의 특성

(1) 아크 현상
용접봉과 모재 사이에 전원을 연결한 후 용접봉을 모재에 살짝 접촉시켰다가 떼면 불꽃 방전에 의한 청백색의 강한 빛(아크)이 발생되어 이 아크를 통하여 10~500A의 큰 전류가 흐른다.

(2) 직류아크중의 전압분포

> $V = V_k + V_p + V_a$
> V : 아크전압
> V_k : 음극전압강하
> V_p : 아크기둥전압강하
> V_a : 양극전압강하

① 아크기둥을 플라즈마라고 한다.
② 양극전압강하는 전극표면이 극히 짧은 길이의 공간에서 일어나는 전압강하로서 그 값은 주로 전극 물질의 종류에 의해 결정된다.

(3) 직류아크중의 온도분포
① 일반적으로 전체발열량의 60~70%가 양(+)극에서, 25~40%가 음(-)극에서 발생한다.
② 교류 아크에서는 전원이 60Hz일 때 1초 동안에 120회의 양극과 음극이 서로 바뀌므로 두 극에서 발생하는 열량은 거의 같다.

(4) 극성의 효과
교류용접에서는 1초 동안 50~60회 정도 두극이 주기적으로 바뀌므로 극성이 문제가 되지 않는다.
① 직류용접
  ㉠ 직류정극성(DCSP) : 모재에 +극을, 용접봉에 -극을 연결
    모재의 용입이 깊고 폭이 좁다. 일반적으로 많이 사용한다.
  ㉡ 직류역극성(DCRP) : 모재에 -극을, 용접봉에 +극을 연결
    모재의 용입이 얇고 폭이 넓다. 얇은 박판 용접에 유리하다.
② 직류용접에서 극성 선택의 유의사항 : 모재의 재질, 피복제의 종류, 용접이음의 형상, 두께, 용접 자세
③ 극성의 판별법
  ㉠ 직류 역극성용접봉(E6010)으로 용접했을 때 스패터가 심하고, 비드가흉하면 정극성이다.
  ㉡ 탄소봉에 의한 아크 발생에서 아크가 순하고 조용하면 정극성, 탄소가 가열되고 부러지

면 역극성이다.
ⓒ 두단자 1m 정도의 길이를 절연전선에 연결하여 소금물에 담가 약 25mm정도 간격을 두어 전류를 통하면 (-)단자 쪽에서 거품이 발생한다.

※ 직류정극성과 역극성의 비교

직류정극성	– 모재의 용입이 깊다. – 봉의 용융이 느리다. – 비드폭이 좁다. – 일반적으로 널리 쓰인다.
직류역극성	– 모재의 용입이 얕다. – 봉의 용융이 빠르다. – 비드폭이 넓다. – 박판, 주철, 합금강, 비철금속에 쓰인다.

(5) 스패터 현상
① 아크 용접에서 용접봉 끝 또는 용융지에서 작은 입자의 용적들이 비산되는 현상
② 연강피복용접봉의 스패터 현상은 용융량의 10~15%에 달한다.
③ 스패터의 발생원인
    ㉠ 용접봉과 모재에 이물질의 의한 기포 방출
    ㉡ 가스 폭발
    ㉢ 한쪽 아크 쏠림
    ㉣ 과대전류
    ㉤ 긴 아크 거리
    ㉥ 운봉각도 부적당
    ㉦ 모재온도가 낮을 때

(6) 아크 쏠림과 방지책
① 아크 쏠림(arc blow : magnetic blow)
    ㉠ 모재와 용접봉 사이에 흐르는 전류에 의해 생기는 자계가 용접봉에 대하여 비대칭이 되면 아크가 자력선이 집중되지 않는 쪽으로 쏠리는 현상
    ㉡ 아크 불안정, 기공, 슬랙 섞임, 용착금속 재질변화의 원인이 된다.
② 아크 쏠림의 방지대책
    ㉠ 직류 대신 교류용접을 사용할 것
    ㉡ 큰 가접부 또는 이미 용접이 끝난 용착부를 향하여 용접할 것
    ㉢ 용접부가 긴 경우 후퇴법으로 용접할 것

② 접지점을 될 수 있는 데로 용접부에서 멀리할 것
⑩ 짧은 아크를 사용할 것
⑪ 용접봉 끝을 아크 쏠림 반대방향으로 기울일 것
⑫ 용접부의 시점과 끝에 엔드탭을 설치할 것
⑬ 전원 2개를 연결할 것

(7) 용융금속의 이행 형태

① 단락형(short circuiting transfer) : 용적이 용융지에 접촉되어 단락(뭉쳐진 형태로) 표면장력의 작용으로 모재에 옮겨가는 형식
② 글로불러형(globular transfer) : 비교적 큰 용적이 단락되지 않고 옮겨가는 형식(알갱이 입자 형태로 이행)
③ 스프레이형(spray transfer) : 피복제의 일부가 가스화하여 미세한 용적이 스프레이와 같이 날려 옮겨가는 형식(분무 형태)

(8) 아크 특성

① 부특성 : 아크는 일반 전기회로의 오옴의 법칙과 반대로 일정한 범위에서 전류가 증가하면 저항이 적어져 전압이 낮아지는 현상
② 아크 길이 자기제어 특성 : 아크 전류가 일정할 때 아크 전압이 높아지면 용접봉의 용융속도가 늦어지고, 아크 전압이 낮아지면 용융속도가 빨라진다.
③ 전압회복특성 : 아크가 중단된 순간에 아크 회로의 과도전압을 급격히 상승시키는 특성으로 아크의 재발생을 쉽게 만든다.
④ 절연회복특성 : 교류전원에서 주기적으로 전류의 방향이 바뀔 때 전류 및 전압의 순간값이 0이 되어 아크 발생이 중단되고 용접봉과 모재 간에 절연이 된다. 이때 아크 기둥을 둘러싼 보호가스에 의해 전류가 잘 통하도록 하여 순간적으로 꺼졌던 아크가 다시 일어나는 특성이다.

(9) 피복제의 작용(역할)

① 아크를 안정시킨다.
② 중성 또는 환원성 분위기를 만들어 질화나 산화를 방지하고 용융금속을 보호한다.
③ 용적을 미세화하고 용착효율을 높인다.
④ 용착금속의 탈산 정련작용을 한다.
⑤ 슬랙의 제거를 쉽게 하고 파형이 고운 비드를 만든다.
⑥ 모재표면의 산화물을 제거하고 피복제는 전기절연작용을 한다.
⑦ 용융금속에 적당한 합금원소를 첨가하고 합금성분을 포함하는 용접금속을 생성한다.

(10) 피복 배합제의 성분

가스 발생제	녹말, 석회석, 톱밥, 탄산바륨, 셀룰로스
아크 안정제	산화티탄, 규산나트륨, 석회석, 규산나트륨
탈산제	망간, 규소, 크롬, 니켈, 구리, 바나듐, Al분말
슬래그 생성제	규사, 운모, 석면, 석회석, 사철, 일미나이트, 이산화망간, 형석, 장석 등
합금첨가제	망간, 규소, 크롬, 니켈, 구리, 바나듐
고착제	규산나트륨, 규산칼륨, 소맥분, 아교, 당밀

(11) 용접봉 기호

E 43 ■ △
E : 전기용접봉
43 : 전 용착금속의 최소 인장강도(kg/mm^2)

(12) 용접자세 AWS 규정 평판 용접 자세

① 1G : Flat Position(아래 보기)
② 2G : Horizontal Position(수평)
③ 3G : Vertical Position(수직)
④ 4G : Overhead Position(위 보기)

㉠ 아래 보기	㉡ 수직 자세	㉢ 수평 자세	㉣ 위 보기 자세
1G : Flat Position (아래 보기)	2G : Horizontal Position(수평)	3G : Vertical Position (수직)	4G : Overhead Position(위 보기)

(13) 용접 이음

① 용접 방법, 판의 두께, 재질, 구조물의 종류와 모양에 따라 선택하며, 기본형식은 용접부의 형상에 따라 여러 가지로 분류된다.

② 맞대기 이음, 겹치기 이음, 한면/양면덮개 이음, T 이음(필릿), 변두리이음, 모서리 이음, 십자이음 등

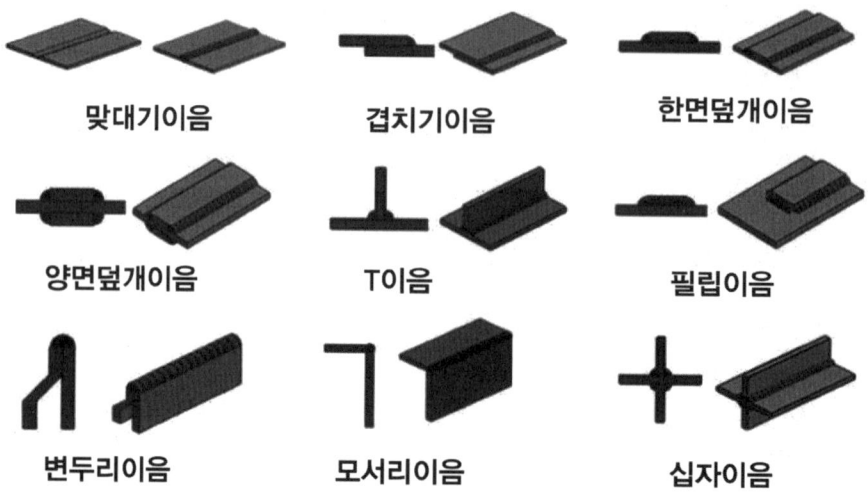

4 연강용 피복아크 용접봉의 특성

E4301(일미나이트)	일미나이트 30%, 기계적 성질이 우수, 연강용이며 조선, 교량 등 강 구조물에 사용된다.
E4303(라임 티탄)	산화티탄 30%, 석회석이 주성분, 기계적 성질 우수, 비드가 곱고 용입이 조금 얕다.
E4311(고셀룰로오스)	강한 스프레이형으로 용입이 깊고, 스패터가 많다. 가스 발생식, 배관공사에 사용된다.
E4313(고산화티탄)	아크 안정, 스패터가 적고 용입이 얕다. 경 구조물, 고온 균열의 위험, 반 가스 발생식
E4316(저수소)	기계적 성질 및 내균열성이 우수, 300~350에서 2시간 정도 건조 후 사용한다.
E4324(철분산화티탄)	피복제가 두꺼워 접촉용접이 가능하다.
E4326(철분저수소)	후판, 중고 탄소강의 용접에 사용한다.
E4327(철분산화철)	접촉용접이 가능, 스프레이형으로 용입이 깊다.

5 용접 결함의 종류

결함의 종류	원인	방지대책
용입불량	- 용접속도가 너무 빠를 때 - 용접전류가 낮을 때	- 루트 간격 및 치수를 크게 한다. - 용접속도를 빠르지 않게 한다.
언더컷	- 전류가 높을 때 - 아크 길이가 너무 길 때 - 용접속도가 너무 빠를 때	- 낮은 전류를 사용한다. - 많은 아크 길이를 유지한다. - 용접속도를 늦춘다.
오버랩	- 용접전류가 너무 낮을 때 - 운봉 및 봉의 유지각도 불량	- 직접전류를 선택한다. - 수평필렛의 경우에는 봉의 각도를 잘 선택한다.
균열	- 모재의 C, Mn 등의 합금 원소가 많을 때 - 과대전류, 과대 속도 - 모재의 유황 함량이 많을 때	- 예열, 후열을 하고, 저수소계를 사용한다. - 적정전류 속도로 운봉한다.
기공	- 용접부의 급속한 응고 - 모재 가운데 유황함유량 과대 - 아크길이, 전류 또는 조작의 부적당 - 과대전류의 사용	- 위빙을 하여 열량을 늘리거나 예열한다. - 충분히 건조한 저수소계 용접봉을 쓴다. - 용접속도를 늦춘다.
슬래그 혼입	- 전류과소, 운봉조작 불완전 - 슬래그 유동성이 좋고 냉각하기 쉬울 때 - 봉의 각도 부적당	- 전류를 약간 세게, 운봉조작을 적절히 한다. - 루트 간격이 넓은 설계로 한다. - 용접부의 예열을 한다.
피트	- 모재 가운데 탄소, 망간 등의 합금원소가 많을 때 - 후관 또는 급냉되는 용접의 경우 - 봉의 각도 부적당	- 이음부를 청소하고 예열을 하고 봉을 건조시킨다. - 예열을 한다. - 저수소계봉을 사용한다.
스패터	- 전류가 높을 때 - 아크 길이가 너무 길 때 - 아크 블로우가 클때	- 모재의 두께 봉 시틈에 맞는 낮은 전류까지 내린다. - 위빙을 크게 하지 말고 적당한 아크 길이로 유지한다. - 교류용접기를 사용하고 아크 위치를 바꾼다.

6 아크 용접 장치 및 기구

(1) 아크 용접 장치 및 부속기구

① 전격방지기
  ㉠ 무부하 전압이 비교적 높은 교류 용접기에서 전격(감전사고)으로부터 용접사를 보호하기 위한 장치

      ⓒ 보조변압기에 의해 무부하 전압을 20~30V로 낮추었다가 아크를 발생시키는 순간 릴레이의 작동으로 무부하 전압(70~80V)로 올려준다.
  ② 원격제어장치
      ㉠ 용접기와 멀리 떨어진 곳에서 용접전류 또는 전류와 전압을 조절(제어)할 수 있는 장치
      ⓒ 원격제어방법
- 소형모터를 용접전류 조정핸들에 설치
- 가변저항의 다이얼을 돌리는 방법

  ③ 핫 스타트 장치
      ㉠ 아크 발생초기에 용접봉이 처음 모재에 접촉한 순간 1/4~1/5초정도 순간적인 대전류를 흘려 아크 초기의 안정을 하는 장치
      ⓒ 핫 스타트 장치의 이점
- 아크 발생을 쉽게 한다.
- 기포 발생을 방지한다.
- 비드 모양을 개선하는 아크 초기에 용입을 좋게 한다.
- 무부하 전압을 70V 이하로 저하할 수 있으며 전격의 위험이 감소한다.

  ④ 고주파 발생장치
      ㉠ 교류 아크 용접기의 아크 안정을 위해 고전압(2000~3000V)의 고주파(300~1000Kc) 약전류를 중첩시키는 방식
      ⓒ 고주파 발생장치 병용 이점
- 아크 손실이 적어 용접이 쉽다.
- 아크 발생 초기에 용접봉을 모재에 접촉시키지 않아도 아크 발생이 된다.
- 무부하 전압을 낮게 할 수 있다.
- 전격의 위험이 적고, 전원입력을 적게 할 수 있어 역률이 개선된다.

(2) 용접작업용 기구

① 용접용 케이블

용접기 용량	200A	300A	400A
1차측 케이블(지름)	5.5mm	8mm	14mm
2차측 케이블(단면적)	38mm²	50mm²	60mm²

※ 2차측 케이블이 굵은 이유 : 저전압 대전류를 필요로 하기 때문이다.
※ 캡타이어 전선 : 전선의 지름 0.2~0.5mm의 가는 구리선을 수백내지 수천선 꼬아서 튼튼한 종이로 감고 그 위에 고무 피복한 것으로 유연성이 좋다.

※ 케이블의 연결 : 케이블 커넥터, 러그 사용 보통 15~20m정도 이어서 사용한다.

② 용접봉 홀더

종류	정격			사용봉의 지름 (mm)	최대 접속 홀더선 (mm)
	사용율(%)	용접전류 (A)	아크전압 (V)		
100호	70	100	30	1.2~3.2	22
200호	70	200	30	2.0~3.0	38
300호	70	300	30	3.2~6.4	50
400호	70	400	30	4.0~8.0	60
500호	70	500	30	5.0~9.0	80

(3) 보호기구

① 헬밋 및 핸드 실드 : 용접 아크에서 발생하는 유해광선(적외선, 자외선), 스패터 등으로부터 눈, 얼굴, 머리 등을 보호하는 기구

② 차광유리

용접 종류	용접전류(A)	용접봉의 지름(mm)	차광도번호
금속아크	30 이하	0.8~1.2	6
금속아크	30~45	1.0~1.6	7
헬리아크	45~75	1.2~2.0	8
헬리아크	75~130	1.6~2.6	9
금속아크	100~200	2.6~3.2	10
금속아크	150~250	3.2~4.0	11
금속아크	200~300	4.8~6.4	12
금속아크	300~400	4.4~9.0	13
탄소아크	400 이상	9.0~9.6	14

③ 환기장치 : 용접 시 발생하는 유해가스(아연, 황동, 청동, 납합금, 카드뮴)를 배출시키는 집진장치

④ 안전 보호구 및 공구 : 가죽장갑, 팔 덮개, 앞치마, 차광막, 슬래그해머, 와이어브러시, 피닝 해머, 집게, 용접 지그, 전류계, 각종 게이지 등이 있다.

3 특수 용접

Ⅰ. 불활성 가스 텅스텐 아크 용접법

1 원리

(1) 아르곤(Argon) 또는 헬륨(Helium) 등 고온에서도 금속과 반응하지 않는 불활성가스(Inert Gas)의 분위기에서 텅스텐 봉 또는 금속 전극선과 피용접물 사이에 아크를 발생시켜 그 열로 용접하는 방법

(2) TIG 용접(Inert Gas tungsten arc welding: GTAW)
　① 텅스텐 봉을 전극으로 하여 모재에 아크를 발생시키고 가스 용접과 같은 방법으로 용가재(filler metal)를 첨가하면서 용접(비용극식, 비소모식)
　　㉠ 상품명 : 헬리아크(Heliarc), 헬리웰드(Heliweld), 아르곤 아크(Argon arc)
　　㉡ 판 두께 0.6~3mm의 박판 용접에 사용

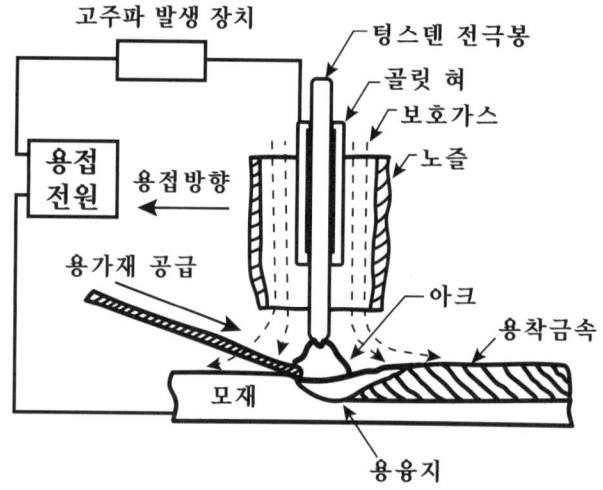

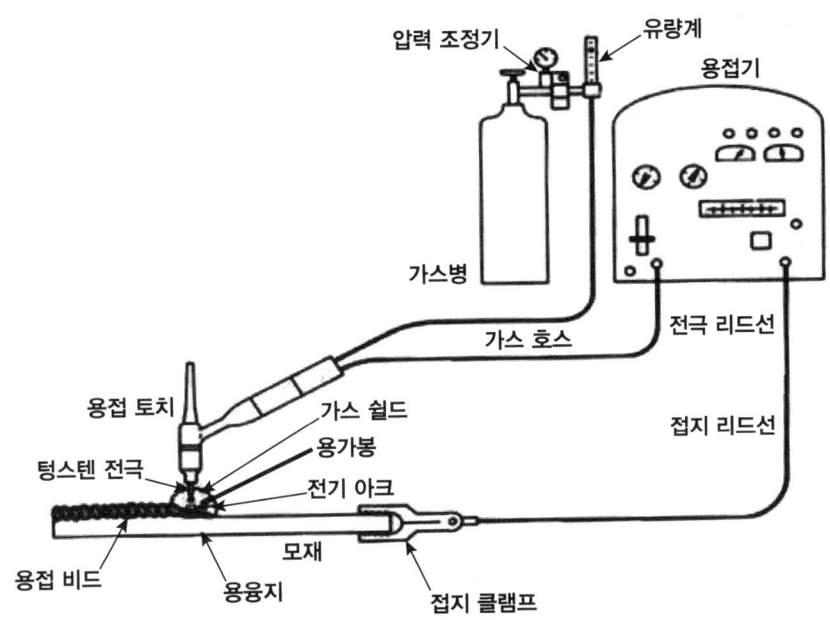

[가스 텅스텐 아크 용접(GTAW)]

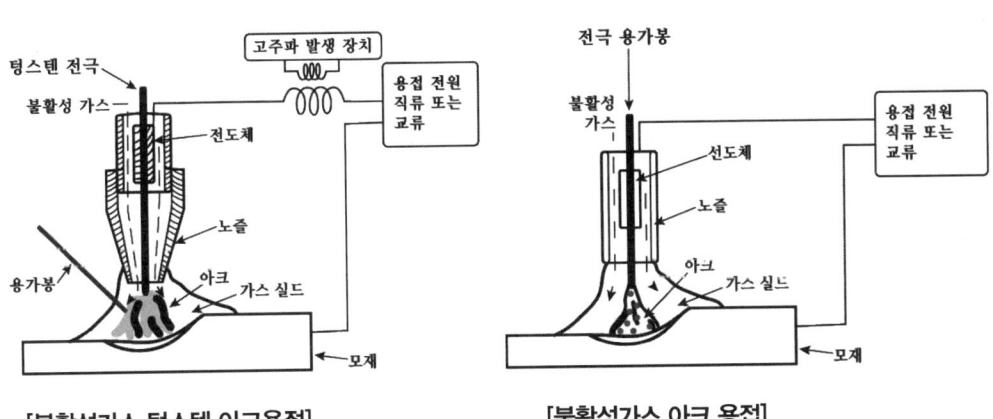

[불활성가스 텅스텐 아크용접]   [불활성가스 아크 용접]

2. 용접 극성

(1) 극성

사용극성	DCEN	DCEP	AC HF
전자와 이온의 흐름 용입 현상			
청정작용	없다	있다	있다(DCEP의 50%)
발생열	70% 모재	30% 모재	50% 모재
	30% 용접봉	70% 용접봉	50% 용접봉
용입	깊고 좁다	얕고 넓다	중간
용도	후판 용접	박판 용접	경금속 용접

① 정극성(DC straight polarity) : 음전기를 띤 전자는 모재를 강하게 충격하여 깊은 용입을 얻으며 전극은 그다지 가열되지 않으므로 지름이 작은 전극에서 큰 전류를 흐르게 할 수 있다.
② 역극성(DC reverse polarity) : 전자가 전극으로 향하고 가스이온이 모재 표면을 넓게 충돌하므로 모재의 용입은 넓고 얕아진다.
③ 아르곤 가스를 사용한 역극성에서 모재 표면의 산화막(Al_2O_3 또는 MgO)을 분쇄 제거하는 청정작용이 있다.(cleaning action)
④ 역극성 전극은 전자의 충격으로 과열되므로 동일전류를 흐르게 할 경우 정극성의 경우보다 약 4배의 큰 전극이 필요하다.
⑤ 교류 및 직류 정극성과 역극성의 중간상태로 Ar가스를 사용하면 경합금을 용접할 수 있으나 아크가 끊어지기 쉬우므로 고주파 약전류를 병용한다.

(2) ACHF(고주파 병용교류) 사용상 이점

① 전극을 모재에 접촉시키지 않아도 아크 발생이 용이하다.
② 아크가 대단히 안정되며 아크 길이가 다소 길어져도 끊어지지 않는다.
③ 전극이 모재에 접촉하지 않아도 아크가 발생하므로 전극의 수명이 길다.
④ 일정한 지름의 전극에 대하여 광범위한 전류의 사용이 가능하다.
⑤ 영향 : 용접기의 철심이 한 방향으로 자화하여 포화되고 1차 전류가 많아져 과부하가 됨에 따라서 정격의 70% 이하로 사용하지 않으면 소손위험이 있다.

㉠ 해소 방법 : 2차 회로에 축전지, 정류기, 리액터, 직류콘덴서 등의 삽입으로 직류성분을 제거한다.
㉡ 평형교류 용접기의 이점 : 용입, 용접 속도가 크다. 실드 가스가 절약된다. 비드가 아름답다.

(3) 용접장치 및 기계

① 구성
  ㉠ 용접 방법에 의한 분류 : 수동식(manual), 반자동식(semi automatic), 자동식(automatic)
   • 수동식 TIG 용접 장치 : 용접전원(power source), 제어장치(control unit), 보호가스 공급장치(shield gas supply unit), 냉각수 순환장치(water cooling unit), 토치(torch)
   • 반자동식 TIG 용접 장치
    – 토치는 손으로 조작하고 용가재는(filler metal)만 자동 송급한다.
    – 용가재 송급 방식

푸시(push) 방식	와이어 송급장치에 의해 와이어가 롤러(roller)작용으로 밀려나와 송급되는 방식
풀(pull) 방식	토치에 소형 와이어 송급장치가 부착되어있어 와이어 릴의 와이어를 당겨 송급하는 방식

    – 강, 스테인리스강의 얇은 판 용접에 많이 사용된다.
   • 자동 TIG 용접 장치 : 토치, 와이어릴(wire reel) 및 제어장치가 한대의 자동주행장치에 설치되어 이동하거나 이것이 고정되어 있고 피용접물이 이동하도록 되어 있는 장치이다.
  ㉡ 장치 및 기능
   • 전원장치의 종류 : TIG 용접기의 전원 공급범위는 3~200A(5~300A)와 10~35V의 전압치로 사용되며 보통 60%의 사용율을 갖는다.
   • 용접전원

직류용접기	제어장치 별도형, 제어장치 내장형
펄스용접기	저주파 펄스용접기, 고주파 펄스 용접기
교류용접기	범용 교류용접기, 저주파 교류용접기

   • 용접전원장치의 크기는 전류용량에 따라 다르다.

(4) 용접기 종류별 특성

① TIG 용접기의 전원특성 : 수하특성

㉠ 직류 용접기
- 직류 용접기의 주회로 구성 : 변압기, 전류용 리액터, 정류기
- 정류기식의 특징
  - 취급이나 보수점검이 편리하고 소음이 없다.
  - 부하 시 효율이 우수하다.
  - 무부하 손실이 적다.
- 정류기
  - 셀렌이 대부분이나 최근에는 전기적 효율이 좋으며 소형으로 제작할 수 있는 실리콘의 사용이 증가한다.
  - 실리콘 다이오드는 크기가 작으나 고전류 정격치를 가지며 어느 한도 이하 온도를 유지해야 하므로 방열판과 팬에 의해 냉각시킨다.

㉡ 교류 용접기 : 극성의 변화에 의해 발생되는 직류성분의 전류가 용접회로에 흘러 용접기가 소손될 우려가 있다.

㉢ 교류*직류 용접기
- 용접물의 재질 또는 용접봉의 종류에 따라 전류 변환장치에 의해 ①직류 TIG 용접, ②교류 TIG 용접, ③직류 피복 아크 용접, ④교류 피복 아크 용접의 4가지 용접방법을 적용할 수 있다.
- 주요 구성부분은 교류 용접기의 주 변압기, 전류조정 가동철심부의 본체, 정류기 등으로 구성되어 있다.

㉣ 펄스 TIG 용접기 : 직류 용접기에 펄스발생 회로를 추가한 것으로 우수한 품질의 용접이 얻어지며 용락의 우려가 되는 경합금, 박판 용접에 양호한 용접이 얻어진다.

저주파 펄스 용접기	0.5~10Hz의 저주파 펄스
고주파 펄스 용접기	10~25Hz의 고주파 펄스

(5) 제어장치

① 주요 제어기능의 구성 : 고주파발생장치, 가스제어회로, 냉각제어회로, 용접전류 제어회로, 고주파발생장치

② 고주파 발생장치

㉠ 교류전원의 역극 반주기에서 아크 재점화를 쉽게 하여 불평형 부분을 감소한다.

㉡ 고주파의 전파방해 : 스파크 갭 방식에서 넓은 주파수 내에 미치는 강력한 전기진동의

발생으로 전파장해를 일으킬 가능성이 있다.
③ **아르곤가스 제어 회로** : 아크가 소멸된 후 텅스텐 전극의 산화방지, 냉각, 크레이터의 산화방지를 위해 아르곤 가스를 5~25초 정도로 흐름을 지연시킬 필요가 있다.
④ **냉각수 제어 회로** : 냉각수 회로에 솔레노이드 밸브(solenoid valve)를 설치하고 아크발생 중에만 냉각수를 흐르게 하는 제어장치이다.
⑤ **용접전류 제어회로** : 전자개폐기에 의해 용접전류를 개폐하고 아크 발생 시에만 고주파를 발생시켜 전극을 모재에 접촉시키지 않고 아크발생을 가능케 하고 용접 중에는 고주파를 중단시키는 형식의 제어장치이다.

(6) 보호가스 공급장치

① 아르곤 가스는 1기압하에서 약 6,500ℓ가 140기압으로 용기에 충전되어 압력조정기에 의해 2단으로 감압하고 유량계를 통하여 일정한 유량을 공급하게 된다.
  ㉠ 유량계
    – 회전식
    – 부유식 : 테이퍼로 된 유리관 속을 흐르는 가스류에 밀려 올려진 작은 볼(ball)의 위치를 보고 유량 측정
  ㉡ 가스혼합기 : 모재의 재질에 따라 헬륨가스를 혼합할 경우 정밀하게 가스를 혼합시키기 어려우나 설치비가 비교적 싸고 취급이 용이하다.

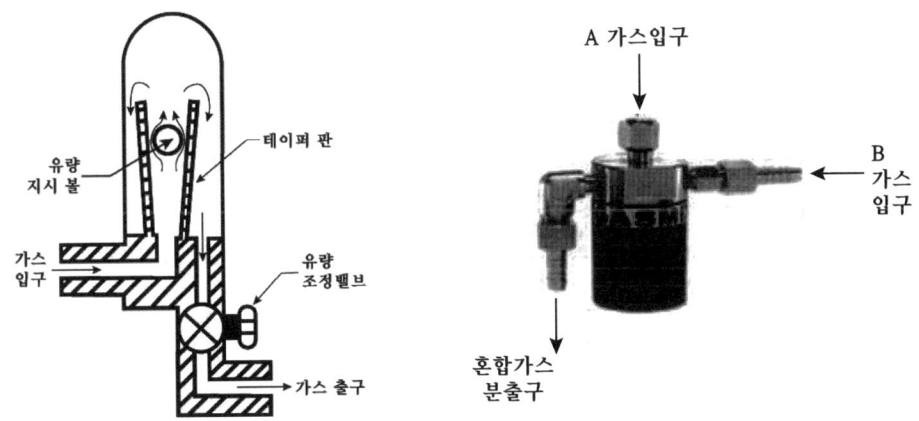

(7) 냉각수 순환장치

① 냉각수 순환방식
  ㉠ 강제 순환방식 : 용접기 자체에 냉각수통과 펌프가 장착되어 기계적으로 순환하여 토치를 냉각하는 방식
    • 이동작업이 편리하고, 냉각수를 절약할 수 있다.

- 월 2회 점검하여 일정수위가 되도록 하며 깨끗한 물로 교환한다.
- 겨울에는 동파의 위험이 있으므로 냉각수에 부동액을 넣어 얼지 않도록 한다.
- 누수 시 즉시 수리하여 소손되지 않도록 한다.

ⓒ 자연 순환방식 : 토치 냉각 호스에 수도관을 직접 연결하여 토치를 냉각한 후 냉각수를 외부로 방출하는 방식
- 냉각수의 물은 깨끗한 수돗물을 사용하는 것이 좋다.
- 전해물질을 함유했을 때에는 냉각수의 절연저항이 저하되어 그 부분을 통해서 고주파 전류의 누설이 커지므로 아크 발생이 곤란하게 된다.

(8) 토치

① 토치의 종류와 용도

ⓐ 용접장치에 따른 종류 : 수동식, 반자동식, 자동식

ⓑ 냉각방식에 따른 종류

공랭식	- 200A 이하의 비교적 낮은 전류에 사용한다. - 가볍고 취급이 용이하다. - 용접 시 발생되는 케이블의 저항열을 가스공급 호스의 가스에 의해 냉각되도록 한다.
수냉식	- 650A까지의 높은 전류로도 용접이 가능하다. - 전원케이블을 피복이 없는 전선만 냉각수의 배출 호스 안에 넣어 냉각효과를 높이고 무게를 감소시켜 토치 조작이 용이하도록 되어 있다.

ⓒ 형태에 따른 분류 : T형 토치, 직선형 토치(pencil형), 플렉시블 헤드 토치

② 토치의 명칭 및 구조

ⓐ 토치의 구조 : 토치의 내부는 전류용 케이블, 불활성가스 및 냉각수용 파이프가 호스로 연결되어 있고 전원 케이블은 냉각수 호스 내부를 통하여 연결되므로 용접시 발생되는 열을 냉각시키도록 되어 있으며 외관은 가벼운 합성수지로 되어 있어 전류절연 및 취급이 용이하도록 되어 있다.

ⓑ 가스노즐(gas nozzle)
- 세라믹 노즐(ceramic nozzle) 또는 가스컵(gas cup)이라 하며 재질은 세라믹 또는 동으로 만들어진다.
- 용접물의 재질, 용접 전류치, 용접이음의 형태, 사용 가스에 따라 적당한 노즐을 선택하여 사용한다.
- 노즐의 크기는 가스분출구멍의 크기로 정해진다.
  (4, 5, 6.5, 7.5, 8.5, 9, 10, 11, 12, 13mm)

• 노즐 모양이 가늘고 작은 것은 주로 홈 용접에 많이 사용되고 수냉식 토치에 적합하며 구멍이 큰 것은 평판용접에 사용되며 공냉식 토치에 적합하다.

3 전극봉

(1) 전극재료의 조건 : 고용융점의 금속, 전자방출이 잘 되는 금속, 전기저항율이 적은 금속, 열전도성이 좋은 금속

(2) 전극의 종류

① 순텅스텐 전극(EWP)
  ㉠ 토륨텅스텐 전극에 비해 전자방사 능력이 뒤지나 교류용접에서 불평형 전류의 감소로 오히려 뛰어나다.
  ㉡ 알루미늄, 마그네슘 합금 등의 용접에 사용된다.
  ㉢ 산화지르코늄 합금 전극봉(EWZr)
  ㉣ Al이나 Mg용접에서 순텅스텐 전극봉이 쉽게 오염되는 단점을 보완한 것이다.

KS등급기호	AWS등급기호	종류	식별용 색 KS	식별용 색 AWS	사용전류	용도
YWP	EWP	순텅스텐	백색	녹색	ACHF	Al-Mg합금
-	EWZr	지르코늄텅스텐	-	갈색	ACHF	Al-Mg합금
YWTh-1	EWTh1	1% 토륨텅스텐	황색	황색	DCSP	강-스테인리스강
YWTh-2	EWTh2	2% 토륨텅스텐	적색	적색	DCSP	강-스테인리스강

② 토륨 텅스텐 전극봉
  ㉠ 전자방사능력이 현저하게 뛰어난 이점이 있으며 불순물이 부착되어도 전자 방사가 잘 되어 아크가 안정하다.
  ㉡ 아크 발생이 용이하고 불순물 부착이 적으며 직류 정극성에 좋다.(교류에 부적합)
  ㉢ 주로 강, 스테인리스강, 동합금의 용접에 적합하다.
  ㉣ 순텅스텐 전극봉보다 전극봉이 뾰족하고 길게 하여 사용한다.

(3) 전극봉의 선택

① 용접 전류치, 극성에 따라 전극의 재질 또는 지름의 크기를 선택한다.
② 전극봉은 청결하고 곧으며 모양이 정확해야 한다.
③ 용접부와 용가재의 접촉 등에 의해 오염되면 가공하거나 새로운 것으로 대치시켜야 한다.

(4) 전극봉의 가공(D : 전극봉의 지름)

① 직류용접에 대한 전극 단부 치수
  ㉠ 경사부분의 길이 : 2~3D
  ㉡ 전극봉 아크발생부 끝부분 지름 : 6.4D(전극봉 뾰족점이 0.4mm보다 약간 작게)
② 알루미늄의 교류용접에 대한 둥근 전극봉 외관
  ㉠ 경사부분의 길이 : 2D
  ㉡ 전극봉 아크 발생부 끝부분 : 4.0~6.4mm 끝부분은 둥글게 가공

4 용접재료

(1) 용가재

① 형태에 따른 분류

직선형의 환봉	수동 TIG 용접
코일(coil)형의 와이어	반자동, 자동

② 재질에 따른 분류 : 스테인리스강, 알루미늄 합금, 마그네슘 합금, 티타늄 합금, 구리합금 등
③ 지름의 크기에 따른 분류

직선형	1.0, 1.2, 1.6, 2.0, 2.4, 3.2, 4.0, 5.0mm
와이어	0.8, 1.2, 2.0, 2.4mm

(2) 스테인리스강 용가재

① Y308
  ㉠ 18-8, 10-9 스테인리스강이다.
  ㉡ STS 304 용접에 사용한다.
  ㉢ 내식성, 내마모성이 우수하고 덧붙임 용접봉으로 많이 사용한다.
② Y308L
  ㉠ Y308에 C를 극히 적게 함유시킨 강이다.
  ㉡ STS 304L 용접에 적합하다.
  ㉢ 탄소량이 적어 용접 시 입계부식의 해를 적게 할 수 있으며 용접 후 열처리가 불가능한 장소에 사용한다.
③ Y309
  ㉠ Cr 25%, Ni 12%의 합금이다.

ⓒ 내식성을 필요로 하는 재료, 18-8스테인리스강, 이종금속의 용접, 같은 재질의 강재, 주강의 용접에 사용한다.

④ Y310

㉠ Cr 25%, Ni 12%에 MO, Nb 함유한다.

㉡ 동일재료의 STS 310, 담금질성이 높은 고장력강의 용접에 사용한다.

⑤ 316

㉠ Cr 25%, Ni 12%, Mo 2%(18-8 Mo, 19-20 Mo)의 합금이다.

㉡ 동일재질의 STS 316에 사용한다.

㉢ 고온취성에 대한 저항력 증대한다.

㉣ 내열성에 요구되는 용접에 사용한다.

⑥ Y316L

㉠ T316에 탄소량을 극히 적게 함유시킨 용접봉이다.

㉡ 동일재질의 ST S316이나 ST S316L에 사용한다.

㉢ 입계부식의 해를 방지할 수 있고, 용접 후 열처리가 불가능한 곳에 사용한다.

⑦ Y316CuL

㉠ Cr 18%, Ni 12%, Mo 2%, Cu 2%의 합금이다.

㉡ STS 315JiL에 적합하다.

㉢ 입계부식의 해를 방지할 수 있고, 열처리가 불가능한 곳에 사용한다.

⑧ Y317

㉠ Y316에 다량의 Mo 첨가한 것이다.

㉡ 동일한 재질의 용접에 사용한다.

㉢ 화학약품이 용기 또는 기기의 용접에 사용한다.

⑨ Y347

㉠ Cr 19%, Ni 9%, Nb를 함유(18-8Nb, 19-9Nb)한다.

㉡ STS 347, STS 321의 용접에 사용한다.

㉢ 입계부식 방지에 유효하며 내열성을 요구하는 용접에 적합하다.

⑩ Y410

㉠ Cr 13%의 합금으로 동일재질의 STS 403, 410, 420의 용접에 사용한다.

㉡ 내식성, 내마모성이 우수하며 덧붙임에 많이 사용된다.

㉢ 용착금속에 자경성이 있으므로 연성을 얻으려면 용접시 예열과 후열처리가 필요하다.

⑪ Y430

㉠ Cr 17%의 합금으로 용착금속이 페라이트 조직일 때 STS 430, 403, 410 등의 용접에 사용된다.

ⓛ Cr은 내식성을 증가시키고 열처리 후 양호한 연성과 인장강도를 유지해 준다.

(3) 알루미늄 용가재

구분	지름(mm)	허용오차(mm)	구분	지름(mm)	허용오차(mm)
용접봉 (Rod)	1.6 2.0 2.4 3.2 4.0 5.0 6.0	±0.06	전극와이어 (Wire)	0.8	±0.12
				1.0, 1.2, 1.6	±0.03
				2.4, 3.2, 4.0, 4.8, 5.0, 5.6, 6.0, 6.4	±0.04

① 알루미늄 용접봉 및 전극와이어 지름과 그 허용오차(KSD7028)
② 강도 확보를 위한 용가재 선택 순서 : 5556 > 5183 > 5356 > 5654 > 4043 > 1100
③ 연성확보를 위한 용가재 선택 : 강도위주를 나열한 것의 역순이며 1100의 용접봉은 연신율 50%이고, 5183이나 5356의 경우 연신율 15~20%로 연성은 주로 모재의 혼입에 따라 영향을 받는다.
④ A1100, A1200
   ㉠ 공업용 순 Al 및 Al-Mg 합금 용접에 사용한다.
   ⓛ 용접성, 내식성이 좋으며, 용접부 인장강도는 8~12kg/mm² 정도이다.
⑤ A4043
   ㉠ Al-Si 5%의 합금이다.
   ⓛ 고온균열에 대한 저항이 크므로 용접균열 발생이 쉬운 주물, 열처리 합금에 사용한다.
   ㉢ 용착금속의 연성이 적고, 용접부의 인장강도는 17~25kg/mm² 정도로 높다.
⑥ A5154
   ㉠ Al-Mg 2.5% 합금이다.
   ⓛ Al-Mg계 합금의 용접에 사용한다.
   ㉢ 용접성, 내식성도 좋으며 용접부의 인장강도는 21~27kg/mm² 정도이다.
⑦ A5554
   ㉠ Al-Mg 2.5% 합금이다.
   ⓛ Al-Mg계 용접에 사용한다.
   ㉣ 용접성, 내식성이 좋으며 용접부의 인장강도는 13~24kg/mm² 정도이다.
⑧ A5356
   ㉠ Al-Mg 2.5%의 합금이다.

ⓒ Al-Mg계, Al-Mg-Si 용접에 사용한다.

  ⓒ Mg 0.06~0.20% 첨가로 용접부의 결정립이 미세화되고 기계적 성질이 향상된다. 용접성, 기계적 성질이 좋으며, 용접부 인장강도 27~31kg/mm² 정도로 높다.

⑨ A5556

  ㉠ Al-Mg 5%, Mn 0.8%의 합금이다.

  ㉡ Al-Mg계, Al-Mg-Si 용접에 사용한다.

  ㉢ 용접성, 기계적 성질이 양호하며 구조물 용접에 적합하다.

  ㉣ 용접부 인장강도는 28~32kg/mm² 정도로 높다.

⑩ A5183

  ㉠ Al-Mg 4.5%, Mn 0.8%의 합금이다.

  ㉡ 5083의 용접에 사용한다.

  ㉢ 용접성이 뛰어나며 내식성, 기계적 성질 등 용착금속의 연성도 좋다.

  ㉣ 용접부의 인장강도는 28~32kg/mm² 정도로 높다.

(4) 동 및 동합금 용가재

① 동(R Cu)

  ㉠ 전기동(터프피치동)

  ㉡ 탈산동에 사용되는 동의 용가재는 인(P) 또는 규소(Si)를 탈산한 순동을 사용하며 용착금속의 내식성도 모재와 비슷하다.

  ㉢ 직류 정극성을 이용하며 예열이 필요하다.(후판의 경우 250~600℃)

② 규소청동(R CuSi)

  ㉠ 동, 규소청동, 황동 용접에 사용한다.

  ㉡ Cu-Si-Mn(에버듀르)의 일종으로 용착금속의 열전도율이 동에 비해 낮으므로 예열온도는 낮게 할 수 있다.

  ㉢ 조직은 조밀하지 못하여 기계적 성질이 떨어지기 쉬우므로 용접 후 즉시 피닝(peening)하는 것이 좋다.

③ 인청동(R CuSn)

  ㉠ 동, 인청동, 황동의 용접에 사용한다.

  ㉡ 용착금속의 화학성분은 Sn 4.0~9.0%, P 0.35% 이하이며, P 0.15% 이상에서 경도가 높다. 내마모성이 요구되는 슬리브 용접에 이용한다.

  ㉢ 예열온도는 약 150~200℃이며 용접 후 피닝이 필요하다.

④ 알루미늄 청동(R CuAl)

  ㉠ 용착금속은 Al 6~12%, 약간의 Fe, Ni을 함유한 Al청동이다.

ⓛ 용착금속은 비교적 강도와 경도가 높고 내마모성과 해수에 대한 내식성이 요구되는 곳에 사용한다.
ⓒ 예열온도는 Al청동, 연강일 때 200℃정도 황동, 망간청동일 때 250~350℃가 적당하다.

⑤ 큐프로 니켈 용접봉(R CuNi)
　ⓛ 큐프로 니켈 용접에 사용한다.
　ⓛ 용착금속의 성분 : Cu 70%, Ni 30%
　ⓒ 열전도율이 낮고 고온취성이 있어 예열해서는 안 되며 층간온도는 70℃ 이하를 유지하고 용접해야 한다.

(5) 보호가스

① 아르곤 가스
　ⓛ 무색, 무취, 무미이며 독성이 없다.
　ⓛ 공기 중에 약 0.94% 정도 포함
　ⓒ 아크발생이 쉽고 부드러우며 조용한 아크 발생을 한다.
　ⓔ 어떤 전류 및 아크길이에 대하여 낮은 전압을 사용할 수 있다.
　ⓜ 과도한 용락(melt-thru)을 주지 않고 박판용접 및 장외용접(out-of position welding)에서 아주 적합하다.
　ⓗ 교류전원을 사용할 때 아주 양호한 표면 산화청정작용을 한다.
　ⓢ 헬륨보다 값이 싸며 10배정도 더 무거워 낮은 흐름속도에서도 매우 양호한 차폐이불(shielding blanket) 역할을 한다.

② 헬륨가스
　ⓛ 무색, 무취, 무미의 독성이 없는 가스로 공기의 1/7정도로 가볍다.
　ⓛ 아르곤보다 높은 아크 전압이 요구되면 이온화 상태로 용접입열을 높여 주어 용입을 양호하게 한다.
　ⓒ 유효한 가스 보호를 위해 아르곤 가스보다 흐름속도가 2~3배 더 빠르게 된다.
　ⓔ 용접 시 빠르게 열을 흡수하는 열전도성을 가진 후판 모재의 용접 또는 금속의 용접에 적합하다.

성질	단위	아르곤	헬륨
밀도(20℃ 1기압)	q / cm³	1.663×10^{-3}	0.1664×10^{-3}
비열(20℃ 1기압)	Cal / q · ℃	0.125	1.250
열전도도(20℃ 1기압)	Cal / cm² · ℃ · Sec	0.406×10^{-4}	3.32×10^{-4}

(6) 전극봉의 가공

전극의 종류	사용전원	사용전류	가공방법
토륨텅스텐	직류정극성	200A 이하	30~50°, 끝은 뾰족하게
토륨텅스텐	직류정극성	250A 이상	30~50°, 끝은 1mm 정도
순텅스텐	교류 및 직류역극성	100A 이하	D/2 반지름으로 둥글게
순텅스텐	교류 및 직류역극성	150A 이상	D/2 반지름으로 둥글게

Ⅱ. 불활성가스 금속 아크 용접(Inert Gas Matel Arc Welding)

1 원리

(1) 용가재의 전극선을 연속적으로 송급하여, 아크를 발생시키면서 용접하는 방법(용극식, 소모식)

① 상품명 : 에어코메틱(Aircometic), 시그마(Sigma)
② 판 두께 약 3mm 이상의 후판 용접에 사용

(2) 장점

① 피복제 및 용제가 필요 없다.
② 아크가 극히 안정되고 스패터(spatter)가 적으며 조작이 용이하다.
③ 전자세 용접이 용이하고, 열의 집중이 좋으므로 용접능률이 높다.
④ 청정작용으로 산화막이 강한 금속 또는 산화물이 생기기 쉬우며 용접이 용이하고, 용접부의 제성질이 우수하다.
⑤ 얇은 판의 용접에서 용접봉을 사용하지 않아도 용접부가 얻어지며 언더컷도 잘 발생하지 않는다.

(3) 단점

① 장치가 복잡하여 자주 고장이 일어나기 쉽고 설치비도 비싸다.
② 얇은 금속 용접에 부적당하다.
③ 야외작업 시 통풍이 잘되는 구역에서 금지한다.

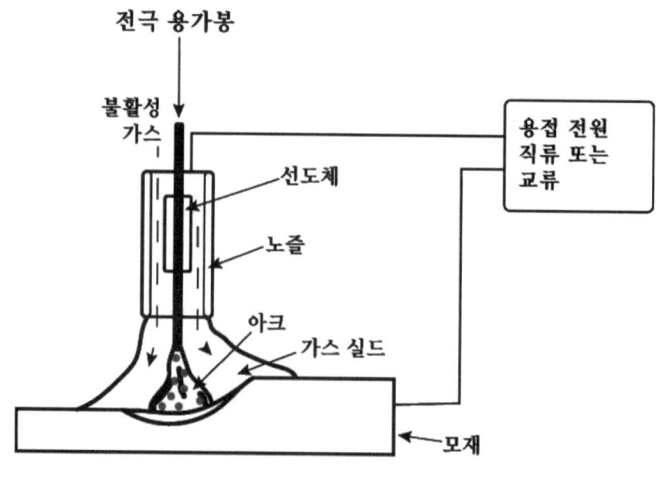

[불활성가스 아크 용접]

2 용접법의 특징

MIG 용접은 전류밀도가 대단히 커서 피복 아크용접의 약 6배, TIG 용접의 약 2배이며, 서브머지드 아크 용접의 경우와 동일한 정도가 된다.

- 일반적으로 모든 금속의 용접이 가능하다.
- 용제를 사용하지 않으므로 슬래그를 제거할 필요가 없다.
- 아크가 극히 안정되고 스패터가 적어 합금성분의 손실이 적다.
- 용착금속의 품질이 우수하다.
- 용접이 가능한 판의 두께 범위가 넓다.
- 매우 능률적이며 전자세 용접이 가능하다.

※ 단, 보호가스의 가격이 비싸므로 연강용접의 경우 부적당하고 바람의 영향을 받기 쉬워 방풍대책이 필요하다. 또한, 3mm이하 박판용접에는 적용이 곤란하다.

① MIG 용접 아크의 자기제어
  ㉠ 같은 전류의 상태에서 아크 전압이 크면 와이어의 송급 속도가 급감하거나 용접물이 오목하게 되어 용융속도가 저하한다.
  ㉡ 아크길이가 길어지면 아크 전압이 커져 전극의 용융속도가 감소하므로 아크길이가 짧아져 다시 원래의 길이로 되돌아간다.
  ㉢ 반대로 어떤 원인에 의해 아크길이가 짧아지면 아크 전압이 낮아져 전극의 용융속도가 증가하게 되어 원래의 길이로 돌아가는 작용으로 이 특성을 만족하려면 정전압 특성과 상승특성을 가져야 한다.

② 실드가스(shield gas) : 동일 아크 길이에 대하여 헬륨가스는 아르곤 가스보다 아크 전압이 현저히 높으며 헬륨 가스를 사용하면 입력이 증가하고 용접속도가 빨라진다.

③ GMAW의 금속이행 : 이행이 형태에 영향을 주는 요소 전극봉 크기, 보호가스, 극성, 아크전압 및 용접 전류

3 용적 이행

(1) 단락 이행

① 전류 증가 및 전자기 핀치력에 의해 발생한다.
② 아래보기 자세에서 중력에 의해 용융지에 전극봉 끝이 둥근모양이 되어 첨가되고 둥근 모양이 되자 곧 아크는 회복된다.
③ 사이클은 초당 20~200번 정도이다.

※ 단락 아크에 대한 필요조건 : 직류 역극성, 낮은 용접 전류(225A 이하), 가는 전극봉

(1.1mm 또는 그 이하), 이산화탄소 100% 보호가스 및 이산화탄소+아르곤 혼합가스

(2) 구상 이행

① 용가재는 용융지에 접촉하지 않고 전극봉 직경의 3배에 이르는 용적은 전자기 핀치력에 의해 진행된다.
② 용적은 아크 흐름을 통하여 용융지에 떨어진다.

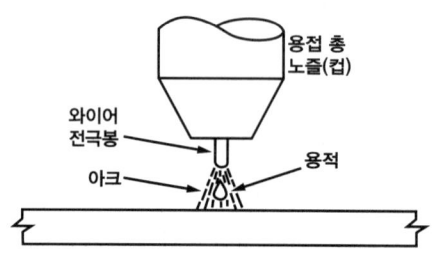

구상 이행 (globular transfer)

(3) 분무 이행

① 용융된 방울은 미세하 입자로 연속적 분무 형태로 용융지에 이행한다.
② 용적은 특이하게 전극봉 직경보다 더 작고, 아크에서 전자기력의 핀치효과에 의해 아크흐름은 통해 투사한다.
③ 용적은 초당 수백의 비율로 이행한다.
④ 이행은 축 방향으로 진행되며 회전운동을 가지지 않고 직선에서 아크를 따라 분무한다.
⑤ 후판 용접에 적합하며 장외 용접에 매우 효과적이다.
※ 분무 이행에 대한 필요조건 : 직류 정극성, 높은 용접 전류, 보호가스는 아르곤 또는 아르곤+산소 혼합가스

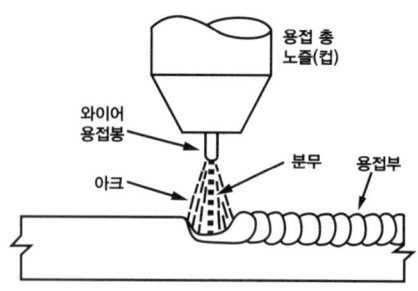

분무 이행(spray transfer)

4 용접기 구성

(1) MIG 용접 장치
토치, 와이어 송급장치, 와이어릴, 제어장치, 아르곤 가스 실린더, 조정기, 용접전원, 케이블 등

① 심선 이송기구
  ㉠ 미는식(push type) : 가는 연질의 알루미늄 선인 플렉시블 컨텍트(flexible contact)가 너무 길면 송급 롤러가 있는 부분에서 구부러지기 쉽다.
  ㉡ 당기는 식(pull type) : 전자동장치에 주로 쓰인다. 지름 0.4mm까지 가는 와이어를 사용할 수 있고, 알루미늄에서는 1.6mm의 박판 및 스테인리스강에서는 0.8mm까지의 박판 MIG 용접이 가능하게 된다.
  ㉢ push-pull type

② 제어장치
  ㉠ 아르곤 가스 개폐제어, 용접와이어의 기동, 접지 및 속도 제어, 용접전류의 투입차단, 보호장치, 기타 안전장치
  ㉡ 예비가스 유출시간(pre flow time) : 아크가 발생되기 전 보호가스를 흐르게 하여 아크가 발생시 시작점을 보호하는 기능
  ㉢ 스타트 시간(start time)
    - 아크가 발생되는 순간 용접전류와 전압을 크게 하여 아크 발생과 모재의 융합을 돕는 핫 스타트(hot start) 기능
    - 와이어 송급속도를 아크가 발생되기 전 천천히 송급시켜 아크 발생 시 와이어가 튀는 것을 방지하는 슬로다운(slow down) 기능
  ㉣ 크레이터 충전시간(crater fill time) : 용접이 끝나는 지점에서 토치 스위치를 다시 누르면 용접전류와 전압이 낮아져 쉽게 크레이터가 채워져 결함을 방지하는 기능
  ㉤ 번백시간(burn back time) : 크레이터 처리 기능에 의해 낮아진 전류가 서서히 줄어 들면서 아크가 끊어지는 기능 또는 용접부위가 녹아 내리는 것을 방지
  ㉥ 가스 지연 유출시간(post flow time) : 용접이 끝난 후에도 5~25초 동안 가스가 계속적으로 흘러나와 크레이터 부위에 산화를 방지하는 기능

Ⅲ. CO_2가스 아크 용접

1 원리

용접와이어(welding wire)와 모재 사이에서 아크를 발생시키고 토치선단의 노즐에서 순수한 탄산가스나 이것에 다른 가스(O_2나 Ar)를 혼합한 가스를 내보내어 아크와 용융금속을 대기로부터 보호하며 용접을 진행한다.

> ※ CO_2 아크 용접에서 일어나는 반응
> - $CO_2 \leftrightarrow CO + O$
> - $Fe + O \leftrightarrow FeO$(산화물)
> - $FeO + C \leftrightarrow Fe + CO$
> - 이때 CO가스가 미처 빠져 나가지 못할 경우 용착금속에 산화된 기포가 많게 된다.
> - $2FeO + Si \leftrightarrow 2Fe + SiO_2$
> - $FeO + Mn \leftrightarrow Fe + MnO$
> - 와이어에 적당한 탈산제인 Mn, Si를 첨가하여 용융강 중의 산화철을 적당히 감소시켜 기공의 발생을 방지하고 생성된 SiO_2, MnO는 용착금속과의 비중차에 의해 슬래그가 되어 비드 표면에 분리되어 뜨게 된다.

2 용접법의 종류

(1) 실드가스와 용극 방식에 의한 분류

용극식	– 솔리드와이어 CO_2법(순탄산가스법) – 솔리드와이어 혼합가스법(CO_2–O_2법, CO_2–CO법, CO_2–Ar법, CO_2–Ar–O_2법) – 플럭스 와이어 CO_2법(아코스아크법, 퓨즈아크법, NCG법, 유니언 아크법)
비용극식	– 탄소 아크법 – 텅스텐 아크법(이중 노즐식)

(2) 토치의 작동형식에 의한 분류 : 수동식, 반자동식, 전자동식
(3) 용접부의 형식에 의한 분류

연속 아크 용접법	용극식, 비용극식
아크 스폿 용접	용극식, 비용극식

3 용접법의 특징

(1) 장점
① 용착금속의 성질이 좋다.
② 가는 선재의 고속도 용접이 가능하며 용접비용이 수동용접에 비해 싸다.(용접비용 : 연강판 5~25mm일 때 피복아크용접의 약 ¼, 서브머지드 아크 용접의 약 ½)
③ 용입이 깊으며 특히 필릿 용접에서 수동 용접보다 깊은 용입을 얻을 수 있어 필릿 용접의 각장을 대폭 줄일 수 있으므로 용접와이어 소모량과 제품의 무게를 줄일 수 있다.
④ 가시 아크이므로 시공이 편리하다.
⑤ 용접결함이 적고, 크레이터 균열이 생길 염려가 없으며 은점 발생확률이 적다.
⑥ 조작이 간단하고 높은 숙련을 요하지 않는다.
⑦ 필릿 용접 이음의 정적강도, 피로강도 등이 수동 용접에 비해 매우 크다.

(2) 단점
① 인체에 해로운 일산화탄소가 발생할 수 있다.
② 풍속 2m/sec 이상의 바람에는 방풍대책이 필요하다.
③ 용접기 가격이 비싸다.
④ 아크가 거칠고 스패터가 많이 발생한다.

4 용적이행

솔리드 와이어의 경우 극성이나 전류에 관계없이 항상 단락이행 이며 와이어지름 보다도 약간 큰 용접이 불규칙적인 형태로 이행한다.
① 스패터가 많이 발생하므로 아크를 짧게 하여 용섭하여야 한다.
② 단락이행을 하므로 아크 소리가 크고 비드 외관이 나쁘다.
③ 플럭스코어드와이어(Flux cored wire)의 경우 아크는 금속단에서 발생하고 내부의 flux는 그 복사열 또는 열전도에 의해 약간 늦게 녹으므로 금속의 단면형상을 적당히 하여 방지한다.
④ 플럭스코어드와이어의 용적은 일반적으로 미세한 입자의 스프레이 모양으로 이행한다.

5 용접기 특성과 용접장치

(1) 전원특성과 아크 안정제어

용접기	직류 정전압 특성이나 상승특성의 용접전원 사용
와이어 송급	정속도 송급 방식

(2) 전원의 외부 특성

① 정전압 특성(constant voltage charaterstic)
  ㉠ 전류가 증가하여도 전압이 일정하게 되는 특성(전원의 자기 제어 특성에 의한 아크 길이 제어)
  ㉡ 어떤 원인에 의해 아크 길이가 길어지면 용접전류가 낮아져 용융속도가 낮아지므로 정속 송급에 의해 아크길이가 정상으로 복귀
  ㉢ 솔리드 와이어나 직경이 작은 복합와이어에 적합한 특성
② 상승 특성 : 전류가 증가할 때 전압이 다소 높아지는 특성
③ 수하 특성(dropping charaterstic : PST곡선)

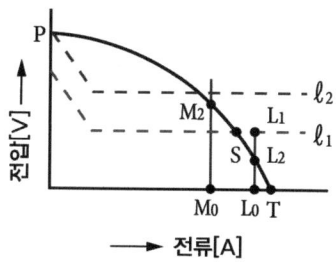

  ㉠ 부하전류가 증가하면 단자전압이 저하하는 특성
  ㉡ S점 : 아크가 필요로 하는 전압과 전류가 일치하여 아크가 발생하는 점
  ㉢ 어떤 원인에 의하여 전류가 증가하였을 경우 아크가 요구하는 전압의 크기가 낮아져 전류가 감소하여 처음 아크 발생점으로 돌아가는 특성

(3) 용접장치의 구성 및 취급

① 용접장치의 구성 : 주행대차(carriage)위에 용접토치와 와이어 등을 탑재한 전자동식과 토치만 수동으로 조작 하고 나머지는 기계적으로 조작하는 반자동식이 있다.
  ㉠ 와이어 송급 방식 : 푸시(push)식, 풀(pull)식, 푸시 풀(push pull)식
  ㉡ 가스 유량계
② 토치의 구조
  ㉠ 용접팁(welding tip)
    • 접촉팁(contact tip)이라고도 하며 가는 구리관으로 되어 토치 노즐 속에 들어 있으며 용접 wire가 이곳을 통해 지나면서 전기에 의해 가열되어 아크를 일으킨다.
    • 팁은 구멍의 내경이 표시되어 있고 사용하는 와이어 지름에 맞는 것을 골라 끼운다.
    • 용접케이블 와이어 피더(wire feeder)와 그립(grip)을 연결하는 것으로 그 속에는 용접전선, 가스호스, 스프링 라이너 등이 있으며 필요에 따라 냉각호스도 들어 있다.

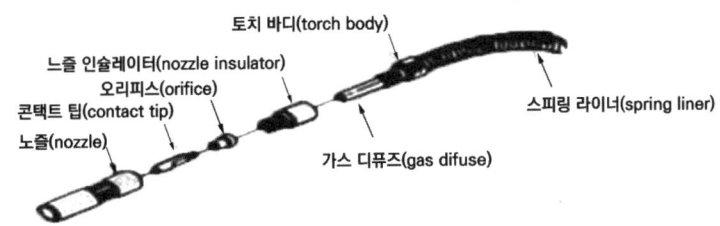

CO2 가스 아크 용접용 토치 구조

(4) 보호가스 설비
① 용기(cylinder), 히터(heater), 조정기(regulator), 유량계(flow meter) 및 가스 연결용 호스
② CO_2가스는 실린더 내부 압력으로 조정기를 통해 나오면서 배출압력이 낮아져 주위로부터 많은 열을 흡수하여 조정기와 유량계가 얼게 되므로 유량계에 히터가 붙어 있다.

(5) 와이어 돌출길이
① 팁끝에서 와이어 첨단까지의 길이
  ㉠ 돌출길이가 길어지면 예열이 많아지고 용착 속도와 용착 효율이 커지며, 보호 효과가 나빠진다. 또한 용접전류는 낮아진다.
  ㉡ 돌출길이가 짧아지면 보호효과는 좋으나 노즐에 스패터 부착이 쉽고 용접부 외관이 나쁘며 작업성이 떨어진다.
  ※ 용접작업에서 일반적인 와이어 돌출길이는 10~15mm가 적당하며 팁과 모재간의 거리는 아크 전류 200A 미만에서 10~15mm정도, 200A 이상에서는 15~25mm가 적당하다.

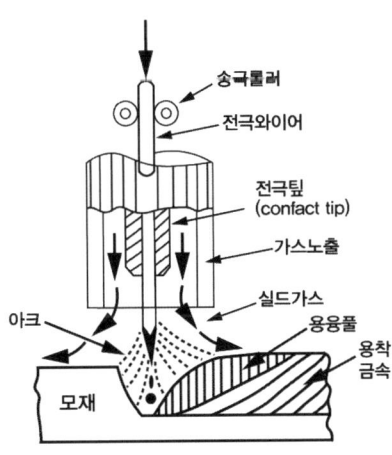

6 전진법과 후진법

(1) 전진법
① 토치각을 용접 진행방향 반대쪽으로 15~20° 유지하는 방식이다.
② 용접선이 잘 보이므로 운봉을 정확하게 할 수 있다
③ 비드 높이가 낮고 평탄한 비드가 형성된다.
④ 스패터가 비교적 크고 많으며 진행방향쪽으로 흩어진다.
⑤ 용착금속이 아크보다 앞서기 쉬워 용입이 낮아진다.
⑥ 다층용접이나 용접면에 요철이 있는 경우 융합불량이 생길 수 있다.
⑦ 주로 박판에 사용된다.

(2) 후진법
① 토치각을 용접 진행방향으로 15~20° 유지하는 방식이다.
② 용접선이 노즐이나 용접봉에 가려 정확하게 운봉하기 어렵다.
③ 비드 높이가 약간 높고 폭이 좁은 비드가 생긴다.
④ 스패터의 발생이 전진법보다 적다.
⑤ 용융금속이 용용지보다 앞으로 나가지 않으므로 깊은 용입을 얻을 수 있다.
⑥ 비드형상이 잘 보이기 때문에 비드폭/높이 등을 억제하기 쉽다.
⑦ 주로 후판용접에 사용된다.

Ⅵ. 플럭스 코어드 아크 용접법

1. 원리
(1) GMAW와 같이 와이어를 송급장치에 의해 연속적으로 공급하여 아크를 일으켜 용접부에 용가재를 공급시켜 용접하는 장치로 와이어 용접봉 속에 용제를 채워서 만든 중공관의 차이가 있다.

2. 플럭스 코어드 용접의 종류
(1) 자체 보호 플럭스 코어드 아크 용접
(2) 가스 보호 플럭스 코어드 아크 용접

3. FCAW의 플럭스 코어드 용접 장단점
(1) 장점 : 연속적인 와이어 송급으로 용접봉 교환을 위한 용접 중단이 필요 없다.
　① SMAW보다 일층으로 단번에 큰 용접부를 용접할 수 있다.
　② 용제는 불순물 제거 및 유익한 합금원소 첨가, 얇은 슬래그로 용접부를 보호한다.
　③ 빠른 주행속도로 전단변형을 감소, 용접부 및 열영향부에서 금속조직을 변화시킨다.
　④ 용접부를 쉴드가스와 슬래그로 보호하여 산화를 효과적으로 차단한다.

(2) 단점
　① SMAW의 장비와 비교할 때 비용이 크고 구조가 복잡하다.
　② 용제를 사용하므로 용접 중 연기 및 슬래그를 발생하며 통풍장치가 필요하다.
　③ 층 사이의 슬래그를 완전히 제거하지 않는 경우 슬래그 혼입 등 기타 각종 용접결함 발생 우려가 있다.

4. FCAW 용접 장치 및 그 부속품
(1) 용접기
　① 직류 정전압 GMAW용접기 사용하며, 직류역극성으로 FCAW에 사용한다.
　② 용접기 구성 : 전원(power source), 조종반(control panel), 와이어 송급기(wire feeder)
　③ 아크길이는 GMAW와 같이 어느 정도 자기 제어된다.

④ 반자동 용접시 전류 650A까지 허용하는 높은 사용률(80~100%)을 가진 용접기가 요구된다.

(2) 보호 가스

① 주로 CO_2가스를 사용하나 아르곤 75%+CO_2 25%의 혼합가스도 사용된다.
② 혼합가스 사용 시 용접부의 중력효과를 극복시키는 데 유익한 분무이행으로 장외용접을 더 용이하게 한다.
③ 보호가스 유량은 15~20LPM, 바람이 불거나 와이어의 돌출길이가 길 때 30LPM 이상 조정한다.

V. 서브머지드 아크 용접(SAW)

1 개요

(1) 1935년 미국 유니온 카바이트사가 고안 1936년경 실용화
(2) 유니온 멜트용접(Union melt welding), 링컨 웰드(Lincoln weld)라고도 불린다.
(3) **용도** : 조선, 압력용기, 강관, 차량, 교량, 기타 구조 부재의 접합 및 덧붙이 용접 등 비교적 용접선이 길고 연속용접이 가능 후판 모재
(4) **적용재료** : 각종 탄소강, 저합금강, 스테인리스강, 알루미늄, 구리 및 구리합금, 니켈 및 니켈합금 등 비철 금속의 용접에도 많이 이용
(5) 와이어의 종류

퓨즈 아크법	심선 주변에 가는 와이어를 이중으로 감고 그 위에 피복제를 입힌 것
커버 체인용접법	심선 주변에 체인 모양으로 연결된 고형 용제를 피복시키면서 용접하는 방법

2 원리

(1) 모재의 용접부에 미세한 가루 모양의 입상 용제를 쌓아 놓고 그 속에 전극 와이어를 공급하여 와이어의 선단과 모재와의 사이에서 아크를 발생 시켜, 그 아크 열에 의하여 모재와 용제를 용해하는 자동 아크 용접
(2) 아크는 물론 발생되는 가스도 외부에서 볼수 없으므로 서브머지드 아크 용접 또는 잠호용접이라고도 한다.
(3) 아래보기 및 수평자세의 중후판 모재에 높은 용착속도를 가지고 양호한 품질, 용입이 깊은 용접부를 만든다.
(4) 용착을 증가시키기 위해서 두 개의 와이어 용접봉 사용한다.
(5) 처음에 아크 발생을 위하여 모재와 와이어 사이에 스틸울(steel wool)을 끼워 아크를 발생하거나 고주파를 사용하여 아크를 발생한다.

3 장단점

(1) 장점
  ① 콘택트 팁에서 통전되므로 와이어에 저항열이 적게 발생되어 고전류 사용이 가능하다.
  ② 용융속도 및 용착속도가 빠르다.

③ 용입이 깊다.
④ 수동에 비해 작업능률이 높다.(판두께 12mm에서 2~3배, 25mm에서 5~6배, 50mm에서 8~12배)
⑤ 개선각을 작게 하여 용접 패스를 줄일 수 있다.
⑥ 기계적 성질(강도, 연신, 충격치, 균일성 등)이 우수하다.
⑦ 유해광선이나 흄 등이 적게 발생되어 작업환경이 깨끗하다.
⑧ 비드 외관이 매우 아름답다.

(2) 단점
① 장비 가격이 비싸다.
② 용접선이 짧거나 복잡한 경우 수동에 비하여 비능률적이다.
③ 개선 홈의 정밀을 요한다.(백킹제 미사용시 루트 간격 0.8mm 이하)
④ 용접 진행상태의 양부를 육안으로 확인할 수 없다.
⑤ 적용자세에 제약을 받는다.
⑥ 적용재료의 제약을 받는다.(탄소강, 저합금강, 스테인리스강 등)

4 용접기 종류

(1) 전류용량에 의한 분류

대형용접기	최대 전류 4000A
	두께 76mm까지 강판 및 구조물의 단일 층 용접 가능
표준 만능용접기	최대 전류 2000A
경량형용접기	최대 전류 1200A
반자동형용접기	최대 전류 900A

(2) 실제 사용되는 최소 두께 1.3mm

5 서브머지드 아크 용접 전원

(1) **직류** : 직류역극성으로 용접전류 400A 이하의 낮은 전류 사용으로 고속 용접 시 또는 동합금 스테인리스강 용접에서 아름다운 비드를 얻는다.
(2) **교류** : 자기불림현상이 없고 장비가격이 저렴하나 초기 아크발생이 잘되지 않는다.

6 용접장치의 분류

(1) 모양에 의한 종류
① 전극형상에 의한 분류 : 와이어 전극, 테이프 전극, 대상 전극
② 전극의 수에 의한 분류 : 단전극, 다전극
③ 주행장치의 종류에 의한 분류 : 대차 주행방식, 측면 주행방식, 보 방식, 머니퓰레이터 방식

(2) 소결형 용제
① 광물질 원료 및 합금원소, 탈산제 등의 분말을 규산나트륨(물유리)과 같은 결합제를 혼합하여 입도를 조성시킨 후 원료가 용해되지 않을 정도의 비교적 낮은 온도로 소결한 것이다.
② Fe-Si, Fe-Mn등에 의해 강력한 탈산작용이 되며 용착금속에 합금 첨가 원소로 니켈, 크롬, 몰리브덴, 바나듐 등 함유
③ 소결 온도에 다른 분류
　㉠ 저온 소결 용제 : 500~600℃에서 소결
　㉡ 고온 소결 용제 : 800~1000℃에서 소결
④ 소결형 용제의 특징
　㉠ 고전류에서의 용접 작업성이 좋고 후판의 고능률 용접에 적합하다.
　㉡ 용접금속의 성질이 우수하며 특히 절연성이 우수하다.
　㉢ 합금원소의 첨가가 용이하고 저망간강 와이어 1종류로서 연강 및 저합금강까지 용제만 변경하면 용접이 가능하다.
　㉣ 용융형 용제에 비하여 용제의 소모량이 적다.
　㉤ 낮은 전류에서 높은 전류까지 동일 입도의용제로 용접이 가능하다.
　㉥ 흡습성이 높으므로 사용전에 150~300℃에서 1시간 정도 재건조해야 한다.

(3) 용제의 종류 기호
① 용제(Flux)의 종류

종류	용제의 타입
FSS-F	용융형 용제
FSS-B1	소결형 용제[1]
FSS-B2	소결형 용제[2]

주석 1. 와이어의 종류와 조합시켰을 때, 같은 종류의 용착금속이 얻어지는 용제조성
　　　2. 용제 중에 합금성분을 첨가하여 와이어의 종류가 다른 용착금속이 얻어지는 용제조성

② 비고 : 종류의 기호를 붙이고 방법은 다른 보기에 따른다.
③ 보기

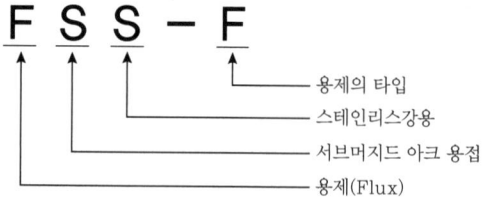

F S S - F
- 용제의 타입
- 스테인리스강용
- 서브머지드 아크 용접
- 용제(Flux)

4 가스용접

1 가스 용접의 원리

(1) 가스가 연소할 때 발생되는 열(약 3000℃)을 이용하여 모재를 용융시키면서 용가재(용접봉)을 공급하여 접합하는 융접의 일종이다.(산소-아세틸렌 용접, 산소-수소용접, 산소-프로판 용접, 공기-아세틸렌 용접)

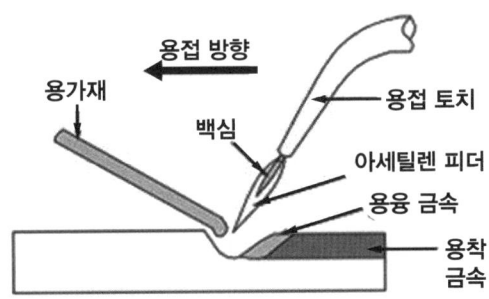

2 가스 용접의 장단점

장점	단점
전기가 필요 없다.	고압가스를 사용하므로 폭발, 화재의 위험이 크다.
용접장치의 설비가 쉽고 운반이 비교적 자유롭다.	열효율이 낮아서 용접속도가 느리다.
설비비가 아크 용접에 비하여 싸다.	금속의 탄화 및 산화될 우려가 많다.
가열조절이 쉽다.	열의 집중성이 나빠 효율적인 용접이 어렵다.
박판용접에 적당하다.	열을 받는 부위가 넓어 용접 후의 변형이 심하게 된다.
용접되는 금속의 응용범위가 넓다.	일반적으로 신뢰성이 적다.
유해광선 발생이 적다.	용접부의 기계적 강도가 떨어진다.
용접기술이 쉬운 편이다.	가열범위가 넓어 용접응력이 커지며 가열시간이 오래 걸린다.

3 용접용 가스와 불꽃

(1) 용접 및 절단용 가스가 갖추어야 할 성질
  ① 물질의 연소온도가 높을 것
  ② 연소속도가 빠를 것

③ 발열량이 클 것
④ 용융금속과 화학반응을 일으키지 않을 것

> * 지연성 가스 : O_2(산소)
> * 가연성 가스 : C_2H_2(아세틸렌), H_2(수소), 도시가스, LP가스(액화석유가스), LNG(천연가스)

4 산소(Oxygen : O_2)

(1) 산소의 존재
① 공기 속에 전체부피의 약 1/5정도(약 21%) 함유
② 물속에 88.84% 정도
③ 땅 껍질의 구성원소의 화합물 상태로 약 49.5% 존재

원소명	용량(%)	1ℓ 무게(g)	비점(℃)
O_2(산소)	21.0	1.429	-183
N_2(질소)	78.0	1.25	-196
Ar(아르곤) 기타	1.0	1.783	-186

(2) 화학약품에 의한 방법
① 염소산칼륨에 촉매제인 이산화망간을 넣고 가열하여 얻는다.

$$2KlO_2 \xrightarrow{MnO_2} 2KCl + 3O_2 \uparrow$$

② 산화수은(2Hg : 붉은 가루)를 600℃로 가열하여 얻는다. (400℃에서는 다시 화합하여 산화수은이 된다.)

$$2HgO \xrightarrow[\text{가열}]{600℃} 2Hg + O_2 \uparrow$$

③ 이산화망간에 약 3%의 묽은 과산화수소를 가하여 얻는다.

$$2H_2O_2 \xrightarrow{MnO_2} 2H_2O + O_2 \uparrow$$

(3) 액체산소의 장점
① 비교적 작은 용량의 용기에 대량의 산소를 저장할 수 있다. (액체산소 1ℓ를 기화할 때 $0.9m^3$(900ℓ)의 기체가 된다.)
② 액체로 운반, 저장되므로 안전상 위험이 적다.

③ 순도가 높고(99.5% 이상), 수분이 적다.

5 아세틸렌(Acetylene : C_2H_2)

불포화탄화수소의 일종으로 불안전한 상태의 가스

(1) 성질
① 순수한 것은 무색, 무취의 기체이다.
② 인화수소(PH3), 유화수소(H2S), 암모니아(NH3)와 같은 불순물을 함유하고 있어 악취가 난다.
③ 비중 0.91로 공기보다 가벼우며 15℃, $1kg/mm^2$에서의 아세틸렌 1ℓ의 무게는 1.176g이다.
④ 공기가 충분히 공급되면 밝은 빛을 내면서 탄다.
⑤ 각종 액체에 잘 용해된다.
⑥ 500℃정도의 가열된 Fe관을 통과시키면 3분자가 중합반응을 일으켜 벤젠이 된다.
⑦ 800℃에서 분해시키면 탄소와 수소로 나뉘어지며, 아세틸렌 카본 블랙(잉크원료)이 된다.
⑧ 대기압에서 −82℃에서 액화하고, −85℃이면 고체로 된다.

(2) 아세틸렌 가스의 각종 액체에 대한 용해량
① 물에 대하여 같은 양
② 석유에 2배
③ 벤젠에 4배
④ 알코올에 6배
⑤ 아세톤에 25배

(3) 불꽃의 구성
① 불꽃심(백심 : flame core) 환원성의 백색불꽃(CO_2분자와 H_2분자 형성)
    $C_2H_2 + O_2 \rightarrow 2CO + H_2 + 107.1Kcal$
② 속불꽃(내염 : inner flame) 무색의 가까운 고열(3200~3500℃)의 환원성불꽃(백심부분에서 발생된 CO와 H_2가 공기 중의 산소와 결합하여 연소)
③ 용접부의 산화를 방지할 수 있다.
④ 겉불꽃(외염 : Outer flame) 연소가스가 다시 주위 공기와 결합하여 완전 연소되는 부분 (약 2,000℃)

(4) 불꽃의 종류

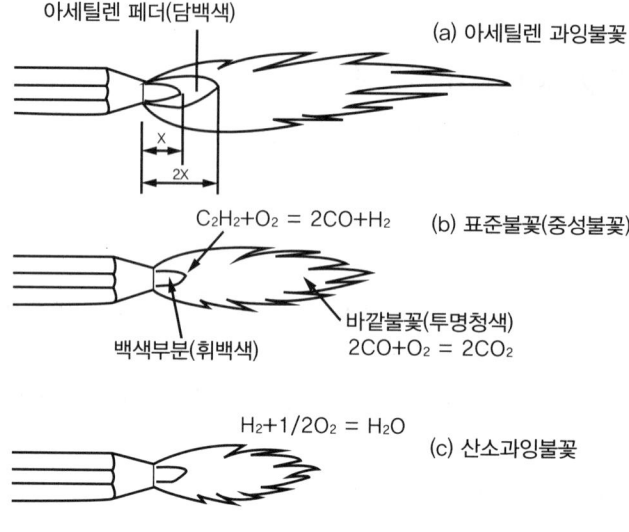

[산소-아세틸렌 불꽃]

① 탄화불꽃
  ㉠ 아세틸렌 과잉 불꽃이라 하며 속불꽃과 겉불꽃 사이에 백색의 제3불꽃(아세틸렌 페더)이 있다.
  ㉡ 산화작용이 일어나지 않으므로 산화를 방지할 필요가 있는 금속의 용접에 사용한다.(스테인리스, 스텔라이트, 모넬메탈)
  ㉢ 금속표면에 침탄 작용을 일으키기 쉽다.
② 중성불꽃
  ㉠ 표준불꽃이라고도 하며 산소와 아세틸렌 가스의 혼합비가 1:1~1.2:1의 비율일 때 나타난다.
  ㉡ 용접작업은 속불꽃에서 2~3mm 앞 불꽃으로 사용하면 금속에 화학적 영향을 주지 않는다.
③ 산화불꽃
  ㉠ 산소과잉 불꽃으로 금속을 산화시키는 성질이 있다.
  ㉡ 가열이나 가스절단 등에 효율이 좋으나 산화성 분위기를 만들어 보통 가스용접에 사용하지 않는다.
  ㉢ 구리, 황동용접에 사용한다.

용접금속과 불꽃의 종류

금속의 종류	녹는점(℃)	불꽃	두께 1mm에 대한 토치능력(ℓ/h)
연강	약 1,500	중성	100
경강	약 1,450	약간 아세틸렌과잉	100
스테인리스강	1,400~1,450	약간 아세틸렌과잉	50~75
주철	1,100~1,200	중성	125~150
구리	약 1,083	중성	125~150
알루미늄	약 650	중성	50
황동	880~930	산소과잉	100~120

불꽃의 종류와 용접금속

불꽃의 종류	용접할 금속
중성불꽃	연강, 반연강, 주철, 구리, 청동, 알루미늄, 아연, 납, 모넬메탈, 은, 니켈, 스테인리스강, 토빈청동 등
산화불꽃	황동
탄화불꽃	스테인리스강, 스텔라이트, 모넬메탈 등

6 산소용기

(1) 산소용기의 재질
① 강재
② 항장력 57kg/cm², 신연율 18%의 경합금

(2) 산소용기의 구조
① 본체, 밸브, 캡의 3부분으로 구성
② 이음매 없는 강철재로 3년마다 반드시 검사해야 한다.
③ 용기 밑부분의 형상에 따른 종류 : 볼록형, 오목형, 스커트형

(3) 산소용기의 크기와 표시
① 용기의 크기 : 충전된 산소의 대기중 환산용적으로 표시하며 5,000ℓ, 6,000ℓ, 7,000ℓ의 종류가 있고 이 중 5,000ℓ가 가장 많이 사용된다.

$L = V \times P$

※ V : 용기의 내부용적, P : 용기 속 압력

② 용기의 표시
　㉠ 용기 제조자의 명칭 또는 기호
　㉡ 충전가스의 명칭
　㉢ 용기제작의 용기기호 및 제조번호
　㉣ 내용적(ℓ) : V
　㉤ 내압시험압력(kg/cm2) : TP
　㉥ 최고충전압력(kg/cm2) : FP
　㉦ 용기중량(밸브, 캡 제외 : kg) : W

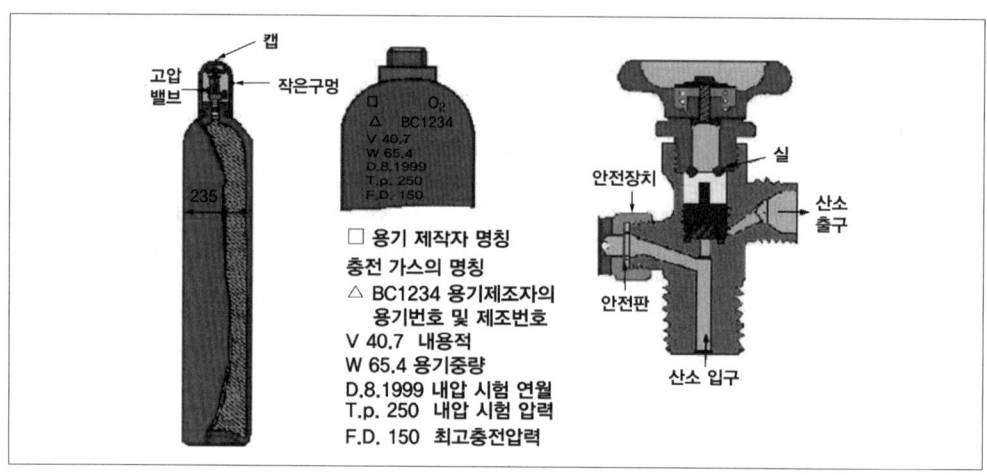

산소용기의 크기

호칭(ℓ)	내용적(ℓ)	직경(mm)		높이(mm)	중량(kg)
		외경	내경		
5000	33.5	205	187	1285	61
6000	40.0	235	216.5	1230	71
7000	46.0	235	218.5	1400	74.5

용기의 압력검사

가스종류	가스명칭	내압시험압력(kg/cm)
압축가스	산소	충전압력(35℃ 150kg/cm²)×1 3/5 이상
용해가스	아세틸렌	충전압력(15℃ 15kg/cm²)×3 이상
용해가스	프로판	30kg/cm² 이상

충전가스 용기의 식별

가스의 명칭	도색	가스충전 구멍나사
산소	녹색	오른나사
수소	주황색	왼나사
탄산가스	청색	오른나사
염소	갈색	오른나사
암모니아	백색	오른나사
아세틸렌	황색	왼나사
프로판	회색	왼나사
아르곤	회색	오른나사

(4) 산소병 취급상 주의사항

① 산소병은 35℃에서 150기압으로 충전하여 사용한다.

㉠ 이동상 주의점
- 안전 캡으로 병 전체를 들지 말 것
- 산소병을 눕혀 두지 말 것
- 운반 시 끌거나 굴리지 말아야 하며 밸브를 반드시 잠글 것

㉡ 사용상 주의점
- 밸브에 그리스와 기름 등을 묻히지 말 것
- 밸브에 이상이 생겼을 경우 즉시 구매처에 연락하여 반환할 것
- 고압밸브를 열 때 조용히 핸들을 돌리도록 하고 1/2회전 이내로 할 것
- 밸브부분이 얼었을 때는 따뜻한 물로 녹일 것
- 고압밸브를 열 때 가스 분출구의 방향이 작업자나 화기의 반대 방향으로 할 것
- 내압시험(충전압력×5/3 이상)에 합격된 것만 사용할 것
- 산소용기에 아세틸렌 압력조정기를 부착해서는 안된다.
- 누설시험은 비눗물을 사용할 것

㉢ 보관상 주의점
- 화기로부터 멀리 두고(4m 이상), 외기온도가 항상 40℃ 이하를 유지할 것
- 불꽃이 발생하기 쉬운 장치에 접촉시키지 말 것(전기용접기, 전기장치 등)
- 통풍이 잘되고 직사광선이 없는 곳에 보관할 것
- 세워서 보관할 때 반드시 쇠사슬 등으로 걸어 둘 것

- 빈병과 실병, 가스종류별로 별도로 구분할 것
- 용기 내의 압력이 너무 상승되지 않도록 할 것(170kg/cm²)

(5) 토치의 종류

① 크기에 따른 분류

　㉠ 소형 : 전장 300~350mm, 무게 400g 내외

　㉡ 중형 : 전장 400~450mm, 무게 500g 내외

　㉢ 대형 : 전장 500mm 이상, 무게 700g 내외

② 구조에 따른 분류

　㉠ A형 토치(독일식, 불변압식)

- 인젝터(가스혼합부)가 팁에 있다.
- 가스 혼합을 유효하게 행해지나 팁의 구조가 복잡하고 팁 끝이 무겁다.
- 팁의 교환이 프랑스식에 비해 불편하다.
- 한번 조절한 불꽃을 소화한 후 재차 불꽃 조절이 필요 없다.
- 역화의 염려가 없다.

　㉡ B형 토치(프랑스식, 가변압식)

- 손잡이 부분에 인젝터가 있다.
- 산소량은 니들밸브에 의해 조절하며 불꽃세기를 적절하게 변화할 수 있다.
- 팁 교환이 자유롭고 팁끝의 무게가 가벼워 작업이 용이하다.
- 점화할 때마다 불꽃 조절을 다시 해야 한다.

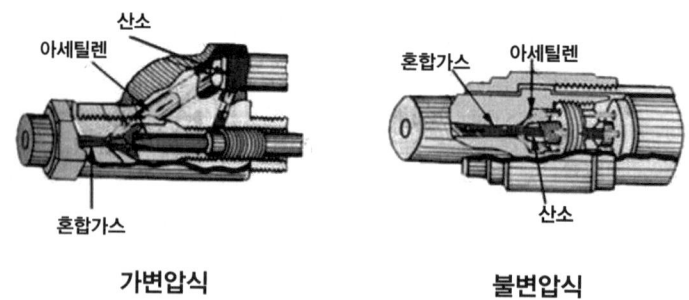

가변압식　　　　　　　　**불변압식**

③ 사용압력에 따른 분류

　㉠ 저압식 토치 : 아세틸렌 공급압력이 발생기에서 0.07kg/mm² 이하, 용해아세틸렌일 때 0.2kg/mm²에 쓰이는 흡인식(인젝터식)

　㉡ 중압식 토치 : 아세틸렌 압력이 0.07~1.3kg/mm² 범위에서 사용되는 토치로 등압식 토치라고도 한다.

(6) 팁의 종류

① 불변압식(독일식) : 팁과 혼합실이 하나로 되어 있으며 팁의 능력은 연강판을 용접할 수 있는 판두께(mm)를 기준으로 나타낸다.(판 두께 1mm의 연강판을 용접할 수 있는 팁 번호는 1번으로 표시한다.)

② 가변압식(프랑스식) : 혼합실이 별도로 되어 있으며 팁의 능력은 중성불꽃으로 1시간 동안 용접할 때 소비되는 아세틸렌 가스의 양(ℓ)으로 나타낸다.(팁 번호 100번일 때 100ℓ의 아세틸렌이 소비된다.)

(7) 역류, 역화, 인화

① 역류(contra flow) : 벤투리와 팁 끝과의 사이가 막혔을 때 높은 압력의 산소가 아세틸렌 호스 쪽으로 흘러 들어가는 현상으로 안전기가 불안전하면 아세틸렌 발생기까지 흘러 들어가 발생기가 폭발하는 위험이 있다.

　㉠ 방지법
- 팁을 깨끗이 청소한다.
- 산소를 차단한다.
- 아세틸렌을 차단한다.
- 안전기와 발생기를 차단한다.

② 인화(flash back) : 팁끝이 순간적으로 막히게 되면 가스의 분출이 나빠지고 혼합실까지 불꽃이 들어가는 현상으로 대처방법은 아세틸렌을 먼저 잠가 혼합실의 불을 끄고 산소밸브를 잠근다.

　㉠ 원인 : 팁의 과열, 팁 끝의 막힘, 팁 조임의 불충분, 각 기구의 연결 불량, 먼지의 부착, 가스압력의 부적당, 호스의 비틀림, 불꽃의 연소속도보다 가스의 분출속도가 느릴 때

　㉡ 방지법
- 팁을 깨끗이 청소한다.
- 토치 및 각 기구를 점검한다.
- 가스유량을 적당하게 조정한다.
- 호스 비틀림이 없게 한다.

③ 역화(back fire) : 토치의 취급이 불량하거나 순간적으로 불꽃이 토치의 맨 끝에서 "빵빵" 소리를 내면서 불길이 들어왔다가 곧 정상으로 되든가 또는 완전히 불꽃이 꺼지는 현상

　㉠ 원인
- 작업물이 팁 끝에 닿았을 때
- 팁이 과열되었을 때
- 가스 압력과 유량이 적당하지 않을 때

- 팁의 조임이 완전하지 않을 때
ⓒ 대처방법
- 팁을 물에 담가 냉각시킨다.
- 아세틸렌을 차단한다.
- 토치 기능을 점검한다.

제 2 장

CBT
출제 예상문제
1-30회

1 CBT 출제 예상문제

- 피복아크용접기능사
- 가스텅스텐아크용접기능사
- 이산화탄소가스아크용접기능사

01 가스용접이나 가스절단에 사용되는 가연성가스의 구비 조건중 틀린 것은?

① 불꽃의 온도가 높을 것
② 발열량이 클 것
③ 연소속도가 느릴 것
④ 용융금속과 화학반응이 일어나지 않을 것

해설 가연성가스의 구비 조건
- 연소속도가 빠를 것
- 불꽃의 온도가 높을 것
- 용융금속과 화학반응이 일어나지 않을 것
- 발열량이 클 것

02 화재의 분류를 올바르게 연결 된 것은?

① A급 화재 – 유류 화재
② B급 화재 – 일반 화재
③ C급 화재 – 가스 화재
④ D급 화재 – 금속 화재

해설
- A급 화재 – 일반 화재 : 수용액
- B급 화재 – 유류 화재 : 화학 소화액(포말, 사염화탄소, 탄산가스등)
- C급 화재 – 전기 화재 : 유기성 소화액(분말, 탄산가스, 탄산칼륨+물 등)
- D급 화재 – 금속 화재 : 건조사

03 용접을 크게 분류할 때 압접에 해당 되는 않는 것은?

① 저항 용접
② 초음파용접
③ 마찰용접
④ 전자빔용접

해설 전자빔 용접은 고속 전자빔을 접합부에 충돌시켜 열에너지를 발생시키는 용접이다.

04 다음 중 용접 금속에 기공을 형성하는 가스에 대한 설명으로 틀린 것은?

① 응고 온도에서의 액체와 고체의 용해도 차에 의한 가스 방출
② 용접금속 중에서의 화학반응에 의한 가스 방출
③ 아크 분위기에서의 기체의 물리적 혼입
④ 용접 중 가스 압력의 부적당

해설 보호가스 유량의 부족으로 기공 발생할 수 있음

05 용접 결함중 치수상의 결함은?

① 기공   ② 슬래그 혼입
③ 변형   ④ 용접균열

해설 치수상 결함 – 변형, 용접부 크기 부적당, 형상의 부적당

06 공구용 재료로서 구비해야 할 조건으로 틀린 것은?

① 열처리가 용이할 것
② 내마모성이 클 것
③ 강인성이 있을 것
④ 상온 및 고온 경도가 낮을 것

해설 공구용 재료는 고온경도, 내마모성, 강인성이 크며, 열처리가 쉬워야 한다.

07 로봇 용접의 장점에 관한 설명 중 맞지 않는 것은?

① 작업의 표준화를 이룰 수 있다.
② 복잡한 형상의 구조물에 적응하기 쉽다.
③ 반복작업이 가능하다.
④ 열악한 환경에서도 작업이 가능하다.

01 ③   02 ④   03 ④   04 ④   05 ③   06 ④   07 ②

해설 ▶ 로봇 용접은 자동화를 통한 균일화, 정밀도 높은 제품생산, 생산성이 향상되나 복잡한 형상은 설정시간이 오래 걸린다.

08 다음 중 안내 레일형 일렉트로 슬래그 용접 장치의 주요 구성에 해당하지 않는 것은?

① 안내레일
② 제어상자
③ 냉각장치
④ 와이어 절단장치

해설 ▶ 일렉트로 슬래그 용접 장치는 용접전원, 안내레일, 제어상자, 와이어 송급 장치, 냉각장치 등으로 구성되어 있다.

09 300호 홀더의 정격 용접 전류는 최대 몇 암페어(A)까지 사용 가능한가?

① 100   ② 200
③ 300   ④ 400

해설 ▶ 홀더의 수치는 최대사용 전류를 나타낸다.

10 가스용접 방법중 전진법과 후진법을 비교한 특성으로 틀린 것은?

① 열 이용률이 좋다.
② 용접 속도가 빠르다.
③ 용접 변형이 작다.
④ 산화정도가 심하다.

해설 ▶

	전진법	후진법
용접속도	느림	빠름
열이용률	나쁨	좋은
변형	크다	적다
산화도	크다	적다
두께	박판	후판
비드모양	좋음	나쁨

11 화염 경화법의 장점이 아닌 것은?

① 국부적인 담금질이 가능하다.
② 일반 담금질에 비해 담금질 변형이 적다.
③ 부품의 크기나 형상에 제한이 없다.
④ 가열 온도의 조절이 쉽다.

해설 ▶ 화염을 이용하기 때문에 가열 온도 조절이 쉽지 않다.

12 전격방지기는 아크를 끊음과 동시에 자동적으로 릴레이가 차단되어 용접기의 2차 무부하 전압을 몇 V 이하로 유지시키는가?

① 20 ~ 30   ② 35 ~ 45
③ 50 ~ 60   ④ 65 ~ 75

해설 ▶ 전격방지기 – 높은 전압으로 용접작업자의 감전사고를 예방하기 위해 2차무부하전압을 안전전압인 25V이하로 내려주는 장치

13 플러그 용접에서 전단강도는 구멍의 면적당 전용착금속 인장강도의 몇 % 정도로 하는가?

① 20~30   ② 40~50
③ 60~70   ④ 80~90

해설 ▶ 플러그 및 슬롯 용접에서 전단응력이 용착부분에 작용하기 때문에 구멍의 면적당 인장강도는의 60~70%로 정한다.

14 전기용접기의 취급관리에 대한 안전사항으로서 잘못된 것은?

① 용접기는 항상 건조한 곳에 설치 후 작업한다.
② 용접전류는 용접봉 심선의 굵기에 따라 적정 전류를 정한다.
③ 용접 전류 조정은 용접을 진행하면서 조정한다.
④ 용접기는 통풍이 잘되고 그늘진 곳에 설치를 하고 습기가 없어야 한다.

해설 ▶ 용접전류 조정은 용접전 설정후 용접을 진행하도록 한다.

08 ④   09 ③   10 ④   11 ④   12 ①   13 ③   14 ③

15 다음 KS 용접부 비파괴 시험방법 기호 중 방사선 투과시험을 의미하는 것은?

① MT ② UT
③ PT ④ RT

해설
- MT(Magnetic Testing, 타분탐상검사) : 재료를 자화시킨 상태에서 결함부에서 생기는 누설자속 상태를 철분 또는 검사코일을 사용해 검출하는 검사법이다.
- UT(Ultrasonic Testing, 초음파검사) : 초음파를 발생시켜 송수신을 통하여 도달되는 초음파의 강도로 결함부를 검출하는 검사법이다.
- PT(Penentrant Testing, 침투탐상검사) : 표면의 미세균열이나 홈 부위에 침투액을 뿌리고 현상액을 통하여 결함의 불연속부 속 침투액을 표면에 노출시켜 결함을 검출하는 검사법이다.
- RT(Radiographic Testing, 방사선검사) : 방사선을 재료에 투과시켜 필름에 감광시킨후 빛의 투과량에 따라 내부의 상태를 확인하는 방법이다.

16 안전모의 사용시 머리 상부와 안전모 내부의 상단과의 간격은 얼마로 유지하면 좋은가?

① 10mm 이상
② 15mm 이상
③ 20mm 이상
④ 25mm 이상

17 용접이음 설계 시 충격하중을 받는 연강의 안전율은?

① 12 ② 8
③ 5   ④ 3

해설 연강의 안전율

정하중	반복하중	교번하중	충격하중
3	5	8	12

18 다음 중 기본 용접 이음 형식에 속하지 않는 것은?

① 맞대기 이음
② 모서리 이음
③ 마찰 이음
④ T자 이음

해설 이음의 종류에 맞대기, 모서리, 필렛(T형, 십자형) 겹치기, 변두리 등이 있으며 마찰이음은 없다.

19 아크 에어 가우징법으로 절단을 할 때 사용되어지는 장치가 아닌 것은?

① 가우징 토치 ② 가우징 봉
③ 컴프레셔   ④ 냉각장치

해설 아크에어가우징장치는 전원(용접기), 가우징 토치, 컴프레셔가 있다.

20 가스 실드계의 대표적인 용접봉으로 유기물을 20%~30% 정도 포함하고 있는 용접봉은?

① E4303 ② E4311
③ E4313 ④ E4324

해설
- E4301(일미나이트계) – 일미나이트(산화티탄, 산화철) 30%이상 포함. 작업성 및 용접성 우수, 일반구조물에 사용
- E4303(라임티탄계) – 산화티탄 30%이상과 석회석이 주성분. 비드가 우수 내구조물, 기계 차량에 사용
- E4311(고셀룰로스계) – 가스발생제 셀룰로스 20~30%정도 포함. 아연도금강판, 저합금강, 배관에 사용
- E4313(고산화티탄계) – 산화티탄을 35%정도 포함. 경구조물, 차량 박강판에 사용
- E4316(저수소계) – 석회석이나 형석이 주성분. 수소가 적음 고강도용접봉으로 고압용기, 후판등에 사용
- E4324(철분산화티탄계) – 고산화티탄계 피복제의 약 50%정도 철분첨가. 저탄소강, 저합금강에 사용
- E4326(철분저수소계) – 저수소계 피복제의 30~50% 정도 철분 첨가. 기계적성질 좋음
- E4327(철분산화계) – 산화철에 철분을 30~45% 첨가, 규산염을 다량 함유, 용입이 E4324보다 깊음

 15 ④ 16 ④ 17 ① 18 ③ 19 ④ 20 ②

21 수중절단에 주로 사용되는 가스는?

① 아세틸렌가스   ② 부탄가스
③ LPG   ④ 수소가스

해설 수중절단은 산소, 수소를 주로 사용하고 프로판, 아세틸렌도 사용한다.

22 가스 절단에서 절단하고자 하는 판의 두께가 25.4mm일 때, 표준 드래그의 길이는?

① 2.4mm   ② 5.2mm
③ 6.4mm   ④ 7.2mm

해설 표준 드래그의 길이는 판두께의 20%이다.
25.4*20%=5.08 약 5.2mm

23 직류 아크 용접의 정극성과 역극성의 특징에 대한 설명으로 옳은 것은?

① 정극성은 용접봉의 용융이 느리고 모재의 용입이 깊다.
② 모재에 음극(-), 용접봉에 양극(+)을 연결하는 것을 정극성이라 한다.
③ 역극성은 일반적으로 비드 폭이 좁고 두꺼운 모재의 용접에 적당하다
④ 역극성은 용접봉의 용융이 빠르고 모재의 용입이 깊다.

해설

극성명칭	전극		열원 배분량	특징
직류정극성 (DCSP, DCEN)	모재	+	약 70%	• 용입이 깊고 용접봉은 천천히 용융됨. • 후판용접에 적합하다. • 열이용률이 높다.
	전극봉	-	약 30%	• 비드폭이 좁다. • 일반적인 용접에 사용된다.
직류역극성 (DCRP, DCEP)	모재	-	약 30%	• 용입이 얕고 용접봉은 빠르게 용융됨. • 박판용접에 적합하다. • 열이용률이 낮다.
	전극봉	+	약 70%	• 비드폭이 넓다. • 주철, 고탄소강, 비철금속에 사용된다.
교류	없음		각각 50%씩	• 직류정극성, 직류역극성의 중간

24 산소 용기에 각인되어 있는 TP와 FP는 무엇을 의미하는가?

① TP : 내압시험 압력, FP : 최고충전 압력
② TP : 용기중량, FP : 내용적(실측)
③ TP : 내용적(실측), FP : 용기중량
④ TP : 최고충전 압력, FP : 내압시험 압력

해설 TP : 내압시험 압력(kgf/cm2)
V : 내용적(용기의 부피)
FP : 최고 충전압 (kgf/cm2)
W : 용기의 무게

25 연납땜 용제가 틀린 것은?

① 붕산   ② 염화암모늄
③ 염화아연   ④ 염산

해설 붕산은 가장 일반적인 경납재로 산화방지, 산화물의 용해성이 좋고 융점이 760도이다.

26 맞대기 용접 이음에서 모재의 인장강도는 40kgf/mm2이며, 용접 시험편의 인장강도가 50kgf/mm2일 때 이 음효율은 약 몇 %인가?

① 125   ② 100
③ 75   ④ 50

해설 이음효율 = 용접 시험편 인장강도/모재 인장강도 × 100
= 50 / 40 ×100 = 125

21 ④ **22** ② **23** ① **24** ① **25** ① **26** ①

27 부탄가스의 화학 기호로 맞는 것은?
① C_4H_{10} ② C_3H_8
③ C_5H^{12} ④ C_2H_6

해설 C_3H_8 : 프로판, C_5H_{12} : 메탄, C_2H_6 : 에탄

28 피복금속 아크 용접봉의 피복제가 연소한 후 생성된 물질이 용접부를 보존하는 방식이 아닌 것은?
① 가스 발생식
② 슬래그 생성식
③ 스프레이 발생식
④ 반가스 발생식

해설
• 슬래그 생성식(무기물형) : 슬래그로 산화, 질화방지
• 가스 발생식 : 셀룰로오스가 있고 전자세용접 용이
• 반가스 발생식 : 슬래그 생성식과 가스 발생식 혼합

29 연강용 가스 용접봉에서 "625±25℃에서 1시간 동안 응력을 제거한 것"을 뜻하는 영문자 표시에 해당되는 것은?
① NSR   ② GB
③ SR   ④ GA

해설
NSR – Non Stress Relief 응력제거 하지않는 것
SR – Stress Relief 응력제거 풀림한 것

30 그림과 같은 용접 기호는 무슨 용접을 나타내는가?

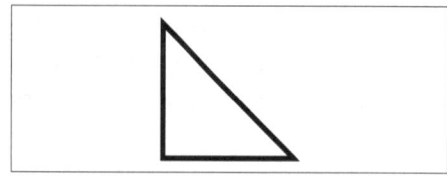

① 심 용접   ② 비드 용접
③ 필릿 용접 ④ 점 용접

31 스테인리스강의 내식성 향상을 위해 첨가하는 원소는?
① Zn   ② Cr
③ Sn   ④ Mg

해설 강에 Ni, Cr을 다량 첨가하여 내식성을 향상시킴

32 용접용 2차 케이블의 유연성을 확보하기 위하여 주로 사용하는 캡 타이어 전선의 설명으로 옳은 것은?
① 가는 구리선을 여러 개 꼬아 얇은 종이로 쌓아 그 위에 니켈피복을 입힌 것
② 가는 알루미늄선을 여러 개로 꼬아 튼튼한 종이로 쌓고 그 위에 고무 피복을 입힌 것
③ 가는 구리선을 여러 개로 꼬아 튼튼한 종이로 쌓고 그 위에 고무 피복을 입힌 것
④ 가는 알루미늄선을 여러 개로 꼬아 튼튼한 종이로 쌓고 그 위에 고무 피복을 입힌 것

해설 캡 타이어 전선 : 가는 구리선을 여러 개로 꼬아 튼튼한 종이로 쌓고 그 위에 고무 피복을 한 것

33 산소-아세틸렌 가스용접의 단점이 아닌 것은?
① 열효율이 낮다.
② 폭발할 위험이 있다.
③ 가열시간이 오래 걸린다.
④ 유해광선의 발생이 적다.

해설 전기 용접과 비교시 상대적으로 적은 유해광선이 나온다.

27 ① 28 ③ 29 ③ 30 ③ 31 ② 32 ③ 33 ④

34 논 가스 아크 용접(Non gas arc welding)의 장점에 대한 설명이 아닌 것은?

① 아크의 빛과 열이 강렬하다.
② 용접장치가 간단하며 운반이 편리하다.
③ 바람이 있는 옥외에서도 작업이 가능하다.
④ 피복 가스 용접봉의 저수소계와 같이 수소의 발생이 적다.

해설 아크의 빛과 열은 일반적인 용접과 비슷하다

35 용접봉 홀더가 KS 규격으로 200호 일 때 용접기의 정격 전류로 맞는 것은?

① 100A   ② 200A
③ 400A   ④ 800A

해설 A200 경우 A는 형태, 번호가 사용전류이다.

36 방화, 금지, 정지, 고도의 위험을 표시하는 안전색은?

① 녹색   ② 적색
③ 청색   ④ 백색

해설 안전색채종류
- 적색 : 방화나 소화전 표시, 금지, 정지, 위험
- 주황 : 위험상황, 기계안전커버, 항해, 항공의 보안시설 구명보트
- 노랑 : 주의, 충동, 경고
- 녹색 : 피난, 안전, 구호, 위생, 진행
- 청색 : 지시, 의무적 행동
- 보라 : 방사능 표시
- 하얀 : 방향지시, 문구
- 검정 : 주의표시

37 주로 전자기 재료로 사용되는 Ni-Fe 합금에 사용하지 않는 것은?

① 슈퍼인바
② 엘린바
③ 스텔라이트
④ 퍼멀로이

해설 스텔라이트 합금은 내마모성, 내식성, 내열성이 좋아 가공용 공구 및 압착공구에 적합하다.

38 모재와 와이어 사이에 아크가 발생 후 용접부를 덮고 있는 플럭스가 용융되면서 전류가 쉽게 통하며 저항열이 발생되며 이를 이용하여 와이어를 계속 용융시켜 모재를 용접하는 방법이다. 용입이 깊으며 두꺼운 자재용접시 효과적고 변형이 적고 경제적이며 아크가 보이지 않는다. 전극와이어는 3.2mm를 많이 사용한다. 볼트나 환봉을 피스톤형의 홀더에 끼우고 모재와 볼트 사이에 순간적으로 아크를 발생시켜 용접하는 방법은?

① 서브머지드 아크 용접
② 스터드 용접
③ 테르밋 용접
④ 불활성가스 아크 용접

해설 스터드용접 : 볼트나 환봉, 핀 등의 금속 고정구를 철판이나 기존 금속에 모재와 스터드 끝면을 용융시켜 스터드를 모재에 눌러 융합시켜 용접을 하는 자동아크용접법이다

39 용접법의 분류에서 아크용접에 해당되지 않는 것은?

① 유도가열용접
② TIG용접
③ 스터드용접
④ MIG용접

해설 유도가열용접은 높은 주파수를 용접물에 조사하여 저항열을 이용한 용접법이다.

40 용접 지그를 사용했을 때의 장점이 아닌 것은?
① 구속력을 크게 하여 잔류응력 발생을 방지한다.
② 동일 제품을 다량 생산할 수 있다.
③ 제품의 정밀도를 높인다.
④ 작업을 용이하게 하고 용접능률을 높인다.

해설 구속력이 커지면 잔류응력이 발생된다.

41 아크 용접기의 구비 조건으로 틀린 것은?
① 구조 및 취급이 간단해야 한다.
② 용접중 온도 상승이 커야 한다.
③ 아크발생 및 유지가 용이하고 아크가 안정되어야 한다.
④ 역률 및 효율이 좋아야 한다.

해설 용접기의 온도 상승이 커지면 용접효율이 떨어지므로 온도 상승이 낮아야 좋다.

42 가스 절단 속도와 절단 산소의 순도에 관한 설명중 옳은 것은?
① 절단 속도는 절단 산소의 압력이 높고, 산소 소비량이 많을수록 정비례하여 증가한다.
② 절단 속도는 모재의 온도가 낮을수록 고속절단이 가능하다.
③ 산소에 불순물이 많으면 절단 속도가 빨라진다.
④ 산소의 순도가 99% 이상이면 절단 속도가 느리다.

해설 가스 절단시 산소순도는 99.5% 이상이어야 작업능률이 높아진다.
불순물이 많을수록 절단 속도가 느려진다.
모재의 온도가 높을수록 고속절단이 가능하다.

43 강자성을 가지는 은백색의 금속으로 화학 반응용 촉매, 공구 소결재로 널리 사용되고 바이탈륨의 주성분 금속은?
① Ti   ② Co
③ Al   ④ Pt

해설 소결제로 사용되는 것은 코발트이다.

44 Al의 표면을 적당한 전해액 중에서 양극 산화처리하면 표면에 방식성이 우수한 산화 피막층이 만들어진다. 알루미늄의 방식 방법에 많이 이용되는 것은?
① 규산법   ② 수산법
③ 탄화법   ④ 질화법

해설 알루마이트법(수산법) : 수산 용액에 넣고 전류를 통과시켜 알루미늄 표면에 황금색 경질 피막을 형성하는 방법

45 다음 중 알루미늄 합금(alloy)의 종류가 아닌 것은?
① 실루민(silumin)
② Y 합금
③ 로엑스(Lo-Ex)
④ 인코넬(inconel)

해설
- 실루민 : Al에 12% Si를 가한 주물용 합금
- Y 합금 : Al-Cu 4%-Ni 2% -Mg 1.5%, 내열성을 필요로 하는 엔진의 피스톤이나 가솔린 엔진의 실린더 헤드 등에 쓰임
- 로엑스 : Al-Si 합금에 Cu, Mg, Ni를 소량 첨가한 것
- 인코넬 : 니켈을 주체로 하여 15%의 크로뮴, 6~7%의 철, 2.5%의 타이타늄 1% 이하의 알루미늄·망가니즈 규소를 첨가한 내열합금

40 ①   41 ②   42 ①   43 ②   44 ②   45 ④

46 강판을 다른 그림과 같이 용접할 때의 KS 용접 기호는?

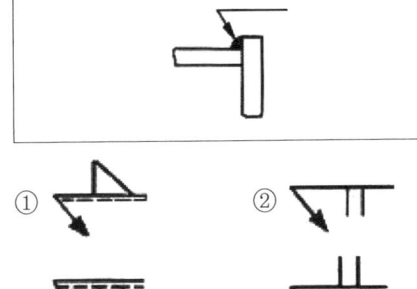

47 강을 담금질 할 때 다음 냉각액 중에서 냉각효과가 가장 빠른 것은?

① 기름   ② 공기
③ 소금물 ④ 물

해설> 냉각능력순서는 소금물 → 물 → 기름 → 공기

48 고장력강용 피복아크 용접봉의 특징 설명으로 틀린 것은?

① 인장강도가 50kgf/㎟ 이상이다.
② 재료 취급 및 가공이 어렵다.
③ 동일한 강도에서 판 두께를 얇게 할 수 있다.
④ 소요 강재의 중량을 경감시킨다.

해설> 인장강도가 50kgf/㎟ 이상의 강으로 강도를 향상시키기 위해 Ni, Si, Ti, Mn 등의 원소를 첨가한다.
강도가 상승하여 일반 연강용접봉에 비해 판 두께를 얇게 하며 무게를 줄일 수 있고 재료 취급이 용이해진다.

49 다음 중 기계적 접합법의 종류가 아닌 것은?

① 볼트이음
② 리벳이음
③ 코터이음
④ 스터드 용접

해설> 스터드 용접은 야금적 접합에서 융접으로 분류한다.

50 기계제도에서 호의 길이를 표시하는 치수 기입법은?

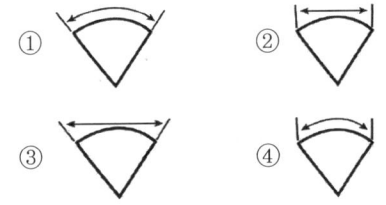

51 그림과 같은 제3각 정투상도에 가장 적합한 입체도는?

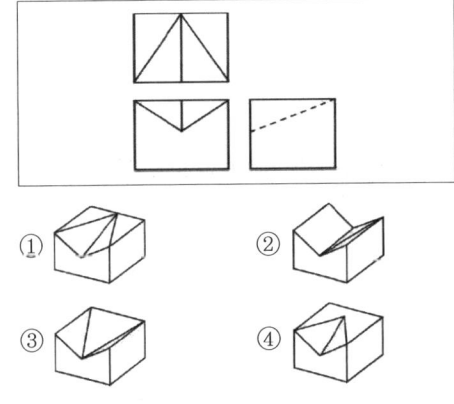

해설> 3각법은 정면도 위에 평면도, 정면도 우측에 우측면도를 배치한다.

46 ① 47 ③ 48 ② 49 ④ 50 ④ 51 ①

52 다음 중 게이트 밸브를 나타내는 기호는?

 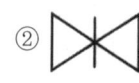

해설 ① 게이트벨브 ② 체크벨브 ④ 슬루스 벨브

53 그림과 같은 경 ㄷ 형강의 치수 기입 방법으로 옳은 것은? (단, L은 형강의 길이를 나타낸다.)

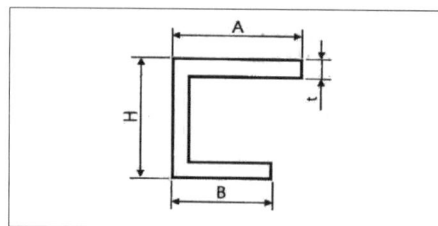

① ㄷ A×B×H×t − L
② ㄷ H×A×B×t − L
③ ㄷ B×A×H×t − L
④ ㄷ H×B×A×L − t

54 그림과 같은 KS 용접 보조기호의 설명으로 옳은 것은?

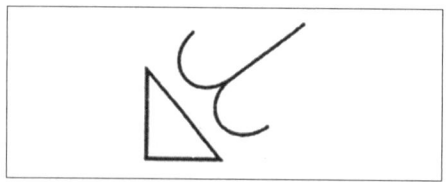

① 필릿 용접부 토우를 매끄럽게 함
② 필릿 용접 끝단부를 볼록하게 다듬질
③ 필릿 용접 끝단부에 영구적인 덮개 판을 사용
④ 필릿 용접 중앙부에 제거 가능한 덮개 판을 사용

55 그림과 같은 용접 기호는 무슨 용접을 나타내는가?

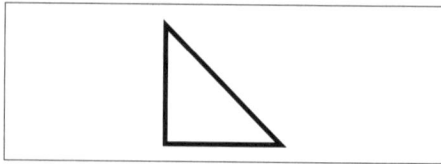

① 심 용접
② 비드 용접
③ 필릿 용접
④ 점 용접

56 관 끝의 표시방법 중 용접식캡을 나타낸 것은?

①    ②
③  ④

해설 ② 나사박음식 플러그, ③ 막힌 플랜지이음

57 다음 중 원기둥의 전개에 가장 적합한 전개도법은?

① 방사선 전개도법
② 평행선 전개도법
③ 삼각형 전개도법
④ 역삼각형 전개도법

해설 평행선법은 원기둥이나 각기둥의 전개에 적합한 전개도법이다.

58 도면에서 반드시 표제란에 기입해야 하는 항목으로 틀린 것은?

① 재질   ② 척도
③ 투상법   ④ 도명

해설 재질의 경우 부품란에 기입한다.

52 ②   53 ②   54 ①   55 ③   56 ④   57 ②   58 ①

59 도면에 리벳의 호칭이 "KS B 1102 보일러용 둥근머리리벳 13×30 SV 400"으로 표시된 경우 올바른 설명은?
① 리벳의 수량 13개
② 리벳의 길이 30mm
③ 최대인장강도 400kPa
④ 리벳의 호칭지름 30mm

해설 지름 : 13mm, 길이 : 30mm, 재료 : SV 400

60 나사의 단면도에서 수나사와 암나사의 골밑(골지름)을 도시하는데 적합한 선은?
① 가는 실선
② 굵은 실선
③ 가는 파선
④ 가는 1점쇄선

해설 나사의 골지름은 가는 실선으로 도시한다.

59 ② **60** ①

2 CBT 출제 예상문제

- 피복아크용접기능사
- 가스텡스텐아크용접기능사
- 이산화탄소가스아크용접기능사

01 탄소강 중에 규소(Si)가 함유되는데, 규소가 탄소강에 미치는 영향은?
① 인장강도, 탄성한계, 경도를 감소시킨다.
② 결정립을 조대화시키고 가공성을 증가시킨다.
③ 연신율과 충격값을 향상시킨다.
④ 용접성을 저하시킨다.

해설 경도, 인장 강도, 탄성 한계를 높이며, 고온 강도가 향상되고, 내열성, 내산성. 주조성(유동성), 전자기적 성질이 증가한다. 그러나 연신율(연성), 충격값을 감소시키며, 결정 입자의 조대화로 단접성, 용접성, 냉간 가공성을 감소시킨다.

02 맞대기 용접 이음에서 모재의 인장강도는 40kgf/mm2이며, 용접 시험편의 인장강도가 50kgf/mm2일 때 이음효율은 약 몇 %인가?
① 125
② 100
③ 75
④ 50

해설 이음효율 = 용접 시험편 인장강도/모재 인장강도 × 100
= 50 / 40 ×100 = 125

03 납땜에서 경납용 용제가 아닌 것은?
① 붕사
② 붕산
③ 염산
④ 알카리

해설
• 연납용 용제 – 염산, 송진, 염화아연, 염화암모늄, 인산, 수산 팔미틴산
• 경납용 용제 – 붕산, 붕사, 붕산염, 불화물, 염화물 알카리

04 플라즈마 아크절단법에 관한 설명이 틀린 것은?
① 알루미늄 등의 경금속에는 작동가스로 아르곤과 수소의 혼합가스가 사용된다.
② 가스절단과 같은 화학반응은 이용하지 않고, 고속의 플라즈마를 사용한다.
③ 텅스텐전극과 수랭노즐 사이에 아크를 발생시키는 것을 비이행형 절단법이라 한다.
④ 기체의 원자가 저온에서 음(-)이온으로 분리된 것을 플라즈마라 한다.

해설 기체를 고온으로 가열하여 기체 안의 가스원자가 원자핵과 전자로 분리되며, 양(+), 음(-)의 이온상태로 되는 것을 '플라즈마'라 한다.

05 다음 중 용접 금속에 기공을 형성하는 가스에 대한 설명으로 틀린 것은?
① 응고 온도에서의 액체와 고체의 용해도 차에 의한 가스 방출
② 용접금속 중에서의 화학반응에 의한 가스 방출
③ 아크 분위기에서의 기체의 물리적 혼입
④ 용접 중 가스 압력의 부적당

해설 보호가스 유량의 부족으로 기공 발생할 수 있음

 01 ④ 02 ① 03 ③ 04 ④ 05 ④

06 이산화탄소 아크 용접 방법에서 전진법의 특징으로 옳은 것은?

① 스패터의 발생이 적다.
② 깊은 용입을 얻을 수 있다.
③ 비드 높이가 낮고 평탄한 비드가 형성된다.
④ 용접선이 잘 보이지 않아 운봉을 정확하게 하기 어렵다.

해설

특징	전진법	후진법
용입	얕다.	깊다.
스패터 발생	많다.	적다.
비드형상	상대적으로 양호함	상대적으로 거침
용접선확인	쉽다.	어렵다.
용접변형	크다.	적다.

07 용접법의 분류에서 아크용접에 해당되지 않는 것은?

① 유도가열용접
② TIG용접
③ 스터드용접
④ MIG용접

해설 유도가열용접은 높은 주파수를 용접물에 조사하여 저항열을 이용한 용접법이다.

08 피복아크용접시 용접선 상에서 용접봉을 이동시키는 조작을 말하며 아크의 발생, 중단, 재아크, 위빙 등이 포함된 작업을 무엇이라 하는가?

① 용입   ② 운봉
③ 키홀   ④ 용융지

해설
• 용입 – 용접시 용융된 금속이 모재 침투된 깊이
• 키홀 – 맞대기 용접시 루트간격 사이에 열쇠모양으로 녹는 구멍
• 용융지 – 용융된 모재의 부분

09 가스용접이나 절단에 사용되는 가연성가스의 구비조건으로 틀린 것은?

① 발열량이 클 것
② 연소속도가 느릴 것
③ 불꽃의 온도가 높을 것
④ 용융금속과 화학반응이 일어나지 않을 것

해설 가연성가스 조건으로 불꽃 온도가 높고 연소속도가 빠르며 발열량이 크고 용융금속과 화학반응이 일어나면 안된다.

10 AW-250, 무부하전압 80V, 아크전압 20V인 교류 용접기를 사용할 때 역률과 효율은 각각 약 얼마인가?(단, 내부손실은 4kW이다.)

① 역률 : 45%, 효율 : 56%
② 역률 : 48%, 효율 : 69%
③ 역률 : 54%, 효율 : 80%
④ 역률 : 69%, 효율 : 72%

해설 효율 = $\frac{아크출력}{소비전력} \times 100$, 역률 = $\frac{소비전력}{전원입력} \times 100$

아크출력 = 아크전압×전류 = 20×250 = 5000W = 5kW
소비전력 = 아크출력 + 내부손실 = 5kW + 4kW = 9kW
전원입력 = 2차 무부하전압×아크전류 = 80×250 = 20kW
효율 = $\frac{5kW}{9kW}$ = 55.55%, 역률 = $\frac{9kW}{20kW}$ = 45%

11 혼합가스 연소에서 불꽃 온도가 가장 높은 것은?

① 산소 – 수소 불꽃
② 산소 – 프로판 불꽃
③ 산소 – 아세틸렌 불꽃
④ 산소 – 부탄 불꽃

해설 산소 – 아세틸렌(C_2H_2) 불꽃이 가장 높은 온도(약 3400℃)를 가지고 있다. 프로판(C_3H_8)가스 불꽃온도는 약 2800℃이다.

06 ③ 07 ① 08 ② 09 ② 10 ① 11 ③

12 연강용 피복 아크 용접봉의 종류와 피복제계통으로 틀린 것은?

① E4303 : 라임티타니아계
② E4311 : 고산화티탄계
③ E4316 : 저수소계
④ E4327 : 철분산화철계

해설
- E4301(일미나이트계) – 일미나이트(산화티탄, 산화철) 30%이상 포함. 작업성 및 용접성 우수, 일반구조물에 사용
- E4303(라임티탄계) – 산화티탄 30%이상과 석회석이 주성분. 비드가 우수 내구조물, 기계 차량에 사용
- E4311(고셀룰로스계) – 가스발생제 셀룰로스 20~30%정도 포함. 아연도금강판, 저합금강, 배관에 사용
- E4313(고산화티탄계) – 산화티탄을 35%정도 포함. 경구조물, 차량 박강판에 사용
- E4316(저수소계) – 석회석이나 형석이 주성분. 수소가 적음 고강도용접봉으로 고압용기, 후판등에 사용
- E4324(철분산화티탄계) – 고산화티탄계 피복제의 약 50%정도 철분첨가. 저탄소강, 저합금강에 사용
- E4326(철분저수소계) – 저수소계 피복제의 30~50% 정도 철분 첨가. 기계적성질 좋음
- E4327(철분산화계) – 산화철에 철분을 30~45% 첨가, 규산염을 다량 함유. 용입이 E4324보다 깊음

13 논 실드, 가스 아크 용접에 대한 설명 중 틀린 것은?

① 솔리드 와이어사용하는 논가스, 논플럭스 아크 용접법과 복합 와이어를 사용하는 논가스 아크 용접법이 있다.
② 논가스, 논플럭스 아크 용접은 직류, 논가스 아크 용접은 직류, 교류 어느 것이나 사용 이 가능하다.
③ 탄산가스 아크 용접보다 다소 용접성이 좋고 옥외 작업이 가능하다.
④ 용접 작업은 바람을 등지는 위치에서 행해야 한다.

해설 CO_2 용접보다 다소 용접성이 떨어 지나 옥외 작업이 가능하다는 장점이 있다.

14 레이저 용접법의 특징중 옳지 않은 것은?

① 레이저 열원으로 진공이 필요하지 않음
② 용입이 깊고 비드 폭이 좁으며 용입량이 커 열변형이 크다.
③ 이종 금속의 용접도 가능하며 용접 속도가 빠르며 응용 범위가 넓다.
④ 정밀 용접을 하기 위한 정밀한 피딩이 요구되어 클램프 장치가 필요하다.

해설 용입이 얕고 비드 폭이 좁으며 용입량이 작아 열변형이 작다.

15 플라즈마 아크 용접에 사용되는 가스가 아닌 것은?

① 헬륨   ② 수소
③ 아르곤   ④ 암모니아

해설 플라즈마 아크용접에 사용되는 보호가스는 아르곤, 헬륨, 아르곤+수소 혼합가스를 사용한다.

16 맞대기 용접 이음에서 최대 인장하중이 800kgf 이고, 판 두께가 5mm, 용접선의 길이가 20cm 일 때 용착 금속의 인장강도는 몇 kgf/mm2인가?

① 0.8   ② 8
③ 80   ④ 800

해설 인장강도 = 최대하중 / 단면적 = 800 / (5×200) = 0.8kgf/mm²

17 다음중 텅스텐 아크 절단이 곤란한 금속은?

① 경합금   ② 동합금
③ 비철 금속   ④ 비금속

해설 텅스텐 아크 절단은 금속 재료 대부분 절단할 수 있으나 비금속인 재료는 아크 발생 되지 않아 절단할 수 없음

12 ② 13 ③ 14 ② 15 ④ 16 ① 17 ④

18 조밀 육방 격자의 결정구조로 옳게 나타낸 것은?

① FCC ② BCC
③ FOB ④ HCP

해설 ▶ BCC : 체심 입방격자, FCC : 면심 입방격자

19 정격 2차 전류 200A, 정격 사용률 40%인 아크 용접기로 실제 아크 전압 30V, 아크 전류 130A로 용접을 수행한다고 가정할 때 허용 사용률은 약 얼마인가?

① 70% ② 75%
③ 80% ④ 95%

해설 ▶ 허용사용률 = $\frac{(전격2차전류)^2}{(실제용접전류)^2} \times 전격사용율(100\%)$ = $200^2 / 130^2 \times 40 = 95$

20 응급 조치 구명 4단계로 옳지 않은 것은?

① 기도유지 ② 상처보호
③ 환자의 이송 ④ 지혈

해설 ▶ 응급 조치 4단계 : 지혈 → 기도유지 → 상처보호 → 쇼크 방지와 치료

21 용접 결함중 치수상의 결함은?

① 기공 ② 슬래그 혼입
③ 변형 ④ 용접균열

해설 ▶ 치수상 결함 – 변형, 용접부 크기 부적당, 형상의 부적당

22 다음중 절단 작업과 관계가 가장 적은 것은?

① 산소창 절단
② 아크 에어 가우징
③ 크레이터
④ 분말절단

해설 ▶ 크레이터는 용접선의 끝부분 움푹 파인 모양을 말한다.

23 일렉트로 가스 아크 용접에 주로 사용되는 실드 가스는?

① 아르곤가스 ② 수소가스
③ 헬륨가스 ④ CO_2

해설 ▶ 주로 CO_2가스를 사용하고 아르곤, 헬륨도 사용된다.

24 용접 작업 중 전격 방지 대책으로 틀린 것은?

① 용접기의 내부를 함부로 손대지 않는다.
② 홀더의 절연 부분이 파손되면 보수하거나 교체한다.
③ 숙련공은 보호구를 착용하지 않아도 된다.
④ 용접작업이 종료되면 반드시 차단기를 내린다.

해설 ▶ 전격 방지를 위해서 보호구를 반드시 착용한다.

25 가스 용접에서 매니폴드를 설치할 경우 고려할 사항으로 틀린 것은?

① 순간 최소 사용량
② 가스용기를 교환하는 주기
③ 필요한 가스 용기의 수
④ 사용량에 적합한 압력 조정기 및 안전기

해설 ▶ 매니폴드 설치 고려사항으로 순간최대사용량, 가스용기를 교환하는 주기, 필요한 가스용기 수, 용량에 맞는 적합한 압력의 조정기, 역화방지기, 가스 누설 경보기등 적합한 장비를 사용한다.

18 ④ 19 ④ 20 ③ 21 ③ 22 ③ 23 ④ 24 ③ 25 ①

26 용접부의 내부 결함으로서 슬래그 섞임을 방지하는 것은?

① 전층의 슬래그는 제거하지 않고 용접한다.
② 슬래그가 앞지르지 않도록 운봉속도를 유지 한다.
③ 용접전류를 낮게 한다.
④ 루트 간격을 최대한 좁게 한다.

해설 슬래그 혼합 방지를 위해 전류를 증가시켜 작업하며 루트간격을 늘리며 슬래그를 깨끗이 청소한다.

27 TIG용접에서 가스노즐의 크기는 가스분출 구멍의 크기로 정해지며 보통 몇 ㎜의 크기가 주로 사용되는가?

① 1~3 ② 4~13
③ 14~20 ④ 21~27

28 CO_2 용접 시 저전류 영역에서의 가스유량으로 가장 적당한 것은?

① 5~10 ℓ/min ② 10~15 ℓ/min
③ 15~20 ℓ/min ④ 20~25 ℓ/min

29 인장 시험에서 변형량을 원표점 거리에 대한 백분율로 표시한 것은?

① 연신율 ② 항복점
③ 인장 강도 ④ 단면 수축률

해설 연신율은 인장 시험에 있어서 파단 후의 시험편을 맞대고, 표점 사이의 변형량을 구해서 이것을 %로 나타낸 것이다.

30 재료 표면상에 일정한 높이로부터 낙하시킨 추가 반발하여 튀어 오르는 높이로부터 경도값을 구하는 경도기는?

① 브리넬 경도기
② 로크웰 경도기
③ 비커즈 경도기
④ 쇼어 경도기

해설
• 브리넬 경도시험 : 강철볼을 시험편 표면에 압입한 후 생긴 오목 자국의 표면적을 하중으로 나눈 값으로 측정하는 시험법
• 로크웰 경도시험 : 1/16인치 강구압자나 꼭지각이 120°인 원뿔형의 다이아몬드 압자를 이용하여 오목자국의 깊이를 가지고 측정하는 시험법
• 비커스 경도시험 : 꼭지각이 136°인 다이아몬드 4각추를 사용하여 오목자국의 대각선 길이를 이용하여 측정하는 경도시험법
• 쇼어 경도시험 : 강구나 다이아몬드를 붙인 소형추를 25mm의 높이에서 재료에 떨어트려튀어올라온 높이를 가지고 측정하는 경도시험법

31 철강 재료를 강화 및 경화시킬 목적으로 물 또는 기름 속에 급행하는 방법은?

① 불림 ② 풀림
③ 담금질 ④ 뜨임

해설
• 불림 : 강을 표준상태로 하기 위하여 가공조직의 균일화, 결정립의 미세화, 기계적 성질의 향상을 목적으로 실시
• 풀림 : 재질의 연화를 목적으로 일정시간 가열 후 노내에서 서냉, 내부응력 및 잔류응력 제거
• 뜨임 : 담금질된 강을 A1 변태점 이하의 일정온도로 가열하여 인성 증가

32 일반적인 연강의 탄소 함유량은 얼마인가?

① 1.0 ~ 1.4%
② 0.13 ~ 0.2%
③ 1.5 ~ 1.9%
④ 2.0 ~ 3.0%

해설 TIG 용접에서 가스 이온이 모재에 충돌하여 모재 표면에서 산화물을 제거하는 현상은?

26 ② 27 ② 28 ② 29 ① 30 ④ 31 ③ 32 ②

33 강의 표면에 질소를 침투시키는 질화법에 대한 설명으로 틀린 것은?

① 높은 표면 강도를 얻을 수 있다.
② 처리 시간이 길다.
③ 내식성이 저하 된다.
④ 내마멸성이 커진다.

해설

구분	침탄법	질화법
경도	질화법보다 낮다.	침탄법보다 높다.
열처리	침탄 후 열처리 필요	질화 후 열처리 불필요
변형	경화에 의해 변형	경화 후 변형이 적다.
취성	질화층보다 여리지 않다.	질화층이 여리다.
수정여부	침탄 후 수정이 가능	수정 불가능
뜨임	고온 가열시 뜨임 되고 경도 저하	고온 가열해도 경도 유지
내식성	비교적 약함	비교적 좋음
내마멸성	비교적 약함	비교적 좋음

34 연강의 인장 시험에서 인장 시편의 지름이 10mm이고, 최대 하중이 5500kgf일 때 인장강도는 약 몇 kgf/mm2인가?

① 60   ② 70
③ 80   ④ 90

해설 인장강도 = $\dfrac{\text{최대하중}}{\text{인장시편의 단면적}} = \dfrac{5500}{\dfrac{\pi \times 10^2}{4}} ≒ 70$ kgf/mm²

35 용접에서 변형이 생기는 가장 큰 이유는?

① 용착금속의 수축과 팽창
② 용착금속의 경화
③ 용접 이음부의 가공불량
④ 용착금속의 용착불량

해설 용접 변형의 가장 큰 원인은 열로 인한 용착금속의 팽창과 수축이다.

36 담금질된 강의 경도를 증가시키고 시효변형을 방지하기 위한 목적으로 0°C이하의 온도에서 처리하는 것은?

① 풀림처리(Annealing)
② 심냉처리(Sub – Zero treatment)
③ 불림처리(Normalizing)
④ 항온 열처리(Isothermal heat treatment)

해설 심랭 처리 : 담금질 직후 잔류 오스테나이트를 없애기 위해서 0°C 이하로 냉각하는 것으로 치수의 정확을 요하는 게이지등을 만들 때 심랭 처리를 하는 것이 좋다.

37 알루미늄 합금(Alloy)의 종류가 아닌 것은?

① 실루민(silumin)
② Y합금
③ 로엑스(Lo-Ex)
④ 인코넬(Inconel)

해설 인코넬 (72~76% Ni,14~ 17% Cr 8% Fe Mn, Si, C) 내식성과 내열성이 뛰어난 합금이며, 특히 고온에서 내산화성이 좋다. 유기물과 염류 용액에서도 내식성이 강하며, 기계적 강도가 좋아 전열기 부품, 열전쌍의 보호관 진공관의 필라멘트 등에 사용된다.

38 직류 아크용접에서 정극성의 특징 설명으로 틀린 것은?

① 비드 폭이 좁다.
② 주로 후판용접에 쓰인다.
③ 모재의 용입이 얕다.
④ 용접봉의 녹음속도가 느리다.

해설

극성명칭	전극	열원 배분량	특징
직류정극성 (DCSP, DCEN)	모재 +	약 70%	• 용입이 깊고 용접봉은 천천히 용융됨. • 후판용접에 적합하다. • 열이용률이 높다. • 비드폭이 좁다. • 일반적인 용접에 사용된다.
	전극봉 −	약 30%	

직류역극성 (DCRP, DCEP)	모재	−	약 30%	• 용입이 얕고 용접봉은 빠르게 용융됨. • 박판용접에 적합하다. • 열이용률이 낮다.
	전극봉	+	약 70%	• 비드폭이 넓다. • 주철, 고탄소강, 비철금속에 사용된다.
교류	없음		각각 50%씩	• 직류정극성, 직류역극성의 중간

39 TIG 절단에 관한 설명 중 틀린 것은?

① 알루미늄, 마그네슘, 구리와 구리합금, 스테인리스강 등 비철금속의 절단에 이용된다.
② 절단면이 매끈하고 열효율이 좋으며 능률이 대단히 높다.
③ 전원은 직류 역극성을 사용한다.
④ 아크 냉각용 가스에는 아르곤과 수소의 혼합가스를 사용한다.

해설 TIG절단으로 전원은 직류정극성을 사용하며 주로 알루미늄, 마그네슘, 구리와 구리합금, 스테인리스강등을 절단한다. 그리고 보호 가스로는 아르곤과 수소 혼합가스를 사용한다.

40 가스 절단에서 예열 불꽃이 약할 때 나타나는 현상은?

① 드래그가 증가한다.
② 절단면이 거칠어진다.
③ 변두리가 용융되어 둥글게 된다.
④ 슬래그 중의 철 성분의 박리가 어려워진다.

해설 예열 불꽃 세기가 세면 절단면 모서리가 용융되어 둥글게 되고, 절단면이 거칠게 된다. 그리고 슬래그 박리성이 어려워 진다. 불꽃 세기가 약해지면 드레그 이가 증가하고 절단 속도가 늦어진다.

41 서브머지드 아크용접의 기공 발생 원인으로 맞는 것은?

① 용접속도 과대
② 적정전압 유지
③ 용제의 양호한 건조
④ 가용접부의 표면, 이면 슬래그 완전제거

해설 서브머지드 아크용접의 기공 발생 원인으로 용접속도 과대, 적정용접전류 초과, 용접무의 급냉, 이음부의 오염, 수소 및 산소 그리고 일산화탄소가 너무 많을 때 발생

42 TIG 용접 토치의 형태에 따른 종류가 아닌 것은?

① 직선형 토치   ② Y형 토치
③ T형 토치   ④ 플랙시블 토치

해설 TIG 토치는 일반적으로 T형, 직선형으로 나뉘며 플랙시블과 고정형이 사용된다.

43 전기용접 작업시 전격에 관한 주의사항으로 틀린 것은?

① 무부하 전압이 필요 이상으로 높은 용접기는 사용하지 않는다.
② 낮은 전압에서는 주의하지 않아도 되며, 피부에 적은 습기는 용접하는데 지장이 없다.
③ 작업 종료시 또는 장시간 작업을 중지할 때는 반드시 용접기의 스위치를 끄도록 한다.
④ 전격을 받은 사람을 발견했을 때는 즉시 스위치를 꺼야 한다.

해설 낮은 전압에서도 감전이 발생하며 피부의 습기로 인하 감전이 발생될 수 있다.

39 ③   40 ①   41 ①   42 ②   43 ②

44 금속의 결정구조에서 조밀육방격자(HCP)의 배위수는?

① 6 ② 8
③ 10 ④ 12

해설

체심입방격자(B.C.C)	원자수 : 2 배위수 : 8
면심입방격자(F.C.C)	원자수 : 4 배위수 : 12
조밀육방격자(C.H.P)	원자수 : 4 배위수 : 12

45 Al의 표면을 적당한 전해액 중에서 양극산화처리하면 표면에 방식성이 우수한 산화피막층이 만들어진다. 알루미늄의 방식방법에 많이 이용되는 것은?

① 규산법 ② 수산법
③ 탄화법 ④ 질화법

해설 수산법 : Al 제품을 2% 수산용액에 넣고, 직류, 교류를 또는 직류에 교류를 동시에 보내면 표면은 단단하고 치밀한 산화막을 만든다. 이 방법은 전류 효율이 좋으며, 피막의 두께는 전류의 통전량에 비례한다

46 다음 중 주철에 관한 설명으로 틀린 것은?

① 비중은 C와 Si 등이 많을수록 작아진다.
② 용융점은 C와 Si 등이 많을수록 낮아진다.
③ 주철을 600℃ 이상의 온도에서 가열 및 냉각을 반복하면 부피가 감소한다.
④ 투자율을 크게 하기 위해서는 화합탄소를 적게 하고 유리탄소를 균일하게 분포시킨다.

해설 주철용접에는 모재를 500~600℃의 고온으로 예열하는 열간용접법과 예열을 하지 않거나 저온으로 예열해서 용접하는 냉간용접법이 있다

47 산소나 탈산제를 품지 않으며, 유리에 대한 봉착성이 좋고 수소취성이 없는 시판동은?

① 무산소동 ② 전기동
③ 전련동 ④ 탈산동

해설 구리 중에 산소가 있으면 수소와 반응하여 물을 생성하고 또한 취성을 일으키며 내식성이 좋지 않아 구리 중의 산소를 제거한다.

48 방화, 금지, 정지, 고도의 위험을 표시하는 안전색은?

① 녹색 ② 적색
③ 청색 ④ 백색

해설 안전색채종류
적색 : 방화나 소화전 표시, 금지, 정지, 위험
주황 : 위험상황, 기계안전커버, 항해, 항공의 보안시설 구명보트
노랑 : 주의, 충동, 경고
녹색 : 피난, 안전, 구호, 위생, 진행
청색 : 지시, 의무적 행동
보라 : 방사능 표시
하얀 : 방향지시, 문구
검정 : 주의표시

49 피복 아크 용접에서 용접봉의 용융속도와 관련이 가장 큰 것은?

① 아크 전압
② 용접봉 지름
③ 용접기의 종류
④ 용접봉 쪽 전압강하

해설 용융속도는 아크 전류와 용접봉쪽 전압강하가 영향을 준다.

50 다음 중 재결정온도가 가장 낮은 것은?

① Zn   ② Mg
③ Cu   ④ Ni

해설 ▶ 금속의 재결정온도
니켈(Ni) : 500~600℃, 구리(Cu) : 200℃
아연(Zn) : 7~25℃, 알루미늄(Al), 마그네슘(Mg) : 150℃

51 파이프의 영구 결합부(용접 등)는 어떤 형태로 표시하는가?

해설 ▶ ① 일반 연결부 접속되지 않았을 때 ② 납땜식 ③ 슬리브 형으로 연결

52 보기와 같은 제3각법의 정투상도에 가장 적합한 입체도는?

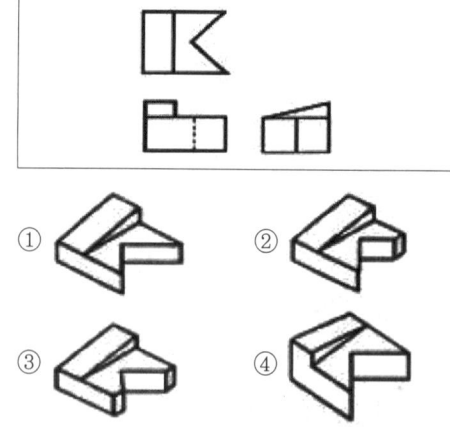

53 KS 재료의 기호에서 기계구조용 탄소강재는?

① SC360   ② GC200
③ SM20C   ④ STC1

해설 ▶ SC360 : 탄소강, STC1 : 탄소 공구강재, GC20 : 회주철품, SM20C : 기계구조용 탄소강재

54 다음 그림에서 현의 치수기입이 올바르게 된 것은?

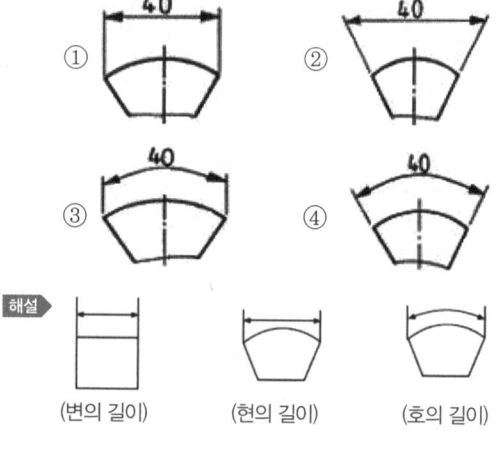

해설 ▶ (변의 길이) (현의 길이) (호의 길이)

55 배관설비도의 계기 표시 기호 중에서 유량계를 나타내는 글자 기호는?

① T   ② P
③ F   ④ V

해설 ▶ T(Temperature): 온도   P(Presure) : 압력
F(Flow meter) : 유량계   V(viscosity) : 점도

56 구멍의 표시방법에서 도일 치수 리벳 구멍 치수 기입이 '13 - 20드릴'로 표시되었을 때 올바른 해독은?

① 리벳의 피치는 20㎜
② 드릴 구멍의 총수는 13개
③ 드릴 구멍의 피치는 20㎜
④ 드릴 구멍의 피치 길이의 합은 23× 24㎜

해설 ▶ 13- 20 드릴 13은 드릴 구멍의 개수 20 드릴은 깊이를 나타낸다.

50 ① 51 ④ 52 ① 53 ③ 54 ① 55 ③ 56 ②

57 보기 용접도시 기호를 올바르게 해독한 것은?

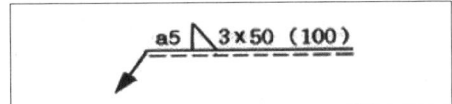

① V형 용접
② 용접 피치 50mm
③ 용접 목두께 5mm
④ 용접길이 100mm

해설 a5 = 용접 목두께, 3 = 용접부의 개수, 50 = 용접길이, (100) = 용접부 간격

58 용접부 보조 기호 중 전둘레 현장 용접을 표시하는 기호로 옳은 것은?

해설 ① 현장용접, ③ 둘레 용접

59 기계제도에서 사용하는 선의 굵기기준이 아닌 것은?

① 0.9mm   ② 0.25mm
③ 0.18mm ④ 0.7mm

해설 굵기에 따른 선의 종류
 • 가는 선 : 0.18~0.35mm
 • 굵은 선 : 가는 선의 2배 정도, 0.35~1.0mm
 • 아주 굵은 선 : 가는 선의 4배 정도, 0.7~2.0mm
 • 0.9mm는 굵기 기준에 해당하지 않는다.

60 다음 입체도의 화살표 방향을 정면도로 한다면 좌측면도로 적합한 투상도는?

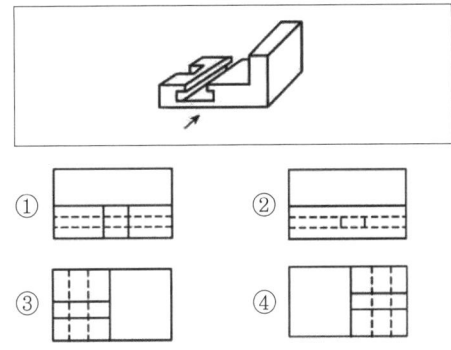

57 ③   58 ②   59 ②   60 ①

3 CBT 출제 예상문제

- 피복아크용접기능사
- 가스텅스텐아크용접기능사
- 이산화탄소가스아크용접기능사

01 가스용접이나 가스절단에 사용되는 가연성가스의 구비 조건중 틀린 것은?
① 불꽃의 온도가 높을 것
② 발열량이 클 것
③ 연소속도가 느릴 것
④ 용융금속과 화학반응이 일어나지 않을 것

해설 가연성가스의 구비 조건
- 연소속도가 빠를 것
- 불꽃의 온도가 높을 것
- 용융금속과 화학반응이 일어나지 않을 것
- 발열량이 클 것

02 CO_2가스아크용접 시 작업장의 CO_2가스가 몇% 이상이면 인체에 위험한 상태가 되는가?
① 1%   ② 4%
③ 10% ④ 15%

해설 이산화탄소 농도에 따른 현상
3~4% : 두통, 7% 이상 : 어지러움, 15% 이상 호흡곤란 및 의식장해, 30% 이상 : 사망에 이를 수 있음

03 용접 후 처리에서 잔류응력을 제거시켜 주는 방법이 아닌 것은?
① 저온응력완화법
② 노내풀림법
③ 피닝법
④ 역변형법

해설 역변형법은 용접변형을 경감하는 방법으로서 용접금속의 수축을 예측하여 용접 전에 반대방향으로 구부려 놓고 작업하는 방식이다.

04 용접 후 열처리를 하는 목적 중 맞지 않는 것은?
① 담금질에 의한 경화
② 응력제거풀림 처리
③ 완전풀림처리
④ 용접 후의 급랭회피

해설 후열처리에는 응력제거풀림, 완전풀림, 불림, 고용체화, 선상가열 등이 있다

05 용접용 2차 케이블의 유연성을 확보하기 위하여 주로 사용하는 캡 타이어 전선의 설명으로 옳은 것은?
① 가는 구리선을 여러 개 꼬아 얇은 종이로 쌓아 그 위에 니켈피복을 입힌 것
② 가는 알루미늄선을 여러 개로 꼬아 튼튼한 종이로 쌓고 그 위에 고무 피복을 입힌 것
③ 가는 구리선을 여러 개 꼬아 튼튼한 종이로 쌓고 그 위에 고무 피복을 입힌 것
④ 가는 알루미늄선을 여러 개로 꼬아 튼튼한 종이로 쌓고 그 위에 고무 피복을 입힌 것

해설 캡 타이어 전선 : 가는 구리선을 여러 개로 꼬아 튼튼한 종이로 쌓고 그 위에 고무 피복을 한 것

01 ③   02 ④   03 ④   04 ①   05 ③

06 주철을 고온으로 가열했다가 냉각하는 과정을 반복하면 부피가 팽창하여 변형이나 균열이 발생하는데 이러한 현상을 무엇이라 하는가?

① 청열취성
② 적열취성
③ 고온시효
④ 성장

해설 청열취성 – 탄소강을 가열하면 200~300℃에서 강도나 경도가 상온에서의 보다 크게 증가되어 변형이나 수축이 감소하여 여려지게 되는데 파란 산화 피막이 표면에 형성되기 때문에 청열 취성

07 중탄소강(0.3~0.5%C)의 용접시 탄소함유량의 증가에 따라 저온균열이 발생할 우려가 있으므로 적당한 예열이 필요하다. 다음 중 가장 적당한 예열온도는?

① 100~200℃
② 400~450℃
③ 500~600℃
④ 800℃ 이상

해설 탄소강의 탄소함유량 따른 예열 온도

탄소량(%)	0.2 이하	0.2~0.3	0.3~0.45	0.45~0.8
예열온도(℃)	90이하	90~150	150~260	260~420

08 다음 용접변형 교정법 중 외력만으로써 소성변형을 일어나게 하는 것은?

① 박판에 대한 점 수축법
② 형재에 대한 직선 수축법
③ 피닝법
④ 가열 후 해머링하는 법

해설 피닝법 – 망치를 이용하여 직접 타격을 가해 교정하는 법
나머지 보기는 열을 함께 이용하는 교정법

09 용접 결함과 그 원인에 대한 설명 중 잘못 짝지어진 것은?

① 언더컷 – 전류가 너무 높을 때
② 기공 – 용접봉이 흡습 되었을 때
③ 오버랩 – 전류가 너무 낮을 때
④ 슬래그 섞임 – 전류가 과대 되었을 때

해설
• 언더컷 – 용접 속도가 빠를 때, 전류가 높을 때, 아크 길이가 길 때
• 슬래그혼입 – 슬래그 제거 미흡, 전류가 낮을 때, 루트 간격이 좁을 때
• 기공 – 피복제에 수분이 있을 때, 황,수소등 과할 때, 용접부 급냉할 때
• 오버랩 – 전류가 낮을 때, 운봉각도 불량일 때

10 피복아크용접에서 피복제의 성분에 포함되지 않는 것은?

① 아크 안정제
② 가스 발생제
③ 피복 이탈제
④ 슬래그 생성제

해설 피복제의 성분 – 가스발생제, 아크안정제, 탈산제, 슬래그 생성제, 합금첨가제, 고착제등이 있다.

11 스터드 용접 장치에서 내열성의 도기로 만들며 아크를 보호하기 위한 것으로 모재와 접촉하는 부분은 홈이 패여 있어 내부에서 발생하는 열과 가스를 방출할 수 있도록 한 것을 무엇이라 하는가?

① 제어장치
② 스터드
③ 용접토치
④ 페룰

해설 페룰의 역할
• 용접이 진행되는 동안 아크열을 집중시켜 준다.
• 용융금속의 산화 방지 및 유출을 막아준다.
• 용착부의 오염을 방지한다.
• 용접사의 눈을 아크 광선으로부터 보호해 준다.

06 ④   07 ①   08 ③   09 ④   10 ③   11 ④

12 용접 작업의 경비를 절감시키기 위한 유의 사항 중 틀린 것은?

① 용접봉의 적절한 선정
② 용접사의 작업 능률의 향상
③ 용접 지그를 사용하여 위보기 자세의 시공
④ 고정구를 사용하여 능률 향상

해설 용접은 지그를 이용하여 아래보기 자세로 하여야 작업 능률 향상 되어 경비 절약이 된다.

13 용접 지그를 사용하여 용접했을 때 얻을 수 있는 장점이 아닌 것은?

① 구속력을 크게 하면 잔류 응력이나 균열을 막을 수 있다.
② 동일 제품을 대량 생산할 수 있다.
③ 제품의 정밀도와 신뢰성을 높일 수 있다.
④ 작업을 용이하게 하고 용접 능률을 높인다.

해설 구속력이 증가하면 잔류응력도 같이 증가 되어 균열이 생길 수 있다.

14 MIG 용접시 사용하는 차랑유리의 차광도 번호로 가장 알맞은 것은?

① 2~3
② 9~11
③ 12~13
④ 15~18

해설 그라인더 및 가스 절단시 2~5, 아크용접, TIG시 9~11

15 300호 홀더의 정격 용접 전류는 최대 몇 암페어(A)까지 사용 가능한가?

① 100
② 200
③ 300
④ 400

해설 홀더의 수치는 최대사용 전류를 나타낸다.

16 용접 작업시 아크 광선으로부터 눈이나 얼굴 등을 보호하기 위하여 사용하는 보호 장비는?

① 슬랙 망치
② 앞치마
③ 용접 장갑
④ 용접 헬멧

해설 용접 헬멧을 이용하여 얼굴 주요 부위를 보호한다.

17 MIG 용접에서 사용되는 와이어 송급 장치 의 종류가 아닌 것은?

① 푸시 방식(push type)
② 풀 방식(pull type)
③ 펄스 방식(pulse type)
④ 푸시 풀 방식(push- pull type)

해설 와이어 송급 방식의 종류로 푸시(push), 풀(pull), 푸쉬-풀(push-pull), 더블 푸시(double-push) 방식 4방법이 사용된다.

18 연강용 피복아크 용접봉의 용접기호 E7028중 "28"의 뜻은?

① 피복제의 계통
② 용접모재
③ 용착금속의 최저 인장강도
④ 피복아크용접봉

해설 E : 피복아크용접봉
70 : 용착금속의 최저 인장강도
28 : 피복제의 계통

19 피복제의 장점 올바르지 않은 것은?

① 아크 발생을 쉽게하고 아크를 안정시킨다.
② 스패터 발생이 많으며 슬래그 박리가 어렵다.
③ 산화 방지, 질화 방지 역할을 한다.
④ 용착금속의 효율을 높여준다.

해설 스패터 발생을 감소시키며, 슬래그 박리가 쉬워야 한다.

12 ③ 13 ① 14 ② 15 ③ 16 ④ 17 ③ 18 ① 19 ②

20 이산화탄소 아크용접시 후판의 아크전압 산출 공식은?

① $V_o = 0.04 \times I + 20 \pm 2.0$
② $V_o = 0.05 \times I + 30 \pm 3.0$
③ $V_o = 0.06 \times I + 40 \pm 4.0$
④ $V_o = 0.07 \times I + 50 \pm 5.0$

21 다음 중 전기용접을 할 때 전격의 위험이 가장 높은 경우는?

① 용접 중 접지가 불량할 때
② 용접부가 두꺼울 때
③ 용접봉이 굵고 전류가 높을 때
④ 용접부가 불규칙할 때

[해설] 접지 불량으로 인한 과열과 스파크 발생으로 화재 위험이 발생할 수 있다.

22 불활성 가스(inert gas)에 속하지 않는 것은?

① Ar(아르곤) ② O(산소)
③ Ne(네온)   ④ He(헬륨)

[해설] 산소는 금속과 반응하여 산화시킨다.

23 가스 용접에서 압력조정기의 압력 전달 과정으로 올바른 것은?

① 브르동관 → 링크 → 섹터기어 → 피니언
② 브르동관 → 피니언 → 링크 섹터기어
③ 브르동관 → 링크 → 피니언 → 섹터기어
④ 브르동관 → 피이언 → 섹터기어 → 링크

[해설] 압력조정기의 압력 전달 과정은 브르동관 → 켈리브레이팅 링크 → 섹터기어 → 피니언 → 지시바늘 순이다.

24 가스 절단용 토치의 팁이 동심형인 것은?

① 영국식 ② 미국식
③ 독일식 ④ 프랑스식

[해설] 이심형 : 독일식 동심형 : 프랑스식

25 화재의 분류를 올바르게 연결 된 것은?

① A급 화재 – 유류 화재
② B급 화재 – 일반 화재
③ C급 화재 – 가스 화재
④ D급 화재 – 금속 화재

[해설]
• A급 화재 – 일반 화재 : 수용액
• B급 화재 – 유류 화재 : 화학 소화액(포말, 사염화탄소, 탄산가스등)
• C급 화재 – 전기 화재 : 유기성 소화액(분말, 탄산가스, 탄산칼륨+물 등)
• D급 화재 – 금속 화재 : 건조사

26 교류 아크 용접기에 비해 직류 아크 용접기에 관한 설명으로 올바른 것은?

① 구조가 간단하다.
② 아크 안전성이 떨어진다.
③ 감전의 위험이 많다.
④ 극성의 변화가 가능하다.

[해설] 직류용접기는 구조가 복잡하며 아크안전성이 좋으며, 전격위험이 적고 극성변경이 가능하다.

27 다음 중 산소 프로판 가스 용접시 산소:프로판 가스의 혼합비는?

① 1:1   ② 2:1
③ 2.5:1 ④ 4.5:1

[해설] 혼합비율
산소 – 아세틸렌 (1:1), 산소 – 수소 (2:1), 산소 – 프로판 (4.5:1)

20 ① 21 ① 22 ② 23 ① 24 ④ 25 ④ 26 ④ 27 ④

28 알루미늄의 전기전도율은 구리의 약 몇 % 정도인가?

① 5　　② 65
③ 90　　④ 135

> **해설** 전기 전도율 순선 은(Ag) 〉 구(Cu) 〉 금 (Au) 〉 알루미늄 (Al) 〉 마그네슘(Mg) 〉 아연(Zn) 〉 니켈 (Ni) 〉 철 (F)
> 전기 전도율　106　100(기준값) 71.8　62.7
> 39　29.2　23.8　17.6

29 다음 중 스테인리스강의 내식성 향상을 위해 첨가하는 가장 효과적인 원소는?

① Zn　　② Sn
③ Cr　　④ Mg

> **해설** Cr – 강도와 경도를 증가시키며 내식성, 내열성 및 내마멸성이 증가된다.

30 오스테나이트계 스테인리스강을 용접 시 냉각과정에서 고온 균열이 발생하게 되는 원인?

① 아크길이를 짧게 했을 때
② 크레이터 처리하였을 때
③ 모재가 오염 되었을 때
④ 구속력 없이 용접했을 때

> **해설** 고온 균열 발생 원인은 아크길이가 길 때, 모재가 오염되었을 때, 크레이터 처리가 되지 않았을 때, 용접물을 구속시켜 용접시 발생한다.

31 플래시 버트 용접 과정의 3단계는?

① 업셋, 플래시, 후열
② 예열, 플래시, 업셋
③ 업셋, 예열, 후열
④ 예열, 검사, 플래시

> **해설** 플래시 버트 용접 과정의 3단계
> 예열 → 플래시 → 업세

32 TIG 용접에서 가스이온이 모재에 충돌하여 모재 표면에 산화물을 제거하는 현상은?

① 청정효과
② 제거효과
③ 용융효과
④ 고주파효과

> **해설**
> • 직류역극성에서 아크가 모재 표면 산화막을 제거하는 것을 청정효과라고 한다.
> • 용접봉에서 발생된 양이온이 음극인 모재 용융부 표면에 충돌하여 고온을 일으켜 산화 피막이 제거된다.
> • 알루미늄, 마스네슘등 청정효과를 통해 비철금속을 용접할 수 있으며, 교류 용접으로도 가능하다.

33 연강의 인장시험에서 인장시험편의 지름이 10mm이고 최대하중이 5500kgf일 때 인장강도는 약 몇 kgf/mm2인가?

① 60　　② 70
③ 80　　④ 90

> **해설** 인장강도(kgf/mm2) = $\dfrac{\text{하중(kgf)}}{\text{단면적(mm}^2\text{)}}$ = $\dfrac{5500(\text{kgf})}{(\text{지름} \times \frac{1}{2})^2 \times \pi}$ = 70.06(kgf/mm²)

34 이산화탄소 가스 아크용접의 아크 전압이 높을 때 비드 형상으로 맞는 것은?

① 비드가 넓어지고 납작해진다.
② 비드가 좁아지고 납작해진다.
③ 비드가 넓어지고 볼록해진다.
④ 비드가 좁아지고 볼록해진다.

> **해설** 아크 전압이 높으면 비드가 넓어지며 납작해지고 낮아지면 볼록해지고 좁아진다.

28 ②　29 ③　30 ③　31 ②　32 ①　33 ②　34 ①

35 크레이터 처리 미흡으로 일어나는 결함이 아닌 것은?

① 냉각 중에 균열이 생기기 쉽다.
② 파손이나 부식의 원인이 된다.
③ 불순물과 편석이 남게 된다.
④ 용접봉의 단락 원인이 된다.

> 해설 ▶ 용접봉의 단락은 아크 거리와 용접봉의 흡습으로 인한 경우가 많다.

36 용접에 있는 열적 요인중 모재에 가장 영향을 많이 주는 요소로 바른 것은?

① 용접입열   ② 용접전도열
③ 주의온도   ④ 용접복사열

> 해설 ▶ 용접과정에서 발생하는 열적요인으론 용접입열, 복사열, 전도열등이 있으나 모재에 직접적으로 작용하는 열은 용접 입열이다.

37 용접을 크게 융접, 압접, 납땜으로 분류할 때, 압점에 해당 되는 것은?

① 전자빔용접
② 초음파용접
③ 원자수소용접
④ 일렉트로 슬래그 용접

> 해설 ▶ 압접 용접 종류는 단접, 냉간압접, 저항용접, 유도가열용접, 초음파용접, 마찰용접, 가스압접, 가압테르밋용접등이 있다.

38 서브머지드 아크 용접 장치 중 전극 형상에 의한 분류에 속하지 않는 것은?

① 와이어(wire) 전극
② 테이프(tape) 전극
③ 대상(hoop) 전극
④ 대차(carriage) 전극

> 해설 ▶ 서브머지드 아크용접에 사용되는 전극의 형상 분류는 와이어전극, 테이프 전극, 대상 전극이 있다.

39 아크에어 가우징을 할 때 압축공기의 압력은 몇 Kgf/cm2정도의 압력 적당한가?

① 0.5~1   ② 3~4
③ 5~7   ④ 9~10

> 해설 ▶ 4Kgf/cm2 이하로 떨어지면 용융금속이 잘 불려 나가지 않는다

40 피복금속 아크 용접봉의 피복제가 연소한 후 생성된 물질이 용접부를 보존하는 방식이 아닌 것은?

① 가스 발생식
② 슬래그 생성식
③ 스프레이 발생식
④ 반가스 발생식

> 해설 ▶
> • 슬래그 생성식(무기물형) : 슬래그로 산화, 질화방지
> • 가스 발생식 : 셀룰로오스가 있고 전자세용접 용이
> • 반가스 발생식 : 슬래그 생성식과 가스 발생식 혼합

41 직류아크 용접기와 비교하여 교류이크 용접기에 대한 설명으로 가장 올바른 것은?

① 무부하 전압이 높고 감전의 위험이 많다.
② 구조가 복잡하고 극성변화가 가능하다.
③ 자기쏠림 방지가 불가능하다.
④ 아크 안정성이 우수하다.

> 해설 ▶ 교류 아크 용접기는 직류 아크 용접기에 비하여 아크가 불안정하고 무부하 전압이 70~80V로 직류 아크 용접기 40~60V에 비하여 높아 감전에 위험이 크다.

42 피복아크용접에서 위빙(weaving) 폭은 심선 지름의 몇 배로 하는 것이 가장 적당한가?

① 1 배   ② 2~3 배
③ 5~6 배   ④ 7~8 배

> 해설 ▶ 위빙폭은 심선의 2~3배정도가 적당하다.

35 ④　36 ①　37 ②　38 ④　39 ③　40 ③　41 ①　42 ②

43 연강용 가스 용접봉에서 "625±25℃에서 1시간 동안 응력을 제거한 것"을 뜻하는 영문자 표시에 해당되는 것은?

① NSR ② GB
③ GA ④ SR

해설 NSR – Non Stress Relief 응력제거 하지 않는 것, SR – Stress Relief 응력제거 풀림 처리한 것
G – Gas rod 가스용접봉, A,B – 용착금속 연신율 구분

44 주철의 성장원인이 아닌 것은?

① Fe_3C 흑연화에 의한 팽창
② 불균일한 가열로 생기는 균열에 의한 팽창
③ 흡수되는 가스의 팽창으로 인해 항복되어 생기는 팽창
④ 고용된 원소인 Mn의 산화에 의한 팽창

해설 고용원소인 Si의 산화에 의한 팽창이 성장원인 중 하나다.

45 공구강 중 게이지 용강이 갖추어야 할 조건으로 틀린 것은?

① 경도는 HRC 45 이하를 가져야 한다.
② 팽창계수가 보통강보다 작아야 한다.
③ 담금질에 의한 변형 및 균열이 없어야 한다.
④ 시간이 지남에 따라 치수의 변화가 없어야 한다.

해설 게이지강은 공구강을 의미하므로 내마모성이 커야 된다. 따라서 로크웰 C경도(HRC) 45 이상이 되어야 한다.

46 30% Zn을 포함한 황동으로 연신율이 비교적 크고, 인장 강도가 매우 높아 판, 막대, 관, 선 등으로 널리 사용되는 것은?

① 톰백(tombac)
② 네이벌 황동(naval brass)
③ 6 – 4 황동(muntz metal)
④ 7 – 3 황동(cartridge brass)

해설 • 톰백 – 구리합금으로 8~20%의 아연을 첨가한 것, 연성이 커 판재 가공에 장식용 금박에 쓰임
• 네이벌 황동 – 구리 62%, 아연 37%, 주석 1%로 내식성이 좋음
• 6-4 황동 – 구리 60%, 아연 40%를 함유 놋쇠라고도 함, 인장성이 좋음

47 Au의 순도를 나타내는 단위는?

① K(carat) ② P(pound)
③ %(percent) ④ μm(micron)

해설 금의 순도 단위는 K(carat) 14k,18k,24k로 나타낸다.

48 다음 상태도에서 액상선을 나타내는 것은?

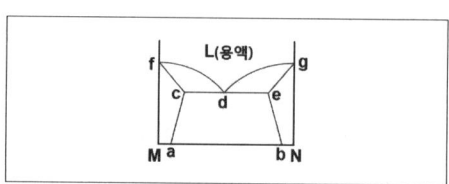

① acf ② cde
③ fdg ④ beg

해설 액상선 – 형태가 액제 상태인 조건을 나타내는 선

49 용접 결함에서 치수상 결함에 속하는 것은?

① 기공 ② 언더컷
③ 변형 ④ 균열

해설 • 치수상 결함 – 형상불량, 치수불량, 변형
• 구조상 결함 – 오버랩, 언더컷, 용입부족, 기공, 슬래그 혼입, 크랙

43 ④ 44 ④ 45 ① 46 ④ 47 ① 48 ③ 49 ③

50 플러그 용접에서 전단강도는 구멍의 면적당 전 용착금속 인장강도의 몇 % 정도로 하는가?

① 20~30
② 40~50
③ 60~70
④ 80~90

해설 플러그 및 슬롯 용접에서 전단응력이 용착부분에 작용하기 때문에 구멍의 면적당 인장강도는의 60~70%로 정한다.

51 보기의 도면에서 리벳의 개수는?

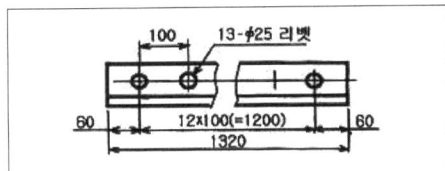

① 12개
② 13개
③ 25개
④ 100개

해설 13-Ø25 = 13개 구멍과 직경 25mm

52 보기 입체도를 제3각법으로 투상한 도면에 대한 설명으로 가장 적합한 것은?

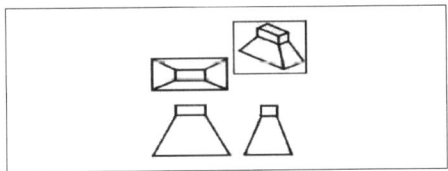

① 정면도 만 틀림
② 평면도 만 맞음
③ 우측면도 만 맞음
④ 모두 맞음

해설 3각법은 물체를 제 3면각 안에 놓고 투상하는 법

53 보기와 같은 입체도를 화살표 방향에서 본 투상도로 올바르게 도시된 것은?

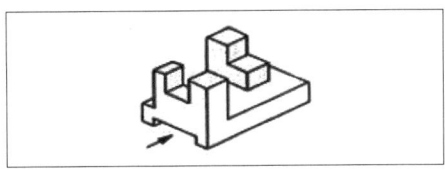

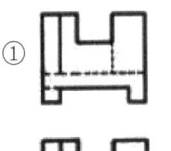 
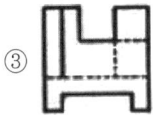 

54 기계제도에서 가는 2점 쇄선을 사용하는 것은?

① 중심선
② 지시선
③ 피치선
④ 가상선

해설 중심선 – 가는 일점쇄선, 지시선 – 가는선, 피치선 – 가는 일정쇄선, 가상선 – 가는 이점쇄선

55 나사의 종류에 따라 표시기호가 옳은 것은?

① M – 미터 사다리꼴 나사
② UNC – 미니추어 나사
③ Rc – 관용 테이퍼 암나사
④ G – 진구 나사

해설 M – 미터나사, UNC – 유니파이 보통나사, G – 관용 평행나사

56 다음 용접 기호 중 표면 육성을 의미하는 것은?

해설 ② : 표면 접합, ③ : 경사 접합 ④ : 겹침 접합

50 ③   51 ②   52 ④   53 ④   54 ④   55 ③   56 ②

57 그림과 같이 철판에 구멍이 뚫려있는 도면의 설명으로 올바른 것은?

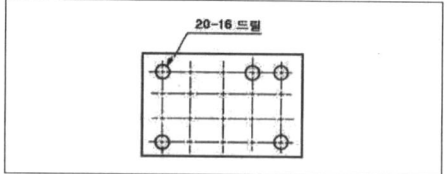

① 구멍지름 16㎜, 수량 20개
② 구멍지름 20㎜, 수량 16개
③ 구멍지름 16㎜, 수량 5개
④ 구멍지름 20㎜, 수량 5개

58 보기와 같은 제3각법의 정투상도에 가장 적합한 입체도는?

① 치수선, 치수보조선, 지시선
② 중심선, 지시선, 숨은선
③ 외형선, 치수보조선, 해칭선
④ 기준선, 피치선, 수준면선

[해설]
• 가는 실선 : 파단선, 해칭선, 치수선, 치수보조선
• 가는 일점쇄선 : 기준선, 피치선, 중심선, 절단선
• 굵은 실선 : 외형선
• 가는 이점 쇄선 : 가상선

59 기계제도에서 선의 굵기가 가는 실선이 아닌 것은?

① 치수선
② 해칭선
③ 지시선
④ 특수지정선

[해설] 특수지정선은 아주 굵은 실선을 사용한다.

60 특수부분의 도형이 작은 까닭으로 그 부분의 상세한 도시나 치수기입을 할 수 없을 때 그 부분을 에워싸고 영문자의 대문자로 표시하고, 그 부분을 확대하여 다른 장소에 그리는 투상도의 명칭은?

① 부분 투상도
② 보조 투상도
③ 부분 확대도
④ 국부 투상도

57 ① 58 ① 59 ④ 60 ③

4 CBT 출제 예상문제

- 피복아크용접기능사
- 가스텅스텐아크용접기능사
- 이산화탄소가스아크용접기능사

01 가스용접 시 안전사항으로 적당하지 않은 것은?

① 산소병은 60℃ 이하 온도에서 보관하고, 직사광선을 피하여 보관한다.
② 호스는 길지 않게 하며, 용접이 끝났을 때는 용기밸브를 잠근다.
③ 작업자 눈을 보호하기 위해 적당한 차광유리를 사용한다.
④ 호스접속구는 호스밴드로 조이고 비눗물 등으로 누설여부를 검사한다.

해설 산소병 40℃ 이하의 직사광선이 없는 곳에 보관한다.

02 맞대기용접이음에서 모재의 인장강도는 450Mpa이며, 용접시험편의 인장강도가 470Mpa일 때 이음효율은 약 몇 %인가?

① 104
② 96
③ 60
④ 69

해설 이음효율 = $\dfrac{\text{용접시험편 인장강도}}{\text{모재인장강도}} \times 100$

= $\dfrac{470}{450} \times 100 ≒ 104$

03 서브머지드 아크용접의 용융형용제에서 입도에 대한 설명으로 틀린 것은?

① 용제의 입도는 발생가스의 방출상태에는 영향을 미치나, 용제의 용융성과 비드형상에는 영향을 미치지 않는다.
② 가는 입자일수록 높은 전류를 사용해야 한다.
③ 거친입자의 용제에 높은 전류를 사용하면 비드가 거칠어 기공, 언더컷 등이 발생한다.
④ 가는입자의 용제를 사용하면 비드폭이 넓어지고, 용입이 얕아진다.

해설 입도는 용제입자의 크기로서 입자의 크기가 작으면 그만큼 열을 받게 되는 입자단면적이 커져 용융성에 영향을 끼치게 된다.

04 플라스마 아크용접에 관한 설명 중 틀린 것은?

① 전류밀도가 크고 용접속도가 빠르다.
② 기계적 성질이 좋으며 변형이 적다.
③ 설비비가 적게 든다.
④ 1층으로 용접할 수 있으므로 능률적이다.

해설 플라스마 아크용접은 전류밀도가 크며 용입이 깊으나 설비비가 많이 든다.

05 서브머지드 아크용접의 용제 중 흡습성이 높아 보통 사용 전에 150~300℃에서 1시간 정도 재건조해서 사용하는 것은?

① 용제형
② 혼성형
③ 용융형
④ 소결형

해설 소결형 고전류에서 작업성이 좋고, 후판용접에 적합하며 용접착금속의 성질과 절연성이 우수하다.

06 CO_2가스아크용접에서 용제가 들어있는 와이어 CO_2법의 종류에 속하지 않은 것은?

① 솔리드아크법
② 유니언아크법
③ 퓨즈아크법
④ 아코스아크법

해설 용제가 들어있는 와이어CO_2법의 종류 : 아코스, 퓨즈, 유니언, NCG법

 01 ① 02 ① 03 ① 04 ③ 05 ④ 06 ①

07 가스절단에 따른 변형을 최소화할 수 있는 방법이 아닌 것은?

① 적당한 지그를 사용하여 절단재의 이동을 구속한다.
② 절단에 의하여 변형되기 쉬운 부분을 최후까지 남겨놓고 냉각하면서 절단한다.
③ 여러 개의 토치를 이용하여 평행 절단한다.
④ 가스절단 직후 절단물 전체를 650℃로 가열한 후 즉시 수랭한다.

해설 가열 후 급냉은 기계적 성질을 변화시키고 뒤틀림과 같은 변형을 가져온다.

08 MIG용접에 사용되는 보호가스로 적합하지 않은 것은?

① 순수아르곤가스
② 아르곤–산소가스
③ 아르곤–헬륨가스
④ 아르곤–수소가스

해설 MIG용접은 알루미늄, 마그네슘합금의 용접에 사용되며 수소는 용착금속에 악영향을 미치므로 사용하지 않는다.

09 아크용접작업에 의한 재해에 해당되지 않은 것은?

① 감전
② 화상
③ 전광성 안염
④ 전도

10 다음 중 응력제거방법에 있어 노내풀림법에 대한 설명으로 틀린 것은?

① 일반구조물 압연강재의 노내 및 국부 풀림의 유지온도는 725±50℃이며, 유지시간은 판두께 25mm에 대하여 5시간 정도이다.
② 잔류응력의 제거는 어떤 한계 내에서 유지온도가 높을수록 또 유지시간이 길수록 효과가 크다.
③ 보통 연강에 대하여 제품을 노내에서 출입시키는 온도는 300℃를 넘어서는 안 된다.
④ 응력제거열처리법 중에서 가장 잘 이용되고 또 효과가 큰 것은 제품 전체를 가열로 안에 넣고 적당한 온도에서 얼마동안 유지한 다음 노내에서 서랭하는 것이다.

해설 풀림유지온도는 625±25℃이고, 판두께 25mm에 1시간 정도이다.

11 구조물의 본용접작업에 대하여 설명한 것 중 맞지 않는 것은?

① 위빙폭은 심선지름의 2~3배 정도가 적당하다.
② 용접 시 단부의 기공발생 방지대책으로 핫스타트(Hot Start)장치를 설치한다.
③ 용접작업종단에 수축공을 방지하기 위하여 아크를 빨리 끊어 크레이터를 남게 한다.
④ 구조물의 끝 부분이나 모서리, 구석부분과 같이 응력이 집중되는 곳에서 용접봉을 갈아 끼우는 것을 피하여야 한다.

12 대전류, 고속도용접을 실시하므로 이음부의 청정(수분, 녹, 스케일제거 등)에 특히 유의하여야 하는 용접은?

① 수동피복 아크용접
② 반자동이산화탄소아크용접
③ 서브머지드 아크용접
④ 가스용접

07 ④ 08 ④ 09 ④ 10 ① 11 ③ 12 ③

해설 서브머지드 아크용접은 대전류를 사용하고, 용접속도가 수동용접의 10~20배가 되므로 능률이 높다.

13 CO_2가스아크용접 시 작업장의 CO_2가스가 몇 % 이상이면 인체에 위험한 상태가 되는가?

① 1% ② 4%
③ 10% ④ 15%

해설
• 3~4% : 두통
• 15% 이상 : 위험한 상태
• 30% 이상 : 극히 위험

14 안전을 위하여 가죽장갑을 사용할 수 있는 작업은?

① 드릴링 작업
② 선반작업
③ 용접작업
④ 밀링작업

15 CO_2가스아크용접을 보호가스와 용극가스에 의해 분류했을 때 용극식의 솔리드와이어 혼합가스법에 속하는 것은?

① CO_2+C법
② CO_2+CO+Ar법
③ CO_2+CO+O_2법
④ CO_2+Ar법

해설 솔리드와이어 혼합가스법 : CO_2-O_2법, CO_2-CO법, CO_2-Ar법, CO_2-Ar-O_2법

16 다음 중 연소를 가장 바르게 설명한 것은?

① 물질이 열을 내며 탄화한다.
② 물질이 탄산가스와 반응한다.
③ 물질이 산소와 반응하여 환원한다.
④ 물질이 산소와 반응하여 열과 빛을 발생한다.

해설 연소란 가연성 물질이 산소와 반응하여 빛과 열을 발생하는 현상이다.

17 그림과 같이 길이가 긴 T형필릿용접을 할 경우에 일어나는 용접변형의 영향은?

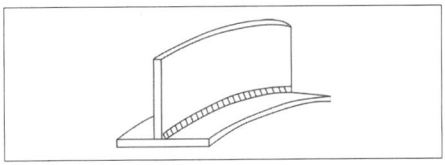

① 회전변형 ② 세로굽힘변형
③ 좌굴변형 ④ 가로굽힘변형

18 플라스마 아크용접장치에서 아크플라스마의 냉각가스로 쓰이는 것은?

① 아르곤과 수소의 혼합가스
② 아르곤과 산소의 혼합가스
③ 아르곤과 메탄의 혼합가스
④ 아르곤과 프로판의 혼합가스

19 용접부의 외관검사 시 관찰사항이 아닌 것은?

① 용입 ② 오버랩
③ 언더컷 ④ 경도

해설 용접부 외관표면검사 시 관찰사항에는 비드모양, 언더컷, 오버랩, 용입, 균열, 기공 등이 있다.

20 용접균열의 분류에서 발생하는 위치에 따라서 분류한 것은?

① 용착금속균열과 용접열영향부 균열
② 고온균열과 저온균열
③ 매크로균열과 마이크로균열
④ 입계균열과 입안균열

해설 용접부위 위치에 따라 용착금속균열과 용접열영향부 균열로 분류된다.

13 ④　14 ③　15 ④　16 ④　17 ②　18 ①　19 ④　20 ①

21 다음 중 용접법의 분류에 속하지 않는 것은?

① 납땜 ② 리벳팅
③ 융접 ④ 압접

해설 리벳팅은 기계적 접합법이다.

22 용접부의 연성결함을 조사하기 위하여 사용되는 시험법은?

① 충격시험 ② 비커스시험
③ 굽힘시험 ④ 브리넬시험

해설 굽힘시험은 용접부의 연성을 조사하기 위한 파괴시험의 한 종류이다.

23 KS규격에서 화재안전, 금지표시의 의미를 나타내는 안전색은?

① 노랑 ② 초록
③ 빨강 ④ 파랑

해설
• 빨강 : 위험, 정지, 금지 등
• 노랑 : 주의
• 초록 : 안전, 진행
• 파랑 : 지시, 주의

24 기계적 시험법 중 동적시험방법에 해당하는 것은?

① 굽힘시험 ② 인장시험
③ 크리프시험 ④ 피로시험

해설 피로시험은 반복작용하는 것으로 동적시험에 속한다.

25 2개의 모재에 압력을 가해 접촉시킨 다음 접촉면에 압력을 주면서 상대운동을 시켜 접촉면에서 발생하는 열을 이용하는 용접법은?

① 가스압접 ② 냉간압접
③ 마찰용접 ④ 열간압접

해설 마찰용접은 금속과 금속의 마찰열을 이용하는 용접이다.

26 용접 후 처리에서 잔류응력을 제거시켜 주는 방법이 아닌 것은?

① 저온응력완화법
② 노내풀림법
③ 피닝법
④ 역변형법

해설 역변형법은 용접변형을 경감하는 방법으로서 용접금속의 수축을 예측하여 용접 전에 반대방향으로 구부려 놓고 작업하는 방식이다.

27 용접 후 열처리를 하는 목적 중 맞지 않는 것은?

① 담금질에 의한 경화
② 응력제거풀림 처리
③ 완전풀림처리
④ 용접 후의 급랭회피

해설 후열처리에는 응력제거풀림, 완전풀림, 불림, 고용체화, 선상가열 등이 있다

28 용접결함의 종류 중 치수상의 결함에 속하는 것은?

① 선상조직 ② 변형
③ 기공 ④ 슬래그잠입

해설
• 치수상 결함 : 변형, 치수불량, 형상불량
• 구조상 결함 : 기공, 슬래그섞임, 융합불량, 용입불량, 언더컷, 오버랩, 용접균열, 표면결함
• 성질상 결함 : 기계적 성질 부족, 화학적 성질 부족, 물리적 성질 부족

21 ②　22 ③　23 ③　24 ④　25 ③　26 ④　27 ①　28 ②

29 용접작업 시의 전격방지대책으로 잘못된 것은?

① TIG용접 시 텅스텐전극봉을 교체할 때는 항상 전원스위치를 차단하고 작업한다.
② TIG용접 시 수랭식토치는 과열을 방지하기 위해 냉각수탱크에 넣어 식힌 후 작업한다.
③ 용접하지 않을 때에는 TIG용접의 텅스텐전극봉을 제거하거나 노즐 뒷쪽으로 밀어 넣는다.
④ 홀더나 용접봉은 절대로 맨손으로 취급하지 않는다.

해설 ② 감전이나 전격의 원인이 될 수 있다.

30 여러 사람이 공동으로 용접작업을 할 때 다른 사람에게 유해광선의 해(害)를 끼치지 않게 하기 위해서 설치해야 하는 것은?

① 차광막   ② 경계통로
③ 환기장치 ④ 집진장치

해설 차광막은 용접진행 시 아크발생한 불빛 즉 유해광선으로부터 보호한다.

31 스테인리스강, 알루미늄 등과 같은 비철합금을 절단할 수 없는 것은?

① 플라즈마절단 ② 가스가우징
③ TIG절단   ④ MIG절단

해설 가스가우징은 용접부 결함제거, 뒤따내기, 압연강재, 단조, 주강의 표면결함의 제거 등에 사용된다.

32 아세틸렌의 성질에 대한 설명으로 틀린 것은?

① 탄화수소에서 가장 완전한 가스이다.
② 산소와 적당히 혼합하여 연소하면 고온을 얻는다.
③ 아세톤에 25배로 용해된다.
④ 공기보다 가볍다.

해설 아세틸렌은 공기나 산소 등과 혼합되면 폭발성이 심해진다.

33 가스용접에서 사용되는 아세틸렌가스의 성질을 설명한 것 중 맞는 것은?

① 비중은 1.105 이다.
② 순수한 아세틸렌가스는 악취가 난다.
③ 15℃, 1kgf/cm²의 아세틸렌 1L의 무게는 1.176g이다.
④ 각종 액체에 잘 용해되며, 물에는 6배 용해된다.

해설 아세틸렌의 비중은 0.91이며, 순수한 것은 무색, 무취이다. 각종 액체에 잘 용해되며 물에는 같은 양이 용해된다.

34 용해아세틸렌을 충전했을 때 용기의 전체무게가 27Kgf이고 사용 후 빈 용기의 무게가 24Kgf이었다면 순수 아세틸렌가스의 양은?

① 2715 ℓ   ② 2025 ℓ
③ 1125 ℓ   ④ 648 ℓ

해설 L = 910(27−24)−t = 910(27−24)−15 = 2715

35 용접전류 150A, 전압이 30V일 때 아크출력은 몇 kW인가?

① 4.2kW   ② 4.5kW
③ 4.8kW   ④ 5.8kW

해설 아크출력=전압×전류=150×30=450W=4.5kW

36 다음 자기불림(Magnetic Blow)은 어느 용접에서 생기는가?

① 가스용접
② 교류아크용접
③ 일렉트로 슬래그용접
④ 직류아크용접

해설 자기불림은 직류아크용접에서 용접 중에 아크가 한쪽으로 쏠리는 현상이다.

37 아크에어가우징에 사용되는 압축공기에 대한 설명으로 올바른 것은?

① 압축공기의 압력은 2~3kgf/cm² 정도가 좋다.
② 압축공기의 분사는 항상 봉의 바로 앞에서 이루어져야 효과적이다.
③ 약간의 압력변동에도 작업에 영향을 미치므로 주의한다.
④ 압축공기가 없을 경우 긴급 시에는 용기에 압축된 질소나 아르곤가스를 사용한다.

해설 아크에어가우징의 압축공기압력은 6~7kg/cm²이며, 약간의 압력변동은 작업에 크게 영향을 미치지 않는다.

38 다음 용접자세에 사용되는 기호 중 틀리게 나타낸 것은?

① F : 아래보기자세
② V : 수직자세
③ H : 수평자세
④ O : 전자세

해설 O는 위보기자세. 전자세는 AP로 표기한다.

39 텅스텐전극과 모재 사이에 아크를 발생시켜 알루미늄, 마그네슘, 구리 및 구리합금, 스테인리스강 등의 절단에 사용되는 것은?

① TIG절단
② MIG절단
③ 탄소절단
④ 산소아크절단

40 철강의 종류는 Fe-C상태도의 무엇을 기준으로 하는가?

① 질소함유량
② 탄소함유량
③ 규소함유량
④ 크롬함유량

해설 Fe-C 상태도는 철과 탄소의 함유량에 따른 상태변화를 나타낸다.

41 다음 중 알루미늄합금이 아닌 것은?

① 라우탈(Lautal)
② 실루민(Silumin)
③ 두랄루민(Duralumin)
④ 켈밋(Kelmet)

해설 켈밋은 구리에 40% Pb를 함유한 베어링합금이다.

42 질화처리의 특성에 관한 설명으로 틀린 것은?

① 침탄에 비해 높은 표면경도를 얻을 수 있다.
② 고온에서 처리되어 변형이 크고 처리시간이 짧다.
③ 내마모성이 커진다.
④ 내식성이 우수하고 피로한도가 향상된다.

해설 질화법은 가열에 의한 변형이 크게 일어나지 않는다.

36 ④ 37 ④ 38 ④ 39 ① 40 ② 41 ④ 42 ②

43 주철의 성장원인이 아닌 것은?

① Fe_3C 흑연화에 의한 팽창
② 불균일한 가열로 생기는 균열에 의한 팽창
③ 흡수되는 가스의 팽창으로 인해 항복되어 생기는 팽창
④ 고용된 원소인 Mn의 산화에 의한 팽창

해설 고용원소인 Si의 산화에 의한 팽창이 성장원인 중 하나다.

44 Al의 표면을 적당한 전해액 중에서 양극산화처리하면 표면에 방식성이 우수한 산화피막층이 만들어진다. 알루미늄의 방식방법에 많이 이용되는 것은?

① 규산법   ② 수산법
③ 탄화법   ④ 질화법

해설 수산법 : Al 제품을 2% 수산용액에 넣고, 직류, 교류를 또는 직류에 교류를 동시에 보내면 표면은 단단하고 치밀한 산화막을 만든다. 이 방법은 전류 효율이 좋으며, 피막의 두께는 전류의 통전량에 비례한다.

45 강의 표면경화법이 아닌 것은?

① 풀림   ② 금속용사법
③ 금속침투법   ④ 하드페이싱

해설 풀림은 재질을 연화하고 균일화하는 기본 열처리방법이다.

46 주석청동 중에 납(Pb)을 3~26% 첨가한 것으로 베어링 패킹재료 등에 널리 사용되는 것은?

① 인청동   ② 연청동
③ 규소청동   ④ 베릴륨청동

해설
- 연청동 : 주석청동 중에 납을 3~26% 첨가한 것
- 인청동 : 청동에 인을 첨가한 합금

47 페라이트계 스테인리스강의 특징이 아닌 것은?

① 표면연마된 것은 공기나 물에 부식되지 않는다.
② 질산에는 침식되나 염산에는 침식되지 않는다.
③ 오스테나이트계에 비하여 내산성이 낮다.
④ 풀림상태 또는 표면이 거친 것은 부식되기 쉽다.

해설 페라이트계 스테인리스강은 염산과 황산 등에 침식된다.

48 Mg(마그네슘)의 특성을 나타낸 것이다. 틀린 것은?

① Fe, Ni 및 Cu 등의 함유에 의하여 내식성이 대단히 좋다.
② 비중이 1.74로 실용금속 중에서 매우 가볍다.
③ 알칼리에는 견디나 산이나 열에는 약하다.
④ 바닷물에 대단히 약하다.

해설 마그네슘은 내식성이 약해서 망간, 아연 등을 합금하여 내식성을 증가시킨다.

49 다음은 주강에 대한 설명이다. 잘못된 것은?

① 용접에 의한 보수가 용이하다.
② 주철에 비해 기계적 성질이 우수하다.
③ 주철로서는 강도가 부족할 경우에 사용한다.
④ 주철에 비해 용융점이 낮고 수축률이 크다.

해설 주철에 비해 용융점이 높다.

43 ④ 44 ② 45 ① 46 ② 47 ② 48 ① 49 ④

50 가볍고 강하며 내식성이 우수하나 600℃ 이상에서는 급격히 산화되어 TIG용접 시 용접토치에 특수(Shield Gas)장치가 반드시 필요한 금속은?

① Al   ② Ti
③ Mg   ④ Cu

51 다음 재료기호 중 용접구조용 압연강재에 속하는 것은?

① SPPS 380   ② SPCC
③ SCW 450   ④ SM 400C

해설 ▶ SM 400C는 용접구조용 압연강재이며 400은 인장강도이다.

52 그림은 제3각법으로 정투상한 정면도와 우측면도이다. 평면도로 가장 적합한 투상도는?

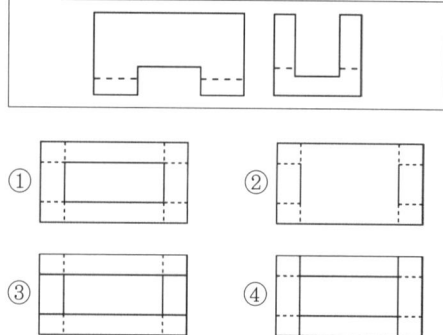

53 나사의 표시가 'M42×3-6H'로 되어 있을 때 이 나사에 대한 설명으로 틀린 것은?

① 암나사 등급이 6H이다.
② 호칭지름(바깥지름)은 42mm이다.
③ 피치는 3mm이다.
④ 왼나사이다.

해설 ▶ 위의 나사 표시에는 왼나사에 대한 표기가 없다.

54 그림과 같이 구조물의 부재 등에서 절단할 곳의 전후를 끊어서 90° 회전하여 그 사이에 단면형상을 표시하는 단면도는?

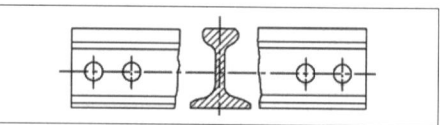

① 부분단면도   ② 한쪽단면도
③ 회전도시단면도 ④ 조합단면도

55 관 끝의 표시방법 중 용접식캡을 나타낸 것은?

①   ②
③   ④

해설 ▶ ② 나사박음식 플러그, ③ 막힌 플랜지이음

56 정투상법의 제1각법과 제3각법에서 배열위치가 정면도를 기준으로 동일한 위치에 놓이는 투상도는?

① 좌측면도   ② 평면도
③ 저면도   ④ 배면도

해설 ▶ 1각법과 3각법의 투상에서 정면도를 기준으로 동일한 위치에 도시하는 것은 배면도이다.

57 다음 중 원기둥의 전개에 가장 적합한 전개도법은?

① 평행선 전개도법
② 방사선 전개도법
③ 삼각형 전개도법
④ 역삼각형 전개도법

해설 ▶ 평행선법은 원기둥이나 각기둥의 전개에 적합한 전개도법이다.

50 ② | 51 ④ | 52 ③ | 53 ④ | 54 ③ | 55 ④ | 56 ④ | 57 ①

58. 판의 두께를 나타내는 치수보조기호는?

① C
② R
③ □
④ t

해설 ①는 45도 모따기, ②는 반지름, ③은 정사각형의 변을 의미한다.

59. KS 재료기호 SM10C에서 10C는 무엇을 뜻하는가?

① 제작방법
② 종별번호
③ 탄소함유량
④ 최저인장강도

해설 SM은 기계구조용 탄소강, 10C는 탄소함유량을 나타낸다.

60. 다음 투상도 중 표현하는 각법이 다른 하나는?

①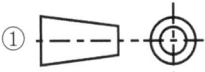
②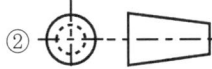
③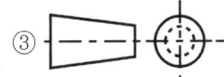
④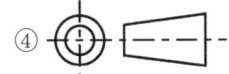

5 CBT 출제 예상문제

- 피복아크용접기능사
- 가스텅스텐아크용접기능사
- 이산화탄소가스아크용접기능사

01 다음 중 용접 시 수소의 영향으로 발생하는 결함과 가장 거리가 먼 것은?
① 기공   ② 균열
③ 은점   ④ 설퍼

해설) 설퍼 : 황에 의한 고온균열의 일종이다.

02 가스 중에서 최소의 밀도로 가장 가볍고 확산속도가 빠르며, 열전도가 가장 큰 가스는?
① 수소   ② 메탄
③ 프로판 ④ 부탄

해설) 수소
- 폭발의 범위가 넓은 가연성 가스이다.
- 가장 가볍고 확산속도가 빨라 누설되기 쉽고 열전도가 가장 크다.
- 납땜이나 수중절단용으로 사용한다.

03 용착금속의 인장강도가 55N/m³, 안전율이 6이라면 이음의 허용응력은 약 몇 N/m²인가?
① 0.92   ② 9.2
③ 92   ④ 920

해설)
- 안전율=인장강도/허용응력
- 허용응력=인장강도/안전율=55/6≒9.2

04 팁 끝이 모재에 닿는 순간 순간적으로 팁 끝이 막혀 팁 속에서 폭발음이 나면서 불꽃이 꺼졌다가 다시 나타나는 현상은?
① 인화   ② 역화
③ 역류   ④ 선화

해설) 역화 : 토치의 취급이 불량하거나 순간적으로 불꽃이 토치의 맨 끝에서 소리를 내면서 불길이 들어왔다가 곧 정상으로 되거나 완전히 불꽃이 꺼지는 현상이다. 팁을 물에 담가 냉각시키거나, 아세틸렌을 차단하고 토치기능을 점검하는 등의 방식으로 대처한다.

05 다음 중 파괴시험검사법에 속하는 것은?
① 부식시험   ② 침투시험
③ 음향시험   ④ 와류시험

해설) 파괴시험의 종류
- 기계적 시험 : 인장, 굽힘, 경도, 충격, 피로시험 등
- 물리적 시험 : 물성, 열특성, 자기특성 등
- 화학적 시험 : 화학분석, 부식, 함유수소시험 등
- 야금학적 시험 : 육안조직, 현미경조직, 파면, 설퍼프린트시험 등
- 용접성 시험 : 노치취성, 용접경화성, 용접연성, 용접균열시험 등

06 TIG용접토치의 분류 중 형태에 따른 종류가 아닌 것은?
① T형토치   ② Y형토치
③ 직선형토치 ④ 플랙시블형토치

해설) 형태에 따른 분류 : T형토치, 직선형토치(Pencil형), 플렉시블형토치

07 용접에 의한 수축변형에 영향을 미치는 인자로 가장 거리가 먼 것은?
① 가접
② 용접입열
③ 판의 예열온도
④ 판두께에 따른 이음형상

01 ④ 02 ① 03 ② 04 ② 05 ① 06 ② 07 ①

08 전자동 MIG용접과 반자동용접을 비교했을 때 전자동MIG용접의 장점으로 틀린 것은?

① 용접속도가 빠르다.
② 생산단가를 최소화할 수 있다.
③ 우수한 품질의 용접이 얻어진다.
④ 용착효율이 낮아 능률이 매우 좋다.

해설 ▶ MIG용접 : 아크용접에 해당하며 용착효율이 98% 이상 능률이 매우 우수하다.

09 다음 중 탄산가스 아크용접의 자기쏠림현상을 방지하는 대책으로 틀린 것은?

① 엔드탭을 부착한다.
② 가스유량을 조절한다.
③ 어스의 위치를 변경한다.
④ 용접부의 틈을 적게 한다.

10 다음 용접법 중 비소모식 아크용접법은?

① 논가스아크용접
② 피복금속 아크용접
③ 서브머지드 아크용접
④ 불활성가스 텅스텐아크용접

해설 ▶ 비소모식은 전극의 소모 없이 용접하는 것을 뜻하는데, 불활성가스 텅스텐 아크용접이 비소모식 용접법이다.

11 용접이음을 설계할 때 주의사항으로 틀린 것은?

① 구조상의 노치부를 피한다.
② 용접구조물의 특성문제를 고려한다.
③ 맞대기용접보다 필릿용접을 많이 하도록 한다.
④ 용접성을 고려한 사용재료의 선정 및 열영향문제를 고려한다.

해설 ▶ 강도가 약한 필릿용접은 가급적 피한다.

12 불활성 아크용접에 관한 설명으로 틀린 것은?

① 아크가 안정되어 스패터가 적다.
② 피복제나 용제가 필요하다.
③ 열집중성이 좋아 능률적이다.
④ 철 및 비철금속의 용접이 가능하다.

해설 ▶ 불활성 아크용접의 피복제는 용제가 필요없다.

13 용접 후 인장 또는 굴곡시험으로 파단시켰을 때 은점을 발견할 수 있는데 이 은점을 없애는 방법은?

① 수소함유량이 많은 용접봉을 사용한다.
② 용접 후 실온으로 수개월간 방치한다.
③ 용접부를 염산으로 세척한다.
④ 용접부를 망치로 두드린다.

해설 ▶ 용접 후 실온으로 냉각시켜 수개월 방치하거나 풀림처리를 하면 완전히 없어지게 된다.

14 이산화탄소의 특징이 아닌 것은?

① 공기보다 가볍다.
② 색과 냄새가 없다.
③ 상온에서도 쉽게 액화한다.
④ 대지 중에서 기체로 존재한다.

해설 ▶ 공기보다 이산화탄소가 무겁다.

15 초음파탐상법에서 널리 사용되며 초음파의 펄스를 시험체의 한쪽 면으로부터 송신하여 결함 에코의 형태로 결함을 판정하는 방법은?

① 투과법　　　② 공진법
③ 침투법　　　④ 펄스반사법

해설 ▶ • 투과법 : 물체의 한쪽에서 송신한 후 반대쪽에서 수신하면서 도달되는 초음파의 강도를 통하여 결함부를 판정한다.
• 공진법 : 송신파의 파장을 연속으로 교환시켜 송신파와 반사파가 공진하여 정상파가 되는 원리를 이용하여 판두께를 측정하고 결함의 정도 등을 판정한다.

08 ④　09 ②　10 ④　11 ③　12 ②　13 ②　14 ①　15 ④

• 침투법 : 제품 표면의 균열이나 홈 등을 파악하기 위해 침투액을 사용하여 현상액으로 노출시켜 결함을 찾는 방법이다.

16 전기저항 점용접작업 시 용접기에서 조정할 수 있는 3대요소에 해당하지 않는 것은?

① 용접전류
② 전극가압력
③ 용접전압
④ 통전시간

해설) 3대요소 : 가압력, 통전시간, 통전전류

17 다음 중 비용극식 불활성가스 아크용접은?

① GMAW
② GTAW
③ MMAW
④ SMAW

18 알루미늄분말과 산화철분말을 1:3의 비율로 혼합하고, 점화제로 점화하면 일어나는 화학반응은?

① 테르밋반응
② 용융반응
③ 포정반응
④ 공석반응

해설) 테르밋용접 : 알루미늄분말과 산화철분말을 약 1 : 3~4의 중량비로 혼합한 테르밋제에 과산화바륨과 마그네슘(또는 알루미늄)의 혼합분말로 테르밋반응이라 부르는 화학반응에 의한 발열을 이용하는 용접법이다.

19 불활성가스 금속아크용접에서 가스공급계통의 확인순서로 가장 적합한 것은?

① 용기→감압밸브→유량계→제어장치→용접토치
② 용기→유량계→감압밸브→제어장치→용접토치
③ 감압밸브→용기→유량계→제어장치→용접토치
④ 용기→제어장치→감압밸브→유량계→용접토치

20 용접을 크게 분류할 때 압접에 해당되지 않는 것은?

① 저항용접
② 초음파용접
③ 마찰용접
④ 전자빔용접

해설) 압접의 종류에는 초음파용접, 고주파용접, 폭발용접, 마찰용접, 전기저항용접, 확산용접, 단접 등이 있다. 전자빔 용접은 용접에 해당한다.

21 다음 중 목재, 섬유류, 종이 등에 의한 화재의 급수에 해당하는 것은?

① A급
② B급
③ C급
④ D급

해설) • A급(일반화재)
• B급(유류화재)
• C급(전기화재)
• D급(금속화재)
• E급(가스화재)

22 용접부의 시험 중 용접성 시험에 해당하지 않는 시험법은?

① 노치취성시험
② 열특성시험
③ 용접연성시험
④ 용접균열시험

해설) 용접부의 구조적 결함 및 기계적 성질에 대한 검사를 위한 부분이 용접성 시험법에 속하므로 열특성 시험과는 관계가 멀다.

16 ③ 17 ② 18 ① 19 ① 20 ④ 21 ① 22 ②

23 다음 중 가스용접의 특징으로 옳은 것은?

① 아크용접에 비해서 불꽃의 온도가 높다.
② 아크용접에 비해 유해광선의 발생이 많다.
③ 전원설비가 없는 곳에서는 쉽게 설치할 수 없다.
④ 폭발의 위험이 크고 금속이 탄화 및 산화될 가능성이 많다.

해설 가스를 사용하기 때문에 폭발할 위험이 크고 외부 공기와의 접촉이 쉬워 탄화 및 산화될 우려가 크다.

24 산소-아세틸렌용접에서 표준불꽃으로 연강판 두께 2mm를 60분간 용접하였더니 200L의 아세틸렌가스가 소비되었다면, 다음 중 가장 적당한 가변압식 팁의 번호는?

① 100번
② 200번
③ 300번
④ 400번

해설 가변압식 팁은 시간당 아세틸렌가스가 소비되는 양을 팁 번호로 하므로 200L를 소비했다면 200번이 된다.

25 연강용 가스용접봉의 시험편처리 표시기호 중 NSR의 의미는?

① 625±25℃로써 용착금속의 응력을 제거한 것
② 용착금속의 인장강도를 나타낸 것
③ 용착금속의 응력을 제거하지 않은 것
④ 연신율을 나타낸 것

해설 NSR은 용착금속의 응력을 제거하지 않는 것이며, SR은 용접 후 풀림으로 1시간동안 응력을 제거한 것이다.

26 피복아크용접에서 사용하는 아크용접용 기구가 아닌 것은?

① 용접케이블
② 접지클램프
③ 용접홀더
④ 팁클리너

해설 팁클리너는 가스용접의 청소용 기구이다.

27 피복아크용접봉의 피복제의 주된 역할로 옳은 것은?

① 스패터의 발생을 많게 한다.
② 용착금속에 필요한 합금원소를 제거한다.
③ 모재표면에 산화물이 생기게 한다.
④ 용착금속의 냉각속도를 느리게 하여 급랭을 방지한다.

해설 피복아크용접의 피복제의 주된 역할은 용접진행 시 스패터를 적게 하며 용착금속의 합금원소를 첨가시키고 모재표면에 산화물을 제거하여 양호한 용접부를 얻는 것이다.

28 용접의 특징에 대한 설명으로 옳은 것은?

① 복잡한 구조물 제작이 어렵다.
② 기밀, 수밀, 유밀성이 나쁘다.
③ 변형의 우려가 없어 시공이 용이하다.
④ 용접사의 기량에 따라 용접부의 품질이 좌우된다.

29 가스절단에서 팁(Tip)의 백심 끝과 강판 사이의 간격으로 가장 적당한 것은?

① 0.1~0.3mm
② 0.4~1mm
③ 1.5~2mm
④ 4~5mm

해설 가스절단에서 예열불꽃의 백심불꽃 끝과 모재와의 거리가 약 1.~2.0mm 정도가 적당하다.

30 스카핑작업에서 냉간재의 스카핑 속도로 가장 적합한 것은?

① 1~3m/min
② 5~7m/min
③ 10~15m/min
④ 20~25m/min

23 ④ **24** ② **25** ③ **26** ④ **27** ④ **28** ④ **29** ③ **30** ②

31 다음 중 용접기에서 모재를 (+)극에, 용접봉을 (−)극에 연결하는 아크극성으로 옳은 것은?

① 직류정극성
② 직류역극성
③ 용극성
④ 비용극성

해설
- 직류정극성(DCSP) : 모재에 +극을, 용접봉에 −극을 연결
- 직류역극성(DCRP) : 모재에 −극을, 용접봉에 +극을 연결

32 야금적 접합법의 종류에 속하는 것은?

① 납땜이음
② 볼트이음
③ 코터이음
④ 리벳이음

해설 야금적 접합법 : 고체상태에 있는 두 개의 금속재료를 열이나 압력 또는 열과 압력을 동시에 가하여 서로 융합되어 접합하는 것이다. 영구적 접합법으로서 용접, 납땜, 단접 등이 있다.

33 수중절단작업에 주로 사용되는 연료가스는?

① 아세틸렌
② 프로판
③ 벤젠
④ 수소

해설 수중절단은 산소−수소가스를 활용한 절단법이다.

34 탄소아크절단에 압축공기를 병용하여 전극홀더의 구멍에서 탄소전극봉에 나란히 분출하는 고속의 공기를 분출시켜 용융금속을 불어내어 홈을 파는 방법은?

① 아크에어가우징
② 금속아크절단
③ 가스가우징
④ 가스스카핑

35 가스용접 시 팁 끝이 순간적으로 막혀 가스분출이 나빠지고 혼합실까지 불꽃이 들어가는 현상을 무엇이라 하는가?

① 인화
② 역류
③ 점화
④ 역화

해설 인화 : 팁끝이 순간적으로 막히게 되면 가스의 분출이 나빠지고 혼합실까지 불꽃이 들어가는 현상이다. 아세틸렌을 먼저 잠가 혼합실의 불을 끄고 산소밸브를 잠그는 방식으로 대처한다.

36 피복배합제의 종류에서 규산나트륨, 규산칼륨 등의 수용액이 주로 사용되며 심선에 피복제를 부착하는 역할을 하는 것은 무엇인가?

① 탈산제
② 고착제
③ 슬래그생성제
④ 아크안정제

해설 고착제의 종류에는 규산나트륨, 규산칼륨, 소맥분, 아교, 당밀 등이 있다.

37 판의 두께(t)가 3.2mm인 연강판을 가스용접으로 보수하고자 할 때 사용할 용접봉의 지름(mm)은?

① 1.6mm
② 2.0mm
③ 2.6mm
④ 3.0mm

해설 용접봉 지름 식 = $\frac{1}{2} + 1 = 1$

예) $\frac{판두께(3.2mm)}{2} + 1 = 2.6mm$

38 가스절단 시 예열불꽃의 세기가 강할 때의 설명으로 틀린 것은?

① 절단면이 거칠어진다.
② 드래그가 증가한다.
③ 슬래그 중의 철 성분의 박리가 어려워진다.

31 ① 32 ① 33 ④ 34 ① 35 ① 36 ② 37 ③

④ 모서리가 용융되어 둥글게 된다.

해설▶ 예열불꽃의 세기가 강할 경우 드래그는 감소한다.

39 황(S)이 적은 선철을 용해하여 구상흑연주철을 제조 시 주로 첨가하는 원소가 아닌 것은?

① Al
② Ca
③ Ce
④ Mg

해설▶ 구상흑연주철은 용융상태에서 Mg, Ce, Mg-Cu, Ca 등을 첨가한다.

40 하드필드(Hadfield)강은 상온에서 오스테나이트조직을 가지고 있다. Fe 및 C 이외에 주요성분은?

① Ni
② Mn
③ Cr
④ Mo

해설▶ 하드필드강은 망간을 10% 이상 함유한 고망간강을 말한다.

41 다음 중 Cu의 용융점은 몇 ℃인가?

① 1083℃
② 960℃
③ 1530℃
④ 1455℃

42 다음 중 철강의 탄소 함유량에 따라 대분류한 것은?

① 순철, 강, 주철
② 순철, 주강, 주철
③ 선철, 강, 주철
④ 선철, 합금강, 주물

해설▶ 철강은 탄소함유량에 따라 순철, 강, 주철로 분류할 수 있다.

43 경도가 큰 재료를 A_1 변태점 이하의 일정온도로 가열하여 인성을 증가시킬 목적으로 하는 열처리법은?

① 뜨임
② 풀림
③ 불림
④ 담금질

해설▶
• 뜨임 : 인성부여
• 불림 : 조직의 균일화
• 풀림 : 재료의 연화, 응력제거

44 공구용 강재로 고탄소강을 사용하는 목적으로 가장 적합한 것은?

① 경도와 내마모성을 필요로 하기 때문에
② 인성과 연성이 필요하기 때문에
③ 피로와 충격에 견디어야 하기 때문에
④ 표면경화를 할 목적으로

해설▶ 고탄소강은 함유량이 많은 탄소강을 말하며, 대체적으로 0.5~1.7%의 C를 함유하여 경도와 내마모성이 우수하다.

45 마그네슘의 성질에 대한 설명 중 잘못된 것은?

① 비중은 1.74이다.
② 비강도가 알루미늄합금보다 우수하다.
③ 면심입방격자이며 냉간가공이 우수하다.
④ 구상흑연 주철의 첨가제로 사용한다.

해설▶ 마그네슘은 조밀육방격자이며, 냉간가공이 거의 불가능하다.

46 탄소강의 열처리방법 중 표면경화열처리에 속하는 것은?

① 풀림
② 담금질
③ 뜨임
④ 질화법

해설▶ 표면경화열처리는 강의 표면층을 경화시키기 위한 것이며, 침탄과 담금질, 고주파담금질 등이 있다.

47 내열강의 원소로 많이 사용되는 것은?

① 코발트(Co)   ② 크롬(Cr)
③ 망간(Mn)   ④ 인(P)

해설 크롬이 많이 사용된다.

48 알루미늄에 약 10%까지의 마그네슘을 첨가한 합금으로 다른 주물용 알루미늄 합금에 비하여 내식성, 강도, 연신율이 우수한 것은?

① 실루민
② 두랄루민
③ 하이드로날륨
④ Y합금

해설 하이드로날륨(Al-Mg계)은 내식성이 가장 우수한 알루미늄합금이다.

49 다음 중 탄소강에서 적열취성을 방지하기 위하여 첨가하는 원소는?

① S   ② Mn
③ P   ④ Ni

해설 망간(Mn)은 황으로 인한 적열취성을 방지하고 고온가공을 용이하게 한다.

50 다음 중 용접입열이 일정할 때 냉각속도가 가장 느린 재료는?

① 연강   ② 스테인리스강
③ 알루미늄   ④ 구리

해설
- 용접입열이 일정한 경우 재료의 열전도율이 낮을수록 냉각속도가 느린데, 보기 중에서는 스테인리스강이 가장 느리다.
- 열전도율 순서 : 구리 〉 알루미늄 〉 연강 〉 스테인리스강

51 열간성형리벳의 종류별 호칭길이(L)를 표시한 것 중 잘못 표시된 것은?

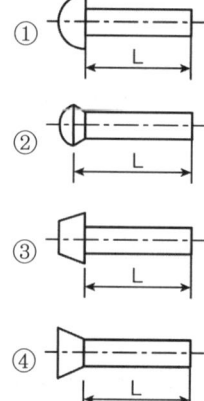

52 다음 중 배관용 탄소강관의 재질기호는?

① SPA   ② STK
③ SPP   ④ STS

해설
- SPP : 일반배관용 탄소강관
- STS : 합금공구강

53 그림과 같은 KS용접 보조기호의 설명으로 옳은 것은?

① 필릿용접부 토우를 매끄럽게 함
② 필릿용접 끝단부를 볼록하게 다듬질
③ 필릿용접 끝단부에 영구적인 덮개판을 사용
④ 필릿용접 중앙부에 제거가능한 덮개판을 사용

54 그림과 같은 경ㄷ형강의 치수기입방법으로 옳은 것은?(단, L은 형강의 길이를 나타낸다)

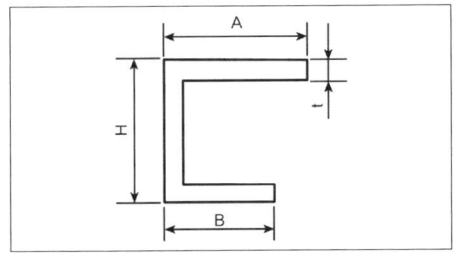

① ㄷA×B×H×t–L
② ㄷH×A×B×t–L
③ ㄷB×A×H×t–L
④ ㄷH×B×A×L–t

55 도면에서 반드시 표제란에 기입해야 하는 항목으로 틀린 것은?

① 재질   ② 척도
③ 투상법   ④ 도명

해설 ▶ 재질의 경우 부품란에 기입한다.

56 KS재료기호 중 기계구조용 탄소강재의 기호는?

① SM35C   ② SS490B
③ SF340A   ④ STKM20A

해설 ▶
• SS : 일반구조용 압연강재
• SM : 기계구조용 탄소강재

57 다음 중 치수기입의 원칙에 대한 설명으로 가장 적절한 것은?

① 중요한 치수는 중복하여 기입한다.
② 치수는 되도록 주투상도에 집중하여 기입한다.
③ 계산하여 구한 치수는 되도록 식을 같이 기입한다.
④ 치수 중 참고치수에 대하여는 네모상자 안에 치수수치를 기입한다.

58 다음 용접기호에서 "3"의 의미로 올바른 것은?

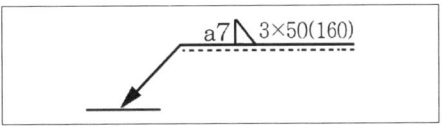

① 용접부 수
② 용접부 간격
③ 용접의 길이
④ 필릿용접 목두께

해설 ▶ a : 목두께, 50 : 용접길이, (160) : 용접간격

59 물체의 구멍, 홈 등 특정부분만의 모양을 도시하는 것으로 그림과 같이 그려진 투상도의 명칭은?

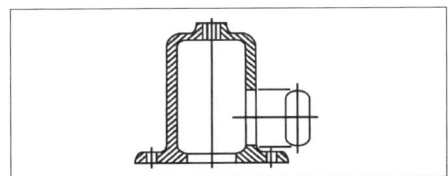

① 회전투상도   ② 보조투상도
③ 부분확대도   ④ 국부투상도

해설 ▶ 국부투상도는 물체의 구멍, 홈 등 특정부분만의 모양을 도시하는 것을 말한다.

60 제3각 정투상법으로 투상한 그림과 같은 투상도의 우측면도로 가장 적합한 것은?

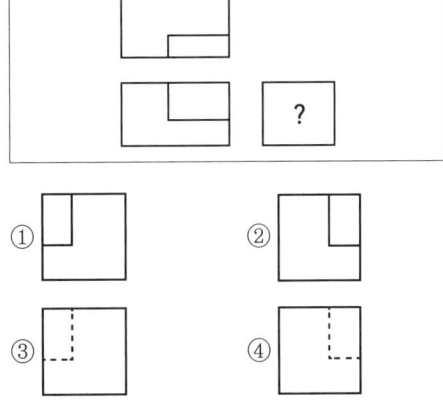

54 ② 55 ① 56 ① 57 ② 58 ① 59 ④ 60 ①

6 CBT 출제 예상문제

- 피복아크용접기능사
- 가스텡스텐아크용접기능사
- 이산화탄소가스아크용접기능사

1과목 : 용접일반

01 초음파탐상법의 종류에 속하지 않는 것은?

① 투과법   ② 펄스반사법
③ 공진법   ④ 극간법

해설 초음파탐상법 : 투과법, 공진법, 펄스반사법

02 용접작업 중 지켜야 할 안전사항으로 틀린 것은?

① 보호장구를 반드시 착용하고 작업한다.
② 훼손된 케이블은 사용 후에 보수한다.
③ 도장된 탱크 안에서의 용접은 충분히 환기시킨 작업한다.
④ 전격방지기가 설치된 용접기를 사용한다.

해설 훼손된 케이블은 사용 전에 점검하고 미리 보수하여 감전에 대비하여 사용한다.

03 자동화 용접장치의 구성요소가 아닌 것은?

① 고주파 발생장치   ② 칼럼
③ 트랙   ④ 갠트리

해설 고주파발생장치는 교류아크용접기의 부속장치 중 하나이다.

04 CO_2가스아크용접에서 기공의 발생원인으로 틀린 것은?

① 노즐에 스패터가 부착되어 있다.
② 노즐과 모재 사이의 거리가 짧다.
③ 모재가 오염(기름, 녹, 페인트)되어 있다.
④ CO_2가스의 유량이 부족하다.

해설 노즐과 모재의 거리가 길면 기공 및 융착불량 등의 원인이 될 수 있다.

05 서브머지드 아크용접의 특징으로 틀린 것은?

① 콘택트팁에서 통전되므로 와이어 중에 저항열이 적게 발생되어 고전류 사용이 가능하다.
② 아크가 보이지 않으므로 용접부의 적부를 확인하기가 곤란하다.
③ 용접길이가 짧을 때 능률적이며 수평 및 위보기자세용접에 주로 이용된다.
④ 일반적으로 비드외관이 아름답다.

해설 서브머지드 아크용접은 아래보기 및 수평자세의 중·후판모재에 높은 용착속도를 가지고 양호한 품질, 용입이 깊은 용접부를 만든다. 용접선이 짧거나 복잡한 경우 수동에 비하여 비능률적이다.

06 주철용접 시 주의사항으로 옳은 것은?

① 용접전류는 약간 높게 하고 운봉하여, 곡선비드 배치하며 용입을 깊게 한다.
② 가스용접 시 중성불꽃 또는 산화불꽃을 사용하고 용제는 사용하지 않는다.
③ 냉각되어 있을 때 피닝작업을 하여 변형을 줄이는 것이 좋다.
④ 용접봉의 지름은 가는 것을 사용하고, 비드의 배치는 짧게 하는 것이 좋다.

해설 주철용접 시 비드의 배치는 짧게 여러 번 실시하고, 가열되어 있을 때 피닝작업을 하여 변형을 줄이는 것이 좋다. 용접전류를 필요 이상 높이지 않고, 지나치게 용입을 깊게 하지 않는다.

 01 ④   02 ②   03 ①   04 ②   05 ③   06 ④

07 다음 중 CO₂가스아크용접의 장점으로 틀린 것은?

① 용착금속의 기계적 성질이 우수하다.
② 슬래그혼입이 없고, 용접 후 처리가 간단하다.
③ 전류밀도가 높아 용입이 깊고, 용접속도가 빠르다.
④ 풍속 2m/s 이상의 바람에도 영향을 받지 않는다.

해설 ▶ CO₂가스아크용접은 바람에 영향을 받으므로 풍속 2m/s 이상에서는 가림막 등의 방풍장치가 필요하다.

08 용접 홈 이음형태 중 U형은 루트반지름을 가능한 크게 만드는데 그 이유로 가장 알맞은 것은?

① 큰 개선각도 ② 많은 용착량
③ 충분한 용입 ④ 큰 변형량

09 비용극식, 비소모식 아크용접에 속하는 것은?

① 피복아크용접
② TIG용접
③ 서브머지드 아크용접
④ CO₂용접

해설 ▶ TIG용접 : 텅스텐봉을 전극으로 하여 모재에 아크를 발생시키고 가스용접과 같은 방법으로 용가재를 첨가하면서 용접하는 방법이다(비용극식, 비소모식).

10 TIG용접에서 직류역극성에 대한 설명이 아닌 것은?

① 용접기의 음극에 모재를 연결한다.
② 용접기의 양극에 토치를 연결한다.
③ 비드폭이 좁고 용입이 깊다.
④ 산화피막을 제거하는 청정작용이 있다.

해설 ▶ 비드폭이 넓고 용입이 얕다.

11 다음 중 서브머지드 아크용접에 사용되는 용제에 관한 설명으로 틀린 것은?

① 소결형용제는 용융형용제에 비하여 용제의 소모량이 적다.
② 용융형용제는 거친 입자의 것일수록 높은 전류에 사용해야 한다.
③ 소결형용제는 페로실리콘, 페로망간 등에 의해 강력한 탈산작용이 된다.
④ 용제는 용접부를 대기로부터 보호하면서 아크를 안정시키고, 야금반응에 의하여 용착금속의 재질을 개선하기 위해 사용한다.

해설 ▶ 용융형용제는 입자가 작을수록 높은 전류를 사용하며 비드폭이 넓고 용입이 얕다.

12 다음 중 가스용접작업에 관한 안전사항으로 틀린 것은?

① 아세틸렌병 주변에서 흡연하지 않는다.
② 호스의 누설시험 시에는 비눗물을 사용한다.
③ 산소 및 아세틸렌병 등 빈 병은 섞어서 보관한다.
④ 용접 시 토치의 끝을 긁어서 오물을 털지 않는다.

해설 ▶ 가스병의 경우 직사광선을 피하며 빈병은 분리 보관한다.

07 ④ 08 ③ 09 ② 10 ③ 11 ② 12 ③ 13 ④

13 다음 중 전기저항용접에 있어 맥동점용접에 관한 설명으로 옳은 것은?

① 1개의 전류회로에 2개 이상의 용접점을 만드는 용접법이다.
② 전극을 2개 이상으로 하여 2점 이상의 용접을 하는 용접법이다.
③ 점용접의 기본적인 방법으로 1쌍의 전극으로 1점의 용접부를 만드는 용접법이다.
④ 모재두께가 다른 경우 전극의 과열을 피하기 위하여 사이클 단위를 몇 번이고 전류를 단속하여 용접하는 것이다.

해설 모재 두께가 다른 경우에 전극의 과열을 피하기 위해 전류를 단속하여 용접하는 것을 맥동점용접이라 한다.

14 다음 중 제품별 노내 및 국부풀림의 유지온도와 시간이 올바르게 연결된 것은?

① 탄소강 주강품 : 625±25℃ 판두께 25mm에 대하여 1시간
② 기계구조용 연강재 : 725±25℃ 판두께 25mm에 대하여 1시간
③ 보일러용 압연강재 : 625±25℃ 판두께 25mm에 대하여 1시간
④ 용접구조용 연강재 : 725±25℃ 판두께 25mm에 대하여 1시간

15 TIG용접에서 교류전원을 사용 시 모재가 (−)극이 될 때 모재표면의 수분, 산화물 등의 불순물로 인하여 전자방출 및 전류의 흐름이 어렵고, 텅스텐전극이 (−)극이 되는 경우에 전자가 다량으로 방출되는 등 2차전류가 불평형하게 되는데 이러한 현상을 무엇이라 하는가?

① 전극의 소손작용
② 전극의 전압상승작용
③ 전극의 청정작용
④ 전극의 정류작용

16 다음 ( ) 안에 가장 적합한 내용은?

> 일렉트로 슬래그용접 용융용접의 일종으로서 와이어와 용융슬래그 사이에 ( )을 이용하여 용접하는 특수한 용접방법이다.

① 전자빔열
② 통전된 전류의 저항열
③ 가스열
④ 통전된 전류의 아크열

해설 일랙트로 슬래그용접은 아크를 발생하지 않고 와이어와 용융슬래그 그리고 모재 내에 흐르는 전기저항열에 의하여 용접한다.

17 다음 중 가스절단작업 시 주의사항으로 틀린 것은?

① 가스절단에 알맞은 보호구를 착용한다.
② 절단진행 중에 시선은 절단면을 떠나서는 안 된다.
③ 호스는 흐트러지지 않도록 정해진 꼬임상태로 작업한다.
④ 가스호스가 용융금속이나 산화물의 비산으로 인해 손상되지 않도록 한다.

18 다음 중 CO_2아크용접 시 박판의 아크전압(V_0) 산출공식으로 가장 적당한 것은?(단, I는 용접전류값을 의미한다)

① $V_0 = 0.07 \times I + 20 \pm 5.0$
② $V_0 = 0.05 \times I + 11.5 \pm 3.0$
③ $V_0 = 0.06 \times I + 40 \pm 6.0$
④ $V_0 = 0.04 \times I + 15.5 \pm 1.5$

14 ①   15 ④   16 ②   17 ③   18 ④

해설
- 박판 : Vo = 0.04×I + 15.5±1.5
- 후판 : Vo = 0.04×I + 20.0±2.0

19 다음 중 방사선투과검사에 대한 설명으로 틀린 것은?

① 내부결함검출에 용이하다.
② 검사결과를 필름에 영구적으로 기록할 수 있다.
③ 라미네이션 및 미세한 표면균열도 검출된다.
④ 방사선투과검사에 필요한 기구로는 투과도계, 계조계, 증감지 등이 있다.

해설 방사선투과검사는 라미네이션 검출이 불가능하다.

20 다음 중 용접결함에 있어 치수상 결함에 해당하는 것은?

① 오버랩   ② 기공
③ 언더컷   ④ 변형

해설
- 구조상 결함 : 기공, 오버랩, 언더컷, 용입불량, 융합불량, 슬래그섞임, 균열 등
- 치수상 결함 : 변형, 모재의 크기나 형상 부적당 등
- 성질상 결함 : 인장강도, 항복강도, 피로강도부족 등

21 초음파탐상법에 속하지 않은 것은?

① 펄스반사법   ② 투과법
③ 공진법   ④ 관통법

해설
- 초음파탐상법 : 투과법, 펄스반사법, 공진법
- 자분탐상법 : 관통법, 축통전법, 직각통전법, 코일법, 극간법

22 용접균열을 방지하기 위한 일반적인 사항으로 맞지 않은 것은?

① 좋은 강재를 사용한다.
② 응력집중을 피한다.
③ 용접부에 노치를 만든다.
④ 용접시공을 잘한다.

해설 용접부에 노치를 만들면 응력이 집중되어 균열이 발생할 가능성이 생긴다.

23 용접입열과 관련된 설명으로 옳은 것은?

① 아크전류가 커지면 용접입열은 감소한다.
② 용접입열이 커지면 모재가 녹지 않아 용접이 되지 않는다.
③ 용접모재에 흡수되는 열량은 입열의 10% 정도이다.
④ 용접속도가 빠르면 용접입열은 감소한다.

해설 용접입열은 용접속도에 반비례하고 전류와 전압에 비례한다.

24 용접에 사용되는 가연성가스인 수소의 폭발범위는?

① 4~5%   ② 4~15%
③ 4~35%   ④ 4~75%

해설
- 수소 : 4~75%
- 아세틸렌 : 2.5~81%
- 프로판 : 2.1~9.5%
- 일산화탄소 : 12.5~74%
- 암모니아 : 15~28%

25 산소병의 내용적이 40.7리터인 용기에 압력이 100kg/cm²로 충전되어 있다면 프랑스식 팁 100번을 사용하여 표준불꽃으로 약 몇 시간까지 용접이 가능한가?

① 16시간   ② 22시간
③ 31시간   ④ 41시간

해설
- L=P×I = 100×40.7 = 4,070 ℓ
- 프랑스식 팁 100번은 1시간당 100 ℓ 를 소비한다는 의미이므로, 4,070 ℓ 를 소비하는 것은 4,070÷100 = 40.7시간이다.

19 ③ 20 ④ 21 ④ 22 ③ 23 ④ 24 ④ 25 ④

26 가스절단에서 전후, 좌우 및 직선절단을 자유롭게 할 수 있는 팁은?

① 이심형 ② 동심형
③ 곡선형 ④ 회전형

해설 ▶ 절단팁의 경우 이심형과 동심형이 있으며 이심형은 직선절단에는 우수하나 자유곡선에는 장애가 있다.

27 피복아크용접봉의 피복제에 들어가는 탈산제에 모두 해당되는 것은?

① 페로실리콘, 산화니켈, 소맥분
② 페로티탄, 크롬, 규사
③ 페로실리콘, 소맥분, 목재톱밥
④ 알루미늄, 구리, 물유리

해설 ▶ 탈산제 : 페로실리콘, 페로티탄, 페로바나듐, 망간, 페로망간, 크롬, 페로크롬, 알루미늄, 마그네슘, 소맥분, 면사, 면포, 톱밥, 펄프, 탄가루 등

28 다음 중 고압가스용기의 색상이 틀린 것은?

① 산소-청색 ② 수소-주황색
③ 아르곤-회색 ④ 아세틸렌-황색

해설 ▶ 산소용기는 녹색이다.

29 주철용접이 곤란하고 어려운 이유가 아닌 것은?

① 예열과 후열을 필요로 한다.
② 용접 후 급랭에 의한 수축, 균열이 생기기 쉽다.
③ 단시간 가열로 흑연이 조대화되어 용착이 양호하다.
④ 일산화탄소 가스발생으로 용착금속에 기공이 생기기 쉽다.

해설 ▶ 단시간이 아닌 장시간의 가열로 흑연이 조대화된다.

30 가동철심형 교류아크용접기에 관한 설명으로 틀린 것은?

① 교류아크용접기의 종류에서 현재 가장 많이 사용하고 있다.
② 용접작업 중 가동철심의 진동으로 소음이 발생할 수 있다.
③ 가동철심을 움직여 누설자속을 변동시켜 전류를 조절한다.
④ 광범위한 전류조절이 쉬우나 미세한 전류조정은 불가능하다.

해설 ▶ 가동철심형은 철심으로 누설자속을 변동시켜 전류를 조절한다. 그래서 광범위한 전류조정은 어렵지만, 미세한 전류조정은 가능하다.

31 산소용기의 취급 시 주의사항으로 틀린 것은?

① 기름이 묻은 손이나 장갑을 착용하고는 취급하지 않아야 한다.
② 통풍이 잘 되는 야외에서 직사광선에 노출시켜야 한다.
③ 용기의 밸브가 얼었을 경우에는 따뜻한 물로 녹여야 한다.
④ 사용 전에는 비눗물 등을 이용하여 누설여부를 확인한다.

해설 ▶ 직사광선은 피하도록 한다.

32 피복아크용접봉의 기호 중 고산화티탄계를 표시한 것은?

① E 4301 ② E 4303
③ E 4311 ④ E 4313

해설 ▶
- E4301 : 일미나이트계
- E4303 : 라임티탄계
- E4311 : 고셀룰로오스계
- E4313 : 고산화티탄계

26 ② 27 ③ 28 ① 29 ③ 30 ④ 31 ② 32 ④

33 가스절단에서 프로판가스와 비교한 아세틸렌가스의 장점에 해당되는 것은?

① 후판절단의 경우 절단속도가 빠르다.
② 박판절단의 경우 절단속도가 빠르다.
③ 중첩절단을 할 때에는 절단속도가 빠르다.
④ 절단면이 거칠지 않다.

해설
- 아세틸렌 : 점화가 쉽다, 중성불꽃을 만들기 쉽다, 절단 개시시간이 빠르다, 표면 영향이 적다, 박판절단 시 빠르다.
- 프로판 : 절단상부기슭의 녹음이 적다, 절단면이 깨끗하다, 슬래그 제거가 쉽다, 포갬절단이 빠르다, 후판절단 시 빠르다.

34 용접기의 구비조건이 아닌 것은?

① 구조 및 취급이 간단해야 한다.
② 사용 중에 온도상승이 적어야 한다.
③ 전류조정이 용이하고 일정한 전류가 흘러야 한다.
④ 용접효율과 상관없이 사용 유지비가 적게 들어야 한다.

해설 용접기 효율이 좋으며 유지비가 적어야 한다.

35 다음 중 연강을 가스용접할 때 사용하는 용제는?

① 붕사
② 염화나트륨
③ 사용하지 않는다.
④ 중탄산소다＋탄산소다

해설 연강의 가스용접 시에는 용제를 사용하지 않는다. 붕사를 사용하는 것은 구리합금이며, 염화나트륨은 알루미늄, 중탄산소다와 탄산소다를 사용하는 것은 반경강이다.

36 프로판가스의 특징으로 틀린 것은?

① 안전도가 높고 관리가 쉽다.
② 온도변화에 따른 팽창률이 크다.
③ 액화하기 어렵고 폭발한계가 넓다.
④ 상온에서는 기체상태이고 무색, 투명하다.

해설 액화하기 쉽고 폭발한계가 좁아 안전도가 높다.

37 피복아크용접봉에서 아크길이와 아크전압의 설명으로 틀린 것은?

① 아크길이가 너무 길면 불안정하다.
② 양호한 용접을 하려면 짧은 아크를 사용한다.
③ 아크전압은 아크길이에 반비례한다.
④ 아크길이가 적당할 때 정상적인 작은 입자의 스패터가 생긴다.

해설 아크용접에서 아크전압은 아크길이에 비례한다.

38 다음 중 용융금속의 이행형태가 아닌 것은?

① 단락형   ② 스프레이형
③ 연속형   ④ 글로뷸러형

해설 용융금속의 이행형태 : 단락형, 스프레이형, 글로뷸러형

39 강자성을 가지는 은백색의 금속으로 화학반응용 촉매, 공구소결재로 널리 사용되고 바이탈륨의 주성분 금속은?

① Ti   ② Co
③ Al   ④ Pt

33 ②　34 ④　35 ③　36 ③　37 ③　38 ③　39 ②

40 재료에 어떤 일정한 하중을 가하고 어떤 온도에서 긴 시간 동안 유지하면 시간이 경과함에 따라 스트레인이 증가하는 것을 측정하는 시험 방법은?

① 피로시험 ② 충격시험
③ 비틀림시험 ④ 크리프시험

해설 크리프시험 : 고온의 온도에서 하중을 받는 재료에 필요한 것으로서 열특성을 시험하는 물리적 시험이다.

41 금속의 소성변형을 일으키는 원인 중 원자 밀도가 장 큰 격자면에서 잘 일어나는 것은?

① 슬립 ② 쌍정
③ 전위 ④ 편석

해설 슬립 : 금속결정형이 원자간격이 가장 작은 방향으로 층상 이동하는 현상이며 밀도가 최대인 격자면에서 발생한다.

42 다음 중 Ni-Cu합금이 아닌 것은?

① 어드밴스 ② 콘스탄탄
③ 모넬메탈 ④ 니칼로이

해설 니칼로이 : Ni-Fe 합금

43 침탄법에 대한 설명으로 옳은 것은?

① 표면을 용융시켜 연화시키는 것이다.
② 망상 시멘타이트를 구상화시키는 방법이다.
③ 강재의 표면에 아연을 피복시키는 방법이다.
④ 홈강재의 표면에 탄소를 침투시켜 경화시키는 것이다.

해설 침탄법은 탄소를 침투·확산시키는 경화법이다.

44 그림과 같은 결정격자의 금속원소는?

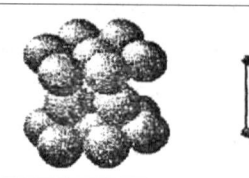

① Mi ② Mg
③ Al ④ Au

해설 그림과 같은 결정격자는 조밀육방격자이며, 종류로는 Ti, Mg, Zn, Zr, Co, La 등이 있다.

45 전해 인성 구리는 약 400℃ 이상의 온도에서 사용하지 않는 이유로 옳은 것은?

① 풀림취성을 발생시키기 때문이다.
② 수소취성을 발생시키기 때문이다.
③ 고온취성을 발생시키기 때문이다.
④ 상온취성을 발생시키기 때문이다.

46 구상흑연주철은 주조성, 가공성 및 내마멸성이 우수하다. 이러한 구상흑연주철 제조 시 구상화제로 첨가되는 원소로 옳은 것은?

① P, S ② O, N
③ Pb, Zn ④ Mg, Ca

해설 구상흑연주철 : 용융상태에서 Mg, Ce, Mg-Cu, Ca 등을 첨가하여 흑연을 편상에서 구상화로 석출시킨다.

47 형상기억효과를 나타내는 합금이 일으키는 변태는?

① 펄라이트 변태
② 마르텐사이트 변태
③ 오스테나이트 변태
④ 레데뷰라이트 변태

48 Y합금의 일종으로 Ti과 Cu를 0.2% 정도씩 첨가한 것으로 피스톤에 사용되는 것은?

① 두랄루민 ② 코비탈륨
③ 로엑스합금 ④ 하이드로날륨

해설 코비탈륨은 Y합금에 Ti, Cu를 0.2% 첨가한 것으로 피스톤에 사용된다.

49 시험편을 눌러 구부리는 시험방법으로 굽힘에 대한 저항력을 조사하는 시험방법은?

① 충격시험 ② 굽힘시험
③ 전단시험 ④ 인장시험

해설 굽힘시험은 용접부위에 연성의 결함을 확인한다.

50 Fe-C 평형상태도에서 공정점의 C%는?

① 0.02% ② 0.8%
③ 4.3% ④ 6.67%

해설 Fe-C 평형상태도의 공정점은 C 4.3%, 공석점은 C 0.77%이다.

51 다음 치수 중 참고치수를 나타내는 것은?

① (50) ② □50
③ 50 ④ 50

해설
- □50 : 가로세로가 50인 정사각형
- (50) : 참고치수를 뜻한다.

52 기계제도에서 물체의 보이지 않는 부분의 형상을 나타내는 선은?

① 외형선 ② 가상선
③ 절단선 ④ 숨은선

해설 보이지 않는 부분을 표시하는 선은 숨은선이다.

53 그림의 입체도에서 화살표 방향을 정면으로 하여 제3각법으로 그린 정투상도는?

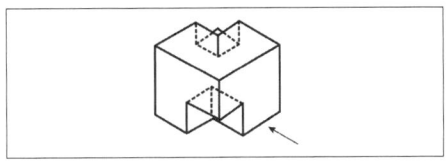

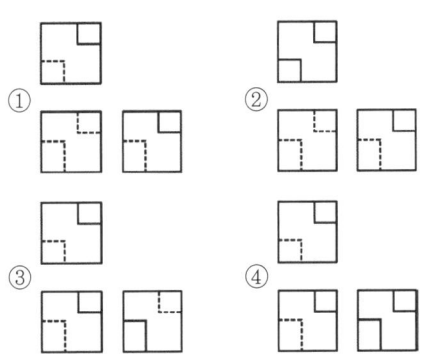

54 그림의 도면에서 X의 거리는?

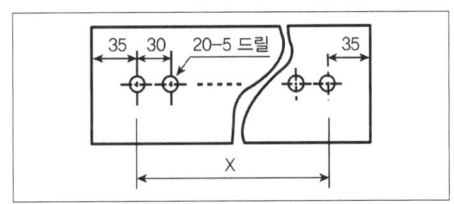

① 510mm ② 570mm
③ 600mm ④ 630mm

해설 (20-1)×30=570mm

55 다음 중 대상물을 한쪽단면도로 올바르게 나타낸 것은?

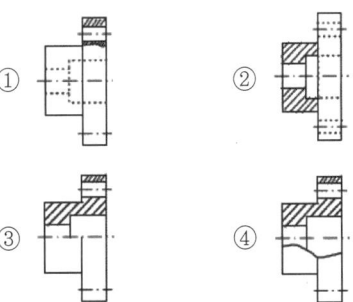

---

48 ② **49** ② **50** ③ **51** ① **52** ④ **53** ① **54** ② **55** ③

56 다음 중 도면에서 단면도의 해칭에 대한 설명으로 틀린 것은?

① 해칭선은 반드시 주된 중심선에 45°로만 경사지게 긋는다.
② 해칭선은 가는 실선으로 규칙적으로 줄을 늘어놓는 것을 말한다.
③ 단면도에 재료 등을 표시하기 위해 특수한 해칭(또는 스머징)을 할 수 있다.
④ 단면면적이 넓을 경우에는 그 외형선에 따라 적절한 범위에 해칭(또는 스머징)을 할 수 있다.

해설 ▶ 일반적으로 절단면 해칭각도는 45°이지만, 반드시 45°로 해칭선을 그려야 하는 것은 아니다.

57 배관의 간략도시방법 중 환기계 및 배수계의 끝장치 도시방법의 평면도에서 그림과 같이 도시된 것의 명칭은?

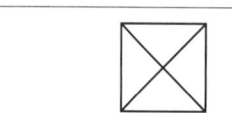

① 배수구
② 환기관
③ 벽붙이 환기삿갓
④ 고정식 환기삿갓

58 그림과 같은 입체도에서 화살표 방향에서 본 투상을 정면으로 할 때 평면도로 가장 적합한 것은?

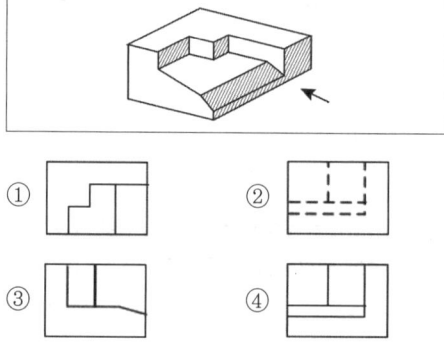

59 나사표시가 "L 2N M50×2-4h"로 나타낼 때 이에 대한 설명으로 틀린 것은?

① 왼나사이다.
② 2줄나사이다.
③ 미터 가는 나사이다.
④ 암나사등급이 4h이다.

해설 ▶ • L : 나사산의 감기는 방향
• N : 나사산 줄수
• 50×2 : 나사산의 호칭
• h : 수나사의 등급

60 무게중심선과 같은 선의 모양을 가진 것은?

① 가상선 ② 기준선
③ 중심선 ④ 피치선

해설 ▶ 가상선은 가는 2점쇄선이다.

7 CBT 출제 예상문제

- 피복아크용접기능사
- 가스텡스텐아크용접기능사
- 이산화탄소가스아크용접기능사

01 차축, 레일의 접합, 선박의 프레임 등 비교적 큰 단면을 가진 주조나 단조품의 맞대기용접과 보수용접에 주로 사용되는 용접법은?

① 서브머지드 아크용접
② 테르밋용접
③ 원자수소 아크용접
④ 오토콘용접

해설 ▶ 테르밋용접 : 산화철 분말과 알루미늄 분말의 혼합물에 점화할 때 생기는 발열반응을 이용하여 그 반응의 생성물인 용융철을 용접이음의 주위에 미리 설치한 주형 속에 주입하여 용접한다. 차축, 레일 등 단면적이 큰 부재의 접합용접에 사용한다.

02 용접부시험 중 비파괴시험방법이 아닌 것은?

① 피로시험 ② 누설시험
③ 자기적시험 ④ 초음파시험

해설 ▶ 피로시험은 기계적시험법으로 반복하중강도를 시험한다.

03 불활성가스 금속아크용접의 제어장치로써 크레이터 처리기능에 의해 낮아진 전류가 서서히 줄어들면서 아크가 끊어지는 기능으로 이면용접 부위가 녹아내리는 것을 방지하는 것은?

① 예비가스 유출시간
② 스타트시간
③ 크레이터 충전시간
④ 번백시간

해설 ▶
- 스타트 시간 : 아크가 발생되는 순간 용접전류와 전압을 크게 하여 아크발생과 모재융합을 돕는 제어
- 크레이터충전 시간 : 용접이 끝나는 지점에서 토치 스위치를 다시 누르면 전류와 전압이 낮아져 쉽게 크레이터가 충전되는 시간
- 번백시간 : 크레이터 처리기능에 의해 낮아진 전류가 서서히 줄어들면서 아크가 끊어지는 기능

04 다음 중 용접결함의 보수용접에 관한 사항으로 가장 적절하지 않은 것은?

① 재료의 표면에 얇은 결함은 덧붙임용접으로 보수한다.
② 언더컷이나 오버랩 등은 그대로 보수용접을 하거나 정으로 따내기작업을 한다.
③ 결함이 제거된 모재두께가 필요한 치수보다 얇게 되었을 때에는 덧붙임용접으로 보수한다.
④ 덧붙임용접으로 보수할 수 있는 한도를 초과할 때에는 결함부분을 잘라내어 맞대기용접으로 보수한다.

해설 ▶ 보수용접은 잘못된 용접부위나 언더컷, 오버랩, 기공 등의 결함부를 제거하고 재용접하는 것을 말한다.

05 불활성가스 금속아크용접의 용적이행방식 중 용융이행상태는 아크기류 중에서 용가재가 고속으로 용융, 미입자의 용적으로 분사되어 모재에 용착되는 용적이행은?

① 용락이행
② 단락이행
③ 스프레이이행
④ 글로불러이행

해설 ▶ 스프레이 이행 : MIG용접법에서 가장 많이 사용되는 것으로 용가재가 고속으로 용융되어 미입자의 용적으로 분사되어 모재로 옮겨가는 이행방식이다.

 01 ② 02 ① 03 ④ 04 ① 05 ③

06 경납용 용가재에 대한 각각의 설명이 틀린 것은?

① 은납 : 구리, 은, 아연이 주성분으로 구성된 합금으로 인장강도, 전연성 등의 성질이 우수하다.
② 황동납 : 구리와 니켈의 합금으로, 값이 저렴하여 공업용으로 많이 쓰인다.
③ 인동납 : 구리가 주성분이며 소량의 은, 인을 포함한 합금으로 되어있다. 일반적으로 구리 및 구리합금의 땜납으로 쓰인다.
④ 알루미늄납 : 일반적으로 알루미늄에 규소, 구리를 첨가하여 사용하며 융점은 660°C 정도이다.

해설 ▶ 황동의 주성분은 구리와 아연이다.

07 토륨 텅스텐전극봉에 대한 설명으로 맞는 것은?

① 전자방사능력이 떨어진다.
② 아크발생이 어렵고 불순물 부착이 많다.
③ 직류정극성에는 좋으나 교류에는 좋지 않다.
④ 전극의 소모가 많다.

해설 ▶ 토륨전극봉은 아크발생이 쉽고 불순물 부착이 적으며, 전극의 소모가 적어 직류정극성에 좋다.

08 일렉트로 슬래그용접의 단점에 해당되는 것은?

① 용접능률과 용접품질이 우수하므로 후판용접 등에 적당하다.
② 용접진행 중에 용접부를 직접 관찰할 수 없다.
③ 최소한의 변형과 최단시간의 용접법이다.
④ 다전극을 이용하면 더욱 능률을 높일 수 있다.

09 다음 전기저항용접 중 맞대기용접이 아닌 것은?

① 업셋용접   ② 버트심용접
③ 프로젝션용접   ④ 퍼커션용접

해설 ▶ 프로젝션용접은 겹치기용접이다.

10 CO₂가스아크용접 시 저전류영역에서 가스유량은 약 몇 ℓ/min 정도가 가장 적당한가?

① 1~5   ② 6~10
③ 10~15   ④ 16~20

해설 ▶ 저전류가스 함유량은 10~15ℓ/min가 적당하다.

11 다음 용접법 중 저항용접이 아닌 것은?

① 스폿용접   ② 심용접
③ 프로젝션용접   ④ 스터드용접

해설 ▶ 스터드용접은 아크용접에 속한다.

12 아크용접의 재해라 볼 수 없는 것은?

① 아크광선에 의한 전안염
② 스패터의 비산으로 인한 화상
③ 역화로 인한 화재
④ 전격에 의한 감전

13 다음 중 전자빔용접의 장점과 거리가 먼 것은?

① 고진공 속에서 용접을 하므로 대기와 반응되기 쉬운 활성재료도 용이하게 용접된다.
② 두꺼운 판의 용접이 불가능하다.
③ 용접을 정밀하고 정확하게 할 수 있다.
④ 에너지집중이 가능하기 때문에 고속으로 용접이 된다.

해설 ▶ 두꺼운 판에도 용접이 가능하다.

06 ② 07 ③ 08 ② 09 ③ 10 ③ 11 ④ 12 ③ 13 ②

14 대상물에 감마선(γ-선), 엑스선(X-선)을 투과시켜 필름에 나타나는 상으로 결함을 판별하는 비파괴검사법은?

① 초음파탐상검사
② 침투탐상검사
③ 와전류탐상검사
④ 방사선투과검사

해설▶ 방사선투과는 엑스선과 감마선을 투과하여 필름에 나타나는 결함을 검사하는 방법이다.

15 다음 그림 중에서 용접열량의 냉각속도가 가장 큰 것은?

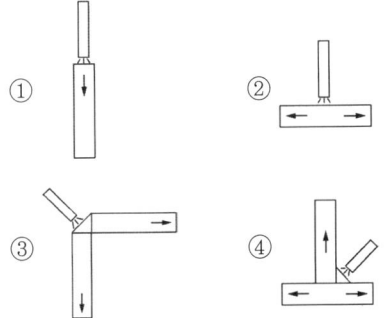

16 납땜 시 강한 접합을 위한 틈새는 어느 정도가 가장 적당한가?

① 0.02~0.10mm
② 0.20~0.30mm
③ 0.30~0.40mm
④ 0.40~0.50mm

17 다음 중 맞대기저항용접의 종류가 아닌 것은?

① 업셋용접   ② 프로젝션용접
③ 퍼커션용접 ④ 플래시버트용접

해설▶ 맞대기저항용접 : 업셋용접, 플래시용접, 맞대기심용접, 퍼커션용접

18 MIG용접에서 가장 많이 사용되는 용적이행형태는?

① 단락이행   ② 스프레이이행
③ 입상이행   ④ 글로뷸러이행

해설▶ 스프레이이행(분무형)으로 스패터가 적으며 용착속도가 빠르고 용입이 깊다.

19 아래 [그림]과 같이 각 층마다 전체의 길이를 용접하면서 쌓아 올리는 가장 일반적인 방법으로 주로 사용하는 용착법은?

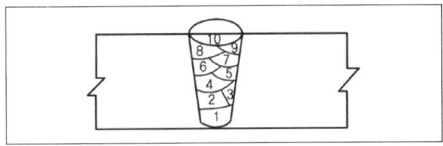

① 교호법   ② 덧살올림법
③ 캐스케이드법 ④ 전진블록법

해설▶ 덧살올림법은 전체길이를 층마다 쌓아올리는 방법이다.

20 CO_2가스아크용접에서 솔리드와이어에 비교한 복합와이어의 특징을 설명한 것으로 틀린 것은?

① 양호한 용착금속을 얻을 수 있다.
② 스패터가 많다.
③ 아크가 안정된다.
④ 비드외관이 깨끗하여 아름답다.

해설▶ 솔리드와이어에 스패터가 많다.

21 이음형상에 따라 저항용접을 분류할 때 맞대기용접에 속하는 것은?

① 업셋용접   ② 스폿용접
③ 심용접   ④ 프로젝션용접

해설▶ • 겹치기용접 : 스폿용접, 프로젝션용접, 심용접
• 맞대기용접 : 업셋용접, 플래시용접, 버트심용접, 포일심용접, 퍼커션용접

14 ④ 15 ④ 16 ① 17 ② 18 ② 19 ② 20 ② 21 ①

22 용접기의 보수 및 점검사항 중 잘못 설명한 것은?
① 습기나 먼지가 많은 장소는 용접기설치를 피한다.
② 용접기 케이스와 2차측단자의 두 쪽 모두 접지를 피한다.
③ 가동부분 및 냉각판을 점검하고 주유를 한다.
④ 용접케이블의 파손된 부분은 절연테이프로 감아준다.

해설 ▶ 2차측단자의 한쪽과 용접기 케이스는 접지를 확실히 해둔다.

23 교류아크용접기의 종류에 속하지 않는 것은?
① 가동코일형 ② 가동철심형
③ 전동기구동형 ④ 탭전환형

해설 ▶ 교류아크용접기 : 가동철심형, 가동코일형, 탭전환형, 가포화리액터형

24 용접봉에서 모재로 용융금속이 옮겨가는 용적이행상태가 아닌 것은?
① 단락형 ② 스프레이형
③ 탭전환형 ④ 글로뷸러형

해설 ▶
단락이행 글로뷸러이행 스프레이이행

25 교류와 직류아크용접기를 비교해서 직류아크용접기의 특징이 아닌 것은?
① 구조가 복잡하다.
② 아크의 안정성이 우수하다.
③ 비피복용접봉 사용이 가능하다.
④ 역률이 불량하다.

해설 ▶ 직류아크용접기는 비피복용접봉 사용이 가능하고, 전격위험이 적으며 역률이 양호하고 유지보수가 어렵다.

26 가스용접에서 탄화불꽃의 설명과 관련이 가장 적은 것은?
① 속불꽃과 겉불꽃 사이에 밝은 백색의 제3불꽃이 있다.
② 산화작용이 일어나지 않는다.
③ 아세틸렌과잉불꽃이다.
④ 표준불꽃이다.

해설 ▶ 탄화불꽃은 아세틸렌 과잉불꽃이라 하며 속불꽃과 겉불꽃 사이에 백색의 제3불꽃, 즉 아세틸렌 페더가 있다.

27 전기용접봉 E4301은 어느 계인가?
① 저수소계
② 고산화티탄계
③ 일미나이트계
④ 라임티탄계

해설 ▶
• E4316 : 저수소계
• E4313 : 고산화티탄계
• E4301 : 일미나이트계
• E4303 : 라임티탄계

28 가스절단작업 시의 표준드래그길이는 일반적으로 모재두께의 몇 % 정도인가?
① 5 ② 10
③ 20 ④ 30

해설 ▶ 드래그길이는 판두께의 20% 정도이다.

29 산소용기의 표시로 용기 윗부분에 각인이 찍혀 있다. 잘못 표시된 것은?
① 용기제작사 명칭 및 기호
② 충전가스명칭
③ 용기중량
④ 최저충전압력

해설 ▶ 최저충전압력이 아닌 최고충전압력이 각인되어 있다.

22 ② 23 ③ 24 ③ 25 ④ 26 ④ 27 ③ 28 ③ 29 ④

30 피복아크용접기의 아크발생시간과 휴식시간전체가 10분이고 아크발생시간이 3분일 때 이 용접기의 사용률(%)은?

① 10% ② 20%
③ 30% ④ 40%

해설 사용률 = (아크발생시간/아크발생시간)+정지시간×100
= (3/10)×100=30%

31 저수소계 용접봉의 특징이 아닌 것은?

① 용착금속 중 수소량이 다른 용접봉에 비해서 현저하게 적다.
② 용착금속의 취성이 크며 화학적 성질도 좋다.
③ 균열에 대한 감수성이 특히 좋아서 두꺼운 판용접에 사용된다.
④ 고탄소강 및 황의 함유량이 많은 쾌삭강 등의 용접에 사용되고 있다.

해설 저수소계 용접봉 : 강인성이 좋으며 기계적 성질과 내균열성이 우수하다.

32 폭발위험성이 가장 큰 산소와 아세틸렌의 혼합비(%)는?

① 40 : 60 ② 15 : 85
③ 60 : 40 ④ 85 : 15

해설 산소 : 아세틸렌가스의 혼합비율 85 : 15가 폭발의 위험이 크다.

33 연강용 피복금속아크용접봉에서 다음 중 피복제의 염기성이 가장 높은 것은?

① 저수소계 ② 고산화철계
③ 고셀룰로오스계 ④ 티탄계

해설 염기도 순서 : 저수소계 〉 일미나이트계 〉 고산화철계 〉 고셀룰로오스계 〉 티탄계

34 35℃에서 150kgf/cm²으로 압축하여 내부용적 45.7리터의 산소용기에 충전하였을 때, 용기속의 산소량은 몇 리터인가?

① 6855 ② 5250
③ 6150 ④ 7005

해설 용기 내의 산소량 : 150×45.7 = 6,855

35 산소-프로판가스용접 시 산소 : 프로판가스의 혼합비로 가장 적당한 것은?

① 1 : 1 ② 2 : 1
③ 2.5 : 1 ④ 4.5 : 1

해설 프로판 : 산소 = 4.5 : 1

36 아세틸렌가스의 성질로 틀린 것은?

① 순수한 아세틸렌가스는 무색무취이다.
② 금, 백금, 수은 등을 포함한 모든 원소와 화합 시 산화물을 만든다.
③ 각종 액체에 잘 용해되며, 물에는 1배, 알코올에는 6배 용해된다.
④ 산소와 적당히 혼합하여 연소시키면 높은 열을 발생한다.

해설 모든 원소와 화합하여 산화물을 만들게 되면 용접 시 사용하는 가스로 활용할 수 없다.

37 아크용접기에서 부하전류가 증가하여도 단자전압이 거의 일정하게 되는 특성은?

① 절연특성 ② 수하특성
③ 정전압특성 ④ 보존특성

해설 정전압특성은 전류가 증가하여도 전압이 일정하게 되는 특성이다.

38 피복제 중에 산화티탄을 약 35% 정도 포함하였고 슬래그의 박리성이 좋아 비드의 표면이 고우며 작업성이 우수한 특징을 지닌 연강용 피복아크용접봉은?

① E4301
② E4311
③ E4313
④ E4316

해설 E4313 : 고산화티탄계로 일반경구조물에 많이 사용된다.

39 상율(Phase Rule)과 무관한 인자는?

① 자유도
② 원소종류
③ 상의 수
④ 성분 수

40 공석조성을 0.80%C라고 하면, 0.2%C 강의 상온에서의 초석페라이트와 펄라이트의 비는 약 몇 %인가?

① 초석페라이트 75% : 펄라이트 25%
② 초석페라이트 25% : 펄라이트 75%
③ 초석페라이트 80% : 펄라이트 20%
④ 초석페라이트 20% : 펄라이트 80%

해설
- 초석페라이트=0.8−0.2/0.8−0.0218×100=76.93
- 펄라이트 + 페라이트=100%,
- 펄라이트=100−76.93=23%

41 금속침투법 중 칼로라이징은 어떤 금속을 침투시킨 것인가?

① B　　② Cr
③ Al　　④ Zn

42 마그네슘(Mg)의 특성을 설명한 것 중 틀린 것은?

① 비강도가 Al합금보다 떨어진다.
② 구상흑연주철의 첨가제로 사용된다.
③ 비중이 약 1.74 정도로 실용금속 중 가볍다.
④ 항공기, 자동차 부품, 전기기기, 선박, 광학기계, 인쇄제판 등에 사용된다.

해설 마그네슘은 비강도가 알루미늄보다 크고, 냉간가공이 거의 불가능하다.

43 Al-Si계 합금의 조대한 공정조직을 미세화하기 위하여 나트륨(Na), 수산화나트륨(NaOH), 알칼리염류 등을 합금용탕에 첨가하여 10~15분간 유지하는 처리는?

① 시효처리
② 폴링처리
③ 개량처리
④ 응력제거풀림처리

해설 Al-Si계 합금은 열처리효과가 나빠 개량처리에 의해 기계적 성질을 개선한다. 개량처리란 Si의 결정조직을 미세화하기 위하여 특수원소를 첨가하는 것이다.

44 조성이 2.0~3.0%C, 0.6~1.5%Si 범위의 것으로 백주철을 열처리로에 넣어 가열해서 탈탄 또는 흑연화방법으로 제조한 주철은?

① 가단주철
② 칠드주철
③ 구상흑연주철
④ 고력합금주철

해설 가단주철은 백주철을 열처리로에 넣어 가열해서 탈탄 또는 흑연화하는 방법으로 제조한 주철이다. 강도와 인성, 내식성이 우수하며 커넥팅로드에 사용된다.

38 ③　39 ②　40 ①　41 ③　42 ①　43 ③　44 ①

45 구리(Cu)에 대한 설명으로 옳은 것은?

① 구리는 체심입방격자이며, 변태점이 있다.
② 전기구리는 O_2나 탈산제를 품지 않는 구리이다.
③ 구리의 전기전도율은 금속 중에서 은(Ag)보다 높다.
④ 구리는 CO_2가 들어있는 공기 중에서 염기성 탄산구리가 생겨 녹청색이 된다.

[해설] 구리는 면심입방구조이며 변태점이 없다. 전기전도율과 열전도율이 Ag 다음으로 높고, 가공성이 뛰어나다.

46 용해 시 흡수한 산소를 인(P)으로 탈산하여 산소를 0.01% 이하로 한 것이며, 고온에서 수소취성이 없고 용접성이 좋아 가스관, 열교환관 등으로 사용되는 구리는?

① 탈산구리 ② 정련구리
③ 전기구리 ④ 무산소구리

[해설] 탈산구리는 용해 시에 흡수한 산소를 인으로 탈산하여 산소를 0.01% 이하로 한 것으로서, 고온에서 수소취성이 없고 산소를 흡수하지 않는다. 가스관이나 열교환기, 중유버너용관 등에 사용한다.

47 저합금강 중에서 연강에 비하여 고장력강의 사용 목적으로 틀린 것은?

① 재료가 절약된다.
② 구조물이 무거워진다.
③ 용접공수가 절감된다.
④ 내식성이 향상된다.

[해설] 고장력강을 사용하면 구조물 제작 시 판의 두께를 얇게 할 수 있어 구조물이 가벼워진다.

48 다음 중 주조상태의 주강품 조직이 거칠고 취약하기 때문에 반드시 실시해야 하는 열처리는?

① 침탄 ② 풀림
③ 질화 ④ 금속침투

[해설] 풀림 : 연화, 안정화, 구상화 등을 위한 열처리방법이다.

49 합금강이 탄소강에 비하여 좋은 성질이 아닌 것은?

① 기계적 성질 향상
② 결정입자의 조대화
③ 내식성, 내마멸성 향상
④ 고온에서 기계적 성질 저하방지

[해설] ②는 탄소강의 단점이다.

50 산소나 탈산제를 품지 않으며, 유리에 대한 봉착성이 좋고 수소취성이 없는 시판동은?

① 무산소동 ② 전기동
③ 전련동   ④ 탈산동

[해설] 구리 중에 산소가 있으면 수소와 반응하여 물을 생성하고 또한 취성을 일으키며 내식성이 좋지 않아 구리 중의 산소를 제거한다.

51 그림의 형강을 올바르게 나타낸 치수표시법은?(단, 형강길이는 K이다)

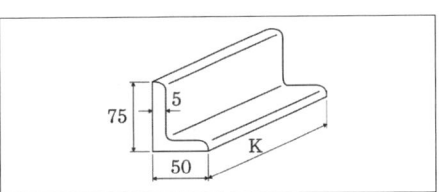

① L 75×50×5×K
② L 75×50×5−K
③ L 50×75−5−K
④ L 50×75×5×K

해설 ▶ L 장축길이 × B 단축길이 × t 두께 − 형강길이

52 기계제도에 관한 일반사항의 설명으로 틀린 것은?

① 도형의 크기와 대상물의 크기와의 사이에는 올바른 비례관계를 보유하도록 그린다. 다만 잘못 볼 염려가 없다고 생각되는 도면은 도면의 일부 또는 전부에 대하여 이 비례관계는 지키지 않아도 좋다.
② 선의 굵기 방향의 중심은 선의 이론상 그려야 할 위치 위에 있어야 한다.
③ 서로 근접하여 그리는 선의 선 간격(중심거리)은 원칙적으로 평행선의 경우 선의 굵기의 3배 이상으로 하고 선과 선의 간격은 0.7mm 이상으로 하는 것이 좋다.
④ 투명한 재료로 만들어지는 대상물 또는 부분은 투상도에서 전부 투명한 것(없는 것)으로 하여 나타낸다.

53 그림과 같은 제3각 투상도에 가장 적합한 입체도는?

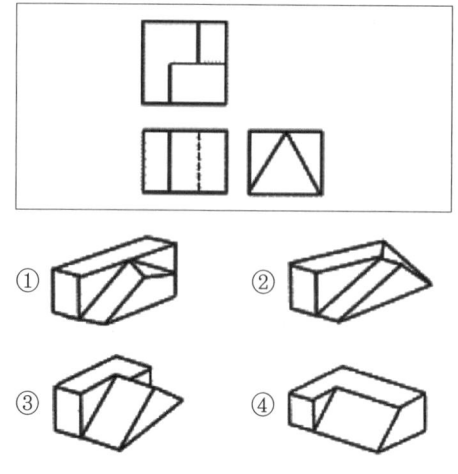

54 배관제도 밸브도시기호에서 일반밸브가 닫힌 상태를 도시한 것은?

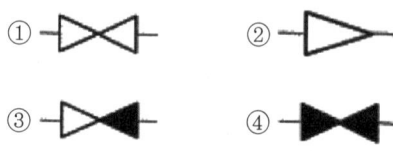

55 다음 용접기호의 설명으로 옳은 것은?

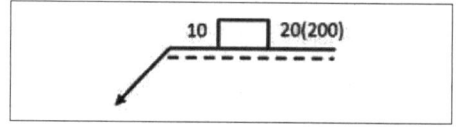

① 플러그용접을 의미한다.
② 용접부 지름은 20mm이다.
③ 용접부 간격은 10mm이다.
④ 용접부 수는 200개 이다.

해설 ▶ 용접부 지름이 10mm, 용접부 간격 200mm, 용접된 개수 20개를 나타낸다.

56 [보기]의 도면은 정면도와 우측면도만이 올바르게 도시되어 있다. 평면도로 가장 적합한 것은?

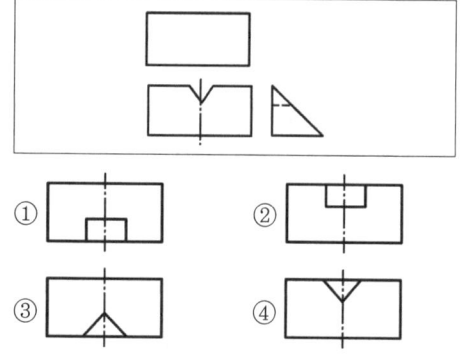

52 ④ 53 ③ 54 ④ 55 ① 56 ③

57 선의 종류와 용도에 대한 설명의 연결이 틀린 것은?

① 가는 실선 : 짧은 중심을 나타내는 선
② 가는 파선 : 보이지 않는 물체의 모양을 나타내는 선
③ 가는 1점쇄선 : 기어의 피치원을 나타내는 선
④ 가는 2점쇄선 : 중심이 이동한 중심궤적을 표시하는 선

해설 가는 2점쇄선은 가상선으로서 도시된 물체의 앞면을 표시하거나, 이동하는 부분의 이동위치, 가공 전후의 모양, 공구, 지그 등의 위치, 반복을 표시하는 선이다.

58 그림의 입체도를 제3각법으로 올바르게 투상한 투상도는?

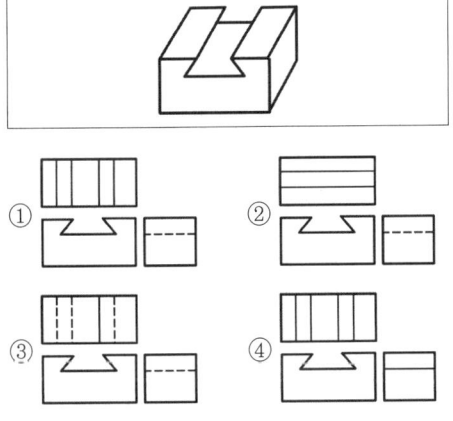

59 KS에서 규정하는 체결부품의 조립 간략표시방법에서 구멍에 끼워 맞추기 위한 구멍, 볼트, 리벳의 기호 표시 중 공장에서 드릴가공 및 끼워 맞춤을 하는 것은?

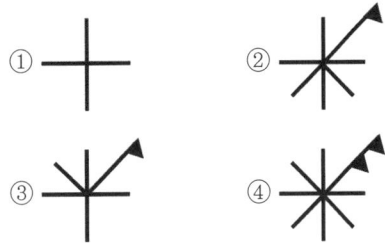

60 그림과 같은 단면도에서 "A"가 나타내는 것은?

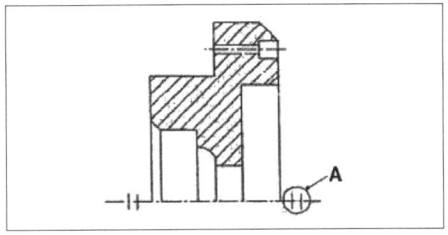

① 바닥표시기호
② 대칭도시기호
③ 반복도형 생략기호
④ 한쪽단면도 표시기호

57 ④ 58 ③ 59 ① 60 ②

8 CBT 출제 예상문제

- 피복아크용접기능사
- 가스텅스텐아크용접기능사
- 이산화탄소가스아크용접기능사

01 용접선과 하중의 방향이 평행하게 작용하는 필릿용접은?

① 전면 ② 측면
③ 경사 ④ 변두리

해설 ▶ 측면필릿용접 : 용접선과 하중의 방향이 평행하게 작용하는 용접

02 납땜 시 용제가 갖추어야 할 조건이 아닌 것은?

① 모재의 불순물 등을 제거하고 유동성이 좋을 것
② 청정한 금속면의 산화를 쉽게 할 것
③ 땜납의 표면장력에 맞추어 모재와의 친화도를 높일 것
④ 납땜 후 슬래그제거가 용이할 것

해설 ▶ 용제가 갖추어야 할 조건
- 금속면을 청정하게 할 것
- 전기저항납땜에 사용되는 것은 전도체야 할 것
- 용제의 온도와 납땜의 온도가 동일할 것
- 모재와 친화력을 높일 것

03 피복아크용접 시 전격을 방지하는 방법으로 틀린 것은?

① 전격방지기를 부착한다.
② 용접홀더에 맨손으로 용접봉을 갈아 끼운다.
③ 용접기 내부에 함부로 손을 대지 않는다.
④ 절연성이 좋은 장갑을 사용한다.

해설 ▶ 젖은 손이나 맨손으로 전기기구 등을 만지지 않는다.

04 맞대기이음에서 판두께 100mm, 용접길이 300cm, 인장하중이 9000kgf일 때 인장응력은 몇 kgf/cm²인가?

① 0.3 ② 3
③ 30   ④ 300

해설 ▶ 인장강도=하중/단면적=9000/(10×300)=3

05 다음은 용접이음부의 홈의 종류이다. 박판용접에 가장 적합한 것은?

① K형 ② H형
③ I형   ④ V형

해설 ▶ I형은 판두께가 보통 6mm 이하인 경우에 사용한다.

06 주철의 보수용접방법에 해당되지 않는 것은?

① 스터드링 ② 비녀장법
③ 버터링법 ④ 백킹법

해설 ▶ 주철의 보수방법으로는 비녀장법, 버터링법, 로킹법, 스터드법이 있다.

07 MIG용접이나 탄산가스 아크용접과 같이 전류밀도가 높은 자동이나 반자동 용접기가 갖는 특성은?

① 수하특성과 정전압특성
② 정전압특성과 상승특성
③ 수하특성과 상승특성
④ 맥동전류특성

해설 ▶ MIG용접과 탄산가스 아크용접 모두 정전압, 상승특성의 직류용접기가 사용된다.

01 ② 02 ② 03 ② 04 ② 05 ③ 06 ④ 07 ②

08 CO_2가스아크용접에서 아크전압에 대한 설명으로 옳은 것은?

① 아크전압이 높으면 비드폭이 넓어진다.
② 아크전압이 높으면 비드가 볼록해진다.
③ 아크전압이 높으면 용입이 깊어진다.
④ 아크전압이 높으면 아크길이가 짧다.

해설 아크전압이 높으면 비드가 넓어지고 납작해진다. 또한 아크전압과 아크길이는 비례한다.

09 다음 중 가스용접에서 산화불꽃으로 용접할 경우 가장 적합한 용접재료는?

① 황동　　② 모넬메탈
③ 알루미늄　④ 스테인리스

해설
- 중성불꽃 : 연강, 탄소강 등에 적합하다.
- 탄화불꽃 : Al, 모넬메탈, 스테인리스강에 적합하다.

10 용접기의 사용률이 40%인 경우 아크시간과 휴식시간을 합한 전체시간은 10분을 기준으로 했을 때 발생시간은 몇 분인가?

① 4　　② 6
③ 8　　④ 10

해설 사용률(%) = $\dfrac{\text{아크발생시간}}{\text{아크발생시간} + \text{정지시간}} \times 100$

∴ 아크발생시간 = 0.4 × 10 = 4

11 얇은 철판을 쌓아 포개어 놓고 한꺼번에 절단하는 방법으로 가장 적합한 것은?

① 분말절단
② 산소창절단
③ 포갬절단
④ 금속아크절단

12 다음 중 가스용접작업에 관한 안전사항으로 틀린 것은?

① 아세틸렌병 주변에서 흡연하지 않는다.
② 호스의 누설시험 시에는 비눗물을 사용한다.
③ 산소 및 아세틸렌병 등 빈 병은 섞어서 보관한다.
④ 용접 시 토치의 끝을 긁어서 오물을 털지 않는다.

해설 가스병의 경우 직사광선을 피하며 빈 병은 분리보관한다.

13 다음 중 전기저항용접에 있어 맥동점용접에 관한 설명으로 옳은 것은?

① 1개의 전류회로에 2개 이상의 용접점을 만드는 용접법이다.
② 전극을 2개 이상으로 하여 2점 이상의 용접을 하는 용접법이다.
③ 점용접의 기본적인 방법으로 1쌍의 전극으로 1점의 용접부를 만드는 용접법이다.
④ 모재두께가 다른 경우 전극의 과열을 피하기 위하여 사이클 단위를 몇 번이고 전류를 단속하여 용접하는 것이다.

해설 모재 두께가 다른 경우에 전극의 과열을 피하기 위해 전류를 단속하여 용접하는 것을 맥동점용접이라 한다.

08 ①　09 ①　10 ①　11 ③　12 ③　13 ④

14 다음 중 제품별 노내 및 국부풀림의 유지온도와 시간이 올바르게 연결된 것은?

① 탄소강 주강품 : 625±25℃ 판두께 25mm에 대하여 1시간
② 기계구조용 연강재 : 725±25℃ 판두께 25mm에 대하여 1시간
③ 보일러용 압연강재 : 625±25℃ 판두께 25mm에 대하여 1시간
④ 용접구조용 연강재 : 725±25℃ 판두께 25mm에 대하여 1시간

15 TIG용접에서 교류전원을 사용 시 모재가 (−)극이 될 때 모재표면의 수분, 산화물 등의 불순물로 인하여 전자방출 및 전류의 흐름이 어렵고, 텅스텐전극이 (−)극이 되는 경우에 전자가 다량으로 방출되는 등 2차전류가 불평형하게 되는데 이러한 현상을 무엇이라 하는가?

① 전극의 소손작용
② 전극의 전압상승작용
③ 전극의 청정작용
④ 전극의 정류작용

16 다음 ( ) 안에 가장 적합한 내용은?

> 일렉트로 슬래그용접은 용융용접의 일종으로서 와이어와 용융슬래그 사이에 ( )을 이용하여 용접하는 특수한 용접방법이다.

① 전자빔열
② 통전된 전류의 저항열
③ 가스열
④ 통전된 전류의 아크열

해설 ▶ 일렉트로 슬래그용접은 아크를 발생하지 않고 와이어와 용융슬래그 그리고 모재 내에 흐르는 전기저항열에 의하여 용접한다.

17 다음 중 가스절단작업 시 주의사항으로 틀린 것은?

① 가스절단에 알맞은 보호구를 착용한다.
② 절단진행 중에 시선은 절단면을 떠나서는 안 된다.
③ 호스는 흐트러지지 않도록 정해진 꼬임상태로 작업한다.
④ 가스호스가 용융금속이나 산화물의 비산으로 인해 손상되지 않도록 한다.

18 다음 중 CO_2아크용접 시 박판의 아크전압(V_0) 산출공식으로 가장 적당한 것은?(단, I는 용접전류값을 의미한다)

① $V_0 = 0.07 \times I + 20 \pm 5.0$
② $V_0 = 0.05 \times I + 11.5 \pm 3.0$
③ $V_0 = 0.06 \times I + 40 \pm 6.0$
④ $V_0 = 0.04 \times I + 15.5 \pm 1.5$

해설 ▶ • 박판 : $V_0 = 0.04 \times I + 15.5 \pm 1.5$
• 후판 : $V_0 = 0.04 \times I + 20.0 \pm 2.0$

19 다음 중 방사선투과검사에 대한 설명으로 틀린 것은?

① 내부결함검출에 용이하다.
② 검사결과를 필름에 영구적으로 기록할 수 있다.
③ 라미네이션 및 미세한 표면균열도 검출된다.
④ 방사선투과검사에 필요한 기구로는 투과도계, 계조계, 증감지 등이 있다.

해설 ▶ 방사선투과는 라미네이션검사가 불가능하다.

14 ①　15 ④　16 ②　17 ③　18 ④　19 ③

20 다음 중 용접결함에 있어 치수상 결함에 해당하는 것은?

① 오버랩 ② 기공
③ 언더컷 ④ 변형

해설
- 구조상 결함 : 기공, 오버랩, 언더컷, 용입불량, 융합불량, 슬래그섞임, 균열 등
- 치수상 결함 : 변형, 모재의 크기, 형상부적당 등
- 성질상 결함 : 인장강도, 항복강도, 피로강도부족 등

21 용접현장에서 지켜야 할 안전사항 중 잘못 설명한 것은?

① 탱크 내에서는 혼자 작업한다.
② 인화성 물체 부근에서는 작업을 하지 않는다.
③ 좁은 장소에서의 작업 시는 통풍을 실시한다.
④ 부득이 가연성 물체 가까이서 작업 시는 화재발생 예방조치를 한다.

해설 탱크 내에서는 2인 이상 작업한다.

22 용접 시 냉각속도에 관한 설명 중 틀린 것은?

① 예열을 하면 냉각속도가 완만하게 된다.
② 얇은 판보다는 두꺼운 판이 냉각속도가 크다.
③ 알루미늄이나 구리는 연강보다 냉각속도가 느리다.
④ 맞대기이음보다는 T형이음이 냉각속도가 크다.

해설 열전도율이 좋은 금속일수록 냉각속도도 빠르다.

23 수소함유량이 타 용접봉에 비해서 1/10 정도 현저하게 적고 특히 균열의 감소성이나 탄소, 황의 함유량이 많은 강의 용접에 적합한 용접봉은?

① E4301 ② E4313
③ E4316 ④ E4324

해설 E4316(저수소) : 기계적 성질 및 내균열성이 우수하다. 300~350도에서 2시간 정도 건조 후 사용한다.

24 다음 중 아크에어가우징에 사용되지 않는 것은?

① 가우징토치 ② 가우징봉
③ 압축공기 ④ 열교환기

해설 열교환기는 순환장치 등에 사용된다.

25 다음 중 주철용접 시 주의사항으로 틀린 것은?

① 용접봉은 가능한 한 지름이 굵은 용접봉을 사용한다.
② 보수용접을 행하는 경우는 결함부분을 완전히 제거한 후 용접한다.
③ 균열의 보수는 균열의 성장을 방지하기 위해 균열의 양 끝에 정기구멍을 뚫는다.
④ 용접전류는 필요 이상 높이지 말고 직선비드를 배치하며, 지나치게 용입을 깊게 하지 않는다.

해설 용접봉의 지름은 가는 용접봉을 사용한다.

26 가스용접용 토치의 팁 중 표준불꽃으로 1시간 용접 시 아세틸렌소모량이 100L인 것은?

① 고압식 200번팁
② 중압식 200번팁
③ 가변압식 100번팁
④ 불변압식 100번팁

해설 가변압식 : 표준불꽃으로 용접 시 시간당 아세틸렌가스의 소비량을 리터로 표시한 것이다. 100번은 시간 당 아세틸렌가스 소비량이 100리터이다.

20 ④ 21 ① 22 ③ 23 ③ 24 ④ 25 ① 26 ③

27 고체 상태에 있는 두 개의 금속재료를 융접, 압접, 납땜으로 분류하여 접합하는 방법은?

① 기계적인 접합법
② 화학적 접합법
③ 전기적 접합법
④ 야금적 접합법

해설 야금적 접합법 : 고체상태에 있는 두 개의 금속재료를 열이나 압력 또는 열과 압력을 동시에 가하여 서로 융합되어 접합하는 것으로 용접이라 한다.

28 헬멧이나 핸드실드의 차광유리 앞에 보호유리를 끼우는 가장 타당한 이유는?

① 시력을 보호하기 위하여
② 가시광선을 차단하기 위하여
③ 적외선을 차단하기 위하여
④ 차광유리를 보호하기 위하여

29 직류아크용접기의 음(−)극에 용접봉을, 양(+)극에 모재를 연결한 상태의 극성을 무엇이라 하는가?

① 직류정극성
② 직류역극성
③ 직류음극성
④ 직류용극성

해설 모재가 (+), 용접봉이 (−)일 때 직류정극성이다.

30 수동 가스절단작업 중 절단면의 위 모서리가 녹아 둥글게 되는 현상이 생기는 원인과 거리가 먼 것은?

① 팁과 강판 사이의 거리가 가까울 때
② 절단가스의 순도가 높을 때
③ 예열불꽃이 너무 강할 때
④ 절단속도가 너무 느릴 때

해설 절단가스의 순도가 높으면 절단속도가 빠르고 절단면이 매우 양호하다.

31 다음 중 용접기에서 모재를 (+)극에, 용접봉을 (−)극에 연결하는 아크극성으로 옳은 것은?

① 직류정극성
② 직류역극성
③ 용극성
④ 비용극성

해설
• 모재가 (+), 용접봉이 (−)일 때 직류정극성이다.
• 모재가 (−), 용접봉이 (+)일 때 직류역극성이다.

32 야금적 접합법의 종류에 속하는 것은?

① 납땜이음
② 볼트이음
③ 코터이음
④ 리벳이음

해설 고체상태에 있는 두 개의 금속재료를 열이나 압력 또는 열과 압력을 동시에 가하여 서로 융합되어 접합하는 것으로 융접, 납땜, 단접 등이 있다.

33 수중 절단작업에 주로 사용되는 연료가스는?

① 아세틸렌
② 프로판
③ 벤젠
④ 수소

해설 수중절단은 산소–수소가스를 활용한다.

34 탄소아크절단에 압축공기를 병용하여 전극홀더의 구멍에서 탄소전극봉에 나란히 분출하는 고속의 공기를 분출시켜 용융금속을 불어 내어 홈을 파는 방법은?

① 아크에어가우징
② 금속아크절단
③ 가스가우징
④ 가스스카핑

35 가스용접 시 팁 끝이 순간적으로 막혀 가스분출이 나빠지고 혼합실까지 불꽃이 들어가는 현상을 무엇이라 하는가?

① 인화
② 역류
③ 점화
④ 역화

해설
• 역류 : 팁 끝이 막히면 높은 압력의 산소가 아세틸렌가스 도관으로 흘러가는 현상

27 ④ 28 ④ 29 ① 30 ② 31 ① 32 ① 33 ④ 34 ① 35 ①

- 역화
  - 작업 중에 모재에 팁 끝이 닿거나 팁 끝이 파열된 경우
  - 가스압력과 유량이 적당하지 않을 경우
  - 팁의 조임상태가 불안전할 경우
- 인화 : 팁 끝이 순간적으로 막히면 가스의 불꽃이 나빠지고 불꽃이 혼합실까지 밀려들어가는 현상

36 납땜용제가 갖추어야 할 조건으로 틀린 것은?

① 모재의 산화피막과 같은 불순물을 제거하고 유동성이 좋을 것
② 청정한 금속면의 산화를 방지할 것
③ 납땜 후 슬래그의 제거가 용이할 것
④ 침지땜에 사용되는 것은 젖은 수분을 함유할 것

해설 납땜용제는 수분이 없어야 한다.

37 직류아크용접 시 정극성으로 용접할 때의 특징이 아닌 것은?

① 박판, 주철, 합금강, 비철금속의 용접에 이용된다.
② 용접봉의 녹음이 느리다.
③ 비드폭이 좁다.
④ 모재의 용입이 깊다.

해설 박판, 주철, 비철금속의 용접에 주로 사용되는 것은 직류 역극성이다.

38 피복아크용접결함 중 기공이 생기는 원인으로 틀린 것은?

① 용접분위기 가운데 수소 또는 일산화탄소 과잉
② 용접부의 급속한 응고
③ 슬래그의 유동성이 좋고 냉각하기 쉬울 때
④ 과대전류와 용접속도가 빠를 때

해설 기공발생의 원인 : 용접부의 급속한 응고, 모재 가운데 유황함유량 과대, 아크길이나 전류 또는 조작의 부적당, 과대전류의 사용

39 금속재료의 경량화와 강인화를 위하여 섬유강화금속 복합재료가 많이 연구되고 있다. 강화섬유 중에서 비금속계로 짝지어진 것은?

① K, W
② W, Ti
③ W, Be
④ SiC, Al_2O_3

40 상자성체금속에 해당되는 것은?

① Al
② Fe
③ Ni
④ Co

해설 상자성체 : 자석을 접근하면 먼 쪽에 같은 극, 가까운 쪽에는 다른 극(붙는 것 같기도 하고 붙지 않는 것 같기도 한 것들, Al, Pt, Sn, Mn)

41 다음 중 알루미늄합금이 아닌 것은?

① 라우탈(Lautal)
② 실루민(Silumin)
③ 두랄루민(Duralumin)
④ 켈밋(Kelmet)

해설 켈밋은 구리에 40%Pb를 함유한 베어링합금이다.

42 질화처리의 특성에 관한 설명으로 틀린 것은?

① 침탄에 비해 높은 표면경도를 얻을 수 있다.
② 고온에서 처리되어 변형이 크고 처리시간이 짧다.
③ 내마모성이 커진다.
④ 내식성이 우수하고 피로한도가 향상된다.

해설 질화법은 가열에 의한 변형이 크게 일어나지 않는다.

36 ④ 37 ① 38 ③ 39 ④ 40 ① 41 ④ 42 ②

43 주철의 성장원인이 아닌 것은?

① Fe_3C 흑연화에 의한 팽창
② 불균일한 가열로 생기는 균열에 의한 팽창
③ 흡수되는 가스의 팽창으로 인해 항복되어 생기는 팽창
④ 고용된 원소인 Mn의 산화에 의한 팽창

해설 ▶ 고용원소인 Si의 산화에 의한 팽창이 성장원인 중 하나다.

44 Cr-Ni계 스테인리스강의 결함인 입계부식의 방지책 중 틀린 것은?

① 탄소량이 적은 강을 사용한다.
② 300℃ 이하에서 가공한다.
③ Ti을 소량첨가한다.
④ Nb를 소량첨가한다.

해설 ▶ 고온도에서 용체화 처리를 한다.

45 구리의 물리적 성질에서 용융점은 약 몇 ℃ 정도인가?

① 660℃   ② 1083℃
③ 1528℃   ④ 3410℃

해설 ▶ Al : 660℃, Fe : 1538℃, W(텅스텐) : 3410℃

46 다음 중 주철에 관한 설명으로 틀린 것은?

① 비중은 C와 Si 등이 많을수록 작아진다.
② 용융점은 C와 Si 등이 많을수록 낮아진다.
③ 주철을 600℃ 이상의 온도에서 가열 및 냉각을 반복하면 부피가 감소한다.
④ 투자율을 크게 하기 위해서는 화합탄소를 적게 하고 유리탄소를 균일하게 분포시킨다.

해설 ▶ 주철용접에는 모재를 500~600℃의 고온으로 예열하는 열간용접법과 예열을 하지 않거나 저온으로 예열해서 용접하는 냉간용접법이 있다.

47 금속의 소성변형을 일으키는 원인 중 원자밀도가 장 큰 격자면에서 잘 일어나는 것은?

① 슬립   ② 쌍정
③ 전위   ④ 편석

해설 ▶ 슬립 : 금속결정형이 원자간격이 가장 작은 방향으로 층상 이동하는 현상(밀도가 최대인 격자면에서 발생)

48 다음 중 Ni-Cu합금이 아닌 것은?

① 어드밴스   ② 콘스탄탄
③ 모넬메탈   ④ 니칼로이

해설 ▶ 니칼로이 : Ni-Fe 합금

49 침탄법에 대한 설명으로 옳은 것은?

① 표면을 용융시켜 연화시키는 것이다.
② 망상시멘타이트를 구상화시키는 방법이다.
③ 강재의 표면에 아연을 피복시키는 방법이다.
④ 홈강재의 표면에 탄소를 침투시켜 경화시키는 것이다.

해설 ▶ 침탄법은 탄소를 침투·확산시키는 경화법이다. 침탄법에는 고체, 액체, 가스침탄법이 있다.

50 일반적으로 많이 사용되는 용접변형방지법이 아닌 것은?

① 비녀장법   ② 억제법
③ 도열법   ④ 역변형법

해설 ▶ 억제법, 역변형법, 도열법, 피닝법, 가열법 등이 있다.

43 ④   44 ②   45 ②   46 ③   47 ①   48 ④   49 ④   50 ①

51 다음 재료기호 중 용접구조용 압연강재에 속하는 것은?

① SPPS 380 ② SPCC
③ SCW 450 ④ SM 400C

해설 ▶ SM은 용접구조용 압연강재를 나타낸다.

52 그림은 제3각법으로 정투상한 정면도와 우측면도이다. 평면도로 가장 적합한 투상도는?

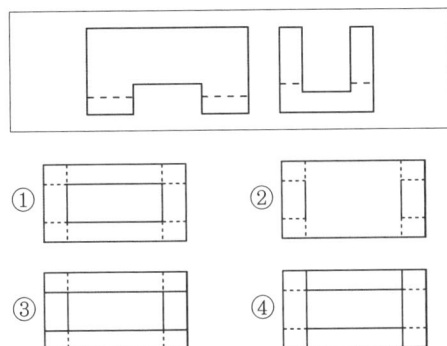

53 나사의 표시가 'M42×3-6H'로 되어 있을 때, 이 나사에 대한 설명으로 틀린 것은?

① 암나사 등급이 6H이다.
② 호칭지름(바깥지름)은 42mm이다.
③ 피치는 3mm이다.
④ 왼나사이다.

해설 ▶ 위의 나사 표시에는 왼나사에 대한 표기가 없다.

54 다음 중 일반구조용 탄소강관의 KS재료기호는?

① SPP ② SPS
③ SKH ④ STK

해설 ▶ • SPP : 배관용탄소강관
• SPS : 스프링강재
• SKH : 고속공구강
• STK : 일반구조용 탄소강
• STKM : 기계주조용 탄소강

55 용접보조기호 중 현장용접을 나타내는 기호는?

해설 ▶ ① 현장용접, ② 온둘레용접

56 도면에 리벳의 호칭이 "KS B 1102 보일러용 둥근머리리벳 13×30 SV 400"으로 표시된 경우 올바른 설명은?

① 리벳의 수량 13개
② 리벳의 길이 30mm
③ 최대인장강도 400kPa
④ 리벳의 호칭지름 30mm

해설 ▶ 지름 : 13mm, 길이 : 30mm, 재료 : SV 400

57 전개도는 대상물을 구성하는 면을 평면 위에 전개한 그림을 의미하는데, 원기둥이나 각기둥의 전개에 가장 적합한 전개도법은?

① 평행선 전개도법
② 방사선 전개도법
③ 삼각형 전개도법
④ 사각형 전개도법

해설 ▶ 전개도 작성방법
• 평행선법 : 각기둥이나 원기둥을 전개할 때 사용된다.
• 삼각형법 : 각뿔이나 원뿔을 전개할 때 입체의 표면을 여러 개의 삼각형으로 나누어 전개하는 방법이다.
• 방사선법 : 꼭지점을 중심으로 부채꼴 모양으로 전개된다.

51 ④ 52 ③ 53 ④ 54 ④ 55 ① 56 ② 57 ①

58 주투상도를 나타내는 방법에 관한 설명으로 옳지 않은 것은?

① 조립도 등 주로 기능을 나타내는 도면에서는 대상물을 사용하는 상태로 표시한다.
② 주투상도를 보충하는 다른 투상도는 되도록 적게 표시한다.
③ 특별한 이유가 없을 경우, 대상물을 세로 길이로 놓은 상태로 표시한다.
④ 부품도 등 가공하기 위한 도면에서는 가공에 있어서 도면을 가장 많이 이용하는 공정에서 대상물을 놓은 상태로 표시한다.

59 그림과 같은 입체도의 화살표 방향을 정면도로 표현할 때 실제와 동일한 형상으로 표시하는 면을 모두 고른 것은?

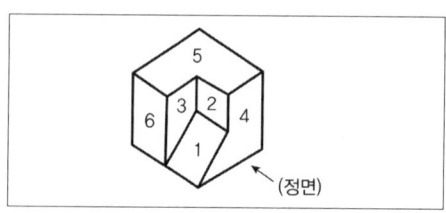

① 3과 4
② 4와 6
③ 2와 6
④ 1과 5

60 그림에서 나타난 용접기호의 의미는?

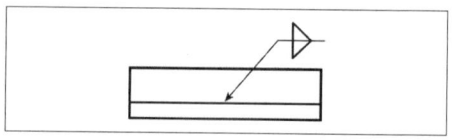

① 플래어K형용접
② 양쪽필릿용접
③ 플러그용접
④ 프로젝션용접

9 CBT 출제 예상문제

- 피복아크용접기능사
- 가스텡스텐아크용접기능사
- 이산화탄소가스아크용접기능사

01 용접결함 중 구조상 결함이 아닌 것은?

① 슬래그섞임
② 용입불량과 융합불량
③ 언더컷
④ 피로강도부족

> **해설** 피로강도부족은 성질상 결함에 속한다.

02 화재발생 시 사용하는 소화기에 대한 설명으로 틀린 것은?

① 전기로 인한 화재에는 포말소화기를 사용한다.
② 분말소화기는 기름화재에 적합하다.
③ CO_2가스소화기는 소규모의 인화성 액체화재나 전기설비화재의 초기진화에 좋다.
④ 보통화재에는 포말, 분말, CO_2소화기를 사용한다.

> **해설** 전기화재소화에는 분말, 탄산가스, 탄산칼륨+물을 사용한다. 포말소화기는 일반화재나 유류화재에 사용한다.

03 용접기를 설치 및 보수할 때 지켜야 할 사항으로 옳은 것은?

① 셀렌정류기형 직류아크용접기는 습기나 먼지 등이 많은 곳에 설치해도 괜찮다.
② 조정핸들, 미끄럼 부분 등에 주유해서는 안 된다.
③ 용접케이블 등의 파손된 부분은 즉시 절연테이프로 감아야 한다.
④ 냉각용 선풍기, 바퀴 등에도 주유해서는 안 된다.

> **해설** 용접기의 보수 및 점검
> - 습기, 먼지, 직사광선 등이 많은 곳은 피하고 환기가 잘 되는 곳에 설치한다.
> - 차측 단자의 한쪽과 용접기 케이스는 접지한다.
> - 가동냉각팬을 점검하고 주유해야 한다.
> - 탭전환의 전기적 접속부는 자주 샌드페이퍼 등으로 잘 닦아준다.
> - 용접케이블 등의 파손된 부분은 절연테이프로 감아준다.

04 서브머지드 아크용접에서 다전극방식에 의한 분류가 아닌 것은?

① 텐덤식   ② 횡병렬식
③ 횡직렬식   ④ 이행형식

> **해설** 다전극방식에 의한 분류 : 텐덤식, 횡병렬식, 횡직렬식

05 TIG용접에서 직류정극성으로 용접할 때 전극선단의 각도로 가장 적합한 것은?

① 5~10°   ② 10~20°
③ 30~50°   ④ 60~70°

> **해설** 직류정극성에서는 전극선단의 각도 30~50°가 가장 적합하다. 용입이 깊어지고 불순물도 적게 붙는다.

06 필릿용접부의 보수방법에 대한 설명으로 옳지 않은 것은?

① 간격이 1.5mm 이하일 때에는 그대로 용접하여도 좋다.
② 간격이 1.5~4.5mm일 때에는 넓혀진 만큼 각장을 감소시킬 필요가 있다.
③ 간격이 4.5mm일 때에는 라이너를 넣는다.
④ 간격이 4.5mm 이상일 때에는 300mm 정도의 치수로 판을 잘라낸 후 새로운 판으로 용접한다.

 01 ④ 02 ① 03 ③ 04 ④ 05 ③ 06 ②

해설 ▶ 필릿용접의 보수
- 간격이 1.5mm 이하에서는 규정의 각장으로 용접하며, 1.5mm~4.5mm인 경우는 그대로 용접해도 좋으나 각장을 증가시킬 수 있다.
- 4.5mm 이상에서는 라이너를 넣거나 부족한 판을 300mm 이상 잘라내서 대체한다.

07 다음 그림과 같은 다층용접법은?

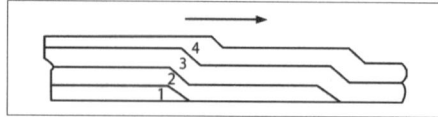

① 빌드업법 ② 케스케이드법
③ 전진블록 ④ 스킵법

해설 ▶

빌드업법 (덧살올림법) | 케스케이드법 (용접중심선 단면도) | 전진블록법 (용접중심선 단면도)

08 용접작업 시 작업자의 부주의로 발생하는 안염, 각막염, 백내장 등을 일으키는 원인은?

① 용접흄가스
② 아크불빛
③ 전격재해
④ 용접보호가스

09 플라즈마 아크용접에 대한 설명으로 잘못된 것은?

① 아크플라즈마의 온도는 10,000~30,000℃ 온도에 달한다.
② 핀치효과에 의해 전류밀도가 크므로 용입이 깊고 비드폭이 좁다.
③ 무부하전압이 일반아크용접기에 비하여 2~5배 정도 낮다.
④ 용접장치 중에 고주파 발생장치가 필요하다.

해설 ▶ 무부하전압은 일반아크용접기에 비해 2~5배 높다.

10 전기저항 점용접법에 대한 설명으로 틀린 것은?

① 인터랙 점용접이란 용접점의 부분에 직접 2개의 전극을 물리지 않고 용접전류가 피용접물의 일부를 통하여 다른 곳으로 전달하는 방식이다.
② 단극식점용접이란 적극이 1쌍으로 1개의 점용접부를 만드는 것이다.
③ 맥동점용접은 사이클 단위를 몇 번이고 전류를 연속하여 통전하는 것으로 용접속도 향상 및 용접변형방지에 좋다.
④ 직렬식점용접이란 1개의 전류회로에 2개 이상의 용접점을 만드는 방법으로 전류손실이 많아 전류를 증가시켜야 한다.

해설 ▶ 모재 두께가 다른 경우에 전극의 과열을 피하기 위해 전류를 단속하여 용접하는 것을 맥동점용접이라 한다.

11 가스용접에서 양호한 용접부를 얻기 위한 조건으로 틀린 것은?

① 모재 표면에 기름, 녹 등을 용접 전에 제거하여 결함을 방지하여야 한다.
② 용착금속의 용입상태가 불균일해야 한다.
③ 과열의 흔적이 없어야 하며, 용접부에 첨가된 금속의 성질이 양호해야 한다.
④ 슬래그, 기공 등의 결함이 없어야 한다.

해설 ▶ 용착금속의 용입상태가 균일하야 한다.

07 ② 08 ② 09 ③ 10 ③ 11 ②

12 직류아크용접에서 역극성의 특징으로 맞는 것은?

① 용입이 깊어 후판용접에 사용된다.
② 박판, 주철, 고탄소강, 합금강 등에 사용된다.
③ 봉의 녹음이 느리다.
④ 비드폭이 좁다.

해설 직류역극성 : 모재의 용입이 얕다, 봉의 용융이 빠르다, 비드폭이 넓다, 박판·주철·합금강·비철금속에 쓰인다.

13 직류아크용접기와 비교한 교류아크용접기의 설명에 해당되는 것은?

① 아크의 안정성이 우수하다.
② 자기쏠림현상이 있다.
③ 역률이 매우 양호하다.
④ 무부하전압이 높다.

해설 무부하전압 : 직류 40~60V, 교류 70~80V

14 피복아크용접봉에서 피복배합제인 아교는 무슨 역할을 하는가?

① 아크안정제
② 합금제
③ 탈산제
④ 환원기스발생제

해설 아교 : 환원가스발생제인 동시에 고착제 역할을 한다.

15 피복금속아크용접봉은 습기의 영향으로 기공(Blow Hole)과 균열(Crack)의 원인이 된다. 보통 용접봉 (1)과 저수소계 용접봉(2)의 온도와 건조시간은?(단, 보통 용접봉은 (1)로, 저수소계 용접봉은 (2)로 나타냈다)

① (1) 70~100℃ 30~60분,
　 (2) 100~150℃ 1~2시간
② (1) 70~100℃ 2~3시간,
　 (2) 100~150℃ 20~30분
③ (1) 70~10℃ 30~60분,
　 (2) 300~350℃ 1~2시간
④ (1) 70~100℃ 2~3시간,
　 (2) 300~350℃ 20~30분

16 가스가공에서 강제표면의 홈, 탈탄층 등의 결함을 제거하기 위해 얇게 그리고 타원형 모양으로 표면을 깎아내는 가공법은?

① 가스가우징
② 분말절단
③ 산소창절단
④ 스카핑

해설 스카핑은 표면의 탈탄층을 깎아내는 방법이다.

17 가스용접에서 가변압식(프랑스식)팁(TIP)의 능력을 나타내는 기준은?

① 1분에 소비하는 산소가스의 양
② 1분에 소비하는 아세틸렌가스의 양
③ 1시간에 소비하는 산소가스의 양
④ 1시간에 소비하는 아세틸렌가스의 양

해설 팁의 능력은 중성불꽃으로 1시간동안 용접할 때 소비되는 아세틸렌가스의 양(ℓ)으로 나타낸다.

18 아크쏠림은 직류아크용접 중에 아크가 한쪽으로 쏠리는 현상을 말하는데 아크쏠림방지법이 아닌 것은?

① 접지점을 용접부에서 멀리한다.
② 아크길이를 짧게 유지한다.
③ 가용접을 한 후 후퇴용접법으로 용접한다.
④ 가용접을 한 후 전진법으로 용접한다.

해설 가용접 후 후진법으로 용접을 진행한다.

19 용접기의 가동핸들로 1차코일을 상하로 움직여 2차코일의 간격을 변화시켜 전류를 조정하는 용접기로 맞는 것은?

① 가포화리액터형
② 가동코어리액터형
③ 가동코일형
④ 가동철심형

해설 가동코일형은 아크안정이 좋고 소음이 적으며 가격이 비싸 사용이 거의 없다.

20 프로판가스가 완전연소하였을 때 설명으로 맞는 것은?

① 완전연소하면 이산화탄소로 된다.
② 완전연소하면 이산화탄소와 물이 된다.
③ 완전연소하면 일산화탄소와 물이 된다.
④ 완전연소하면 수소가 된다.

해설 프로판가스의 완전연소식
$C_3H_8 + 5O_2 = 3CO_2 + 4H_2O$

21 다음 ( ) 안에 가장 적합한 내용은?

> 일렉트로 슬래그용접 용융용접의 일종으로서 와이어와 용융슬래그 사이에 ( )을 이용하여 용접하는 특수한 용접 방법이다.

① 전자빔열
② 통전된 전류의 저항열
③ 가스열
④ 통전된 전류의 아크열

해설 일렉트로 슬래그용접은 아크를 발생하지 않고 와이어와 용융슬래그 그리고 모재 내에 흐르는 전기저항열에 의하여 용접한다.

22 다음 중 가스절단작업 시 주의사항으로 틀린 것은?

① 가스절단에 알맞은 보호구를 착용한다.
② 절단진행 중에 시선은 절단면을 떠나서는 안 된다.
③ 호스는 흐트러지지 않도록 정해진 꼬임상태로 작업한다.
④ 가스호스가 용융금속이나 산화물의 비산으로 인해 손상되지 않도록 한다.

23 다음 중 CO_2아크용접 시 박판의 아크전압(V_0) 산출공식으로 가장 적당한 것은?(단, I는 용접전류값을 의미한다)

① $V_0 = 0.07 \times I + 20 \pm 5.0$
② $V_0 = 0.05 \times I + 11.5 \pm 3.0$
③ $V_0 = 0.06 \times I + 40 \pm 6.0$
④ $V_0 = 0.04 \times I + 15.5 \pm 1.5$

해설
• 박판 : $V_0 = 0.04 \times I + 15.5 \pm 1.5$
• 후판 : $V_0 = 0.04 \times I + 20.0 \pm 2.0$

24 다음 중 방사선투과검사에 대한 설명으로 틀린 것은?

① 내부결함검출에 용이하다.
② 검사결과를 필름에 영구적으로 기록할 수 있다.
③ 라미네이션 및 미세한 표면균열도 검출된다.
④ 방사선투과검사에 필요한 기구로는 투과도계, 계조계, 증감지 등이 있다.

해설 방사선투과는 라미네이션검사가 불가능하다.

19 ③   20 ②   21 ②   22 ③   23 ④   24 ③

25 다음 중 용접결함에 있어 치수상 결함에 해당하는 것은?

① 오버랩 ② 기공
③ 언더컷 ④ 변형

해설
- 구조상 결함 : 기공, 오버랩, 언더컷, 용입불량, 융합불량, 슬래그섞임, 균열 등
- 치수상 결함 : 변형, 모재의 크기, 형상 부적당 등
- 성질상 결함 : 인장강도, 항복강도, 피로강도부족 등

26 다음 중 서브머지드 아크용접에 사용되는 용제에 관한 설명으로 틀린 것은?

① 소결형용제는 용융형용제에 비하여 용제의 소모량이 적다.
② 용융형용제는 거친 입자의 것일수록 높은 전류에 사용해야 한다.
③ 소결형용제는 페로실리콘, 페로망간 등에 의해 강력한 탈산작용이 된다.
④ 용제는 용접부를 대기로부터 보호하면서 아크를 안정시키고, 야금 반응에 의하여 용착금속의 재질을 개선하기 위해 사용한다.

해설 용융형용제는 입자가 작을수록 높은 전류를 사용하며 비드폭이 넓고 용입이 얕다.

27 다음 중 가스용접작업에 관한 안전사항으로 틀린 것은?

① 아세틸렌병 주변에서 흡연하지 않는다.
② 호스의 누설시험 시에는 비눗물을 사용한다.
③ 산소 및 아세틸렌병 등 빈병은 섞어서 보관한다.
④ 용접 시 토치의 끝을 긁어서 오물을 털지 않는다.

해설 가스병을 보관할 때에는 직사광선을 피하며 빈 병은 분리보관한다.

28 다음 중 전기저항용접에 있어 맥동점용접에 관한 설명으로 옳은 것은?

① 1개의 전류회로에 2개 이상의 용접점을 만드는 용접법이다.
② 전극을 2개 이상으로 하여 2점 이상의 용접을 하는 용접법이다.
③ 점용접의 기본적인 방법으로 1쌍의 전극으로 1점의 용접부를 만드는 용접법이다.
④ 모재두께가 다른 경우 전극의 과열을 피하기 위하여 사이클 단위를 몇 번이고 전류를 단속하여 용접하는 것이다.

해설 모재 두께가 다른 경우에 전극의 과열을 피하기 위해 전류를 단속하여 용접하는 것을 맥동점용접이라 한다.

29 다음 중 제품별 노내 및 국부풀림의 유지온도와 시간이 올바르게 연결된 것은?

① 탄소강 주강품 : 625 ± 25℃ 판두께 25mm에 대하여 1시간
② 기계구조용 연강재 : 725 ± 25℃ 판두께 25mm에 대하여 1시간
③ 보일러용 압연강재 : 625 ± 25℃ 판두께 25mm에 대하여 1시간
④ 용접구조용 연강재 : 725 ± 25℃ 판두께 25mm에 대하여 1시간

30 TIG용접에서 교류전원을 사용 시 모재가 (-)극이 될 때 모재표면의 수분, 산화물 등의 불순물로 인하여 전자방출 및 전류의 흐름이 어렵고, 텅스텐전극이 (-)극이 되는 경우에 전자가 다량으로 방출되는 등 2차전류가 불평형하게 되는데 이러한 현상을 무엇이라 하는가?

① 전극의 소손작용
② 전극의 전압상승작용
③ 전극의 청정작용
④ 전극의 정류작용

31 교류아크용접기의 종류 중 조작이 간단하고 원격조정이 가능한 용접기는?

① 가포화리액터형 용접기
② 가동코일형 용접기
③ 가동철심형 용접기
④ 탭전환형 용접기

해설 ▶ 가포화리액터형은 가변저항의 변화로 전류가 조정되고, 전기적인 전류조정으로 소음이 적으며 수명이 길다

32 가연성가스에 대한 설명 중 가장 옳은 것은?

① 가연성가스는 CO_2와 혼합하면 더욱 잘 탄다.
② 가연성가스는 혼합공기가 적은 만큼 완전연소한다.
③ 산소, 공기 등과 같이 스스로 연소하는 가스를 말한다.
④ 가연성가스는 혼합한 공기와의 비율이 적절한 범위 안에서 잘 연소한다.

해설 ▶ 가연성가스 : 가연성가스란 점화원에 있으면 점화원에 의하여 불이 붙을 수 있는 가스로서, 아세틸렌과 수소, 프로판 등이 있고, 공기와의 비율이 적절한 범위 안에서 연소가 잘 된다.

33 수중절단작업을 할 때에는 예열가스의 양을 공기 중의 몇 배로 하는가?

① 0.5~1배
② 1.5~2배
③ 4~8배
④ 9~16배

해설 ▶ 수중절단은 산소-수소가스를 활용한 절단법이며, 예열가스의 양은 공기 중보다 4~8배 더 필요하다.

34 아크용접기의 구비조건으로 틀린 것은?

① 구조 및 취급이 간단해야 한다.
② 사용 중에 온도상승이 커야 한다.
③ 전류조정이 용이하고, 일정한 전류가 흘러야 한다.
④ 아크발생 및 유지가 용이하고 아크가 안정되어야 한다.

해설 ▶
• 사용 중에는 온도상승이 작아야 한다.
• 가격이 저렴하고 사용 유지비가 적게 들어야 한다.
• 역율 및 효율이 좋아야 한다.

35 철강을 가스절단하려고 할 때 절단조건으로 틀린 것은?

① 슬래그의 이탈이 양호하여야 한다.
② 모재에 연소되지 않은 물질이 적어야 한다.
③ 생성된 산화물의 유동성이 좋아야 한다.
④ 생성된 금속산화물의 용융온도는 모재의 용융점보다 높아야 한다.

해설 ▶ 생성된 금속산화물의 용융온도가 모재의 용융점보다 낮아야 한다.

30 ④ 31 ① 32 ④ 33 ③ 34 ② 35 ④

36 실온까지 온도를 내려 다른 형상으로 변형시켰다가 다시 온도를 상승시키면 어느 일정한 온도 이상에서 원래의 형상으로 변화하는 합금은?

① 제진합금　② 방진합금
③ 비정질합금　④ 형상기억합금

37 금속에 대한 설명으로 틀린 것은?

① 리튬(Li)은 물보다 가볍다.
② 고체상태에서 결정구조를 가진다.
③ 텅스텐(W)은 이리듐(Ir)보다 비중이 크다.
④ 일반적으로 용융점이 높은 금속은 비중도 큰 편이다.

해설 텅스텐의 비중은 18.6, 이리듐의 비중은 22.420이다.

38 고강도Al합금으로 조성이 Al-Cu-Mg-Mn인 합금은?

① 라우탈　② Y-합금
③ 두랄루민　④ 하이드로날륨

해설
- 라우탈 : Al-Cu-Si계
- Y-합금 : Al-Cu 4%-Ni 2%-Mg 1.5%
- 하이드로날륨 : Al-Mg계

39 7:3 황동에 1% 내외의 Sn을 첨가하여 열교환기, 증발기 등에 사용되는 합금은?

① 코슨황동
② 네이벌황동
③ 애드미럴티황동
④ 에버듀어메탈

해설
- 애드미럴티황동 : 7·3황동+Sn 1%
- 콜슨황동 : Cu+Ni 4%+Si 1%
- 네이벌황동 : 6·4황동+Sn 1%
- 에버듀어메탈 : Cu+Si 3~4%

40 구리에 5~20%Zn을 첨가한 황동으로, 강도는 낮으나 전연성이 좋고 색깔이 금색에 가까워, 모조금이나 판 및 선 등에 사용되는 것은?

① 톰백　② 켈밋
③ 포금　④ 문쯔메탈

41 금속의 결정구조에서 조밀육방격자(HCP)의 배위수는?

① 6　② 8
③ 10　④ 12

해설

체심입방격자(B.C.C)	원자수 : 2 배위수 : 8
면심입방격자(F.C.C)	원자수 : 4 배위수 : 12
조밀육방격자(C.H.P)	원자수 : 4 배위수 : 12

42 주석청동의 용해 및 주조에서 1.5~1.7%의 아연을 첨가할 때의 효과로 옳은 것은?

① 수축률이 감소된다.
② 침탄이 촉진된다.
③ 취성이 향상된다.
④ 가스가 흡입된다.

해설 강도는 좋아지나 수축률은 감소한다.

43 금속의 결정구조에 대한 설명으로 틀린 것은?

① 결정입자의 경계를 결정입계라 한다.
② 결정체를 이루고 있는 각 결정을 결정입자라 한다.
③ 체심입방격자는 단위격자 속에 있는 원자수가 3개이다.
④ 물질을 구성하고 있는 원자가 입체적으로 규칙적인 배열을 이루고 있는 것을 결정이라 한다.

해설 체심입방격자의 원자수는 2개이다.

36 ④　37 ③　38 ③　39 ③　40 ①　41 ④　42 ①　43 ③

44 Al의 표면을 적당한 전해액 중에서 양극산화처리하면 표면에 방식성이 우수한 산화피막층이 만들어진다. 알루미늄의 방식방법에 많이 이용되는 것은?

① 규산법 ② 수산법
③ 탄화법 ④ 질화법

해설) 수산법 : Al 제품을 2% 수산용액에 넣고, 직류, 교류를 또는 직류에 교류를 동시에 보내면 표면은 단단하고 치밀한 산화막을 만든다. 이 방법은 전류 효율이 좋으며, 피막의 두께는 전류의 통전량에 비례한다.

45 강의 표면경화법이 아닌 것은?

① 풀림 ② 금속용사법
③ 금속침투법 ④ 하드페이싱

해설) 풀림처리 : 연화, 안정화, 구상화 등의 열처리이다.

46 비금속 개재물이 강에 미치는 영향이 아닌 것은?

① 고온메짐의 원인이 된다.
② 인성은 향상시키나 경도를 떨어뜨린다.
③ 열처리 시 개재물로 인한 균열을 발생시킨다.
④ 단조나 압연작업 중에 균열의 원인이 된다.

해설) 비금속 개재물은 강의 인성에 나쁜 영향을 끼친다.

47 해드필드강(Hadfield Steel)에 대한 설명으로 옳은 것은?

① Ferrite계 고Ni강이다.
② Pearlite계 고Co강이다.
③ Cementite계 고Cr강이다.
④ Austenite계 Mn강이다.

해설) 해드필드강은 오스테나이트계로서 C 1~1.3%, Mn 11.5~13%의 고망간강으로 냉간가공으로 경도와 내마모성이 증대된다.

48 잠수함, 우주선 등 극한상태에서 파이프의 이음쇠에 사용되는 기능성합금은?

① 초전도합금 ② 수소저장합금
③ 아모퍼스합금 ④ 형상기억합금

해설) 형상기억합금은 항공기용 연료파이프 이음매, 화재경보기 알람 등 각종 센서 등에 사용한다.

49 탄소강에서 탄소의 함량이 높아지면 낮아지는 것은?

① 경도 ② 항복강도
③ 인장강도 ④ 단면수축률

해설) 탄소강에 탄소량 함량이 높아지면 강도, 경도, 인장강도는 높아지나 단면수축률은 낮아진다.

50 3~5% Ni, 1% Si을 첨가한 Cu합금으로 C합금이라고도 하며, 강력하고 전도율이 좋아 용접봉이나 전극재료로 사용되는 것은?

① 톰백 ② 문쯔메탈
③ 길딩메탈 ④ 코슨합금

51 열간성형리벳의 종류별 호칭길이(L)를 표시한 것 중 잘못 표시된 것은?

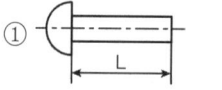
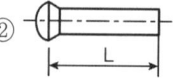
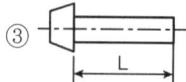
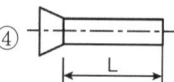

52 다음 중 배관용 탄소강관의 재질기호는?

① SPA ② STK
③ SPP ④ STS

해설) • SPP : 배관용 탄소강관
• SPPH : 고압배관용 탄소강관

53 그림과 같은 KS용접 보조기호의 설명으로 옳은 것은?

① 필릿용접부 토우를 매끄럽게 함
② 필릿용접 끝단부를 볼록하게 다듬질함
③ 필릿용접 끝단부에 영구적인 덮개판을 사용
④ 필릿용접 중앙부에 제거가능한 덮개판을 사용

54 그림과 같은 경ㄷ형강의 치수기입방법으로 옳은 것은?(단, L은 형강의 길이를 나타낸다)

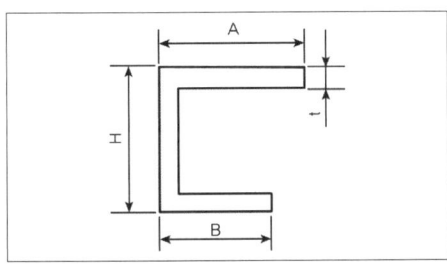

① ㄷA×B×H×t-L
② ㄷH×A×B×t-L
③ ㄷB×A×H×t-L
④ ㄷH×B×A×L-t

55 도면에서 반드시 표제란에 기입해야 하는 항목으로 틀린 것은?

① 재질   ② 척도
③ 투상법   ④ 도명

해설 ▶ 재질의 경우 부품란에 기입한다.

56 기계제작부품 도면에서 도면의 윤곽선 오른쪽 아래 구석에 위치하는 표제란을 가장 올바르게 설명한 것은?

① 품번, 품명, 재질, 주서 등을 기재한다.
② 제작에 필요한 기술적인 사항을 기재한다.
③ 제조공정별 처리방법, 사용공구 등을 기재한다.
④ 도번, 도명, 제도 및 검도 등 관련자 서명, 척도 등을 기재한다.

해설 ▶ 표제란 설명 : 도면번호, 도면명칭, 도면작성, 연월일, 척도, 투상법, 제도자, 설계자, 공사명 등이다

57 그림과 같이 제3각법으로 정면도와 우측면도를 작도할 때 누락된 평면도로 적합한 것은?

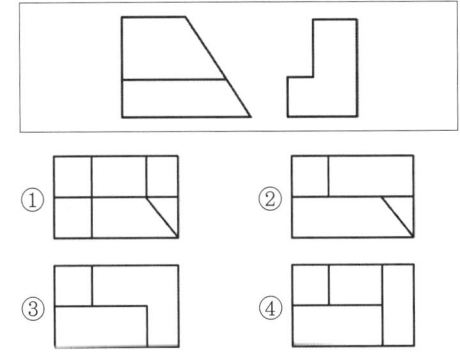

53 ① 54 ② 55 ① 56 ④ 57 ②

58. 그림과 같은 원추를 전개하였을 경우 전개면의 꼭지각이 180°가 되려면 ØD의 치수는 얼마가 되어야 하는가?

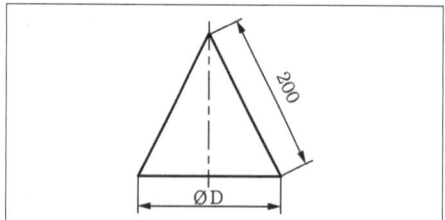

① Ø100
② Ø120
③ Ø180
④ Ø200

해설▶ 원둘레길이는 2πr이다. 180°의 원에서 반지름 200인 원호에서 원추를 만들면 밑면의 원은 반원이므로 반지름이 100이 되므로 원의 지름은 Ø200이다.

59. 단면을 나타내는 해칭선의 방향이 가장 적합하지 않은 것은?

① 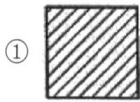　②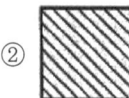

③ 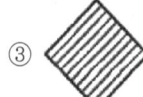　④

60. 기계제도에서 사용하는 선의 굵기기준이 아닌 것은?

① 0.9mm
② 0.25mm
③ 0.18mm
④ 0.7mm

해설▶ 굵기에 따른 선의 종류
• 가는 선 : 0.18~0.35mm
• 굵은 선 : 가는 선의 2배 정도, 0.35~1.0mm
• 아주 굵은 선 : 가는 선의 4배 정도, 0.7~2.0mm
• 0.9mm는 굵기 기준에 해당하지 않는다.

58 ④　59 ③　60 ①

10 CBT 출제 예상문제

- 피복아크용접기능사
- 가스텡스텐아크용접기능사
- 이산화탄소가스아크용접기능사

01 가스용접에서 가변압식(프랑스식)팁(TIP)의 능력을 나타내는 기준은?

① 1분에 소비하는 산소가스의 양
② 1분에 소비하는 아세틸렌가스의 양
③ 1시간에 소비하는 산소가스의 양
④ 1시간에 소비하는 아세틸렌가스의 양

해설 팁의 능력은 중성불꽃으로 1시간동안 용접할 때 소비되는 아세틸렌가스의 양(ℓ)으로 나타낸다(팁번호 100번일 때 100ℓ의 아세틸렌이 소비된다).

02 아크쏠림은 직류아크용접 중에 아크가 한쪽으로 쏠리는 현상을 말하는데 아크쏠림방지법이 아닌 것은?

① 접지점을 용접부에서 멀리한다.
② 아크길이를 짧게 유지한다.
③ 가용접을 한 후 후퇴용접법으로 용접한다.
④ 가용접을 한 후 전진법으로 용접한다.

해설 가용접 후 후진법으로 용접을 진행한다.

03 용접기의 가동핸들로 1차코일을 상하로 움직여 2차코일의 간격을 변화시켜 전류를 조정하는 용접기로 맞는 것은?

① 가포화리액터형
② 가동코어리액터형
③ 가동코일형
④ 가동철심형

해설 가동코일형은 아크안정이 좋고 소음이 적으며 가격이 비싸 사용이 거의 없다.

04 프로판가스가 완전연소하였을 때 설명으로 맞는 것은?

① 완전연소하면 이산화탄소로 된다.
② 완전연소하면 이산화탄소와 물이 된다.
③ 완전연소하면 일산화탄소와 물이 된다.
④ 완전연소하면 수소가 된다.

해설 프로판가스가 완전연소하면 물과 이산화탄소가 된다.

05 아세틸렌가스가 산소와 반응하여 완전연소할 때 생성되는 물질은?

① CO, H_2O ② $2CO_2, H_2O$
③ CO, H_2 ④ CO_2, H_2

해설 아세틸렌가스의 완전연소반응식
$C_2H_2 + 2\frac{1}{2}O_2 = 2CO_2 + H_2O$

06 용접부에 X선을 투과하였을 경우 검출할 수 있는 결함이 아닌 것은?

① 선상조직   ② 비금속개재물
③ 언더컷   ④ 용입불량

해설 X선 투과법 : 균열, 융합불량, 용입불량, 기공, 슬래그 섞임, 비금속개재물, 언더컷 등 검출 가능하다.

07 다층용접방법 중 각 층마다 전체의 길이를 용접하면서 쌓아 올리는 용착법은?

① 전진블록법   ② 덧살올림법
③ 케스케이드법 ④ 스킵법

해설 덧살올림법 : 각 층마다 전체의 길이를 용접하면서 올리는 방법이다.

01 ④   02 ④   03 ③   04 ②   05 ②   06 ①   07 ②

08 용접부의 시험검사에서 야금학적 시험방법에 해당되지 않는 것은?

① 파면시험
② 육안조직시험
③ 노치취성시험
④ 설퍼프린트시험

해설 야금학적 시험방법 : 육안조직시험, 파면시험, 설퍼프린트시험, 현미경조직시험

09 구리와 아연을 주성분으로 한 합금으로 철강이나 비철금속의 납땜에 사용되는 것은?

① 황동납
② 인동납
③ 은납
④ 주석납

해설
- 황동납 : 구리와 아연을 주성분으로 한다.
- 인동납 : 구리를 주성분으로 소량의 은, 인을 포함한다.
- 은납 : 은, 구리, 아연을 주성분으로 한다.

10 탄산가스 아크용접에 대한 설명으로 맞지 않는 것은?

① 가시아크이므로 시공이 편리하다.
② 철 및 비철류의 용접에 적합하다.
③ 전류밀도가 높고 용입이 깊다.
④ 바람의 영향을 받으므로 풍속 2m/s 이상일 때에는 방풍장치가 필요하다.

해설 비철금속의 용접은 불활성가스 아크용접을 사용한다.

11 이산화탄소의 특징이 아닌 것은?

① 색, 냄새가 없다.
② 공기보다 가볍다.
③ 상온에서도 쉽게 액화한다.
④ 대지 중에서 기체로 존재한다.

해설 공기보다 이산화탄소가 무겁다.

12 용접전류가 낮거나, 운봉 및 유지각도가 불량할 때 발생하는 용접결함은?

① 용락
② 언더컷
③ 오버랩
④ 선상조직

해설 오버랩은 용접전류가 낮을 때, 운봉속도가 느릴 때, 각도가 불량할 때, 용접봉의 선택이 불량할 때 발생한다.

13 알루미늄분말과 산화철분말을 1:3의 비율로 혼합하고, 점화제로 점화하면 일어나는 화학반응은?

① 테르밋반응
② 용융반응
③ 포정반응
④ 공석반응

해설 테르밋용접 : 알루미늄분말과 산화철분말을 약 1 : 3~4의 중량비로 혼합한 테르밋제에 과산화바륨과 마그네슘(또는 알루미늄)의 혼합분말로 테르밋반응이라 부르는 화학반응에 의한 발열을 이용하는 용접법이다.

14 용접부의 검사법 중 기계적 시험이 아닌 것은?

① 인정시험
② 부식시험
③ 굽힘시험
④ 피로시험

해설
- 기계적 시험 : 굽힘, 경도, 인장, 충격, 피로시험
- 화학적 시험 : 부식, 함유수소시험

15 주성분이 은, 구리, 아연의 합금인 경납으로 인장강도, 전연성 등의 성질이 우수하여 구리, 구리합금, 철강, 스테인리스강 등에 사용되는 납재는?

① 양은납
② 알루미늄납
③ 은납
④ 내열납

해설 은납은 은, 구리, 아연을 주성분으로 하며, 융점이 비교적 낮고 유동성이 좋다. 또한 인장강도와 전연성이 우수하다.

08 ③ 09 ① 10 ② 11 ② 12 ③ 13 ① 14 ② 15 ③

16 전기저항 점용접작업 시 용접기에서 조정할 수 있는 3대요소에 해당하지 않는 것은?

① 용접전류 ② 전극가압력
③ 용접전압 ④ 통전시간

해설 ▶ 3요소 : 가압력, 통전시간, 통전전류

17 다음 중 비용극식 불활성가스 아크용접은?

① GMAW ② GTAW
③ MMAW ④ SMAW

해설 ▶ GTAW는 불활성가스 텅스텐 아크용접의 준말이며, 텅스텐은 비용극식이고 TIG라고도 한다.

18 CO_2가스아크용접에서 일반적으로 용접전류를 높게 할 때의 사항을 열거한 것 중 옳은 것은?

① 용접입열이 작아진다.
② 와이어의 녹아내림이 빨라진다.
③ 용착율과 용입이 감소한다.
④ 우수한 비드형상을 얻을 수 있다.

해설 ▶ 용입이 깊어지고 와이어가 빨리 녹아내린다.

19 불활성가스 금속아크용접에서 가스공급계통의 확인순서로 가장 적합한 것은?

① 용기→감압밸브→유량계→제어장치→용접토치
② 용기→유량계→감압밸브→제어장치→용접토치
③ 감압밸브→용기→유량계→제어장치→용접토치
④ 용기→제어장치→감압밸브→유량계→용접토치

20 용접을 크게 분류할 때 압접에 해당되지 않는 것은?

① 저항용접 ② 초음파용접
③ 마찰용접 ④ 전자빔용접

해설 ▶ 압접의 종류 : 초음파용접, 고주파용접, 폭발용접, 마찰용접, 전기저항용접, 확산용접, 단접 등

21 다음 중 아세틸렌(C_2H_2)가스의 폭발성에 해당되지 않는 것은?

① 406~408℃가 되면 지연발화한다.
② 마찰, 진동, 충격 등의 외력이 작용하면 폭발위험이 있다.
③ 아세틸렌 90%, 산소 10%의 혼합 시 가장 폭발위험이 크다.
④ 은, 수은 등과 접촉하면 이들과 화합하여 120℃ 부근에서 폭발성이 있는 혼합물을 생성한다.

해설 ▶ 산소 : 아세틸렌가스의 혼합비율 85 : 15가 폭발의 위험이 크다.

22 스터드용접의 특징 중 틀린 것은?

① 긴 용접시간으로 용접변형이 크다.
② 용접 후의 냉각속도가 비교적 빠르다.
③ 알루미늄, 스테인리스강 용접이 가능하다.
④ 탄소 0.2%, 망간 0.7% 이하 시 균열발생이 없다.

해설 ▶ 스터드용접 : 볼트나 환봉, 핀 등의 금속 고정구를 철판이나 기존 금속면에 모재와 스터드 끝면을 용융시켜 스터드를 모재에 눌러 융합시켜 용접을 하는 자동아크용접법이다.

16 ③ 17 ② 18 ② 19 ① 20 ④ 21 ③ 22 ①

23 연강용 피복아크용접봉 중 저수소계 용접봉을 나타내는 것은?

① E4301　　② E4311
③ E4316　　④ E4327

해설
- E4316 : 저수소계
- E4301 : 일미나이트계
- E4311 : 고셀룰로오스계
- E4327 : 철분산화철계

24 산소-아세틸렌가스용접의 장점이 아닌 것은?

① 용접기의 운반이 비교적 자유롭다.
② 아크용접에 비해서 유해광선의 발생이 적다.
③ 열의 집중성이 높아서 용접이 효율적이다.
④ 가열할 때 열량조절이 비교적 자유롭다.

해설 열집중성이 나빠서 효율적인 용접이 어렵다.

25 직류피복아크용접기와 비교한 교류피복아크용접기의 설명으로 옳은 것은?

① 무부하전압이 낮다.
② 아크의 안정성이 우수하다.
③ 아크쏠림이 거의 없다.
④ 전격의 위험이 적다.

해설 교류피복아크용접의 경우 직류에 비해 아크쏠림이 적은 편이다.

26 가스절단에서 전후, 좌우 및 직선절단을 자유롭게 할 수 있는 팁은?

① 이심형　　② 동심형
③ 곡선형　　④ 회전형

해설 절단팁의 경우 이심형과 동심형이 있으며 이심형은 직선절단에는 우수하나 자유곡선에는 장애가 있다.

27 피복아크용접봉의 피복제에 들어가는 탈산제에 모두 해당되는 것은?

① 페로실리콘, 산화니켈, 소맥분
② 페로티탄, 크롬, 규사
③ 페로실리콘, 소맥분, 목재 톱밥
④ 알루미늄, 구리, 물유리

해설 탈산제 : 페로실리콘, 페로티탄, 페로바나듐, 망간, 페로망간, 크롬, 소맥분, 목재톱밥 등이 있다.

28 다음 중 고압가스용기의 색상이 틀린 것은?

① 산소-청색
② 수소-주황색
③ 아르곤-회색
④ 아세틸렌 - 황색

해설 산소용기는 녹색이다.

29 주철용접이 곤란하고 어려운 이유가 아닌 것은?

① 예열과 후열을 필요로 한다.
② 용접 후 급랭에 의한 수축, 균열이 생기기 쉽다.
③ 단시간 가열로 흑연이 조대화되어 용착이 양호하다.
④ 일산화탄소 가스발생으로 용착금속에 기공이 생기기 쉽다.

해설 단시간이 아닌 장시간의 가열로 흑연이 조대화된다.

23 ③　24 ③　25 ③　26 ②　27 ③　28 ①　29 ③

30 가동철심형 교류아크용접기에 관한 설명으로 틀린 것은?

① 교류아크용접기의 종류에서 현재 가장 많이 사용하고 있다.
② 용접작업 중 가동철심의 진동으로 소음이 발생할 수 있다.
③ 가동철심을 움직여 누설자속을 변동시켜 전류를 조절한다.
④ 광범위한 전류조절이 쉬우나 미세한 전류조정은 불가능하다.

해설 ▶ 가동철심형은 철심으로 누설자속을 변동시켜 전류를 조절한다. 그래서 광범위한 전류조정은 어렵지만, 미세한 전류조정은 가능하다.

31 용접부의 방사선검사에서 γ선원으로 사용되지 않는 원소는?

① 이리듐 192   ② 코발트 60
③ 세슘 134   ④ 몰리브덴 30

해설 ▶ 몰리브덴은 방사선 동위원소가 아니다.

32 KS에 규정된 용접봉의 지름치수에 해당하지 않는 것은?

① 1.0   ② 2.0
③ 3.0   ④ 4.0

해설 ▶ 용접봉 지름 : 1.6, 2, 2.5, 3.2, 4, 4.5, 5 등이 있다.

33 모재의 홈가공을 U형으로 했을 경우 엔드탭(End-tap)은 어떤 조건으로 하는 것이 가장 좋은가?

① I형 홈가공으로 한다.
② X형 홈가공으로 한다.
③ U형 홈가공으로 한다.
④ 홈가공이 필요 없다.

해설 ▶ 엔드탭은 모재의 형상과 같게 하는 것이 가장 좋다.

34 겹치기저항용접에 있어서 접합부에 나타나는 용융응고된 금속부분은?

① 마크(Mark)   ② 스포트(Spot)
③ 포인트(Point)   ④ 너깃(Nugget)

해설 ▶ 너깃 : 점용접에서 압착되는 부분에 용융응고된 부분

35 납땜법에 관한 설명으로 틀린 것은?

① 비철금속의 접합도 가능하다.
② 재료에 수축현상이 없다.
③ 땜납에는 연납과 경납이 없다.
④ 모재를 녹여서 용접한다.

해설 ▶ 납땜법은 모재보다 용융점이 낮은 용가재인 납을 녹여서 접합하는 용접법이다.

36 다음 중 아크용접에서 아크쏠림방지법이 아닌 것은?

① 교류용접기를 사용한다.
② 접지점을 2개로 한다.
③ 짧은 아크를 사용한다.
④ 직류용접기를 사용한다.

해설 ▶
• 교류용접기를 사용한다.
• 접지점을 가까이 하여 2개로 한다
• 짧은 아크를 사용한다.
• 아크쏠림이 생기는 반대 방향으로 기울여 진행한다.

37 다음 중 압접에 속하지 않는 용접법은?

① 스폿용접
② 심용접
③ 프로젝션용접
④ 서브머지드 아크용접

해설 ▶ 서브머지드 아크용접은 융접에 해당한다.

30 ④   31 ④   32 ③   33 ③   34 ④   35 ④   36 ④   37 ④

38 두께가 12.7mm인 연강판을 가스절단할 때 가장 적합한 표준드래그길이는?

① 약 2.4mm ② 약 5.2mm
③ 약 5.6mm ④ 약 6.4mm

해설 가스절단에서 표준드래그의 길이는 보통 판두께의 20% 정도이다.

39 가스용접작업에서 양호한 용접부를 얻기 위해 갖추어야 할 조건으로 잘못된 것은?

① 기름, 녹 등을 용접 전에 제거하여 결함을 방지한다.
② 모재의 표면이 균일하면 과열의 흔적은 있어도 된다.
③ 용착금속의 용입상태가 균일해야 한다.
④ 용접부에 첨가된 금속의 성질이 양호해야 한다.

40 탄소강에 니켈이나 크롬 등을 첨가하여 대기 중이나 수중 또는 산에 잘 견디는 내식성을 부여한 합금강으로 불수강이라고도 하는 것은?

① 고속도강 ② 주강
③ 스테인리스강 ④ 탄소공구강

해설 스테인리스강
 • 강 + Cr, Ni 첨가하여 내식성을 향상시켰다.
 • 3% Cr 스테인리스강, 18% Cr-8% Ni 스테인리스강이 있다.
 • Cr 12% 이상을 스테인리스강이라 한다.

41 고장력강(HT)의 용접성을 가급적 좋게 하기 위해 줄여야 할 합금원소는?

① C ② Mn
③ Si ④ Cr

해설 고장력강(HT)은 연강에 강도를 높일 목적으로 규소(Si), 망간(Mn)의 함유량이 많고 이외에도 니켈(Ni), 크롬(Cr), 몰리브덴(Mo) 등의 원소를 첨가한 것이다.

42 내식강 중에서 가장 대표적인 특수용도용 합금강은?

① 주강
② 탄소강
③ 스테인리스강
④ 알루미늄강

43 아공석강의 기계적성질 중 탄소함유량이 증가함에 따라 감소하는 성질은?

① 연신율 ② 경도
③ 인장강도 ④ 항복강도

해설 탄소함유량이 증가하면 연신율은 감소된다.

44 금속침투에서 칼로라이징이란 어떤 원소로 사용하는 것인가?

① 니켈 ② 크롬
③ 붕소 ④ 알루미늄

해설
 • 세라다이징 : 아연
 • 크로다이징 : 크롬
 • 브로나이징 : 붕소
 • 실리코나이징 : 규소
 • 칼로라이징 : 알루미늄

45 주조 시 주형에 냉금을 삽입하여 주물표면을 급랭시키는 방법으로 제조되며 금속압연용 롤 등으로 사용되는 주철은?

① 가단주철
② 칠드주철
③ 고급주철
④ 페라이트주철

해설 칠드주철은 용융상태에서 금형에 주입하여 접촉면을 백주철로 만든 것으로서, 경도 및 내마멸성이 크고 기차바퀴나 롤러 등에 사용된다.

38 ①　39 ②　40 ③　41 ①　42 ③　43 ①　44 ④　45 ②

46 탄소강의 열처리방법 중 표면경화열처리에 속하는 것은?

① 풀림 ② 담금질
③ 뜨임 ④ 질화법

해설 표면경화열처리는 강의 표면층을 경화시키기 위한 것이며, 침탄, 담금질, 고주파담금질 등이 있다.

47 내열강의 원소로 많이 사용되는 것은?

① 코발트(Co) ② 크롬(Cr)
③ 망간(Mn) ④ 인(P)

해설 크롬이 많이 사용된다.

48 알루미늄에 약 10%까지의 마그네슘을 첨가한 합금으로 다른 주물용 알루미늄 합금에 비하여 내식성, 강도, 연신율이 우수한 것은?

① 실루민 ② 두랄루민
③ 하이드로날륨 ④ Y합금

해설 하이드로날륨(Al-Mg계)은 내식성이 가장 우수한 알루미늄합금이다.

49 다음 중 탄소강에서 적열취성을 방지하기 위하여 첨가하는 원소는?

① S ② Mn
③ P ④ Ni

해설 망간(Mn)은 황으로 인한 적열취성을 방지하고 고온가공을 용이하게 한다.

50 다음 중 용접입열이 일정할 때 냉각속도가 가장 느린 재료는?

① 연강 ② 스테인리스강
③ 알루미늄 ④ 구리

해설 • 용접입열이 일정한 경우 재료의 열전도율이 낮을수록 냉각속도가 느린데, 보기 중에서는 스테인리스강이 가장 느리다.
• 열전도율 순서 : 구리 〉알루미늄 〉연강 〉스테인리스강

51 그림과 같이 가공 전 또는 가공 후의 모양을 표시하는데 사용하는 선의 명칭은?

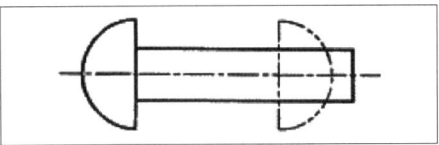

① 숨은선 ② 파단선
③ 가상선 ④ 절단선

해설 가상선은 가공 전, 가공 후의 모양을 표시한다.

52 지지장치를 의미하는 배관도시기호가 그림과 같이 나타날 때 이 지지장치의 형식은?

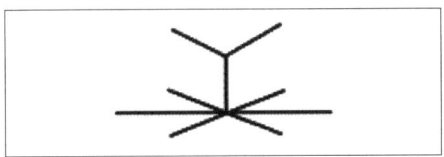

① 고정식 ② 가이드식
③ 슬라이드식 ④ 일반식

53 그림에서 "□15"에 대한 설명으로 맞는 것은?

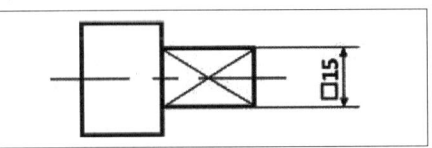

① 단면적이 15인 직사각형
② Ø15인 원통에 평면이 있음
③ 이론적으로 정확한 치수가 15인 평면
④ 한 변의 길이가 15인 직사각형

46 ④ 47 ② 48 ③ 49 ② 50 ② 51 ③ 52 ① 53 ④

54 그림과 같은 물체를 한쪽단면도로 나타낼 때 가장 옳은 것은?

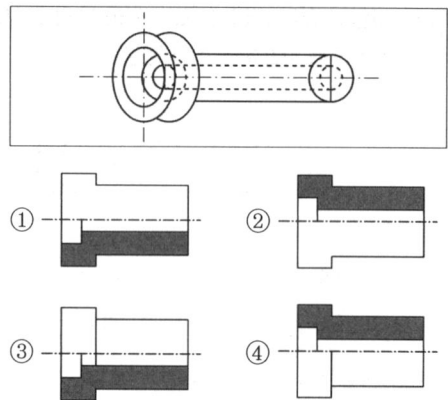

55 그림과 같은 입체를 화살표 방향을 정면으로 하여 제3각법으로 배면도를 투상하고자 할 때 가장 적합한 것은?

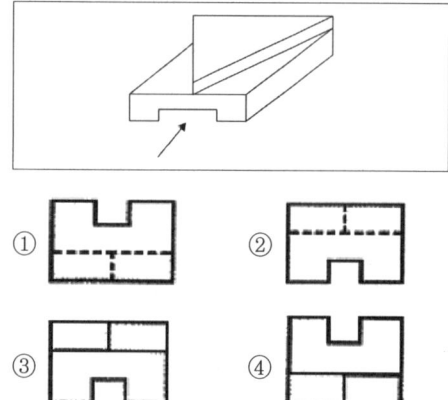

56 산업안전보건시행 규칙상 안전보건표지의 색채 중 금지를 나타내는 것은?

① 빨강 ② 녹색
③ 파랑 ④ 흰색

해설 ▶ 안전보건표지의 색채 중 금지는 빨강이다.

57 다음 입체도의 화살표 방향을 정면도로 한다면 좌측면도로 적합한 투상도는?

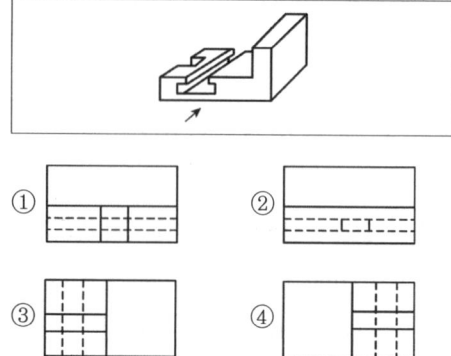

58 KS배관 제도밸브 도시기호에서 ─┤\├─ 기호의 뜻은?

① 안전밸브 ② 체크밸브
③ 일반밸브 ④ 앵글밸브

해설 ▶ 체크밸브 또는 역지밸브라고 한다.

59 다음 그림과 같은 제3각법 정투상도에 가장 적합한 입체도는?

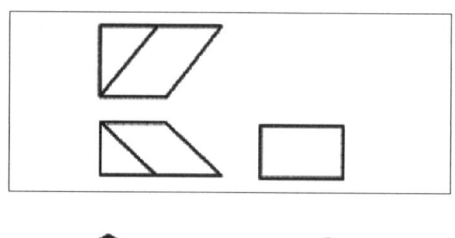

 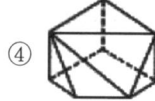

54 ④ 55 ② 56 ① 57 ① 58 ② 59 ③

60 치수 기입이 "□20"으로 치수 앞에 정사각형이 표시되었을 경우의 올바른 해석은?

① 이론적으로 정확한 치수가 20mm이다.
② 체적이 20㎣인 정육면체이다.
③ 면적이 20㎣인 정육면체이다.
④ 한 변의 길이가 20mm인 정사각형이다.

60 ④

11 CBT 출제 예상문제

- 피복아크용접기능사
- 가스텅스텐아크용접기능사
- 이산화탄소가스아크용접기능사

01 다음 중 가스용접에 있어 납땜의 용제가 갖추어야 할 조건으로 옳은 것은?

① 청정한 금속면의 산화가 잘 이루어 질 것
② 전기저항납땜에 사용되는 것은 부도체일 것
③ 용제의 유효온도범위와 납땜의 온도가 일치할 것
④ 땜납이 표면장력과 차이를 만들고 모재와의 친화력이 낮을 것

[해설] 용가제가 갖추어야 할 조건
• 금속면을 청정하게 할 것
• 전기저항납땜에 사용되는 전도체야 할 것
• 용제의 온도와 납땜의 온도가 동일할 것
• 모재와 친화력을 높일 것

02 다음 중 MIG용접의 용적이행형태에 대한 설명으로 옳은 것은?

① 용적이행에는 단락이행, 스프레이이행, 입상이행이 있으며 가장 많이 사용되는 것은 입상이행이다.
② 스프레이이행은 저전압 저전류에서 아르곤가스를 사용하는 경합금 용접에서 주로 나타난다.
③ 입상이행은 와이어보다 큰 용적으로 용융되어 이행하며 주로 CO_2가스를 사용할 때 나타난다.
④ 직류정극성일 때 스패터가 적고 용입이 깊게 되며, 용적이행이 안정한 스프레이이행이 된다.

[해설] 스프레이이행의 경우 고전압·고전류에서 얻어지며 가장 많이 사용되고, 직류정극성 상태에서는 아크가 불안정하여 잘 사용하지 않는다.

03 서브머지드 아크용접의 용제 중 흡습성이 가장 높은 것은?

① 용제형   ② 혼성형
③ 용융형   ④ 소결형

[해설] 흡습성이 가장 높은 것은 소결형이다.

04 다음 중 CO_2가스아크용접결함에 있어 기공발생의 원인으로 볼 수 없는 것은?

① 팁이 마모되어 있다.
② 용접 부위가 지저분하다.
③ CO_2가스유량이 부족하다.
④ 노즐과 모재 간의 거리가 너무 길다.

[해설] 팁이 마모되면 아크발생이 잘 되지 않으며 번백현상 등이 일어날 수 있다.

05 탄산가스 아크용접의 종류에 해당되지 않는 것은?

① NCG법
② 테르밋아크법
③ 유니언아크법
④ 퓨즈아크법

[해설] 테르밋은 특수용접에 포함된다.

06 다음 중 용접비용을 계산하는데 있어 비용절감 요소로 틀린 것은?

① 대기시간 최대화
② 효과적인 재료사용계획
③ 합리적이고 경제적인 설계
④ 가공불량에 의한 용접의 손실최소화

[해설] 대기시간을 최소화하는 것이 맞다.

01 ③   02 ③   03 ④   04 ①   05 ②

07 TIG용접토치는 공랭식과 수랭식으로 분류되는데 가볍고 취급이 용이한 공랭식토치의 경우 일반적으로 몇 A정도까지 사용하는가?

① 200
② 380
③ 450
④ 650

해설
• 공랭식 : 토치는 200A 이하의 낮은 전류에서 사용된다.
• 수랭식 : 토치는 600A까지 높은 전류에서 사용된다.

08 다음 중 용접작업에 있어 가용접 시 주의해야 할 사항으로 옳은 것은?

① 본용접보다 높은 온도로 예열을 한다.
② 개선홈 내의 가접부는 백치핑으로 완전히 제거한다.
③ 가접의 위치는 주로 부품의 끝 모서리에 한다.
④ 용접봉은 본용접작업 시에 사용하는 것 보다 두꺼운 것을 사용한다.

해설 가용접은 가능한 한 지름이 가는 용접봉을 사용하며 시점, 종점, 모서리, 중요한 부분 등에는 피하는 것이 좋다.

09 용접결함종류 중 성질상 결함에 해당되지 않는 것은?

① 인장강도부족
② 표면결함
③ 항복강도부족
④ 내식성의 불량

해설 표면결함은 구조상의 결함에 해당된다.

10 다음 중 용접용 보안면의 일반구조에 관한 설명으로 틀린 것은?

① 복사열에 노출될 수 있는 금속부분은 단열처리해야 한다.
② 착용자와 접촉하는 보안면의 모든 부분에는 피부자극을 유발하지 않는 재질을 사용해야 한다.
③ 용접용 보안면의 내부표면은 유광처리하고 보안면 내부로는 일정량 이상의 빛이 들어오도록 해야 한다.
④ 보안면에는 돌출부분, 날카로운 모서리 혹은 사용 도중 불편하거나 상해를 줄 수 있는 결함이 없어야 한다.

11 상온에서 강하게 압축함으로써 경계면을 국부적으로 소성변형시켜 접합하는 것은?

① 냉간압접
② 플래시버트용접
③ 업셋용접
④ 가스압접

12 서브머지드 아크용접에서 다전극방식에 의한 분류가 아닌 것은?

① 유니언식
② 횡병렬식
③ 횡직렬식
④ 탠덤식

해설 다전극방식 : 탠덤식, 횡직렬식, 횡병렬식이 있다.

13 용착금속의 극한 강도가 30kgf/mm², 안전율이 6이면 허용응력은?

① 3kgf/mm²
② 4kgf/mm²
③ 5kgf/mm²
④ 6kgf/mm²

해설
• 안전율 = 극한응력/허용응력
• 허용응력 = 극한강도/안전율=30/6=5

06 ① 07 ① 08 ② 09 ② 10 ③ 11 ① 12 ① 13 ③

14 하중의 방향에 따른 필릿용접의 종류가 아닌 것은?

① 전면필릿 ② 측면필릿
③ 연속필릿 ④ 경사필릿

해설 하중의 방향에 따른 필릿용접의 종류
• 전면필릿 : 용접선의 방향과 응력의 방향이 직교한 것
• 측면필릿 : 용접선과 하중의 방향이 평행하게 작용하는 것
• 경사필릿 : 용접선의 방향과 하중의 방향이 경사져 있는 것

15 모재두께 9mm, 용접길이 150mm인 맞대기용접의 최대인장하중(kgf)은 얼마인가?(단, 용착금속의 인장강도는 43kgf/mm²이다)

① 716kgf ② 4450kgf
③ 40635kgf ④ 58050kgf

해설 $\sigma = \dfrac{P}{A} = \dfrac{P}{t\,\ell}$,
$P = \sigma \cdot t \cdot \ell = 43 \times 9 \times 150 = 58050$

16 용접부의 연성결함의 유무를 조사하기 위하여 실시하는 시험법은?

① 경도시험 ② 인장시험
③ 초음파시험 ④ 굽힘시험

해설 굽힘시험은 기계적 시험에 해당되며 용접부의 연성과 결함유무를 시험한다.

17 TIG용접 및 MIG용접에 사용되는 불활성가스로 가장 적합한 것은?

① 수소가스 ② 아르곤가스
③ 산소가스 ④ 질소가스

해설 TIG용접 및 MIG용접은 공통적으로 아르곤가스를 사용한다.

18 가스용접 시 양호한 용접부를 얻기 위한 조건에 대한 설명 중 틀린 것은?

① 용착금속의 용입상태가 균일해야 한다.
② 슬래그, 기공 등의 결함이 없어야 한다.
③ 용접부에 첨가된 금속의 성질이 양호하지 않아도 된다.
④ 용접부에는 기름, 먼지, 녹 등을 완전히 제거하여야 한다.

해설 용접부에 금속의 성질이 좋아야 용접부도 양호하다.

19 교류아크용접기 종류 중 AW-500의 정격부하전압은 몇 V인가?

① 28V ② 32V
③ 36V ④ 40V

해설 AW-200 : 30V, AW-300 : 35V, AW-400, 500 : 40V

20 연강 피복아크용접봉인 E4316의 계열은 어느 계열인가?

① 저수소계 ② 고산화티탄계
③ 철분저수소계 ④ 일미나이트계

해설 • 저수소계 : E4316
• 고산화티탄계 : E4313
• 철분저수소계 : E4326
• 일미나이트계 : E4303

21 MIG용접 제어장치의 기능으로 크레이터처리기능에 의해 낮아진 전류가 서서히 줄어들면서 아크가 끊어지며 이면 용접부가 녹아내리는 것을 방지하는 것을 의미하는 것은?

① 예비가스유출시간
② 스타트시간
③ 크레이터충전시간
④ 번백시간

14 ③ 15 ④ 16 ④ 17 ② 18 ③ 19 ④ 20 ① 21 ④

해설
- 스타트시간 : 아크가 발생되는 순간 용접전류와 전압을 크게 하여 아크발생과 모재융합을 돕는 제어시간이다.
- 크레이터 충전시간 : 용접이 끝나는 지점에서 토치스위치를 다시 누르면 전류와 전압이 낮아져 쉽게 크레이터가 충전되는 시간이다.
- 번백시간 : 크레이터 처리기능에 의해 낮아진 전류가 서서히 줄어들면서 아크가 끊어지는 기능이다.

22 일반적으로 안전을 표시하는 색채 중 특정행위의 지시 및 사실의 고지 등을 나타내는 색은?

① 노란색　　② 녹색
③ 파란색　　④ 흰색

해설
- 빨강 : 방화금지, 고도의 위험, 위험경고
- 파랑 : 특정 행위의 지시 및 사실고지
- 노랑 : 경고, 주의 표시, 충돌

23 산소-프로판가스절단에서 프로판가스 1에 대하여 얼마 비율의 산소를 필요로 하는가?

① 8　　② 6
③ 4.5　　④ 2.5

해설
- 산소 : 프로판 = 1 : 4.5
- 산소 : 아세틸렌 = 1 : 1.1
- 산소 : 수소 = 1 : 0.5

24 용접설계에 있어서 일반적인 주의사항 중 틀린 것은?

① 용접에 적합한 구조설계를 할 것
② 용접길이는 될 수 있는 대로 길게 할 것
③ 결함이 생기기 쉬운 용접방법은 피할 것
④ 구조상의 노치부를 피할 것

해설 용접길이는 짧게 하는 것이 좋다.

25 가스용접에서 양호한 용접부를 얻기 위한 조건으로 틀린 것은?

① 모재표면에 기름, 녹 등을 용접 전에 제거하여 결함을 방지하여야 한다.
② 용착금속의 용입상태가 불균일해야 한다.
③ 과열의 흔적이 없어야 하며, 용접부에 첨가된 금속의 성질이 양호해야 한다.
④ 슬래그, 기공 등의 결함이 없어야 한다.

해설 용입상태가 균일해야 한다.

26 용접 중에 아크가 전류의 자기작용에 의해서 한쪽으로 쏠리는 현상을 아크쏠림(Arc Blow)이라 한다. 다음 중 아크쏠림의 방지법이 아닌 것은?

① 직류용접기를 사용한다.
② 아크의 길이를 짧게 한다.
③ 보조판(엔드탭)을 사용한다.
④ 후퇴법을 사용한다.

해설 직류 대신 교류용접을 사용하도록 한다.

27 발전(모터, 엔진형)형 직류아크용접기와 비교하여 정류기형 직류아크용접기를 설명한 것 중 틀린 것은?

① 고장이 적고 유지보수가 용이하다.
② 취급이 간단하고 가격이 싸다.
③ 초소형 경량화 및 안정된 아크를 얻을 수 있다.
④ 완전한 직류를 얻을 수 있다.

해설 정류기형 직류용접기는 교류를 다이오드 등에 의해 직류로 변환한 용접기로서, 완전한 직류는 얻지 못한다.

22 ③　**23** ③　**24** ②　**25** ②　**26** ①　**27** ④

28 가스절단에서 양호한 절단면을 얻기 위한 조건으로 맞지 않는 것은?

① 드래그가 가능한 한 클 것
② 절단면 표면의 각이 예리할 것
③ 슬래그이탈이 양호할 것
④ 경제적인 절단이 이루어질 것

해설 양호한 절단면을 얻기 위해서는 드래그가 가능한 작고, 슬래그이탈이 잘되며, 절단면이 평활하며, 드래그홈이 낮아야 한다.

29 용접봉의 용융금속이 표면장력의 작용으로 모재에 옮겨 가는 용적이행으로 맞는 것은?

① 스프레이형 ② 핀치효과형
③ 단락형 ④ 용적형

해설 단락형은 표면장력의 작용으로 이행하는 형식이다.

30 피복아크용접봉에서 피복제의 가장 중요한 역할은?

① 변형방지
② 인장력증대
③ 모재강도증가
④ 아크안정

31 다음 중 가스절단에 있어 양호한 절단면을 얻기 위한 조건으로 옳은 것은?

① 드래그가 가능한 클 것
② 절단면 표면의 각이 예리할 것
③ 슬래그이탈이 이루어지지 않을 것
④ 절단면이 평활하며 드래그의 홈이 깊을 것

해설 드래그가 가능한 작아야 하며 홈이 낮아야 한다. 또한 슬래그 이탈이 양호해야 한다.

32 피복아크용접봉의 피복배합제 성분 중 가스발생제는?

① 산화티탄
② 규산나트륨
③ 규산칼륨
④ 탄산바륨

해설 가스발생제 : 녹말, 톱밥, 석회석, 탄산바륨, 셀룰로오스

33 가스절단에 대한 설명으로 옳은 것은?

① 강의 절단원리는 예열 후 고압산소를 불어내면 강보다 용융점이 낮은 산화철이 생성되고 이때 산화철은 용융과 동시절단된다.
② 양호한 절단면을 얻으려면 절단면이 평활하며 드래그의 홈이 높고 노치 등이 있을수록 좋다.
③ 절단산소의 순도는 절단속도와 절단면에 영향이 없다.
④ 가스질단 중에 모래를 뿌리면서 절단하는 방법을 가스분말절단이라 한다.

34 가스용접에 사용되는 가스의 화학식을 잘못 나타낸 것은?

① 아세틸렌 : C_2H_2
② 프로판 : C_3H_8
③ 에탄 : C_4H_7
④ 부탄 : C_4H_{10}

해설 에탄 : C_2H_6

28 ① 29 ③ 30 ④ 31 ② 32 ④ 33 ① 34 ③

35 다음 중 아크발생 초기에 모재가 냉각되어 있어 용접입열이 부족한 관계로 아크가 불안정하기 때문에 아크 초기에만 용접전류를 특별히 크게 하는 장치를 무엇이라 하는가?

① 원격제어장치 ② 핫스타트장치
③ 고주파발생장치 ④ 전격방지장치

해설 핫스타트장치 : 용접시작부의 용입을 좋게 해주는 장치로 설정값에 따라 조정하여 사용이 가능하다.

36 용접작업을 하지 않을 때는 무부하전압을 20~30V 이하로 유지하고 용접봉을 작업물에 접촉시키면 릴레이(Relay)작동에 의해 전압이 높아져 용접작업이 가능하게 하는 장치는?

① 아크부스터 ② 원격제어장치
③ 전격방지기 ④ 용접봉홀더

37 다음 중 연강용 가스용접봉의 종류인 "GA43"에서 "43"이 의미하는 것은?

① 가스용접봉
② 용착금속의 연신율 구분
③ 용착금속의 최소인장강도 수준
④ 용착금속의 최대인장강도 수준

해설 43은 최소인장강도를 뜻한다.

38 피복제 중에 산화티탄(TiO_2)을 약 35% 정도 포함한 용접봉으로서 아크는 안정되고 스패터는 적으나, 고온균열(Hot Crack)을 일으키기 쉬운 결점이 있는 용접봉은?

① E 4301 ② E 4313
③ E 4311 ④ E 4316

해설
- 일미나이트계 : E4301
- 고산화티탄계 : E4313
- 고셀룰로오스계 : E4311
- 저수소계 : E4316

39 알루미늄과 마그네슘의 합금으로 바닷물과 알칼리에 대한 내식성이 강하고 용접성이 매우 우수하여 주로 선박용 부품, 화학장치용 부품 등에 쓰이는 것은?

① 실루민
② 하이드로날륨
③ 알루미늄청동
④ 애드미럴티황동

해설 하이드로날륨은 내식성 알루미늄합금이며, Al-Mg 6% 이하이다. 바닷물과 알칼리성, 내식성이 강하고 용접성이 우수하다.

40 다음 금속 중 용융상태에서 응고할 때 팽창하는 것은?

① Sn ② Zn
③ Mo ④ Bi

41 60%Cu-40%Zn 황동으로 복수기용 판, 볼트, 너트 등에 사용되는 합금은?

① 톰백(Tombac)
② 길딩메탈(Gilding Metal)
③ 문쯔메탈(Muntz Metal)
④ 애드미럴티메탈(Admiralty Metal)

해설 문쯔메탈 : 6·4 황동으로 볼트, 탄피 등에 사용된다.

42 시험편의 표점거리가 125mm, 늘어난 길이가 145mm이었다면 연신율은?

① 16% ② 20%
③ 26% ④ 30%

해설 연신율(%) = $\dfrac{\text{파단후길이} - \text{표점간거리}}{\text{표점간거리}} \times 100$

$= \dfrac{145 - 125}{125} \times 100 = 16\%$

35 ② 36 ③ 37 ③ 38 ② 39 ② 40 ④ 41 ③ 42 ①

43 주철의 유동성을 나쁘게 하는 원소는?

① Mn ② C
③ P   ④ S

해설 주철 중의 황은 유동성을 해치므로 주조를 곤란하게 하고 정밀한 주물을 만들기 어렵게 한다.

44 주변온도가 변화하더라도 재료가 가지고 있는 열팽창계수나 탄성계수 등의 특정한 성질이 변하지 않는 강은?

① 쾌삭강   ② 불변강
③ 강인강   ④ 스테인리스강

해설 불변강 : 인바, 슈퍼인바, 엘린바, 코엘린바, 플래티나이트, 퍼멀로이 등이 있다.

45 열과 전기의 전도율이 가장 좋은 금속은?

① Cu ② Al
③ Ag ④ Au

해설
- 금속의 열전도율 : 은 > 구리 > 알루미늄 > 납
- 금속의 전기전도율 : 은 > 구리 > 알루미늄 > 마그네슘 > 아연 > 니켈 > 철 > 납 > 안티몬

46 강을 동일한 조건에서 담금질할 경우 '질량효과(Mass Effect)가 적다'의 가장 적합한 의미는?

① 냉간처리가 잘된다.
② 담금질효과가 적다
③ 열처리효과가 잘된다.
④ 경화능이 적다.

해설 재료의 내외부에 열처리 효과의 차이가 생기는 현상을 질량효과라고 한다.

47 알루미늄합금, 구리합금용접에서 예열온도로 가장 적합한 것은?

① 200~400℃ ② 100~200℃
③ 60~100℃   ④ 20~50℃

해설 알루미늄합금, 구리합금은 200~400℃의 예열이 필요하다.

48 탄소강의 적열취성의 원인이 되는 원소는?

① S   ② CO_2
③ Si ④ Mn

해설 적열취성은 황(S)으로 인해 발생된다.

49 주석(Sn)에 대한 설명 중 틀린 것은?

① 은백색의 연한 금속으로 용융점은 232℃ 정도이다.
② 독성이 없으므로 의약품, 식품 등의 튜브로 사용된다.
③ 고온에서 강도, 경도, 연신율이 증가된다.
④ 상온에서 연성이 충분하다.

해설 주석은 고온에서 온도의 증가에 따라 강도, 경도 및 연신율이 모두 저하된다.

50 구조물 탄소강주물의 기호 중 연신율(%)이 가장 큰 것은?

① SC 360   ② SC 410
③ SCW 450 ④ SC 480

해설 재질 기호 뒤 숫자는 최소인장강도를 나타내므로 숫자가 적은 것은 그 재료의 최소인장강도가 작은 것으로 그와 상대적인 연신율은 크다고 할 수 있다.

51 다음 치수 중 참고치수를 나타내는 것은?

① (50)   ② □50
③ 50̄   ④ 50̲

해설
- □50 : 가로세로가 50인 정사각형
- (50) : 참고치수

43 ④ 44 ② 45 ③ 46 ③ 47 ① 48 ① 49 ③ 50 ① 51 ①

52 기계제도에서 물체의 보이지 않는 부분의 형상을 나타내는 선은?

① 외형선 ② 가상선
③ 절단선 ④ 숨은선

해설 보이지 않는 부분은 숨은선으로 나타낸다.

53 그림의 입체도에서 화살표 방향을 정면으로 하여 제3각법으로 그린 정투상도는?

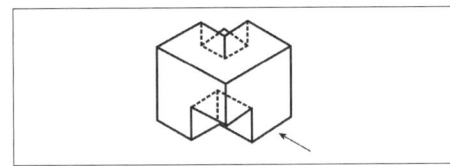

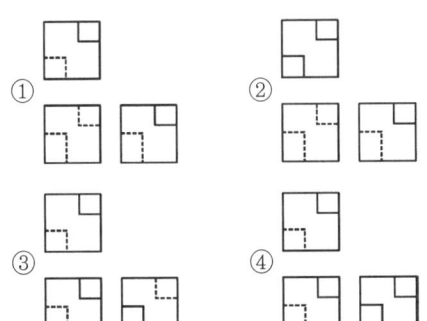

54 그림의 도면에서 X의 거리는?

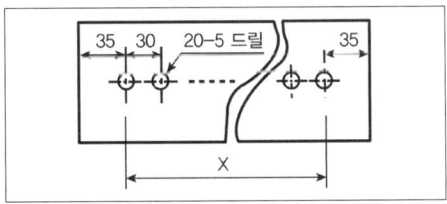

① 510mm ② 570mm
③ 600mm ④ 630mm

해설 (20-1)×30=570mm

55 다음 중 한쪽단면도를 올바르게 도시한 것은?

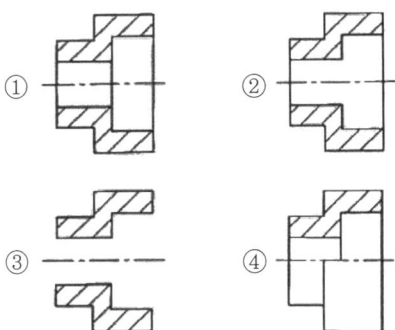

56 [보기]의 도면은 정면도와 우측면도만이 올바르게 도시되어 있다. 평면도로 가장 적합한 것은?

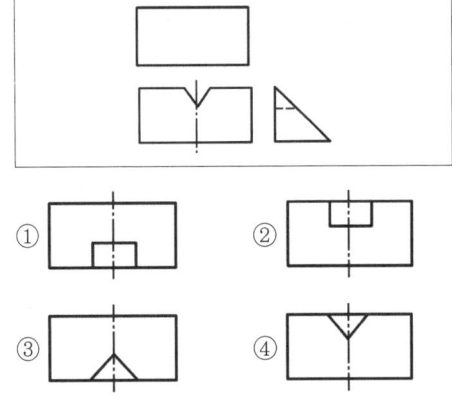

57 선의 종류와 용도에 대한 설명의 연결이 틀린 것은?

① 가는 실선 : 짧은 중심을 나타내는 선
② 가는 파선 : 보이지 않는 물체의 모양을 나타내는 선
③ 가는 1점쇄선 : 기어의 피치원을 나타내는 선
④ 가는 2점쇄선 : 중심이 이동한 중심궤적을 표시하는 선

해설 가는 2점쇄선은 물체의 가공 전과 가공 후의 모양을 표시할 때 사용한다.

52 ④ 53 ① 54 ② 55 ④ 56 ③ 57 ④

58. 그림의 입체도를 제3각법으로 올바르게 투상한 투상도는?

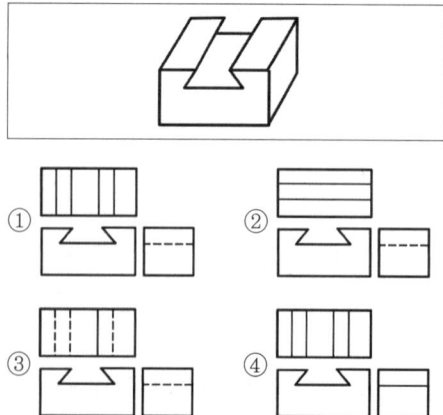

59. KS에서 규정하는 체결부품의 조립 간략표시방법에서 구멍에 끼워 맞추기 위한 구멍, 볼트, 리벳의 기호표시 중 공장에서 드릴가공 및 끼워맞춤을 하는 것은?

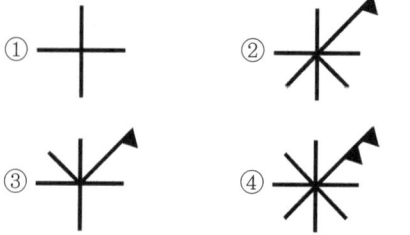

60. 그림과 같은 단면도에서 "A"가 나타내는 것은?

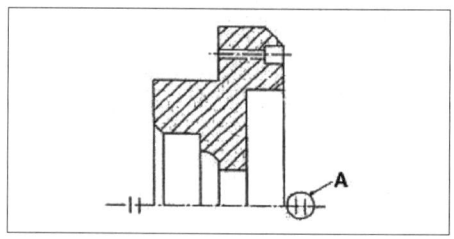

① 바닥표시기호
② 대칭도시기호
③ 반복도형 생략기호
④ 한쪽단면도 표시기호

12 CBT 출제 예상문제

- 피복아크용접기능사
- 가스텅스텐아크용접기능사
- 이산화탄소가스아크용접기능사

01 차축, 레일의 접합, 선박의 프레임 등 비교적 큰 단면을 가진 주조나 단조품의 맞대기용접과 보수용접에 주로 사용되는 용접법은?

① 서브머지드 아크용접
② 테르밋용접
③ 원자수소 아크용접
④ 오토콘용접

> 해설 테르밋용접 : 산화철 분말과 알루미늄 분말의 혼합물에 점화할 때 생기는 발열반응을 이용하여 그 반응의 생성물인 용융철을 용접이음의 주위에 미리 설치한 주형 속에 주입하여 용접한다. 차축, 레일 등 단면적이 큰 부재의 접합용접에 사용한다.

02 용접부 시험 중 비파괴시험방법이 아닌 것은?

① 피로시험   ② 누설시험
③ 자기적시험 ④ 초음파시험

> 해설 피로시험은 기계적 시험으로 반복하중강도를 시험한다.

03 불활성가스 금속아크용접의 제어장치로써 크레이터처리기능에 의해 낮아진 전류가 서서히 줄어들면서 아크가 끊어지는 기능으로 이면용접 부위가 녹아내리는 것을 방지하는 것은?

① 예비가스 유출시간
② 스타트시간
③ 크레이터 충전시간
④ 번백시간

04 다음 중 용접결함의 보수용접에 관한 사항으로 가장 적절하지 않은 것은?

① 재료의 표면에 얕은 결함은 덧붙임용접으로 보수한다.
② 언더컷이나 오버랩 등은 그대로 보수용접을 하거나 정으로 따내기작업을 한다.
③ 결함이 제거된 모재두께가 필요한 치수보다 얕게 되었을 때에는 덧붙임용접으로 보수한다.
④ 덧붙임용접으로 보수할 수 있는 한도를 초과할 때에는 결함부분을 잘라내어 맞대기용접으로 보수한다.

> 해설 보수용접은 잘못된 용접 부위나 언더컷, 오버랩, 기공 등의 결함부를 제거하고 재용접하는 것을 말한다.

05 불활성가스 금속아크용접의 용적이행방식 중 용융이행상태는 아크기류 중에서 용가재가 고속으로 용융, 미입자의 용적으로 분사되어 모재에 용착되는 용적이행은?

① 용락이행
② 단락이행
③ 스프레이이행
④ 글로뷸러이행

> 해설 스프레이 이행 : MIG용접법에서 가장 많이 사용되는 것으로 용가재가 고속으로 용융되어 미입자의 용적으로 분사되어 모재로 옮겨가는 이행방식이다.

01 ② 02 ① 03 ④ 04 ① 05 ③

06 경납용 용가재에 대한 각각의 설명이 틀린 것은?

① 은납 : 구리, 은, 아연이 주성분으로 구성된 합금으로 인장강도, 전연성 등의 성질이 우수하다.
② 황동납 : 구리와 니켈의 합금으로, 값이 저렴하여 공업용으로 많이 쓰인다.
③ 인동납 : 구리가 주성분이며 소량의 은, 인을 포함한 합금으로 되어있다. 일반적으로 구리 및 구리 합금의 땜납으로 쓰인다.
④ 알루미늄납 : 일반적으로 알루미늄에 규소, 구리를 첨가하여 사용하며 융점은 660℃ 정도이다.

해설 ▶ 황동의 주성분은 구리와 아연이다.

07 토륨 텅스텐전극봉에 대한 설명으로 맞는 것은?

① 전자방사능력이 떨어진다.
② 아크발생이 어렵고 불순물 부착이 많다.
③ 직류정극성에는 좋으나 교류에는 좋지 않다.
④ 전극의 소모가 많다.

해설 ▶ 토륨전극봉은 아크발생이 쉽고 불순물 부착이 적으며, 전극의 소모가 적어 직류정극성에 좋다.

08 일렉트로 슬래그용접의 단점에 해당되는 것은?

① 용접능률과 용접품질이 우수하므로 후판용접 등에 적당하다.
② 용접진행 중에 용접부를 직접 관찰할 수 없다.
③ 최소한의 변형과 최단시간의 용접법이다.
④ 다전극을 이용하면 더욱 능률을 높일 수 있다.

09 다음 전기저항용접 중 맞대기용접이 아닌 것은?

① 업셋용접 ② 버트심용접
③ 프로젝션용접 ④ 퍼커션용접

해설 ▶ • 겹치기용접 : 점용접, 프로젝션용접, 심용접
• 맞대기용접 : 업셋용접, 플래시용접, 버트심용접, 포일심용접, 퍼커션용접

10 CO_2가스아크용접 시 저전류영역에서 가스유량은 약 몇 ℓ/min 정도가 가장 적당한가?

① 1~5 ② 6~10
③ 10~15 ④ 16~20

해설 ▶ • 저전류(200A 이하) : 10~15L/min
• 고전류(200A 이상) : 15~25L/min

11 다음 그림 중에서 용접열량의 냉각속도가 가장 큰 것은?

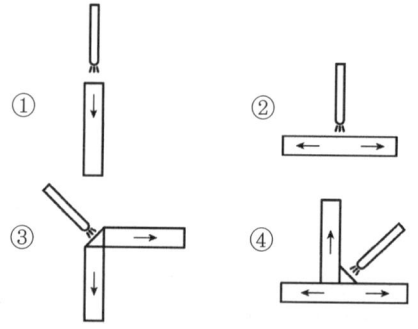

12 MIG용접의 용적이행 중 단락아크용접에 관한 설명으로 맞는 것은?

① 용적이 안정된 스프레이형태로 용접된다.
② 고주파 및 저전류펄스를 활용한 용접이다.
③ 임계전류 이상의 용접전류에서 많이 적용된다.
④ 저전류, 저전압에서 나타나며 박판용접에 사용된다.

06 ② 07 ③ 08 ② 09 ③ 10 ③ 11 ④ 12 ④

[해설] 단락아크의 필요조건 : 직류역극성, 낮은 용접전류(225A 이하), 가는 전극봉(1.1mm 또는 그 이하), 이산화탄소 100% 보호가스 및 이산화탄소과 아르곤의 혼합가스

13 용접결함 중 내부에 생기는 결함은?

① 언더컷 ② 오버랩
③ 크레이터균열 ④ 기공

[해설] 기공(blow hole)은 용접금속 속에 생기는 기포를 말한다.

14 고주파교류전원을 사용하여 TIG용접을 할 때 장점으로 틀린 것은?

① 긴 아크유지가 용이하다.
② 전극봉의 수명이 길어진다.
③ 동일한 전극봉 크기로 사용할 수 있는 전류범위가 작다.
④ 비접촉에 의해 융착금속과 전극의 오염을 방지한다.

[해설] 고주파전류의 장점
- 아크가 대단히 안정되며, 아크길이가 길어져도 끊어지지 않는다.
- 전극을 접촉하지 않아도 되므로 전극의 수명이 길어진다.
- 전극을 모재에 접촉시키지 않아도 아크가 발생한다.
- 동일한 전극봉에 대하여 광범위한 전류의 사용이 가능하다.

15 용접용 용제는 성분에 의해 용접작업성, 용착금속의 성질이 크게 변화하므로 다음 중 원료와 제조방법에 따른 서브머지드 아크용접의 용접용 용제에 속하지 않는 것은?

① 고온소결형 용제
② 저온소결형 용제
③ 용융형용제
④ 스프레이형 용제

16 용접 시 발생하는 변형을 적게 하기 위하여 구속하고 용접하였다면 잔류응력은 어떻게 되는가?

① 잔류응력이 작게 발생한다.
② 잔류응력이 크게 발생한다.
③ 잔류응력은 변함없다.
④ 잔류응력과 구속용접과는 관계없다.

[해설] 변형을 방지하기 위하여 모재를 구속하면 모재가 변형하려고 하는 힘, 즉 잔류응력이 남게 된다.

17 용접결함 중 균열의 보수방법으로 가장 옳은 방법은?

① 작은 지름의 용접봉으로 재용접한다.
② 굵은 지름의 용접봉으로 재용접한다.
③ 전류를 높게 하여 재용접한다.
④ 정지구멍을 뚫어 균열부분은 홈을 판 후 재용접한다.

[해설] 균열이 더 퍼지지 않도록 정지구멍을 뚫어 균열을 멈추고, 주위를 깎아내어 재용접하는 방식으로 수정한다.

18 안전보건표지의 색채, 색도기준 및 용도에서 문자 및 빨간색 또는 노란색에 대한 보조색으로 사용되는 색채는?

① 파란색 ② 녹색
③ 흰색 ④ 검은색

[해설]
- 흰색 : 파란색 또는 녹색에 대한 보조색
- 검은색 : 문자 및 빨간색 또는 노란색에 대한 보조색

19 감전의 위험으로부터 용접작업자를 보호하기 위해 교류용접기에 설치하는 것은?

① 고주파발생장치
② 전격방지장치
③ 원격제어장치
④ 시간제어장치

[해설] 전격방지기는 용접작업자로부터 감전의 위험을 방지한다.

13 ④ 14 ③ 15 ④ 16 ② 17 ④ 18 ④ 19 ②

20 산화하기 쉬운 알루미늄을 용접할 경우에 가장 적합한 용접법은?

① 서브머지드 아크용접
② 불활성가스 아크용접
③ CO_2아크용접
④ 피복아크용접

해설 불활성가스 아크용접 : 산화하기 쉬운 금속의 용접이 용이하고 용착부의 모든 성질이 우수하다.

21 다음 중 아세틸렌(C_2H_2)가스의 폭발성에 해당되지 않는 것은?

① 406~408℃가 되면 자연발화한다.
② 마찰, 진동, 충격 등의 외력이 작용하면 폭발위험이 있다.
③ 아세틸렌 90%, 산소 10%의 혼합 시 가장 폭발위험이 크다.
④ 은, 수은 등과 접촉하면 이들과 화합하여 120℃ 부근에서 폭발성이 있는 혼합물을 생성한다.

해설 산소 : 아세틸렌가스의 혼합비율 85 : 15가 폭발의 위험이 크다.

22 스터드용접의 특징 중 틀린 것은?

① 긴 용접시간으로 용접변형이 크다.
② 용접 후의 냉각속도가 비교적 빠르다.
③ 알루미늄, 스테인리스강 용접이 가능하다.
④ 탄소 0.2%, 망간 0.7% 이하 시 균열발생이 없다.

해설 스터드용접 : 볼트나 환봉, 핀 등의 금속고정구를 철판이나 기존 금속면에 모재와 스터드 끝면을 용융시켜 스터드를 모재에 눌러 융합시켜 용접을 하는 자동아크용접법으로서 용접시간이 짧다.

23 연강용 피복아크용접봉 중 저수소계 용접봉을 나타내는 것은?

① E 4301   ② E 4311
③ E 4316   ④ E 4327

해설
• E4316 : 저수소계
• E4301 : 일미나이트계
• E4311 : 고셀룰로오스계
• E4327 : 철분산화철계

24 산소-아세틸렌가스용접의 장점이 아닌 것은?

① 용접기의 운반이 비교적 자유롭다.
② 아크용접에 비해서 유해광선의 발생이 적다.
③ 열의 집중성이 높아서 용접이 효율적이다.
④ 가열할 때 열량조절이 비교적 자유롭다.

해설 열집중성이 나빠서 효율적인 용접이 어렵다.

25 직류피복아크용접기와 비교한 교류피복아크용접기의 설명으로 옳은 것은?

① 무부하전압이 낮다.
② 아크의 안정성이 우수하다.
③ 아크쏠림이 거의 없다.
④ 전격의 위험이 적다.

해설 교류피복아크용접의 경우 직류에 비해 아크쏠림이 적은 편이다.

26 가스용접용 토치의 팁 중 표준불꽃으로 1시간 용접 시 아세틸렌소모량이 100L인 것은?

① 고압식 200번팁
② 중압식 200번팁
③ 가변압식 100번팁
④ 불변압식 100번팁

해설 가변압식 : 표준불꽃으로 용접 시 시간당 아세틸렌가스의 소비량을 리터로 표시한 것이다. 100번은 시간당 아세틸렌가스 소비량이 100리터이다.

20 ② 21 ③ 22 ① 23 ③ 24 ③ 25 ③ 26 ③

27 고체상태에 있는 두 개의 금속재료를 융접, 압접, 납땜으로 분류하여 접합하는 방법은?

① 기계적인 접합법
② 화학적 접합법
③ 전기적 접합법
④ 야금적 접합법

해설 ▶ 야금적 접합법 : 고체상태에 있는 두 개의 금속재료를 열이나 압력 또는 열과 압력을 동시에 가하여 서로 융합되어 접합하는 것으로 용접이라 한다.

28 헬멧이나 핸드실드의 차광유리 앞에 보호유리를 끼우는 가장 타당한 이유는?

① 시력을 보호하기 위하여
② 가시광선을 차단하기 위하여
③ 적외선을 차단하기 위하여
④ 차광유리를 보호하기 위하여

29 직류아크용접기의 음(-)극에 용접봉을, 양(+)극에 모재를 연결한 상태의 극성을 무엇이라 하는가?

① 직류정극성   ② 직류역극성
③ 직류음극성   ④ 직류용극성

해설 ▶ 직류정극성(DCSP)은 용입이 깊고 비드폭이 좁다.

30 수동가스절단작업 중 절단면의 위 모서리가 녹아 둥글게 되는 현상이 생기는 원인과 거리가 먼 것은?

① 팁과 강판 사이의 거리가 가까울 때
② 절단가스의 순도가 높을 때
③ 예열불꽃이 너무 강할 때
④ 절단속도가 너무 느릴 때

해설 ▶ 절단가스의 순도가 높으면 절단속도가 빠르고 절단면이 매우 양호하다.

31 교류아크용접기의 종류 중 조작이 간단하고 원격조정이 가능한 용접기는?

① 가포화리액터형 용접기
② 가동코일형 용접기
③ 가동철심형 용접기
④ 탭전환형 용접기

해설 ▶ 가포화리액터형은 조작이 간단하고 원격제어가 된다.

32 가연성가스에 대한 설명 중 가장 옳은 것은?

① 가연성가스는 CO_2와 혼합하면 더욱 잘 탄다.
② 가연성가스는 혼합공기가 적은 만큼 완전연소한다.
③ 산소, 공기 등과 같이 스스로 연소하는 가스를 말한다.
④ 가연성가스는 혼합한 공기와의 비율이 적절한 범위 안에서 잘 연소한다.

해설 ▶ 가연성가스 : 가연성가스란 점화원에 있으면 점화원에 의하여 불이 붙을 수 있는 가스로서, 아세틸렌과 수소, 프로판 등이 있고, 공기와의 비율이 적절한 범위 안에서 연소가 잘 된다.

33 수중절단작업을 할 때에는 예열가스의 양을 공기 중의 몇 배로 하는가?

① 0.5~1배   ② 1.5~2배
③ 4~8배   ④ 9~16배

해설 ▶ 수중절단 시 예열가스량은 공기 중보다 4~8배 더 필요하다.

---

27 ④ **28** ④ **29** ① **30** ② **31** ① **32** ④ **33** ③

34 아크용접기의 구비조건으로 틀린 것은?

① 구조 및 취급이 간단해야 한다.
② 사용 중에 온도상승이 커야 한다.
③ 전류조정이 용이하고, 일정한 전류가 흘러야 한다.
④ 아크발생 및 유지가 용이하고 아크가 안정되어야 한다.

해설 ▶ 아크용접기의 구비조건
- 사용 중에는 온도상승이 작아야 한다.
- 가격이 저렴하고 사용 유지비가 적게 들어야 한다.
- 역율 및 효율이 좋아야 한다.

35 철강을 가스절단하려고 할 때 절단조건으로 틀린 것은?

① 슬래그의 이탈이 양호하여야 한다.
② 모재에 연소되지 않은 물질이 적어야 한다.
③ 생성된 산화물의 유동성이 좋아야 한다.
④ 생성된 금속산화물의 용융온도는 모재의 용융점보다 높아야 한다.

해설 ▶ 생성된 금속산화물의 용융온도가 모재의 용융점보다 낮아야 한다.

36 가스용접작업에서 후진법의 특징이 아닌 것은?

① 열이용률이 좋다.
② 용접속도가 빠르다.
③ 용접변형이 작다.
④ 얇은 판의 용접에 적당하다.

해설 ▶ 후진법은 전진법에 비해 용입이 깊고 비드폭이 적으므로 후판(두꺼운 판) 용접에 효율적이다.

37 가스절단 시 양호한 절단면을 얻기 위한 품질기준이 아닌 것은?

① 슬래그이탈이 양호할 것
② 절단면의 표면각이 예리할 것
③ 절단면이 평활하며 노치 등이 없을 것
④ 드래그의 홈이 높고 가능한 클 것

해설 ▶ 드래그홈은 낮고 작아야 한다.

38 피복아크용접봉은 피복제가 연소한 후 생성된 물질이 용접부를 보호한다. 용접부의 보호방식에 따른 분류가 아닌 것은?

① 가스발생식   ② 스프레이형
③ 반가스발생식 ④ 슬래그생성식

해설 ▶ 용접부 보호방식에는 가스발생식, 슬래그생성식, 반가스발생식이 있다.

39 직류아크용접에서 정극성의 특징에 대한 설명으로 맞는 것은?

① 비드폭이 넓다.
② 주로 박판용접에 쓰인다.
③ 모재의 용입이 깊다.
④ 용접봉의 녹음이 빠르다.

해설 ▶
- 정극성 : 모재의 용입이 깊다, 봉의 용융이 느리다, 비드폭이 좁다. 일반적으로 널리 쓰인다.
- 역극성 : 모재의 용입이 얕다, 봉의 용융이 빠르다, 비드폭이 넓다, 박판·주철·합금강·비철금속에 쓰인다.

40 스테인리스강의 종류에 해당되지 않는 것은?

① 페라이트계 스테인리스강
② 레데뷰라이트계 스테인리스강
③ 석출경화형 스테인리스강
④ 마르텐사이트계 스테인리스강

41 다음 중 알루미늄합금(Alloy)의 종류가 아닌 것은?

① 실루민(Silumin)   ② Y 합금
③ 로엑스(Lo-Ex)   ④ 인코넬(Inconel)

해설 ▶ 인코넬은 니켈합금이다.

34 ② 35 ④ 36 ④ 37 ④ 38 ② 39 ③ 40 ② 41 ④

42 철강에서 펄라이트조직으로 구성되어 있는 강은?

① 경질강 ② 공석강
③ 강인강 ④ 고용체강

해설 공석강은 탄소함유량이 0.77%로서 펄라이트조직으로 이루어져 있다.

43 Ni-Cu계 합금에서 60~70% Ni 합금은?

① 모넬메탈(Monel Metal)
② 어드밴스(Advance)
③ 콘스탄탄(Constantan)
④ 알민(Almin)

해설 모넬메탈은 Ni 65~70%, Fe 1.0~3.0%이며, 강도와 내식성이 우수하고 화학공업용으로 쓰인다.

44 가스침탄법의 특징에 대한 설명으로 틀린 것은?

① 침탄온도, 기체혼합비 등의 조절로 균일한 침탄층을 얻을 수 있다.
② 열효율이 좋고 온도를 임의로 조절할 수 있다.
③ 대량생산에 적합하다.
④ 침탄 후 직접 담금질이 불가능하다.

해설 침탄 온도에서 직접 담금질을 할 수 있다.

45 다음 중 풀림의 목적이 아닌 것은?

① 결정립을 조대화시켜 내부응력을 상승시킨다.
② 가공경화 현상을 해소시킨다.
③ 경도를 줄이고 조직을 연화시킨다.
④ 내부응력을 제거한다.

해설 풀림은 일정한 온도로 가열한 후 노내에서 냉각하여 내부조직을 고르게 하여 응력을 제거하는 것으로 연화 풀림, 응력제거풀림, 완전풀림 등이 있다.

46 18-8 스테인리스강의 조직으로 맞는 것은?

① 페라이트 ② 오스테나이트
③ 펄라이트 ④ 마르텐사이트

해설 오스테나이트계 스테인리스강은 Cr 18%, Ni 8%의 18-8 스테인리스강이다.

47 주철의 편상흑연결함을 개선하기 위하여 마그네슘, 세륨, 칼슘 등을 첨가한 것으로 기계적 성질이 우수하여 자동차 주물 및 특수기계의 부품용 재료에 사용되는 것은?

① 미하나이트주철
② 구상흑연주철
③ 칠드주철
④ 가단주철

해설 구상흑연주철은 용융상태에서 Mg, Ce, Mg-Cu 등을 첨가하여 편상흑연을 석출시킨 주철이다. 기계적 성질이 우수하다.

48 특수주강 중 주로 롤러 등으로 사용되는 것은?

① Ni주강   ② Ni-Cr주강
③ Mn주강   ④ Mo주강

해설 Mn주강 : 펄라이트계 저망간 주강은 열처리하여 제지용 롤러 등에 사용된다.

49 탄소가 0.25%인 탄소강이 0~500℃의 온도범위에서 일어나는 기계적 성질의 변화 중 온도가 상승함에 따라 증가 되는 성질은?

① 항복점   ② 탄성한계
③ 탄성계수 ④ 연신율

해설 일반적으로 온도가 상승하면 강도는 감소하고 연신율이 커지게 된다.

42 ② 43 ① 44 ④ 45 ① 46 ② 47 ② 48 ③ 49 ④

50 용접할 때 예열과 후열이 필요한 재료는?
① 15mm 이하 연강판
② 중탄소강
③ 18℃일 때 18mm 연강판
④ 순철판

해설 중탄소강은 용접부에서 저온균열이 발생할 위험이 높기 때문에 예열을 할 필요가 있다. 또한 탄소량이 0.4% 이상인 강재에는 후열도 고려해야 한다.

51 리벳이음(Rivet Joint)단면의 표시법으로 가장 올바르게 투상된 것은?

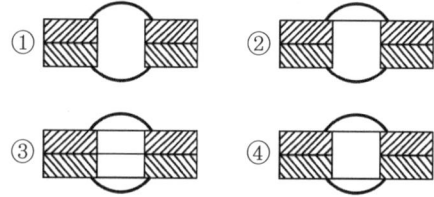

52 KS재료기호 중 기계구조용 탄소강재의 기호는?
① SM 35C ② SS 490B
③ SF 340A ④ STKM 20A

해설 • SM : 기계구조용 탄소강재
• 35C : 탄소 함유량

53 다음 중 치수기입의 원칙에 대한 설명으로 가장 적절한 것은?
① 중요한 치수는 중복하여 기입한다.
② 치수는 되도록 주투상도에 집중하여 기입한다.
③ 계산하여 구한 치수는 되도록 식을 같이 기입한다.
④ 치수 중 참고치수에 대하여는 네모상자 안에 치수수치를 기입한다.

54 다음 용접기호에서 "3"의 의미로 올바른 것은?

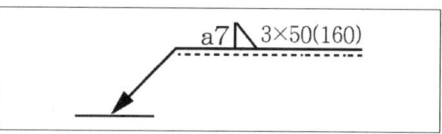

① 용접부 수
② 용접부 간격
③ 용접의 길이
④ 필릿용접 목두께

해설 a : 목두께, 50 : 용접길이, (160) : 용접간격

55 파이프의 영구결합부(용접 등)는 어떤 형태로 표시하는가?

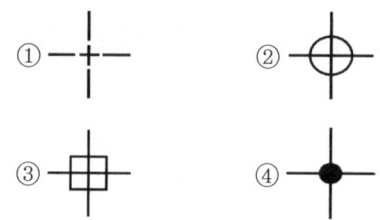

해설 파이프의 용접을 나타내는 기호는 ④다.

56 다음 중 한쪽단면도를 올바르게 도시한 것은?

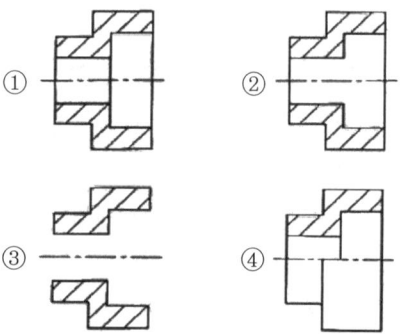

57 KS재료기호에서 고압배관용 탄소강관을 의미하는 것은?

① SPP   ② SPS
③ SPPA ④ SPPH

해설
• SPP : 배관용 탄소강관
• SPPH : 고압배관용 탄소강관

58 용도에 의한 명칭에서 선의 종류가 모두 가는 실선인 것은?

① 치수선, 치수보조선, 지시선
② 중심선, 지시선, 숨은선
③ 외형선, 치수보조선, 해칭선
④ 기준선, 피치선, 수준면선

해설 가는 실선 : 치수선, 치수보조선, 지시선, 수준면선

59 그림과 같은 원뿔을 전개하였을 경우 나타난 부채꼴의 전개각(전개된 물체의 꼭지각)이 150°가 되려면 ℓ의 치수는?

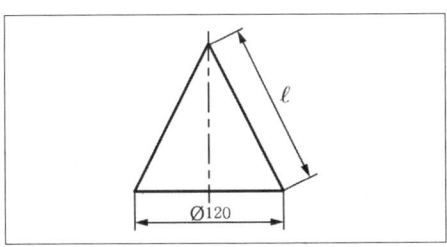

① 100   ② 122
③ 144   ④ 150

60 그림과 같은 제3각법 정투상도의 3면도를 기초로 한 입체도로 가장 적합한 것은?

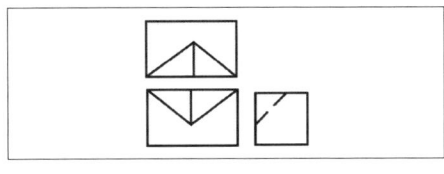

 ①
 ②
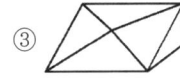 ③
 ④

57 ④   58 ①   59 ①   60 ②

13 CBT 출제 예상문제

- 피복아크용접기능사
- 가스텅스텐아크용접기능사
- 이산화탄소가스아크용접기능사

1과목 : 용접일반

01 용접의 특징에 대한 설명으로 옳은 것은?

① 복잡한 구조물 제작이 어렵다.
② 기밀, 수밀, 유밀성이 나쁘다.
③ 변형의 우려가 없어 시공이 용이하다.
④ 용접사의 기량에 따라 용접부의 품질이 좌우된다.

해설 용접의 특징
- 장점 : 복잡한 구조물 제작이 쉽다. 기밀, 수밀, 유밀성이 좋다. 재료비, 공정수가 적다.
- 단점 : 품질검사가 어렵다. 모재 재질의 변질, 변형이 쉽다. 응력집중에 민감하다.

02 용착금속의 극한 강도가 30kgf/mm² 안전율이 6이면 허용 응력은?

① 3kgf/mm²
② 4kgf/mm²
③ 5kgf/mm²
④ 6kgf/mm²

해설
- 안전율 = 극한응력/허용응력
- 허용응력 = 극한강도/안전율 계산식 30/6=5

03 탄소 아크 절단에 압축 공기를 병용하여 전극 홀더의 구멍에서 탄소 전극봉에 나란히 분출하는 고속의 공기를 분출시켜 용융금속을 불어 내어 홈을 파는 방법은?

① 아크 에어 가우징
② 금속 아크 절단
③ 가스 가우징
④ 가스 스카핑

04 다음 전기 저항 용접 중 맞대기 용접이 아닌 것은?

① 업셋 용접
② 버트 심용접
③ 프로젝션 용접
④ 퍼커션 용접

해설
- 겹치기 용접 : 점 용접(스폿용접), 심 용접, 돌기 용접(프로젝션 용접)
- 맞대기 용접 : 플래시 용접, 업셋 용접, 퍼커션 용접

05 가스 절단에서 양호한 절단면을 얻기 위한 조건으로 맞지 않는 것은?

① 드래그가 가능한 한 클 것
② 절단면 표면의 각이 예리할 것
③ 슬래그 이탈이 양호할 것
④ 경제적인 절단이 이루어질 것

해설 드래그가 가능한 한 작아야 한다.

06 용접용 용제는 성분에 의해 용접 작업성, 용착금속의 성실이 크게 변화하므로 다음 중 원료와 제조방법에 따른 서브머지드 아크 용접의 용접용 용제에 속하지 않는 것은?

① 고온 소결형 용제
② 저온 소결형 용제
③ 용융형 용제
④ 스프레이형 용제

해설 입자 상태의 광물성 물질로 용융형, 소결형 용제로 나누고, 소결형 용제는 제조 온도에 따라 고온 소결형, 저온 소결형으로 분류한다.

01 ④ 02 ③ 03 ① 04 ② 05 ① 06 ④

07 다음 용접법 중 저항용접이 아닌 것은?

① 스폿 용접
② 심 용접
③ 프로젝션 용접
④ 스터드 용접

해설 ▶ 스터드 용접은 아크 용접에 속한다.

08 전자빔 용접의 종류 중 고전압 소전류형의 가속전압은?

① 20~40kV
② 50~70kV
③ 70~150kV
④ 150~300kV

09 볼트나 환봉을 강판에 용접할 때 가장 적합한 것은?

① 테르밋 용접
② 스터드 용접
③ 서브머지드 아크 용접
④ 불황설가스 용접

해설 ▶ 스터드 용접 : 스터드를 모재에 접속시켜 놓고, 아크를 발생시켜, 알맞게 녹았을 때에 스터드를 용융지에 눌러서 용착시키는 용접법, 강봉, 황동봉 같은 것을 볼트 대신에 모재에 심는 방법

10 2차 무부하 전압이 80V, 아크전류가 200A, 아크전압 30V, 내부 손실 3KW일 때 역률(%)은?

① 48.00%
② 56.25%
③ 60.00%
④ 66.67%

해설 ▶ 역률 = 소비전력kW/전원입력kVA
아크전력 = 아크전류×아크전압
소비전력kW = 아크전력+내부손실

전원입력kVA = 2차무부하전압×아크전류

계산식 역률 = $\frac{(30 \times 200)+3000}{80 \times 200} \times 100 = 56.25\%$

11 다음 중 용접 결함에 있어 치수상 결함에 해당하는 것은?

① 오버랩
② 기공
③ 언더컷
④ 변형

해설 ▶
- 치수상 결함 : 변형, 용접 금속부의 크기 및 형상의 부적당
- 구소상 결함 : 기공, 오버랩, 언더컷, 용입 불량, 융합 불량, 균열, 슬래그 섞임 등
- 성질상 결함 : 인장강도 부족, 항복강도 부족, 피로강도 부족, 연성 부족 등

12 산소용기의 표시로 용기 위부분에 각인이 찍혀있다. 잘못 표시된 것은?

① 용기제작사 명칭 또는 기호
② 충전가스 명칭
③ 용기 중량
④ 최저 충전압력

해설 ▶ □ : 용기제작사 명칭, O2 : 산소, V : 내용적, W : 용기 중량, TP : 내압시험 압력, FP : 최고 충전압력

13 다음 용접 자세에서 사용되는 기호 중 틀리게 나타낸 것은?

① F : 아래보기 자세
② V : 수직 자세
③ H : 수평 자세
④ O : 전 자세

해설 ▶ O : 위보기 자세(Overhead position)의 기호

07 ④ 08 ③ 09 ② 10 ② 11 ④ 12 ④ 13 ④

14 서브머지드 아크 용접의 용제 중 흡습성이 높아 보통 사용 전에 150~300℃에서 1시간 정도 재건조해서 사용하는 것은?

① 용제형
② 혼성형
③ 용융형
④ 소결형

해설 소결형은 고전류에서의 용접 작업성이 좋아, 후판의 고능률 용접에 적합하고 용착금속의 성질이 우수하며 절연성이 좋다.

15 다음 중 비파괴 시험에 해당하는 시험은?

① 굽힘 시험
② 현미경 조직 시험
③ 파면 시험
④ 초음파 시험

해설
• 굽힘 시험 : 기계적 시험
• 파면시험과 현미경 조직시험 : 금속학적 파괴 시험

16 가스용접 할 모재의 두께가 3.2mm일 때 사용할 가스 용접봉의 지름을 계산식에 의해 구하면 몇 mm정도가 적당한가?

① 1.3
② 1.6
③ 2.6
④ 3.2

해설 용접봉 지름 D= T/2+1 : 3.2/2+1=2.6

17 다음 중 표준불꽃(산소와 아세틸렌 1:1혼합)의 구성요소를 표현한 것으로 틀린 것은?

① 불꽃심
② 속불꽃
③ 겉불꽃
④ 환원불꽃

해설 불꽃의 구성
• 백심(불꽃심) : 속불꽃, 겉불꽃으로 구성되어 있다.
• 백심(Flame core) : 환원성 백색 불꽃이다.
• 속불꽃(Inner flame): 백심부에서 생성된 일산화탄소와 수소가 공기 중의 산소와 결합 연소되어 고열을 발생하는 부분이다. 온도가 가장 강한 부분으로 3200~3450℃이다.
• 겉불꽃(Outer flame) : 연소가스가 다시 주위 공기의 산소와 결합하여 완전연소 되는 부분이다.

18 다음 중 핫 스타트(hot start) 장치의 사용 시 장점으로 볼 수 없는 것은?

① 기공(blow hole)을 방지한다.
② 비드모양을 개선한다.
③ 아크 발생은 어렵지만 용착금속 성질은 양호해진다.
④ 아크 발생 초기의 용입을 양호하게 한다.

해설 핫 스타트 장치는 처음 모재에 접촉한 순간의 0.2~0.25초 정도의 순간적인 대전류를 흘려서 아크의 초기 안정을 도모하는 장치로 일명 아크 부스터라 한다.

19 다음 중 용접 용어에서 경사각도를 갖도록 절단하는 것을 무엇이라 하는가?(단, 판재에 맞대기 용접 홈을 만들기 위함이다.)

① 헬리컬(helical) 절단
② 베벨(bevel) 절단
③ 수퍼(super) 절단
④ 위엄(worm) 절단

20 다음 중 기계적 접합법의 종류가 아닌 것은?

① 볼트 이음
② 리벳 이음
③ 코터 이음
④ 스터드 용접

해설 스터드 용접은 야금적 접합법이다.

14 ④ 15 ④ 16 ③ 17 ④ 18 ③ 19 ② 20 ④

21. 다음 중 산소-아세틸렌 가스 용접의 단점이 아닌 것은?

① 열효율이 낮다.
② 폭발할 위험이 있다.
③ 가열시간이 오래 걸린다.
④ 가열할 때 열량 조절이 제한적이다.

22. 다음 중 용접부의 파괴시험에서 샤르피식 시험기로 사용하는 시험 방법은?

① 경도 시험
② 충격 시험
③ 굽힘 시험
④ 피로 시험

해설
- 기계적 시험(동적시험)
- 경도 시험(브리넬식, 로크웰식) : 물체의 견고한 정도를 경도라고 한다. 인장시험과 더불어 널리 사용된다.
- 충격 시험(샤르피식, 아이조드식) : 재료의 인성과 취성을 알아본다.
- 피로 시험 : 반복되는 작용하는 하주(안전하중) 상태에서의 성질(피로 한도, S-N 곡선)을 알아낸다.
- 굽힘 시험 : 용접부를 구부려 용접부 표면의 균열의 유무와 크기에 의하여 용접부 양을 결정하는 것을 말한다.

23. 다음 중 연강판 두께가 25.4mm일 때 표준 드래그 길이로 가장 적합한 것은?

① 2.4mm
② 5.2mm
③ 10.2mm
④ 25.4mm

해설 드래그는 판 두께의 20% 즉 1/5이므로 25.4÷5=5.2

24. 일반적으로 가스용접봉이 지름이 2.6mm일 때 강판의 두께는 몇 mm정도가 가장 적당한가?(단 계산식으로 구한다.)

① 1.6mm
② 3.2mm
③ 4.5mm
④ 6.0mm

해설 가스 용접봉의 지름을 구하고자 할 때는 용접하고자 하는 모재 두께의 반에 1을 더하면 된다.

25. 고장력강에 주로 사용되는 피복아크 용접봉으로 가장 적당한 것은?

① 일루미나이트계
② 고셀룰로오스계
③ 고산화티탄계
④ 저수소계

해설 고장력강용 피복 아크 용접봉
- 항복점 32kg/mm², 인장강도 50kg/mm² 이상의 강으로 연강의 강도를 높이기 위해 Ni, Cr, Mn, Si ,Cu, Ti, V, Mo, B 등을 첨가한 저 합금강 용접봉
- 연강 용접봉에 비해 판 두께를 얇게 할 수 있어 구조물의 자중을 줄일 수 있으며, 기초공사가 간단해지고, 재료의 취급이 용이해진다.
- 일반적으로 피복제 계통은 기계적 성질이 우수한 저수소계를 사용한다.
①결함 발생 면에서 아크 길이는 가능한 한 짧게 위빙 폭은 작게 하는 것이 좋다.

26. 산소-아세틸렌의 불꽃에서 속불꽃과 겉불꽃 사이에 백색의 제 3의 불꽃 즉 아세틸렌 페더라고도 하는 불꽃의 가장 올바른 명칭은?

① 탄화불꽃
② 중성불꽃
③ 산화불꽃
④ 백색불꽃

해설
- 중성불꽃(neutral flame) : 불꽃의 온도는 3,230℃ 정도이다.
- 산성불꽃(excess oxygen flame) : 불꽃의 온도는 3,320~3,430℃ 정도이며 산소과잉 불꽃이라고도 한다.
- 탄화불꽃(excess acetylene flame, carbonizing flame) : 불꽃의 온도는 3,070~3,150℃ 정도로 아세틸렌 광이 불꽃이라고도 한다. 속불꽃과 겉불꽃 사이에 백색의 제 3의 불꽃이 존재한다.

21 ④ **22** ② **23** ② **24** ② **25** ④ **26** ①

27 심 용접에서 사용하는 통전 방법이 아닌 것은?

① 포일 통전법
② 단속 통전법
③ 연속 통전법
④ 맥동 통전법

해설 심 용접의 통전 방법에는 단속, 연속, 맥동 통전법이 있으며 단속 통전법을 많이 사용한다.

28 다음의 열처리 중 항온 열처리 방법에 해당하지 않는 것은?

① 마퀜칭
② 마템퍼링
③ 오스템퍼링
④ 인상 담금질

29 서브머지드 아크 용접에 사용되는 용접 용제 중 용융형 용제에 대한 설명으로 옳은 것은?

① 화학적 균일성이 양호하다.
② 미용융 용제는 다시 사용이 불가능하다.
③ 흡습성이 있어 재건조가 필요하다.
④ 용융시 분해되거나 산화되는 원소를 첨가할 수 있다.

해설 용융형 용제 특징
• 비드 외관이 아름답다.
• 흡습성이 거의 없어 재건조가 필요 없다.
• 미용융 용제는 다시 사용 가능하다.
• 용제의 화학적 균일성이 양호하다.
• 용융시 분해되거나 산화도는 원소 첨가가 없다.

30 AW220, 무부하 전압 80V, 아크전압이 30V인 용접기의 효율은?(단, 내부손실은 2.5kW이다.)

① 71.5%
② 72.5%
③ 73.5%
④ 74.5%

해설 (아크전압×아크전류)/(아크전압×아크전류+내부손실)×100
(30×220/30×220+2500)×100=72.52

31 피복아크 용접봉의 심선의 재질로서 적당한 것은?

① 고탄소 림드강
② 고속도강
③ 저탄소 림드강
④ 반 연강

32 인장강도가 750MPa인 용접 구조물의 안정률은?(단, 허용응력은 250MPa이다.)

① 3
② 5
③ 8
④ 12

해설 안전율=극한강도(인장강도/허용응력) 계산식
750/250=3

33 용접부 비파괴 검사법인 초음파 탐상법의 종류가 아닌 것은?

① 투과법
② 펄스 반사법
③ 형광 탐상법
④ 공진법

해설 형광 탐상법은 침투 탐상법의 일종이다.

34 용접봉이 건조가 불충분하여 습기가 많은 경우 발생하는 결함으로 가장 적합한 것은?

① 슬래그 섞임
② 기공
③ 용입불량
④ 선상조직

해설 기공을 줄이기 위해서는 용접봉 건조로를 이용하여 건조된 용접봉을 사용하면 기공을 줄일 수 있다.

27 ①   28 ④   29 ①   30 ②   31 ③   32 ①   33 ③   34 ②

35 맞대기 용접이음에서 모재의 인장강도는 450Mpa이며, 용접 시험편의 인장강도가 470Mpa일 때 이음효율은 약 몇 %인가?

① 44
② 64
③ 84
④ 104

해설 이음효율 = (용접시험편의 인장강도/모재의 인장강도)×100 계산식 470/450×100=104

36 아크에어 가우징에 사용되는 전극봉은?

① 피복 금속봉
② 탄소 전극봉
③ 텅스텐 전극봉
④ 플라즈마 전극봉

해설 아크에이 가우징에 사용하는 전극봉은 흑연으로 된 탄소봉에 구리 도금한 전극을 사용한다.

37 주변 온도가 변화더라도 재료가 가지고 있는 열팽창계수나 탄성계수 등의 특정한 성질이 변하지 않는 강은?

① 쾌삭강
② 불변강
③ 강인강
④ 스테인리스강

해설 불변강 : 온도에 따라서 길이나 탄성이 변하지 않는 강을 불변강이라 하며 인바, 슈퍼 인바, 엘린바, 고엘린바, 플레티나이트 등이 있다.

38 피복제 중에 산화티탄(TIO2)을 약 35%정도 포함한 용접봉으로서 아크는 안정되고 스패터는 적으나, 고온균열(hot crack)을 일으키기 쉬운 결정이 있는 용접봉은?

① E4301
② E4313
③ E4311
④ E4316

39 Ni-Cu 계 합금에서 60~70% Ni 합금은?

① 모넬메탈(monel-metal)
② 어드밴스(advance)
③ 콘스탄탄(constantan)
④ 알민(almin)

해설
- Ni-Cu계 : 콘스탄탄(Ni 약 45%), 어드밴스(Ni 약 44%), 모넬메탈(Ni 약 60~70%)
- Ni-Fe계 : 인바, 엘린바, 플라티나이트
- 진동관도선용 : 퍼멀로이(장하 코일용), 인코넬, 해스텔로이, 크로멜, 알루멜(열전대), 니크롬선

40 수소 함량이 타 용접봉에 비해서 1/10정도 현저하게 적고 특히 균열의 감소성이나 탄소, 황의 함유량이 많은 강의 용접에 적합한 용접봉은?

① E4301
② E4313
③ E4316
④ E4324

해설 E4316 저수소계로 피복제 중에 석회석이나 형석을 주성분으로 사용한 것이다.

41 다음 중 용융상태의 주철에 마그네슘, 세륨, 칼슘 등을 첨가한 것은?

① 칠드 주철
② 가단주칠
③ 구상흑연 주철
④ 고크롬 주철

해설 구상흑연주철(노듈러 주철, 덕타일주철) : 용융 상태에서 Mg, Ce, Mg-Cu 등을 첨가하여 흑연을 편상에서 구상화로 석출시킨다.

42 금속 침투법 중에 세라다이징은 무슨 금속을 침투시키는 것을 말하는가?

① Zn ② Cr
③ Al ④ B

해설
- 금속 침탄법 : 내식, 내산, 내 마멸을 목적으로 금속을 침투시킨다.
- 세라 다이징 : Zn, 크로마이징 : Cr, 칼로라이징 : Al, 실리코나이징 : Si

43 다음 중 정련된 용강을 노내에서 Fe-Mn, Fe-Si, Al 등으로 완전 탈산시킨 강은?

① 킬드강
② 세미킬드강
③ 림드강
④ 캡드강

44 다음 중 고강도 황동으로 델타 메탈(delta metal)의 성분을 올바르게 나타낸 것은?

① 6:4 황동에 철을 1~2% 첨가
② 7:3 황동에 주석을 3% 내의 첨가
③ 6:4 황동에 망간을 1~2% 첨가
④ 7:3 황동에 니켈을 9% 내의 첨가

해설

종류	철 황동(delta metal)
성분(%) (Cu : Zn)	6:4 황동 + Fe(1~2% 내외)
용도	– 강도 내식성 개선 철이 2% 이상이면 인성 저하 선박, 광산, 기어, 볼트 등

45 균열에 대한 감수성이 좋아 구속도가 큰 구조물의 용접이나 탄소가 많은 고탄소 강 및 황의 함유량이 많은 쾌삭강 등의 용접에 사용되는 용접봉의 계통은?

① 고산화티탄계
② 일미나이트계
③ 라임티탄계
④ 저수소계

해설 저수소계는 석회석이나 형석을 주성분으로 사용한 것으로 강인성의 풍부하고 기계적 성질, 내균열성이 우수하다.

46 다음의 금속 중 경금속에 해당하는 것은?

① Cu ② Be
③ Ni ④ Sn

해설 경금속과 중금속의 구분은 비중 4.5(5.0)를 기준으로 4.5 이하는 경금속(가벼운 금속), 4.5 이상은 중금속(무거운 금속)이라 한다. Cu(구리) : 8.9, Be(베릴륨) : 1.84, Ni(니켈) : 8.8, Sn(주석) : 7.28

47 황(S)의 해를 방지할 수 있는 적합한 원소는?

① 망간(Mn)
② 규소(Si)
③ 알루미늄(Al)
④ 몰리브덴(Mo)

해설 황(S)은 적열 취성을 일으키는 원소이므로 이를 방지하기 위해서는 망간(Mn)을 합금시킨다.

48 다음 중 물리적 표면 경화법에 속하는 것은?

① 고주파 경화법
② 가스 침탄법
③ 질화법
④ 고체 침탄법

해설 물리적 표면 경화의 방법으로는 고주파 경화법이 있다.

49 순철의 자기변태(A2)점 온도는 약 몇 ℃인가?

① 210℃
② 768℃
③ 910℃
④ 1400℃

해설 ① : 시멘타이트의 자기 변태점, ③, ④ : 순철의 동소 변태점

42 ①　43 ①　44 ①　45 ④　46 ②　47 ①　48 ①　49 ②

50 스테인리스강 중에서 내식성, 내열성, 용접성이 우수하여 대표적인 조성인 18Cr-8Ni인 계통은?

① 마텐자이트계
② 페라이트계
③ 오스테나이트계
④ 소르바이트계

해설 ▶ 18-8 스테인리스강은 18%의 Cr과 8%의 Ni이 합금되는 것으로 오스테나이트계 스테인리스강을 달리 부르는 말이다.

51 열간가공과 냉간가공을 구분하는 온도로 옳은 것은?

① 재결정 온도
② 재료가 녹는 온도
③ 물의 어는 온도
④ 고온취성 발생온도

해설 ▶ 재결정 온도는 열간가공과 냉간가공으로 구분된다.

52 그림과 같은 입체도를 3각법으로 올바르게 도시한 것은?

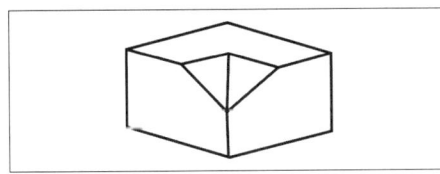

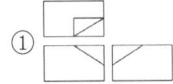 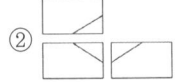

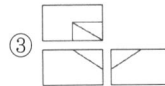 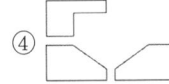

53 도면의 밸브 표시 방법에서 안전밸브에 해당하는 것은?

해설 ▶ ① : 체크밸브, ② : 게이트 밸브

54 다음 중 현의 치수 기입을 올바르게 나타낸 것은?

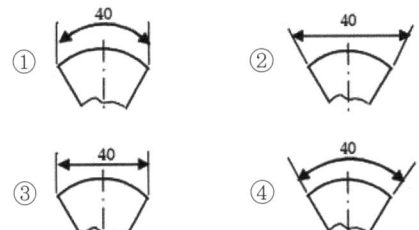

해설 ▶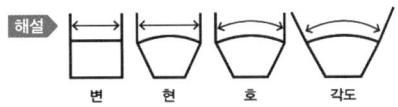
변 현 호 각도

55 계제도 도면에서 "t120"이라는 치수가 있을 경우 "t"가 의미하는 것은?

① 모떼기
② 재료의 두께
③ 구의 지름
④ 정사각형의 변

해설 ▶ SØ : 구의 지름, SR : 구의 반지름, □ : 정사각형 변, C : 45° 모떼기

50 ③ 51 ① 52 ③ 53 ③ 54 ③ 55 ②

56 다음 중 원호의 길이를 나타내는 치수기호로 올바른 것은?

① R50 ② □50
③ 50   ④ ⌢50

해설 ∅ : 원의 지름 기호, □ : 정사각형 변의 길이 기호

57 바퀴의 암(arm), 림(rim), 축(shaft), 훅(hook) 등을 나타낼 때 주로 사용하는 단면도로서, 단면의 일부를 90° 회전하여 나타낸 단면도는?

① 부분 단면도
② 회전도시 단면도
③ 계단 단면도
④ 곡면 단면도

해설 회전도시 단면도는 핸들, 벨트 풀리, 기어 등을 절단면을 회전시켜서 표시하는 단면도이다.

58 다음 중 일반 구조용 탄소 강관의 KS 재료 기호는?

① SPP   ② SPS
③ SKH   ④ STK

59 도면에서 2종류 이상의 선이 같은 장소에서 중복될 경우 우선되는 선의 순서는?

① 외형선 – 숨은선 – 중심선 – 절단선
② 외형선 – 중심선 – 절단선 – 숨은선
③ 외형선 – 중심선 – 숨은선 – 절단선
④ 외형선 – 숨은선 – 절단선 – 중심선

해설 2종류 이상의 선이 중복되는 경우 선의 우선순위
숫자나 문자 – 외형선– 숨은선 – 절단선 – 중심선 – 무게중심선 – 치수보조선

60 기계제도에서 사용하는 선의 굵기 기준이 아닌 것은?

① 0.9mm
② 0.25mm
③ 0.18mm
④ 0.7mm

61 리벳 이음(Rivet Joint) 단면의 표시법으로 가장 올바르게 투상된 것은?

① 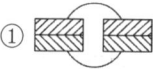 ②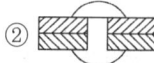
③ 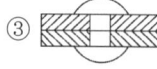 ④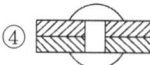

56 ④ 57 ② 58 ④ 59 ④ 60 ① 61 ④

14 CBT 출제 예상문제

- 피복아크용접기능사
- 가스텅스텐아크용접기능사
- 이산화탄소가스아크용접기능사

01 전기 저항 용접 중 맞대기 저항 용접의 종류가 아닌 것은?

① 플래시 비트용접
② 프로젝션 용접
③ 퍼커션 용접
④ 업세 용접

해설 겹치기 저항 용접의 종류 : 스폿, 심, 프로젝션 용접 등

02 산소-아세틸렌가스 절단과 비교한, 산소-프로판 가스절단의 특징으로 틀린 것은?

① 슬래그 제거가 쉽다.
② 절단면 윗 모서리가 잘 녹지 않는다.
③ 후판 절단 시에는 아세틸렌보다 절단 속도가 느리다.
④ 포갬 절단 시에는 아세틸렌보다 절단 속도가 빠르다.

해설 산소-프로판 절단은 후판 절단 시 아세틸렌 가스 절단보다 절단속도가 빠르다.

03 전류 조정이 용이하고 전류 조정을 전기적으로 하기 때문에 이동부분이 없으며, 가변저항을 사용함으로써 용접전류의 원격 조정이 가능한 용접기는?

① 탭 전환형
② 가동 코일형
③ 가동 철심형
④ 가포화 리액터형

04 다음 그림과 같은 다층용접법은?

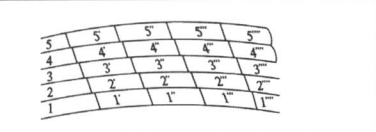

① 전진 블록법
② 캐스케이드법
③ 덧살 올림법
④ 교호법

05 용접부의 노내응력 제거방법에서 가열부를 노에 넣을 때 및 꺼낼 때의 노내 온도는 몇 ℃이하로 하는가?

① 180℃   ② 200℃
③ 250℃   ④ 300℃

해설 노내풀림법 : 가열 노(Furnace) 내부의 유지온도는 625℃ 정도이며 노에 넣을 때나 꺼낼 때의 온도는 300℃정도로 한다. 판두께 25mm일 경우에 1시간동안 유지하는데 유지온도가 높거나 유지시간이 갈수록 풀림 효과가 크다.

06 다음 그림에서 루트 간격을 표시하는 것은?

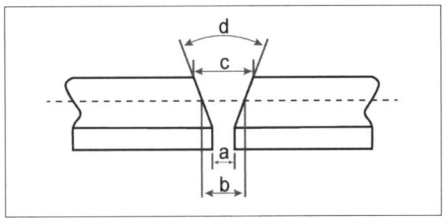

① a   ② b
③ c   ④ d

해설 a : 루트 간격, b : 홈의 각도

01 ② 02 ③ 03 ④ 04 ① 05 ④ 06 ①

07 100A 이상 300A 미만의 피복 금속 아크 용접 시 차광유리의 차광도 번호가 가장 적합한 것은?

① 4~5번
② 8~9번
③ 10~12번
④ 15~16번

해설 용접 전류 100~200A는 용접봉지름 2.6~3.2mm 정도로 차광도 번호는 10~11번이 적당하다.

08 피복아크 용접봉에서 피복제의 역할로 옳은 것은?

① 아크를 안정시킨다.
② 재료의 급랭을 도와준다.
③ 산화성 분위기로 용착금속을 보호한다.
④ 슬래그 제거를 어렵게 한다.

09 플라즈마 절단에 대한 설명으로 틀린 것은?

① 플라즈마(plasma)는 고체, 액체, 기체 이외의 제4의 물리상태라고도 한다.
② 바이행형 아크절단은 텅스텐 전극과 수냉 노즐과의 사이에서 아크 플라즈마를 발생시키는 것이다.
③ 이행형 아크절단은 텅스텐 전극과 모재 사이에서 아크 플라즈마를 발생시키는 것이다.
④ 아크 플라즈마의 온도는 약 5000℃의 열원을 가진다.

10 용접 전류가 낮거나, 운봉 및 유지 각도가 불량할 때 발생하는 용접 결함은?

① 용락   ② 언더컷
③ 오버랩   ④ 선상조직

11 용접 시 냉각속도에 관한 설명 중 틀린 것은?

① 예열을 하면 냉각속도가 완만하게 된다.
② 얇은 판보다는 두꺼운 판이 냉각속도가 크다.
③ 알루미늄이나 구리는 연강보다 냉각속도가 느리다.
④ 맞대기 이음보다는 T형 이음이 냉각속도가 크다.

12 저수소계 용접봉의 특징이 아닌 것은?

① 용착금속 중 수소량이 다른 용접봉에 비해서 현저하게 적다.
② 용착금속의 취성이 크며 화학적 성질도 좋다.
③ 균열에 대한 감수성이 특히 좋아서 두꺼운 판 용접에 사용된다.
④ 고탄소강 및 황의 함유량이 많은 쾌삭강 등의 용접에 사용되고 있다.

해설 저수소계 용접봉 강인성이 좋으며 기계적 성질과 내 균열성이 우수하다.

13 서브머지드 아크 용접에서 다전극 방식에 의한 분류가 아닌 것은?

① 유니언식
② 횡 병렬식
③ 횡 직렬식
④ 탠덤식

해설 다전극 방식 : 탠덤식, 횡 직렬식, 횡 병렬식이 있다.

07 ③   08 ①   09 ④   10 ③   11 ③   12 ②   13 ①

14 다음 중 테르밋 용접의 특징에 관한 설명으로 틀린 것은?

① 전기가 필요 없다.
② 용접 작업이 단순하다.
③ 용접 시간이 길고 용접 후 변형이 크다.
④ 용접 기구가 간단하고 작업 장소의 이동이 쉽다.

해설》 테르밋 용접의 경우 용접 시간은 짧고 변형이 적다

15 다음 중 용접 설계상 주의해야 할 사항으로 틀린 것은?

① 국부적으로 열이 집중되도록 할 것
② 용접에 적합한 구조의 설계를 할 것
③ 결함이 생기기 쉬운 용접 방법은 피할 것
④ 강도가 약한 필릿 용접은 가급적 피할 것

해설》 설계 시 국부적으로 열이 집중되지 않도록 해야 한다.

16 용접기의 사용률이 40%인 경우 아크 시간과 휴식시간을 합한 전체시간은 10분을 기준으로 했을 때 발생시간은 몇 분인가?

① 4　　② 6
③ 8　　④ 10

해설》 사용률(%) = 아크발생시간 / 아크발생시간 + 정지시간 × 100
계산식 = 0.4 × 10 = 4

17 아크 용접에서 아크쏠림 방지 대책으로 옳은 것은?

① 용접봉 끝을 아크쏠림 방향으로 기울인다.
② 접지점을 용접부에 가까이 한다.
③ 아크 길이를 길게 한다.
④ 직류용접 대신 교류용접을 사용한다.

18 용접에 있어 모든 열적요인 중 가장 영향을 많이 주는 요소는?

① 용접 입열
② 용접 재료
③ 주위 온도
④ 용접 복사열

해설》 용접의 입열은 용접부 외부에서 주어지는 열량으로 모재에 흡수된 입열량의 75~85% 정도이다.

19 전격의 방지대책으로 적합하지 않는 것은?

① 접기의 내부는 수시로 열어서 점검하거나 청소한다.
② 홀더나 용접봉은 절대로 맨손으로 취급하지 않는다.
③ 절연 홀더의 절연부분이 파손되면 즉시 보수하거나 교체한다.
④ 땀, 물 등에 의해 습기찬 작업복, 장갑, 구두 등은 착용하지 않는다.

20 가스절단 시 예열 불꽃이 약할 때 일어나는 현상으로 틀린 것은?

① 드래그가 증가한다.
② 절단면이 거칠어진다.
③ 역화를 일으키기 쉽다.
④ 절단속도가 느려지고, 절단이 중단되기 쉽다.

해설》 예열 불꽃이 강할 때
• 절단면이 거칠다
• 철 성분의 박리가 어렵다
• 모서리가 용융형태가 되어 둥글게 된다.

14 ③　15 ①　16 ①　17 ④　18 ①　19 ①　20 ②

21 다음 중 용접 후 잔류응력완화법에 해당하지 않는 것은?

① 기계적응력완화법
② 저온응력완화법
③ 피닝법
④ 화염경화법

해설 ▶ 잔류응력완화법 : 저온 응력완화법, 기계적 응력완화법, 피닝법이 있다.

22 용접 자동화의 장점을 설명한 것으로 틀린 것은?

① 생산성 증가 및 품질을 향상시킨다.
② 용접조건에 따른 공정을 늘일 수 있다.
③ 일정한 전류 값을 유지할 수 있다.
④ 용접와이어의 손실을 줄일 수 있다.

23 서브머지드 아크 용접에 관한 설명으로 틀린 것은?

① 아크발생을 쉽게 하기 위하여 스틸 울(steel wool)을 사용한다.
② 용융속도와 용착속도가 빠르다.
③ 홈의 개선각을 크게 하여 용접효율을 높인다.
④ 유해 광선이나 흄(fume) 등이 적게 발생한다.

24 맞대기 용접이음에서 판 두께가 9mm, 용접선 길이 120mm, 하중이 7560N 일 때, 인장응력은 N/mm²인가?

① 5   ② 6
③ 7   ④ 8

해설 ▶ 인장응력 = 하중 / 판두께 × 용접선길이 계산식
7560 / 9 × 12 = 7

25 산소와 아세틸렌 용기의 취급상의 주의사항으로 옳은 것은?

① 직사광선이 잘 드는 곳에 보관한다.
② 아세틸렌병은 안전상 눕혀서 사용한다.
③ 산소병은 40℃ 이하 온도에서 보관한다.
④ 산소병 내에 다른 가스를 혼합해도 상관없다.

해설 ▶ 가스용기는 직사광선을 피하며 용기는 세워서 보관한다.

26 샤르피식의 시험기를 사용하는 시험 방법은?

① 경도시험
② 인장시험
③ 피로시험
④ 충격시험

해설 ▶ 충격시험은 시험편에 V형, U형 등의 노치를 만들고 충격하중을 주어 시험편을 파괴시키는 것으로 아이죠드식, 샤르피식 등이 있다.

27 탄산가스 아크 용접의 장점이 아닌 것은?

① 가시 아크이므로 시공이 편리하다.
② 적용되는 재질이 철계통으로 한정되어 있다.
③ 용착 금속의 기계적 성질 및 금속학적 성질이 우수하다.
④ 전류 밀도가 높아 용입이 깊고 용접 속도를 빠르게 할 수 있다.

28 2개의 모재에 압력을 가해 접촉시킨 다음 접촉에 압력을 주면서 상대운동을 시켜 접촉면에서 발생하는 열을 이용하는 용접법은?

① 가스압접
② 냉간압접
③ 마찰용접
④ 열간압접

21 ④   22 ②   23 ③   24 ③   25 ③   26 ④   27 ②   28 ③

29 용접부를 끝이 구면인 해머로 가볍게 때려 용착 금속부의 표면에 소성변형을 주어 인장응력을 완화시키는 잔류 응력 제거법은?

① 피닝법
② 노내 풀림법
③ 저온 응력 완화법
④ 기계적 응력 완화법

해설 ▶ 피닝법 : 금속 내부에 잔류응력을 풀어주는 효과

30 그림과 같이 길이가 긴 T형 필릿 용접을 할 경우에 일어나는 용접변형의 영향은?

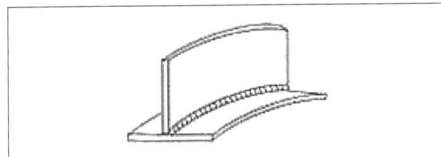

① 회전 변형
② 세로굽힘변형
③ 좌굴변형
④ 가로 굽힘 변형

31 용접부의 외관검사 시 관찰사항이 아닌 것은?

① 용입
② 오버랩
③ 언더컷
④ 경도

해설 ▶ 용접된 외관 표면의 검사에는 비드모양, 언더컷, 오버랩, 용입, 균열, 기공 등이 있다.

32 용착금속의 인장강도가 55N/m³, 안전율이 6이라면 이음의 허용응력은 약 몇 N/m²인가?

① 0.92   ② 9.2
③ 92   ④ 920

해설 ▶ 안전율 = 인장강도/허용응력
허용응력 = 인장강도/안전율
= 55/6
= 9.166

33 팁 끝이 모재에 닿는 순간 순간적으로 팁 끝이 막혀 팁 속에서 폭발음이 나면서 불꽃이 꺼졌다가 다시 나타나는 현상은?

① 인화   ② 역화
③ 역류   ④ 선화

34 다음 중 용접기에서 모재를 (+)극에, 용접봉을 (−)극에 연결하는 아크 극성으로 옳은 것은?

① 직류 정극성
② 직류 역극성
③ 용극성
④ 비용극성

35 용접균열을 방지하기 위한 일반적인 사항으로 맞지 않은 것은?

① 좋은 강재를 사용한다.
② 응력집중을 피한다.
③ 용접부에 노치를 만든다.
④ 용집 시공을 잘한다.

36 다음 자기 불림(magnetic blow)은 어느 용접에서 생기는가?

① 가스 용접
② 교류 아크 용접
③ 일렉트로 슬래그 용접
④ 직류 아크 용접

29 ①   30 ②   31 ④   32 ②   33 ②   34 ①   35 ③   36 ④

37 다음 용접자세에 사용되는 기호 중 틀리게 나타낸 것은?

① F : 아래보기 자세
② V : 수직 자세
③ H : 수평 자세
④ O : 전 자세

38 탄소강의 적열취성의 원인이 되는 원소는?

① S
② CO_2
③ Si
④ Mn

해설 ▶ 적열취성은 (S)황으로 인해 발생된다.

39 액체 침탄법에 사용되는 침탄제는?

① 탄산바륨
② 가성소다
③ 시안화나트륨
④ 탄산나트륨

40 주석청동 중에 납(Pb)을 3~26% 첨가한 것으로 베어링 패킹재료 등에 널리 사용되는 것은?

① 인 청동
② 연 청동
③ 규소 청동
④ 베릴륨 청동

해설 ▶ • 연 청동 : 주석청동 중에 납(Pb)을 3~26% 첨가한 것
• 인 청동 : 청동에 인을 첨가한 합금

41 가스용접의 아래보기 자세에서 왼손에는 용접봉, 오른손에는 토치를 잡고 작업할 때 전진법을 설명한 것은?

① 위에서 아래로 용접한다.
② 아래에서 위로 용접한다.
③ 왼쪽에서 오른쪽으로 용접한다.
④ 오른쪽에서 왼쪽으로 용접한다.

42 다음 중 용접 입열이 일정할 때 냉각속도가 가장 느린 재료는?

① 연강
② 스테인리스강
③ 알루미늄
④ 구리

43 공구용 강재로 고탄소강을 사용하는 목적으로 가장 적합한 것은?

① 경도와 내마모성을 필요로 하기 때문에
② 인성과 연성이 필요하기 때문에
③ 피로와 충격에 견디어야 하기 때문에
④ 표면 경화를 할 목적으로

해설 ▶ 고탄소강은 함유량이 많은 탄소강을 말하며 대체적으로 0.5~1.7%의 C를 함유하여 경도와 내마모서이 우수하다.

44 주철의 편상 흑연 결함을 개선하기 위하여 마그네슘, 세륨, 칼슘 등을 첨가한 것으로 기계적 성질이 우수하여 자동차 주물 및 특수 기계의 부품용 재료에 사용되는 것은?

① 미하나이트 주철
② 구상 흑연 주철
③ 칠드 주철
④ 가단 주철

45 내용적 40.7ℓ의 산소병에 150kgf/cm²의 압력이 게이지에 표시되었다면 산소병에 들어있는 산소량은 몇 ℓ 인가?

① 3400
② 4055
③ 5055
④ 6105

해설 ▶ 40.7×150 = 6105

37 ④   38 ①   39 ③   40 ②   41 ④   42 ②   43 ①   44 ②   45 ④

46 다음 중 풀림의 목적이 아닌 것은?

① 결정립을 조대화시켜 내부응력을 상승시킨다.
② 가공경화 현상을 해소시킨다.
③ 경도를 줄이고 조직을 연화시킨다.
④ 내부응력을 제거한다.

해설 ▶ 풀림은 일정한 온도로 가열한 후 노내에서 냉각하여 내부 조직을 고르게 하여 응력을 제거하는 것으로 연화 풀림, 응력제거 풀림, 완전 풀림 등이 있다.

47 아크용접에서 피복제의 역할이 아닌 것은?

① 전기 절연작용을 한다.
② 용착금속의 응고와 냉각속도를 빠르게 한다.
③ 용착금속에 적당한 합금원소를 첨가한다.
④ 용적(globule)을 미세화하고, 용착효율을 높인다.

해설 ▶ 피복제의 역할로 용착된 금속의 냉각속도를 느리게 하며 급랭을 방지한다.

48 두 개의 모재를 강하게 맞대어 놓고 서로 상대 운동을 주어 발생되는 열을 이용하는 방식은?

① 마찰 용접
② 냉간 압접
③ 가스 압접
④ 초음파 용접

49 산소-아세틸렌가스 불꽃 중 일반적인 가스용접에는 사용하지 않고 구리, 황동 등의 용접에 주로 이용되는 불꽃은?

① 탄화 불꽃
② 중성 불꽃
③ 산화 불꽃
④ 아세틸렌 불꽃

50 금속침투에서 칼로라이징이란 어떤 원소로 사용하는 것인가?

① 니켈
② 크롬
③ 붕소
④ 알루미늄

해설 ▶
• 세라다이징 : 아연
• 크로다이징 : 크롬
• 브로나이징 : 붕소
• 실리코나이징 : 규소

51 나사의 표시가 'M42×3-6H'로 되어 있을 때, 이 나사에 대한 설명으로 틀린 것은?

① 암나사 등급이 6H이다.
② 호칭지름(바깥지름)은 42mm이다.
③ 피치는 3mm이다.
④ 왼 나사이다.

52 그림과 같은 제3각 투상도에 가장 적합한 입체도는?

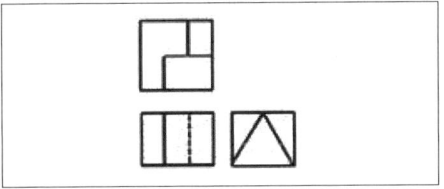

46 ① 47 ② 48 ① 49 ③ 50 ④ 51 ④ 52 ③

53 다음 중 원기둥의 전개에 가장 적합한 전개도법은?

① 평행선 전개도법
② 방사선 전개도법
③ 삼각형 전개도법
④ 역삼각형 전개도법

54 KS 재료기호 SM10C에서 10C는 무엇을 뜻하는가?

① 제작방법
② 종별 번호
③ 탄소함유량
④ 최저인장강도

해설 ▶ 탄소 함유량을 나타낸다.

55 그림과 같이 가공 전 또는 가공 후의 모양을 표시하는데 사용하는 선의 명칭은?

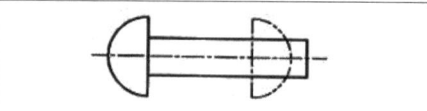

① 숨은선
② 파단선
③ 가상선
④ 절단선

해설 ▶ 가상 선은 가공 전, 가공 후의 모양을 표시한다.

56 용접 보조기호 중 현장용접을 나타내는 기호는?

57 기계 제작 부품 도면에서 도면의 윤곽선 오른쪽 아래 구석에 위치하는 표제란을 가장 올바르게 설명한 것은?

① 품번, 품명, 재질, 주서 등을 기재한다.
② 제작에 필요한 기술적인 사항을 기재한다.
③ 제조 공정별 처리방법, 사용공구 등을 기재한다.
④ 도번, 도명, 제도 및 검도 등 관련자 서명, 척도 등을 기재한다.

해설 ▶ 표제란 설명 : 도면 번호, 도면 명칭, 도면작성, 연월일, 척도, 투상법, 제도자, 설계자, 공사명 등이다

58 다음 용접기호에서 "3"의 의미로 올바른 것은?

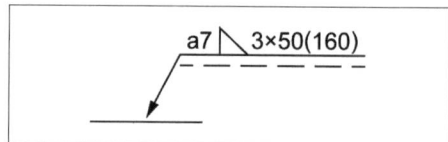

① 용접부 수
② 용접부 간격
③ 용접의 길이
④ 필릿 용접 목두께

해설 ▶ a : 목두께, 50 : 용접 길이, (160): 용접 간격

59 치수기입의 원칙에 관한 설명 중 틀린 것은?

① 치수는 필요에 따라 기준으로 하는 점, 선 또는 면을 기준으로 하여 기입한다.
② 대상물의 기능, 제작, 조립 등을 고려하여 필요하다고 생각되는 치수를 명료하게 도면에 지시한다.
③ 치수 입력에 대해서는 중복 기입을 피한다.
④ 모든 치수에는 단위를 기입해야 한다.

60 다음 중 일반 구조용 탄소 강관의 KS 재료 기호는?

① SPP
② SPS
③ SKH
④ STK

해설
- SPP : 배관용 탄소 강관
- SPS : 스프링 강제
- SKH : 고속 공구강
- STK : 일반구조용 탄소강
- STKM : 기계 주조용 탄소강

60 ④

15 CBT 출제 예상문제

- 피복아크용접기능사
- 가스텅스텐아크용접기능사
- 이산화탄소가스아크용접기능사

01 가스 용접 시 안전 사항으로 적당하지 않은 것은?

① 산소병은 60℃ 이하 온도에서 보관하고, 직사광선을 피하여 보관한다.
② 호스는 길지 않게 하며, 용접이 끝났을 때는 용기 밸브를 잠근다.
③ 작업자 눈을 보호하기 위해 적당한 차광유리를 사용한다.
④ 호스 접속구는 호스 밴드로 조이고 비눗물 등으로 누설 여부를 검사한다.

해설 ▶ 산소병 40℃ 이하의 직사광전이 없는 곳에 보관한다.

02 아크 용접 작업에 의한 재해에 해당되지 않은 것은?

① 감전
② 화상
③ 전광성 안염
④ 전도

03 서브머지드 아크 용접의 용제 중 흡습성이 높아 보통 사용 전에 150~300℃에서 1시간 정도 재건조해서 사용하는 것은?

① 용제형
② 혼성형
③ 용융형
④ 소결형

해설 ▶ 소결형 고전류에서 작업성이 좋고, 후판용접에 적합하며 용접착금속의 성질과 절연성이 우수하다.

04 주철 용접이 곤란하고 어려운 이유가 아닌 것은?

① 예열과 후열을 필요로 한다.
② 용접 후 급랭에 의한 수축, 균열이 생기기 쉽다.
③ 단시간 가열로 흑연이 조대화되어 용착이 양호하다.
④ 일산화탄소 가스 발생으로 용착금속에 기공이 생기기 쉽다.

05 용접균열의 분류에서 발생하는 위치에 따라서 분류한 것은?

① 용착금속 균열과 용접 열영향부 균열
② 고온 균열과 저온 균열
③ 매크로 균열과 마이크로 균열
④ 입계 균열과 입안 균열

해설 ▶ 용접부위 위치에 따라 균열은 용착금속 균열과 용접 열영향부 균열로 분류된다.

06 다음 용착법 중에서 비석법을 나타낸 것은?

① 5 → 4 → 3 → 2 → 1
② 2 → 3 → 4 → 1 → 5
③ 1 → 4 → 2 → 5 → 3
④ 3 → 4 → 5 → 1 → 2

해설 ▶ 스킵법은 비석법이라고 하며 용접 길이를 짧게 또는 길게 나누어 간격을 맞추어 용접하는 방법이다.

 01 ① 02 ④ 03 ④ 04 ④ 05 ① 06 ③

07 용접기의 보수 및 점검사항 중 잘못 설명한 것은?

① 습기나 먼지가 많은 장소는 용접기 설치를 피한다.
② 용접기 케이스와 2차측 단자의 두 쪽 모두 접지를 피한다.
③ 가동부분 및 냉각판을 점검하고 주유를 한다.
④ 용접케이블의 파손된 부분은 절연 테이프로 감아준다.

08 피복 아크 용접기의 아크 발생 시간과 휴식시간 전체가 10분이고 아크 발생 시간이 3분일 때 이 용접기의 사용률(%)은?

① 10% ② 20%
③ 30% ④ 40%

해설 사용률 = 아크시간 / 아크시간 + 휴식시간 × 100
= 3 / 10 × 100
= 30

09 다음 중 직류 정극성을 나타내는 기호는?

① DCSP
② DCCP
③ DCRP
④ DCOP

해설 DCSP : 직류 정극성, DCRP : 직류 역극성, AC : 교류

10 전기용접봉 E4301은 어느 계인가?

① 저수소계
② 고산화티탄계
③ 일미나이트계
④ 라임티타니아계

해설 E4316 : 저수소계, E4301 : 일미나이트계, E4313 : 고산화티탄계, E4303 : 라임티탄계

11 용접부의 연성결함을 조사하기 위하여 사용되는 시험법은?

① 충격 시험 ② 비커스 시험
③ 굽힘 시험 ④ 브리넬 시험

해설 굽힘 시험은 연성의 결함으로 조사하기 위한 것으로 시험법으로 자유 굽힘, 형틀, 롤러 굽힘 등이 있다.

12 용착법에 대해 잘못 표현된 것은?

① 전진법 : 홈을 한 부분씩 여러 층으로 쌓아 올린 다음 다른 부분으로 진행하는 방법이다.
② 후진법 : 용접진행 방향과 용착 방향이 서로 반대가 되는 방법이다.
③ 대칭법 : 이음의 수축에 따른 변형이 서로 대칭이 되게 할 경우에 사용된다.
④ 스킵법 : 이음 전 길이에 대해서 뛰어 넘어서 용접하는 방법이다.

13 피복아크 용접봉에서 피복제의 역할로 옳은 것은?

① 아크를 안정시킨다.
② 재료의 급랭을 도와준다.
③ 산화성 분위기로 용착금속을 보호한다.
④ 슬래그 제거를 어렵게 한다.

14 용접 현장에서 지켜야 할 안전 사항 중 잘못 설명한 것은?

① 탱크 내에서는 혼자 작업한다.
② 인화성 물체 부근에서는 작업을 하지 않는다.
③ 좁은 장소에서의 작업 시는 통풍을 실시한다.
④ 부득이 가연성 물체 가까이서 작업 시는 화재발생 예방조치를 한다.

해설 탱크 내에서는 2인 이상 작업하는 것이 안전하다.

07 ② **08** ③ **09** ① **10** ③ **11** ③ **12** ① **13** ① **14** ①

15 용접결함 중 균열의 보수방법으로 가장 옳은 방법은?

① 작은 지름의 용접봉으로 재용접한다.
② 굵은 지름의 용접봉으로 재용접한다.
③ 전류를 높게 하여 재용접한다.
④ 정지구멍을 뚫어 균열부분은 홈을 판 후 재용접한다.

16 텅스텐 전극봉 중에서 전자 방사능력이 현저하게 뛰어난 장점이 있으며 불순물이 부착되어도 전자 방사가 잘되는 전극은?

① 순텅스텐 전극
② 토륨 텅스텐 전극
③ 지르코늄 텅스텐 전극
④ 마그네슘 텅스텐 전극

17 용접봉에서 모재로 용융금속이 옮겨가는 이행 형식이 아닌 것은?

① 단락형   ② 글로뷸러형
③ 스프레이형   ④ 철심형

18 가스 절단에서 전후, 좌우 및 직선 절단을 자유롭게 할 수 있는 팁은?

① 이심형   ② 동심형
③ 곡선형   ④ 회전형

> 해설 ▶ 절단팁의 경우 이심형과 동심형이 있으며 이심형은 직선 절단에는 우수하나 자유 곡선에는 장애가 있다.

19 피복아크용접 시 전격을 방지하는 방법으로 틀린 것은?

① 전격방지기를 부착한다.
② 용접홀더에 맨손으로 용접봉을 갈아 끼운다.
③ 용접기 내부에 함부로 손을 대지 않는다.
④ 절연성이 좋은 장갑을 사용한다.

20 용접법의 분류 중 압접에 해당하는 것은?

① 테르밋 용접
② 전자 빔 용접
③ 유도가열 용접
④ 탄산가스 아크 용접

21 다음 중 아크 절단법이 아닌 것은?

① 스카핑
② 금속 아크 절단
③ 아크 에어 가우징
④ 플라즈마 제트

> 해설 ▶ 스카핑 강재 표면의 개재물, 탈탄층 등을 제거하기 위해 될 수 있는 대로 얇게 타원 모양으로 깎아내는 가공법이다.

22 용접이음부에 예열하는 목적을 설명한 것으로 틀린 것은?

① 수소의 방출을 용이하게 하여 저온균열을 방지한다.
② 모재의 열 영향부와 용착금속의 연화를 방지하고, 경화를 증가시킨다.
③ 용접부의 기계적 성질을 향상시키고, 경화조직의 석출을 방지시킨다.
④ 온도분포가 완만하게 되어 열응력의 감소로 변형과 잔류응력의 발생을 적게 한다.

> 해설 ▶ 납땜에 사용되는 용제 조건은 전도체이어야 한다.

15 ④   16 ②   17 ④   18 ②   19 ②   20 ③   21 ①   22 ②

23 다음 중 용접 시 수소의 영향으로 발생하는 결함과 가장 거리가 먼 것은?

① 기공 ② 균열
③ 은점 ④ 설퍼

해설> 설퍼 : 황에 의한 고온균열 일종이다.

24 정격 2차 전류 200A, 정격 사용률 40%인 아크 용접기로 실제 아크 전압 30V, 아크 전류 130A로 용접을 수행한다고 가정할 때 허용 사용률은 약 얼마인가?

① 70% ② 75%
③ 80% ④ 95%

해설> 허용사용률 = (정격2차 전류)2 / (실제용접 전류)2 × 전격사용률
= 2002 / 1302 × 40
= 95

25 서브머지드 아크 용접의 용제 중 흡습성이 높아 보통 사용 전에 150~300℃에서 1시간 정도 재건조해서 사용하는 것은?

① 용제형 ② 혼성형
③ 용융형 ④ 소결형

해설> 소결형 고전류에서 작업성이 좋고, 후판용접에 적합하며 용접착금속의 성질과 절연성이 우수하다.

26 구조물의 본 용접 작업에 대하여 설명한 것 중 맞지 않는 것은?

① 위빙 폭은 심선 지름의 2~3배 정도가 적당하다.
② 용접 시단부의 기공 발생 방지 대책으로 핫 스타트(hot start) 장치를 설치한다.
③ 용접 작업 종단에 수축공을 방지하기 위하여 아크를 빨리 끊어 크레이터를 남게 한다.
④ 구조물의 끝 부분이나 모서리, 구석부분과 같이 응력이 집중되는 곳에서 용접봉을 갈아 끼우는 것을 피하여야 한다.

27 KS규격에서 화재안전, 금지표시의 의미를 나타내는 안전색은?

① 노랑 ② 초록
③ 빨강 ④ 파랑

해설>
• 빨강 : 위험, 정지, 금지
• 노랑 : 주의
• 초록 : 안전, 진행
• 파랑 : 지시, 주의

28 산소병의 내용적이 40.7ℓ인 용기에 압력이 100kg/cm²로 충전되어 있다면 프랑스식 팁 100번을 사용하여 표준 불꽃으로 약 몇 시간까지 용접이 가능한가?

① 16시간 ② 22시간
③ 31시간 ④ 41시간

해설>
• 산소병에 100배의 압력으로 압축되어 있기 때문에 산소는 4,070ℓ가 들어있다.
• 프랑스식 100팁은 시간당 100리터를 소모하는 팁이다.
• 표준불꽃은 가연성 가스와 조연성 가스의 혼합비가 1:1를 의미한다.

29 CO_2 가스 아크 용접에서 솔리드 와이어에 비교한 복합 와이어의 특징을 설명한 것으로 틀린 것은?

① 양호한 용착금속을 얻을 수 있다.
② 스패터가 많다.
③ 아크가 안정된다.
④ 비드 외관이 깨끗하여 아름답다.

30 얇은 철판을 쌓아 포개어 놓고 한꺼번에 절단하는 방법으로 가장 적합한 것은?

① 분말절단
② 산소창절단
③ 포갬절단
④ 금속아크절단

31 가스가공에서 강재 표면의 홈, 탈탄층 등의 결함을 제거하기 위해 얇게 그리고 타원형 모양으로 표면을 깎아내는 가공법은?

① 가스 가우징
② 분말 절단
③ 산소창 절단
④ 스카핑

> 해설 ▶ 스카핑은 표면의 탈탄층을 깎아내는 방법이다.

32 용접 결함 종류 중 설질상 결함에 해당되지 않는 것은?

① 인장강도 부족
② 표면 결함
③ 항복강도 부족
④ 내식성의 불량

> 해설 ▶ 표면 결함은 구조상의 결함에 해당된다.

33 직류 아크 용접에서 역극성의 특징으로 맞는 것은?

① 용입이 깊어 후판 용접에 사용된다.
② 박판, 주철, 고탄소강, 합금강 등에 사용된다.
③ 봉의 녹음이 느리다
④ 비드 폭이 좁다

34 조밀 육방 격자의 결정구조로 옳게 나타낸 것은?

① FCC
② BCC
③ FOB
④ HCP

> 해설 ▶ • BCC : 체심 입방격자
> • FCC : 면심 입방격자

35 전극재료의 선택 조건을 설명한 것 중 틀린 것은?

① 비저항이 작아야 한다.
② Al과의 밀착성이 우수해야 한다.
③ 산화 분위기에서 내식성이 커야 한다.
④ 금속 규화물의 용융점이 웨이퍼 처리 온도보다 낮아야 한다.

36 탄소강의 표준 조직을 검사하기 위해 A3 또는 Acm선보다 30~50℃ 높은 온도로 가열한 후 공기 중에서 냉각하는 열처리는?

① 노말라이징
② 어닐링
③ 템퍼링
④ 퀜칭

37 소성 변형이 일어나면 금속이 경화하는 현상을 무엇이라 하는가?

① 탄성 경화
② 가공 경화
③ 취성 경화
④ 자연 경화

30 ③ 31 ④ 32 ② 33 ② 34 ④ 35 ④ 36 ① 37 ②

38 다음 중 탄소량이 가장 적은 강은?

① 연강
② 반경강
③ 최경강
④ 탄소공구강

39 강의 표준 조직이 아닌 것은?

① 페라이트(ferrite)
② 펄라이트(pearlite)
③ 시멘타이트(cementite)
④ 소르바이트(sorbite)

40 일반적으로 강에 S, Pb, P등을 첨가하여 절삭성을 향상시킨 강은?

① 구조용강
② 쾌삭강
③ 스프링강
④ 탄소공구강

해설 쾌삭강 : 피삭성을 증가시키고 절삭 가공을 쉽게 하기 위해 황을 첨가한 강

41 산소나 탈산제를 품지 않으며, 유리에 대한 봉착성이 좋고 수소취성이 없는 시판동은?

① 무산소동
② 전기동
③ 전련동
④ 탈산동

해설 구리 중에 산소가 있으면 수소와 반응하여 물을 생성하고 또한 취성을 일으키며 내식성이 좋지 않아 산소를 제거한다.

42 열간가공과 냉간가공을 구분하는 온도로 옳은 것은?

① 재결정 온도
② 재료가 녹는 온도
③ 물의 어는 온도
④ 고온취성 발생온도

해설 재결정 온도는 열간가공과 냉간가공으로 구분된다.

43 아공석강의 기계적 설질 중 탄소함유량이 증가함에 따라 감소하는 성질은?

① 연신율
② 경도
③ 인장강도
④ 항복강도

해설 탄소함유량이 증가하면 연신율은 감소된다.

44 납땜 용제가 갖추어야 할 조건으로 틀린 것은?

① 모재의 산화 피막과 같은 불순물을 제거하고 유동성이 좋을 것
② 청정한 금속면의 산화를 방지할 것
③ 납땜 후 슬래그의 제거가 용이할 것
④ 침지 땜에 사용되는 것은 젖은 수분을 함유할 것

해설 납땜 용제는 수분이 없어야 한다.

45 황동은 도가니로, 전리고 또는 반사로 증에서 용해하는데, Zn의 증발로 손실이 있기 때문에 이를 억제하기 위해서는 용탕 표면에 어떤 것을 덮어 주는가?

① 소금
② 석회석
③ 숯가루
④ Al 분말가루

38 ① **39** ④ **40** ② **41** ① **42** ① **43** ① **44** ④ **45** ③

46 다음 중 이온화 경향이 가장 큰 것은?

① Cr ② K
③ Sn ④ H

해설 ▶ 이온 경향의 크기 : K > Cr > Sn > H

47 강에서 상온 메짐(취성)의 원인이 되는 원소는?

① P ② S
③ Al ④ Co

48 강자성체 금속에 해당되는 것은?

① Bi, Sn, Au
② Fe, Pt, Mn
③ Ni, Fe, Co
④ Co, Sn, Cu

49 다음 용접 기호 중 표면 육성을 의미하는 것은?

① ②
③ ④

해설 ▶ 1번 : 표면 육성, 2번 : 표면 접합, 3번 : 경사 접합, 4번 : 겹침 접합

50 다음 중 가는 실선으로 나타내는 경우가 아닌 것은?

① 시작점과 끝점을 나타내는 치수선
② 소재의 굽은 부분이나 가공 공정의 표시선
③ 상세도를 그리기 위한 틀의 선
④ 금속 구조 공학 등의 구조를 나타내는 선

51 판금 작업 시 강판재료를 절단하기 위하여 가장 필요한 도면은?

① 조립도
② 전개도
③ 배관도
④ 공정도

52 무게 중심선과 같은 선의 모양을 가진 것은? 1

① 가상선
② 기준선
③ 중심선
④ 피치선

해설 ▶ 중심선이나 가상선은 가는 2점 쇄선이 사용된다.

53 보기 도면은 정면도와 우측면도만이 올바르게 도시되어 있다. 평면도로 가장 적합한 것은?

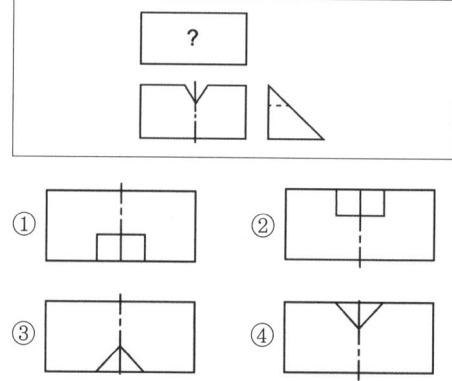

54 다음 중 도면에서 단면도의 해칭에 대한 설명으로 틀린 것은?

① 해칭선은 반드시 주된 중심선에 45°로만 경사지게 긋는다.
② 해칭선은 가는 실선으로 규칙적으로 줄을 늘어놓는 것을 말한다.

46 ② 47 ① 48 ③ 49 ① 50 ④ 51 ② 52 ① 53 ③ 54 ①

③ 단면도에 재료 등을 표시하기 위해 특수한 해칭(또는 스머징)을 할 수 있다.
④ 단면 면적이 넓을 경우에는 그 외형선에 따라 적절한 범위에 해칭(또는 스머징)을 할 수 있다.

55 다음 중에서 이면 용접 기호는?

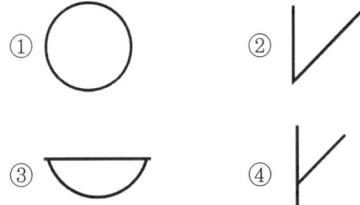

56 용도에 의한 명칭에서 선의 종류가 모두 가는 실선인 것은?

① 치수선, 치수보조선, 지시선
② 중심선, 지시선, 숨은선
③ 외형선, 치수보조선, 해칭선
④ 기준선, 피치선, 수준면선

57 KS 재료 기호에서 고압 배관용 탄소강관을 의미하는 것은?

① SPP   ② SPS
③ SPPA   ④ SPPH

해설
• SPP : 배관용 탄소강관
• SPPH : 고압 배관용 탄소강관

58 도면에서 표제란과 부품란으로 구분할 때 다음 중 일반적으로 표제란에만 기입하는 것은?

① 부품번호
② 부품기호
③ 수량
④ 척도

해설 표제란 : 척도, 도면번호, 도면명칭, 투상법 등을 기입한다.

55 ③ 56 ① 57 ④ 58 ④

16 CBT 출제 예상문제

- 피복아크용접기능사
- 가스텅스텐아크용접기능사
- 이산화탄소가스아크용접기능사

01 직류아크용접에서 직류정극성의 특징 중 올바르게 설명한 것은?

① 비드폭이 넓어진다.
② 용접봉이 용융이 빠르다.
③ 모재의 용입이 깊다.
④ 자주 사용되지 않는다.

해설

극성명칭	전극		열원 배분량	특징
직류정극성 (DCSP, DCEN)	모재	+	약 70%	• 용입이 깊고 용접봉은 천천히 용융됨. • 후판용접에 적합하다. • 열이용률이 높다.
	전극봉	−	약 30%	• 비드폭이 좁다. • 일반적인 용접에 사용된다.
직류역극성 (DCRP, DCEP)	모재	−	약 30%	• 용입이 얕고 용접봉은 빠르게 용융됨. • 박판용접에 적합하다. • 열이용률이 낮다.
	전극봉	+	약 70%	• 비드폭이 넓다. • 주철, 고탄소강, 비철금속에 사용된다.
교류	없음		각각 50%씩	• 직류정극성, 직류역극성의 중간

02 절단용 산소중의 불순물이 증가되면 나타나는 결과가 아닌 것은?

① 절단속도가 늦어진다.
② 산소의 소비량이 적어진다.
③ 절단 개시시간이 길어진다.
④ 절단 홈의 폭이 넓어진다.

해설 산소 소비량이 많아진다.

03 다음 중 주강에 대한 설명으로 틀린 것은?

① 주철로써는 강도가 부족할 경우에 사용된다.
② 용접에 의한 보수가 용이하다.
③ 단조품이나 압연품에 비하여 방향성이 없다.
④ 주철에 비하여 용융점이 낮다.

해설 **주강의 특징**
대량생산에 적합, 기계적 성질이 우수, 용접에 의한 보수가 용이하나 용융점이 높고 수축률 커 주조가 어려움.

주철의 특징
산성에 약하지만 염기성에는 강함, 복잡한 형상도 주조가 가능, 강에 비해 인장강도가 작고 충격에 약하고 메짐이 커 소성변형이 어려움.

04 다음 중 철(Fe)의 재결정온도는?

① 180~200℃   ② 200~250℃
③ 350~450℃   ④ 800~900℃

해설 금속의 재결정 온도
아연 15~50℃, 마그네슘, 알루미늄 150℃, 철 350~450℃

05 탄산가스 아크 용접의 종류에 해당되지 않는 것은?

① 아코스 아크법
② 유니언 아크법
③ 퓨즈 아크법
④ 테르밋 용접법

해설 테르밋용접-산화철분말과 알루미늄을 혼합하여 화학반응열를 발생시켜 용접하는 것 아크열을 이용하지 않는 용접

01 ③   02 ②   03 ④   04 ③   05 ④

06 용착 금속이나 모재의 파면에서 결정의 파면이 은백색으로 빛나는 파면을 무엇이라 하는가?

① 취성파면
② 연성파면
③ 인성파면
④ 결정파면

해설 취성파면 : 금속이 취성파괴가 일어나서 파괴가 일어나고 파단면의 색이 은백색으로 나타난다.

07 로봇 용접의 장점에 관한 설명 중 맞지 않는 것은?

① 작업의 표준화를 이룰 수 있다.
② 복잡한 형상의 구조물에 적응하기 쉽다.
③ 반복작업이 가능하다.
④ 열악한 환경에서도 작업이 가능하다.

해설 로봇 용접은 자동화를 통한 균일화, 정밀도 높은 제품생산, 생산성이 향상되나 복잡한 형상은 설정시간이 오래 걸린다.

08 탄소강에서 자성이 있으며 전성과 연성이 크고 연하며 순철에 가까운 조직은?

① 마르텐사이트 ② 오스테나이트
③ 페라이트   시멘타이트

해설 페라이트는 순철에 가까운 조직으로 극히 연하고 상온에서 강자성체인 체심입방격자 조직이다.

09 풀림 열처리 목적으로 틀린 것은?

① 조직의 균일화
② 내부의 응력 증가
③ 가스 및 불순물 방출
④ 조직의 미세화

해설 풀림(소둔, 어닐링) : 단조, 압연 등의 소성가공이나 주조로 거칠어진 조직을 미세화하고 편석이나 잔류응력을 제거하기 위하여 910℃보다 약 30~50℃ 높게 가열하여 공기 중에서 공랭하는 것을 말하며, 결정 입자와 조직이 미세하게 되어서 경도, 강도가 많이 증가하고 연신율과 인성도 조금 증가한다.

10 다음 중 안내 레일형 일렉트로 슬래그 용접 장치의 주요 구성에 해당하지 않는 것은?

① 안내레일
② 제어상자
③ 냉각장치
④ 와이어 절단장치

해설 일렉트로 슬래그 용접 장치는 용접전원, 안내레일, 제어상자, 와이어 송급 장치, 냉각장치 등으로 구성되어 있다.

11 아크열이 아닌 와이어와 용융슬래그 사이에 통전된 전류의 저항열을 이용하는 용접 방법은?

① 일렉트로 슬래그 용접
② 스터드용접
③ 서브머지드 아크용접
④ 저항용접

해설 스터드 용접 : 볼트나 환봉 등을 피스톤형 홀더에 끼우고 모재와 환봉사이에 순간적으로 아크를 발생시켜 용접
서브머지드 아크용접 : 용접봉을 용제 속에 넣고 아크를 발생시켜 용접
저항용접 : 접합할 금속 부분에 일정 시간 동안 압력과 전류를 발생시켜 저항열을 이용하여 용접

12 수중절단에 주로 사용되는 가스는?

① 아세틸렌가스   ② 부탄가스
③ LPG   ④ 수소가스

해설 수중절단은 산소, 수소를 주로 사용하고 프로판, 아세틸렌도 사용한다.

06 ①　**07** ②　**08** ③　**09** ②　**10** ④　**11** ①　**12** ④

13 가스절단에서 절단하고자 하는 판의 두께가 25.4mm일 때, 표준 드래그의 길이는?

① 2.4mm ② 5.2mm
③ 6.4mm ④ 7.2mm

해설 ▶ 표준 드래그의 길이는 판 두께의 20%이다.
25.4*20%=5.08 약 5.2mm

14 직류 아크 용접의 정극성과 역극성의 특징에 대한 설명으로 옳은 것은?

① 정극성은 용접봉의 용융이 느리고 모재의 용입이 깊다.
② 모재에 음극(-), 용접봉에 양극(+)을 연결하는 것을 정극성이라 한다.
③ 역극성은 일반적으로 비드 폭이 좁고 두꺼운 모재의 용접에 적당하다
④ 역극성은 용접봉의 용융이 빠르고 모재의 용입이 깊다.

해설 ▶

극성명칭	전극		열원 배분량	특징
직류정극성 (DCSP, DCEN)	모재	+	약 70%	• 용입이 깊고 용접봉은 천천히 용융됨. • 후판용접에 적합하다. • 열이용률이 높다.
	전극봉	-	약 30%	• 비드폭이 좁다. • 일반적인 용접에 사용된다.
직류역극성 (DCRP, DCEP)	모재	-	약 30%	• 용입이 얕고 용접봉은 빠르게 용융됨. • 박판용접에 적합하다. • 열이용률이 낮다.
	전극봉	+	약 70%	• 비드폭이 넓다. • 주철, 고탄소강, 비철금속에 사용된다.
교류	없음		각각 50%씩	• 직류정극성, 직류역극성의 중간

15 산소 용기에 각인되어 있는 TP와 FP는 무엇을 의미하는가?

① TP : 내압시험 압력, FP : 최고충전 압력
② TP : 용기중량, FP : 내용적(실측)
③ TP : 내용적(실측), FP : 용기중량
④ TP : 최고충전 압력, FP : 내압시험 압력

해설 ▶ TP : 내압시험 압력(kgf/cm2)
V : 내용적(용기의 부피)
FP : 최고 충전압 (kgf/cm2)
W : 용기의 무게

16 다음 중 플라즈마 아크 용접에 적합한 모재가 아닌 것은?

① 텅스텐, 백금
② 티탄, 니켈 합금
③ 티탄, 구리
④ 스테인리스강, 탄소강

해설 ▶ 플라즈마 아크 용접은 스테인리스스틸, 탄소강, 황동, 구리 청동, 주철, 티타늄, 알루미늄 용접 가능 텅스텐은 전극으로 사용함

17 이음 홈 형상 중 동일 두께의 판에 대하여 가장 변형이 작게 설계된 것은?

① I형 ② V형
③ U형 ④ X형

해설 ▶ I형 : 맞대기 용접시 가공이 쉽고 얇은 판에 사용 두꺼운 용접에 적합하지 않음
V형 : 맞대기 용접시 한쪽 용접의 완전용입을 얻을 수 있으나 변형이 발생할 수 있음
U형 : 맞대기 용접시 두꺼운 판 용접시 홈 간격이 좁게 용접할 수 있으나 가공이 어려움
X형 : 맞대기 용접시 양면 용접이기에 용입문제가 없으며 변형이 작음

13 ② 14 ① 15 ① 16 ① 17 ④

18 하중 방향에 따른 필릿 용접 이음의 구분이 아닌 것은?

① 전면 필릿 용접
② 측면 필릿 용접
③ 경사 필릿 용접
④ 슬롯 필릿 용접

해설 하중 방향에 따른 필릿 용접이음 구분법
전면 필릿 용접, 측면 필릿 용접, 경사 필릿 용접

19 다음 중 해드필드(Hadfield)강에 대한 설명으로 틀린 것은?

① 오스테나이트조직은 Mn 강이다.
② 성분은 10 ~ 14Mn%, 0.9 ~ 1.3C% 정도이다.
③ 이 강은 고온에서 취성이 생기므로 600 ~ 800 ℃에서 공랭한다.
④ 내마멸성과 내충격성이 우수하고, 인성이 우수하기 때문에 파쇄장치, 임펠러 플레이트 등에 사용된다.

해설 함유 금속 원소 가운데 망가니즈을 11-14% 함유하는 합금강 함유량이 10~12%인 것은 1,000℃ 근처에서 기름담금질, 12~14%인 것은 물담금질을 하면 완전히 오스테나이트가 된다. 내마모성, 절삭성이 우수하여 토목 기계, 광산기계등 광석이 닿는 부분에 사용된다.

20 다음 중 재결정온도가 가장 낮은 것은?

① Sn
② Mg
③ Cu
④ Ni

해설 Sn – 약 0℃   Mg – 약 150℃   Cu – 약 150~250℃
Ni – 약 600℃

21 배관용 탄소 강관의 종류를 나타내는 기호가 아닌 것은?

① SPPS 380
② SPPH 380
③ SPCD 390
④ SPLT 390

해설 SPPS : 압력배관용 탄소강관, SPPH : 고압배관용 탄소강관, SPLT : 저온배관용 탄소강관, SPCD : 냉간압연강판

22 용접 시공 계획중 용접 이음 준비에 해당되지 않는 것은?

① 용접 홈의 가공
② 부재의 조립
③ 변형 교정
④ 모재의 가용접

해설 용접 시공 계획에서 용접 이음 준비에는 용접 홈 가공, 조립 및 가공, 루트간격, 용접 이음부의 청정등이며 변형 교정은 용접 작업 후에 하는 처리 작용이다.

23 피복아크용접에서 아크 길이에 대한 설명이다. 옳지 않은 것은?

① 아크전압은 아크 길이에 비례한다.
② 아크길이는 보통 용접봉의 두께의 약 2배정도인 8~15mm이다.
③ 아크길이가 너무 길면 아크가 불안정하고 용입불량의 원인이 된다.
④ 양호한 용접을 수행하려면 가능한 짧은 아크를 사용한다.

해설 아크길이는 일반적으로 3mm 내외가 적합하다.

24 가스용접 시 안전조치로 적절하지 않은 것은?

① 가스의 누설검사는 필요할 때만 체크하고 점검은 수돗물로 한다.
② 가스용접 장치는 화기로부터 5m 이상 떨어진 곳에 설치해야 한다.
③ 작업 종료시 메인 밸브 및 콕 등을 완전히 잠가준다.
④ 인화성 액체 용기의 용접을 할 때는 증기 열탕물로 완전히 세척 후 통풍구멍을 개방하고 작업한다.

해설 가스 누설검사시 비눗물을 이용해서 점검

18 ④   19 ③   20 ①   21 ③   22 ③   23 ②   24 ①

25 용접 지그를 사용했을 때의 장점이 아닌 것은?

① 구속력을 크게 하여 잔류응력 발생을 방지한다.
② 동일 제품을 다량 생산할 수 있다.
③ 제품의 정밀도를 높인다.
④ 작업을 용이하게 하고 용접능률을 높인다.

해설 구속력이 커지면 잔류응력이 발생된다.

26 피복아크용접에 의한 맞대기 용접 개선홈과 판두께에 관한 설명으로 틀린 것은?

① I형 : 판 두께 6mm 이하 양쪽용접에 적용
② V형 : 판 두께 20mm이하 한쪽용접에 적용
③ U형 : 판 두께 40 ~ 60mm 양쪽용접에 적용
④ X형 : 판 두께 15 ~ 40mm 양쪽용접에 적용

해설 U형은 판두께 10~60에서 한쪽면 완전용입이 필요시 선택하는 홈형상

27 피복 아크 용접봉의 용융속도를 결정하는 식은?

① 용융속도 = 아크전류×용접봉 쪽 전압강하
② 용융속도 = 아크전류×모재 쪽 전압강하
③ 용융속도 = 아크전압×용접봉 쪽 전압강하
④ 용융속도 = 아크전압×모재 쪽 전압강하

해설 용융속도 = 아크전류 × 용접봉 쪽 전압강하 = 시간당 소비되는 용접봉의 길이

28 다음 중 산소 및 아세틸렌 용기의 취급방법으로 틀린 것은?

① 산소용기의 밸브, 조정기, 도관, 취부구는 반드시 기름이 묻은 천으로 깨끗이 닦아야 한다.
② 산소용기의 운반 시에는 충돌, 충격을 주어서는 안 된다.
③ 사용이 끝난 용기는 실병과 구분하여 보관한다.
④ 아세틸렌 용기는 세워서 사용하며 용기에 충격을 주어서는 안 된다.

해설 용기의 밸브등은 기름으로 닦으면 안된다.

29 다음 중 가변저항의 변화를 이용하여 용접전류를 조정하는 교류 아크 용접기는?

① 탭 전환형
② 가동 코일형
③ 가동 철심형
④ 가포화 리액터형

해설
- 탭전환형 – 코일 감긴 수에 따라 전류 조정(미세조정 불가)
- 가동코일형 – 코일을 이동시켜 전류 조정(현제 잘 안씀)
- 가동철심형 – 가동철심으로 전류 조정(미세조정 가능, 가장많이 쓰임)
- 가포화리엑터 – 가변저항의 변화를 이용해 전류조정

30 일렉트로 슬래그 용접에서 주로 사용되는 전극 와이어의 지름은 보통 몇 mm 정도 인가?

① 1.2 ~ 1.5   ② 1.7 ~ 2.3
③ 2.5 ~ 3.2   ④ 3.5 ~ 4.0

해설 모재와 와이어 사이에 아크가 발생 후 용접부를 덮고 있는 플럭스가 용융되면서 전류가 쉽게 통하며 저항열이 발생되며 이를 이용하여 와이어를 계속 용융시켜 모재를 용접하는 방법이다. 용입이 깊으며 두꺼운 자재용접시 효과적고 변형이 적고 경제적이며 아크가 보이지 않는다. 전극와이어는 3.2mm를 많이 사용한다.

25 ①   26 ③   27 ①   28 ①   29 ④   30 ③

31 피복 아크 용접에서 모재의 일부가 녹은 쇳물 부분을 의미하는 것은?

① 슬래그 ② 용융지
③ 피복부 ④ 용착부

해설 쇳물이 녹은 부위를 용융풀 또는 융융지라 한다.

32 가스 압력 조정기 취급 사항으로 틀린 것은?

① 압력 용기의 설치구 방향에는 장애물이 없어야 한다.
② 압력 지시계가 잘 보이도록 설치하며 유리가 파손되지 않도록 주의한다.
③ 조정기를 견고하게 설치한 다음 조정 나사를 잠그고 밸브를 빠르게 열어야 한다.
④ 압력 조정기 설치구에 있는 먼지를 털어내고 연결부에 정확하게 연결한다.

해설 조정나사는 천천히 개방하여 충격을 예방한다.

33 탄산가스 아크 용접의 특징 설명으로 틀린 것은?

① 용착금속의 기계적 성질이 우수하다.
② 가시 아크이므로 시공이 편리하다.
③ 아르곤 가스에 비하여 가스 가격이 저렴하다.
④ 용입이 얕고 전류밀도가 매우 낮다.

해설
• 용입이 깊고 용접 속도가 빠르다.
• 가시아크라 시공시 확인이 가능하다.
• 용착금속의 기계적 성질이 우수하다.
• 전류 밀도가 높다.

34 가스 용접시 주의 사항으로 틀린 것은?

① 반드시 보호안경을 착용한다.
② 산소호스와 아세틸렌호스는 색깔 구분이 없이 사용한다.
③ 불필요한 긴 호수를 사용하지 말아야 한다.
④ 용기 가까운 곳에서는 인화물질을 사용을 금한다.

해설 산소 호스는 녹색이고, 연료(아세틸렌, LPG등) 호스는 적색을 사용한다.

35 보수용접에 관한 설명 중 잘못된 것은?

① 보수용접이란 마멸된 기계 부품에 덧살 올림 용접을 하고 재생, 수리하는 것을 말한다.
② 차축 등이 마멸되었을 때는 내마멸 용접을 하여 보수한다.
③ 덧살 올림의 경우에 용접봉을 사용하지 않고, 용융된 금속을 고속기류에 의해 불어 붙이는 용사 용접이 사용되기도 한다.
④ 서브머지드 아크 용접에서는 덧살 올림 용접이 전혀 이용되지 않는다.

해설 서브버지드 아크 용접으로 덧살 올림 봉접이 가능하나.

36 이산화탄소 아크용접에서 용접전류는 용입을 결정하는 가장 큰 요인이다. 아크전압은 무엇을 결정하는 가장 중요한 요인인가?

① 용착금속량 ② 비드형상
③ 용입 ④ 용접결함

해설 아크 전압은 비드형태를 결정하는 큰 요소임
용전 전류는 용착금속량도 영향을 줌

31 ② 32 ③ 33 ④ 34 ② 35 ④ 36 ②

37 산소-아세틸렌 가스용접의 단점이 아닌 것은?

① 열효율이 낮다.
② 폭발할 위험이 있다.
③ 가열시간이 오래 걸린다.
④ 유해광선의 발생이 적다.

해설 ▶ 전기 용접과 비교시 상대적으로 적은 유해광선이 나온다.

38 용접봉 홀더가 KS 규격으로 200호 일 때 용접기의 정격 전류로 맞는 것은?

① 100A   ② 200A
③ 400A   ④ 800A

해설 ▶ A200 경우 A는 홀더 형태, 번호가 사용전류이다.

39 아크에어 가우징에 사용되는 전극봉으로 옳은 것은?

① 탄소 전극봉
② 피복아크용접봉
③ 텅스텐 전극봉
④ 플럭스와이어전극

해설 ▶
- 피복아크용접봉 – 피복아크용접용 전극봉
- 텅스텐 전극봉 – TIG, 플라즈마 절단등에 사용
- 플럭스와이어 – 플럭스코어드와이어용접봉

40 연납땜 용제가 틀린 것은?

① 붕산   ② 염화암모늄
③ 염화아연   ④ 염산

해설 ▶ 붕산은 가장 일반적인 경납재로 산화방지, 산화물의 용해성이 좋고 융점이 760도이다.

41 특수용도용 합금강 중 스프링강의 특성이 아닌 것은?

① 취성이 우수하다.
② 탄성한도가 우수하다.
③ 피로한도가 우수하다.
④ 크리프저항이 우수하다.

해설 ▶ 취성은 스프링강의 강도, 탄성, 내구성, 그리고 피로 특성에 영향을 미치는 반대 요인이다.

42 용접용 고장력강에 해당되지 않는 것은?

① 망간(실리콘)강
② 몰리브덴 함유강
③ 주강
④ 인함유강

해설 ▶ 고장력강은 약 0.15% C인 강제이다. 주강은 C함유량이 0.2~0.5%를 함유한다.

43 밀도가 유연하며, 윤활성이 좋고 내식성이 우수하며, 방사선의 투과도가 낮은 것이 특징이 금속은?

① 니켈(Ni)   ② 아연(Zn)
③ 구리(Cu)   ④ 납(Pb)

해설 ▶ 납은 용융점이 약 327°C이며 방사선 투과도가 낮은 금속이다.

44 마그네슘의 관한 설명으로 틀린 것은?

① 실용 금속중 가장 가벼우며, 절삭성이 우수하다.
② 내식성이 우수하여 바닷물에 접촉하여도 침식되지 않는다.
③ 냉간 가공이 거의 불가능하여 일정 온도에서 가공한다.
④ 조밀육방격자를 가지며, 고온에서 발화하기 쉽다.

해설 ▶ 대기중에는 내식성이 우수하나 산이나 염류에는 침식되기 쉽다.

37 ④ 38 ② 39 ① 40 ① 41 ① 42 ④ 43 ④ 44 ②

45 스테인리스강의 내식성 향상을 위해 첨가하는 원소는?

① Zn ② Sn
③ Cr ④ Mg

해설 ▶ 강에 Ni, Cr을 다량 첨가하여 내식성을 향상시킴

46 열전도율이 다음중 가장 큰 금속은?

① 구리 ② 알루미늄
③ 은   ④ 백금

해설 ▶ 열전도율 은 → 구리 → 백금 → 알루미늄

47 담금질 가능한 스테인리스강으로 용접 후 경도가 증가하는 것은?

① STS 316 ② STS 304
③ STS 202 ④ STS 410

해설 ▶ 마르텐사이트 스테인리스강은 경도를 높이기 위해 열처리 및 빠른 냉각을 통해 마르텐사이트(Martensite) 미세구조를 형성할 수 있는 스테인리스강이다. 대표적인 마르텐사이트 스테인리스강은 STS410이며 주로 경도가 높게 필요한곳에서 이용된다.

48 합금강에 첨가하는 원소 중 고온 강도 개선, 인성향상과 저온 취성을 방지해 주는 원소는?

① Mo ② Ni
③ Cu ④ Ti

해설 ▶ 몰리브덴은 고온에서의 인성과 강도를 향상시키고 탄화물의 분해를 억제하여 높은 온도에서 강도를 유지하는데 도움

49 주로 전자기 재료로 사용되는 Ni-Fe 합금에 사용하지 않는 것은?

① 슈퍼인바
② 엘린바
③ 스텔라이트
④ 퍼멀로이

해설 ▶ 스텔라이트 합금은 내마모성, 내식성, 내열성이 좋아 가공용 공구 및 압착공구에 적합하다.

50 KS규격의 SM45C에 대한 설명으로 옳은 것은?

① 인장강도가 45kgf/㎟의 용접 구조용 탄소강재
② Cr을 42~48% 함유한 특수 강재
③ 인장강도 40~45kgf/㎟의 압연 강재
④ 화학성분에서 탄소 함유량이 0.42~0.48%인 기계 구조물 탄소 강재

해설 ▶ SM45C - 기계구조용 탄소강으로 탄소함유량은 0.42~0.48%이며 중탄소강 계열로 인장강도, 연성 및 내마모성이 높다.

51 보기와 같은 입체도를 화살표 방향을 정면으로 하는 제3각법으로 제도한 정투상도는?

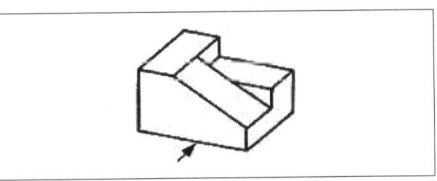

① 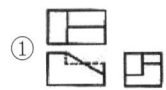 ②

③  ④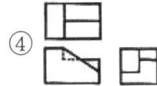

45 ③ 46 ③ 47 ④ 48 ① 49 ③ 50 ④ 51 ④

52 보기와 같은 원통을 경사지게 절단한 제품을 제작할 때, 다음 중 어떤 전개법이 가장 적합한가?

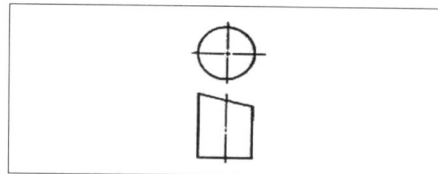

① 혼합형법
② 평행선법
③ 삼각형법
④ 방사선법

53 다음 용접기호에서 '50'의 의미로 올바른 것은?

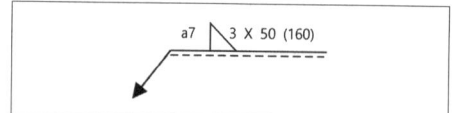

① 용접부 수
② 용접부 간격
③ 용접의 길이
④ 필릿 용접 목 두께

해설 ▶ a : 목두께, 3 : 용접부 수, (160) : 용접부 간격

54 다음 용접 보조기호 중 끝단부를 매끄럽게 하는 것을 의미하는 것은?

①   ②
③ M   ④ MR

해설 ▶ ① – 볼록비드, ③ 영구적인 덮게 판을 사용, ④ 제거가 가능한 덮게 판을 사용

55 도면의 표제란에 척도로 표시된 NS는 무엇을 뜻하는가?

① 축척
② 비례척이 아님
③ 배척
④ 모든 척도가 1:1

해설 ▶ NS : Not to scale로 비례척이 아니다.

56 다음 중 도면의 일반적인 구비조건으로 관계가 가장 먼 것은?

① 대상물의 크기, 모양, 자세, 위치의 정보가 있어야 한다.
② 대상물을 명확하고 이해하기 쉬운 방법으로 표현해야 한다.
③ 도면의 보존, 검색 이용이 확실히 되도록 내용과 양식을 구비해야 한다.
④ 무역과 기술의 국제 교류가 활발하므로 대상물의 특징을 알 수 없도록 보안성을 유지해야 한다.

해설 ▶ 도면은 대상물의 특징을 누구나 알 수 있도록 규격화 되어야 한다.

57 배관 설비 계통의 계기를 표시하는 기호중 온도계로 올바른 것은?

① 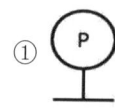   ②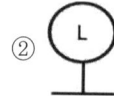
③ 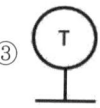   ④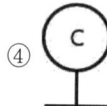

해설 ▶ 온도계 : T, 압력계 : P, F : 유량계

52 ②　53 ③　54 ②　55 ②　56 ④　57 ③

58 보기와 같은 판금 제품인 원통을 정면에서 진원인 구멍 1개를 제작하려고 한다. 전개한 현도판의 진원 구멍 부분 형상으로 가장 적합한 것은?

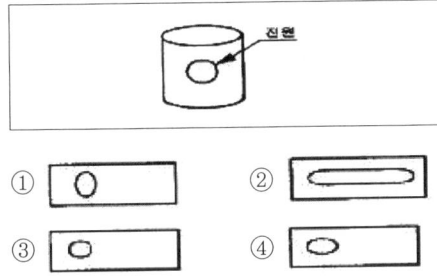

59 밸브 도시기호중 글로브 밸브를 나타내는 것은?

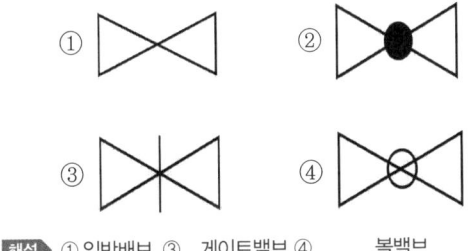

해설 ① 일반배브, ③ 게이트밸브 ④ 볼밸브

60 모떼기의 치수가 2mm이고 각도가 45°일 때 올바른 치수 기입 방법은?

① C2
② 2C
③ 2-45°
④ 45°×2

해설 45°모떼기는 C로 표시하고 치수가 2mm일 때에는 C2로 표시한다

58 ④ 59 ② 60 ①

17 CBT 출제 예상문제

- 피복아크용접기능사
- 가스텅스텐아크용접기능사
- 이산화탄소가스아크용접기능사

01 다음 중 용접 금속에 기공을 형성하는 가스에 대한 설명으로 틀린 것은?

① 응고 온도에서 액체와 고체의 용해도 차에 의한 가스 방출
② 용접 금속중에서 화학 반응에 의한 가스 방출
③ 아크 분위기에서의 기체의 물리적 혼입
④ 용접 중 가스 압력의 부적당

해설 기공을 형성하는 가스는 액체와 고체의 용해도 차이에 의해 또는 공기중 성분으로 유래되거나 아크 분위기, 용융풀에서 다른 가스와 결합, 화학 반응을 일으켜 기공을 형성한다.

02 가스 용접시 안전조치로 적절하지 않은 것은?

① 가스의 누설 검사는 필요할 때만 체크하고 점검은 수돗물로 한다.
② 가스 용접 장치는 화기로부터 5m 이상 떨어진 곳에서 설치해야 한다.
③ 작업 종료 시 메인 밸브 및 콕 등을 완전히 잠가준다.
④ 인화성 액체 용기의 용접을 할 때는 증기 열탕 물로 완전히 세척 후 통풍 구멍을 개방 작업한다.

해설 가스 누설 검사는 안전상 필요할 때 반드시 비눗물로 점검해야 한다.

03 TIG 용접에서 가스이온이 모재에 충돌하여 모재 표면에 산화물을 제거하는 현상은?

① 청정효과   ② 제거효과
③ 용융효과   ④ 고주파효과

해설 직류역극성에서 아크가 모재 표면 산화막을 제거하는 것을 청정효과라고 한다.
용접봉에서 발생된 양이온이 음극인 모재 용융부 표면에 충돌하여 고온을 일으켜 산화 피막이 제거된다.
알루미늄, 마스네슘등 청정효과를 통해 비철금속을 용접할 수 있으며, 교류 용접으로도 가능하다.

04 용접작업시 주의 사항으로 틀린 것은?

① 화재를 방지하기 위하여 방화시설을 설치한다.
② 용접작업 부근에 화재요인을 제거한다.
③ 배관 및 설비에서 가스 누출 방지한다.
④ 가연성가스통을 항상 옆으로 뉘어서 보관한다.

해설 가연성가스통은 항상 세워서 보관하며 직사광선을 피한다.

05 TIG 용접에서 청정작용이 가장 잘 발생하는 용접하는 용접전원은?

① 직류 역극성일 때
② 직류 정극성일 때
③ 교류 정극성일 때
④ 극성에 관계없음

해설 직류역극성(DCRP,DCEP)에서 양전자가 금속표면에 충돌하여 표면 산화피막을 제거하는 청정작용일어남

06 용입불량의 방지대책으로 틀린 것은?

① 용접봉의 선택을 잘한다.
② 적정 용접전류를 선택한다.
③ 용접속도를 빠르지 않게 하다.
④ 루트 간격 및 홈 각도를 적게 한다.

01 ④   02 ①   03 ①   04 ④   05 ①   06 ④

해설 루트 간격 좁거나 홈각도가 적으면 용입불량 현상이 생길 수 있다.

07 아크 길이가 길 때, 발생하는 현상인 것은?

① 스패터 발생이 줄어든다.
② 용착금속의 품질이 우수해진다.
③ 언더컷이 생긴다.
④ 비드 외관이 우수해진다.

해설 아크길이가 길 때 생기는 현상으로 언더컷 발생, 스패터 양 증가, 비드 외관이 불량해짐

08 은, 구리, 아연의 주성분으로 된 합금이며 인장강도, 전연성 등의 성질이 우수하여 구리, 구리합금, 철강, 스테인리스강 등에 사용되는 납의 종류는?

① 황동납   ② 인동납
③ 은납   ④ 알루미늄납

해설 황동납 – 구리가 40~60% 아연이 나머지로 된납으로 용해온도는 854~874℃이다. 이것은 황동, 구리,강철 등의 땜용으로 사용된다
인동납 – 구리, 소량의 은, 인 포함 유동성이 좋고, 전기나 열에 존도성, 내식성등 기계적 성질이 우수하나 황을 함유한 고온가스 중에서의 사용은 좋지 않음
알루미늄납 – 알루미늄에 규소, 구리, 아연 등 첨가한 것으로 용융점이 600℃ 전, 후가 되어 모재의 용접에 가깝기 때문에 작업성이 대단히 나쁨.

09 미그(MiG)용접 제어장치의 기능으로 아크가 처음 발생되기 전 보호 가스를 흐르게 하여 아크를 안정되게 하고 결함 발생을 방지하기 위한 것은?

① 스타트 시간
② 예비가스 유출 시간
③ 번백 시간
④ 가스 지연유출 시간

해설 가스 지연유출 시간 – 용접 종류후에도 보호가스를 지정 시간동안 공급되는 시간

번백 시간 – 와이어가 팁에 융착되는 현상을 방지하기 위해 용접 종료 후 와이어길이를 조정하는 것

10 금속의 비파괴 검사 방법이 아닌 것은?

① 방사선 투과 시험
② 초음파 시험
③ 로크웰 경도 시험
④ 음향 시험

해설 로크웰 경도 시험은 압자를 일정한 무게로 시료면에 일정한 힘으로 눌러 압자가 들어간 깊이로 재료의 경로를 테스트 한다. 테스트후 표면에 자국이 생겨 파괴검사일 종이다.

11 용접부를 예열하는 목적의 설명으로 틀린 것은?

① 용접 작업에 의한 수축 변형을 증가시킨다.
② 용접부의 냉각 속도를 느리게 하여 결함을 방지한다.
③ 열영향부의 균열을 방지한다.
④ 용접 작업성을 개선한다.

해설 예열의 목적 – 열손실을 감소시켜 용접부 냉각속도를 늦춰 용접부 경화 및 균열감소, 열적 변형량 감소, 수소 방출을 도와 결함을 억제함, 용접금속의 용착등 작업성을 향상됨

12 논 가스 아크 용접(Non gas arc welding)의 장점에 대한 설명이 아닌 것은?

① 아크의 빛과 열이 강렬하다.
② 용접장치가 간단하며 운반이 편리하다.
③ 바람이 있는 옥외에서도 작업이 가능하다.
④ 피복 가스 용접봉의 저수소계와 같이 수소의 발생이 적다.

해설 아크의 빛과 열은 일반적인 용접과 비슷하다.

07 ④   08 ③   09 ②   10 ③   11 ①   12 ①

13 아크 전류가 일정할 때 아크 전압이 높아지면 용접봉의 용융속도가 늦어지고 아크 전압이 낮아지면 용융속도가 빨라지는 특성을 무엇이라 하는가?

① 부저항 특성　② 절연회복 특성
③ 전압회복 특성　④ 아크 길이 자기 제어 특성

해설▶ 아크 길이 자기제어 특성 – 아크 전류가 일정할 때 아크 전압이 높아지면 용접봉의 용융속도가 늦어지고, 아크 전압이 낮아지면 용융속도가 빨라진다.

14 산소는 대기 중의 공기 속에 약 몇 % 함유되어 있는가?

① 11%　② 21%
③ 31%　④ 41%

해설▶ 공기의 구성 요소는 질소 78%, 산소 21%, 나머지는 1%에는 아르곤, 네온, 이산화탄소, 오존등으로 구성됨

15 가스 용접에서 후진법의 특징을 설명한 것으로 틀린 것은?

① 열 이용률이 좋다.
② 용접속도가 빠르다.
③ 용접 변형이 작다.
④ 산화정도가 심하다.

해설▶

	전진법	후진법
용접속도	느림	빠름
열이용률	나쁨	좋은
변형	크다	적다
산화도	크다	적다
두께	박판	후판
비드모양	좋음	나쁨

16 가스 용접봉 선택의 조건의 들지 않는 것은?

① 모재와 같은 재질일 것.
② 불순물이 포함되어 있지 않을 것.
③ 용융 온도가 모재보다 낮을 것.
④ 기계적 성질에 나쁜 영향을 주지 않을 것.

해설▶ 모재와 같은 재질이며 충분한 강도를 갖으며 불순물이 없을 것
기계적 성질에 나쁜 영향을 주지 않으며 용융온도는 모재와 동일할 것

17 산소 용기의 취급상 주의할 점이 아닌 것은?

① 운반 중에 충격을 주지 말 것.
② 그늘진 곳을 피하여 직사광선이 드는 곳에 둘 것
③ 산소 누설시험에는 비눗물을 사용할 것.
④ 밸브의 개폐는 천천히 할 것.

해설▶ 압력용기는 직사광선을 피해서 보관할 것

18 가스절단에서 판 두께가 12.7㎜일 때, 표준 드래그의 길이는 다음 중 얼마인가?

① 2.4㎜　② 5.2㎜
③ 5.6㎜　④ 6.4㎜

해설▶ 표준드래그 길이 = 판두께의 20%

19 시편의 표점거리가 125mm, 늘어난 길이가 145mm이었다면 연신율은?

① 16%　② 20%
③ 26%　④ 30%

해설▶ 연신율 : 재료가 늘어나는 성질로 가공성과 밀접한 관련이 있다.
$\frac{늘어난길이}{원래길이} \times 100 \quad \frac{20}{125} \times 100 = 16$

20 다음 용접법 중 비소모식 아크 용접법은?

① 논 가스 아크 용접
② 피복 금속 아크 용접
③ 서브머지드 아크 용접
④ 불활성 가스 텅스텐 아크 용접

해설 ▶ 비소모식 아크 용접법이라 전극봉이 녹지 않고 용접봉이 공급되는 것을 말하며 대표적인 것이 가스 텅스텐 아크 용접 즉 티그 용접이 있다.

21 용해 아세틸렌 취급 시 주의사항으로 틀린 것은?

① 저장 장소는 통풍이 잘 되어야 한다.
② 저장 장소에는 화기를 가까이 하지 말아야 한다.
③ 용기는 진동이나 충격을 가하지 말고 신중히 취급해야 한다.
④ 용기는 아세톤의 유출을 방지하기 위해 눕혀서 보관한다.

해설 ▶
- 저장실에는 착화에 위험이 없어야 한다.
- 용기는 반드시 세워서 취급하여야 한다.
- 용기의 온도를 40℃ 이하로 유지하며 이동시에는 반드시 캡을 씌워야 한다.
- 동결 부분은 35℃ 이하의 온수로 녹이며, 누설 검사는 비눗물을 사용한다.

22 시험편을 눌러 구부리는 시험방법으로 굽 힘에 대한 저항력을 조사하는 시험방법은?

① 충격시험   ② 굽힘시험
③ 전단시험   ④ 인장시험

해설 ▶ 굽힘 시험은 모재 및 용접부의 연성, 결함의 유무를 시험하는 방법으로 종류로는 표면 굽힘, 이면 굽힘, 측면 굽힘 시험이 있다.

23 주철 조직 중의 흑연 형상은 다양하다. 다음중 흑연의 형상이 아닌 것은?

① 공정상 흑연   ② 편상 흑연
③ 침상 흑연   ④ 괴상 흑연

해설 ▶ 주철 조직 중의 흑연의 형상은 편상, 괴상, 침상, 구상이 있다.

24 피복 아크용접시 아크가 발생될 때 인체에 가장 큰 피해를 주는 광선은?

① 감사선   ② 적외선
③ 자외선   ④ 방사선

해설 ▶ 용접시 자외선이 많이 발산되며 눈에 큰 영양을 주기 때문에 빛을 줄여주는 장비를 착용 후 용접한다.

25 양호한 절단면을 얻기 위한 조건으로 틀린 것은?

① 드래그가 가능한 클 것
② 슬래그 이탈이 양호할 것
③ 절단면 표면의 각이 예리할 것
④ 절단면이 평활하다 드래그의 홍이 낮을 것

해설 ▶ 드래그는 가능한 작고, 절단 모재의 표면 각이 예리할 것, 절단면이 평활할 것, 슬랙의 박리성이 우수할 것, 경제석인 질단이 이루어질 것

26 그림과 같은 용착시공 방법은?

① 띄움법   ② 캐스케이드법
③ 살붙이법   ④ 전진블록법

해설 ▶ 한 부분의 몇 층을 용접하다가 이것을 다음 부분의 층으로 연속시켜 전체가 계단 형태의 단계를 이루도록 하는 용착법

27 가스 절단에서 팁의 백심 끝과 강판사이의 간격으로 적당한 것은?

① 0.1~0.3mm   ② 0.4~1mm
③ 1.5~2.0mm   ④ 4.0~5.0mm

28 금속과 금속을 충분히 접근시키면 그들사이에 원자간의 인력이 작용하여 서로 결합한다. 이결합을 이루기 위해한 거리로 알맞은 것은?

① 1Å = 10−7cm
② 1Å = 10−8cm
③ 1Å = 10−9cm
④ 1Å = 10−10cm

해설 ▶ 원자가 인력에 의해 접합할 수 있는 원자간의 거리는 1Å = 10−8cm 이며, 옹스트롬이라 한다.

29 플래시 버트(Flash butt) 용접에서 3단계로 옳은 것은?

① 예열, 플래시, 업셋
② 업셋, 플래시, 후열
③ 예열, 플래시, 검사
④ 업셋, 예열, 후열

해설 ▶ 플래시 버트 용접은 예열→플래시→업셋 순서로 진행되고, 열영향부 및 가열 범위가 좋아 강도가 좋음

30 용접기의 아크 발생을 5분간 하고 5분간 쉬었다면 사용률은 몇 %인가?

① 25   ② 50
③ 75   ④ 90

해설 ▶ 사용률 = 아크발생시간 / (아크발생시간 + 정지시간) × 100 = 5 / (5+5) × 100 = 50%

31 돌기 용접의 특징 중 틀린 것은?

① 용접부의 거리가 작은 점 용접이 가능하다.
② 전극 수명이 길고 작업을 능률이 높음.
③ 작은 용접점이라도 높은 신뢰도를 얻을 수 있다.
④ 한 번에 한 점씩만 용접할 수 있어서 속도가 느리다.

해설 ▶ 용접 속도가 빠르며, 제품의 한쪽 또는 양쪽에 돌기를 만들어 여러 점에 용접 전류를 집중시켜 압접하는 방법.

32 심장마비를 일으켜 사망에 이를 수 있는 전류의 세기는?

① 20mA 이상
② 30mA 이상
③ 40mA 이상
④ 50mA 이상

해설 ▶ 50~100mA정도 감전되면 사망에 이를 수 있다.

33 가스용접봉을 선택하는 공식으로 옳은 것은? (D : 용접봉지름, T : 판두께)

① $D = \dfrac{T}{2} + 1$ ② $D = \dfrac{T}{2} + 2$
③ $D = \dfrac{T}{2} - 2$ ④ $D = \dfrac{T}{2} - 1$

34 용접법중 전원이 필요하지 않은 용접법은?

① 플래시 용접법
② 프로젝션 용접법
③ 테르밋 용접법
④ 일렉트로 슬래그 용접법

해설 ▶ 테르민 용접 – 금속산화물과 알루미늄분말의 화학 반응열을 이용하는 방법

27 ③   28 ②   29 ①   30 ②   31 ④   32 ④   33 ①   34 ③

35 저항용접의 3요소로 올바른 것은?

① 용접전류, 가압력, 통전시간
② 가압력, 용접전압, 통전시간
③ 용접전류, 용접전압, 가압력
④ 용접전류, 용접전압, 통전시간

36 내용적 33.7L의 산소병에 150kgf/cm2의 압력으로 충전되어 있다면 사용가능한 산소량은 몇 L인가?

① 3055   ② 4055
③ 5055   ④ 6055

해설> 산소충전량 = 내용적×충전압력 = 33.7×150 = 5055L

37 가스용접시 토치의 팁이 막혔을 때 가장 올바른 조치방법은?

① 팁클리너를 사용한다.
② 물청소를 한다.
③ 토치를 벽에 때려서 청소를 한다.
④ 용접봉으로 긁어낸다.

해설> 팁클리너를 이용하여 청소한다.

38 연납땜과 경납때의 구분 온도는 몇 ℃인가?

① 350   ② 450
③ 550   ④ 650

해설> 450℃를 기준으로 낮으면 연납땜, 높으면 경납땜이라고 한다.

39 무색 무취, 무미와 독성이 없고, 공기중에 약 0.94% 정도 존재하는 불활성 가스는?

① 헬륨   ② 네온
③ 아르곤   ④ 질소

해설> 아르곤은 특징이 무색, 무취, 무미와 독성이 없으며 다른 원소와 반응하지 않는 불활성 가스이다.

40 가스용접 방법중 전진법과 후진법을 비교한 특성으로 틀린 것은?

① 열 이용률이 좋다.
② 용접 속도가 빠르다.
③ 용접 변형이 작다.
④ 산화정도가 심하다.

해설>

	전진법	후진법
용접속도	느림	빠름
열이용률	나쁨	좋은
변형	크다	적다
산화도	크다	적다
두께	박판	후판
비드모양	좋음	나쁨

41 공석조성을 0.80%C라고 하면, 0.2%C 강의 상온에서의 초석페라이트와 펄라이트의 비는 약 몇 %인가?

① 초석페라이드 75% : 펄라이트 25%
② 초석페라이드 25% : 펄라이트 75%
③ 초석페라이드 80% : 펄라이트 20%
④ 초석페라이드 20% : 펄라이트 80%

해설> 초석페라이트 = 0.8 − 0.2/0.8 − 0.0218×100 = 76.93
펄라이트 + 페라이트=100%,
펄라이트 = 100−76.93 = 23%

42 다음 KS 용접부 비파괴 시험방법 기호 중 방사선 투과시험을 의미하는 것은?

① M T   ② U T
③ P T   ④ R T

해설>
- MT(Magnetic Testing, 타분탐상검사) : 재료를 자화시킨 상태에서 결함부에서 생기는 누설자속 상태를 철분 또는 검사코일을 사용해 검출하는 검사법이다.
- UT(Ultrasonic Testing, 초음파검사) : 초음파를 발생시켜 송수신을 통하여 도달되는 초음파의 강도로 결함부를 검출하는 검사법이다.

35 ①   36 ③   37 ①   38 ②   39 ③   40 ④   41 ①   42 ④

- PT(Penentrant Testing, 침투탐상검사) : 표면의 미세균열이나 홈 부위에 침투액을 뿌리고 현상액을 통하여 결함의 불연속부 속 침투액을 표면에 노출시켜 결함을 검출하는 검사법이다.
- RT(Radiographic Testing, 방사선검사) : 방사선을 재료에 투과시켜 필름에 감광시킨후 빛의 투과량에 따라 내부의 상태를 확인하는 방법이다.

43 다음 중 탄소강에서 적열취성을 방지하기 위하여 첨가하는 원소는?

① S   ② Mn
③ P   ④ Ni

해설 망간(Mn)은 황으로 인한 적열취성을 방지하고 고온가공을 용이하게 한다.

44 Al-Cu-Si계 합금의 명칭으로 옳은 것은?

① 알민   ② 라우탈
③ 알드리   ④ 코오슨합금

해설 실루민 – Al-Si 합금
라우탈 – Al-Cu-Si 합금
알드리 – Al-Mg-Si 합금
코오슨 – Cu-Ni-Si 합금

45 Al 표면에 방식성이 우수하고 치밀한 산화피막이 만들어지도록 하는 방식 방법이 아닌 것은?

① 산화법   ② 수산법
③ 황산법   ④ 크롬산법

해설 Al 표면 방식법(양극 산화피막 형성) : 수산법, 황산법, 크롬산법

46 열팽창계수가 다른 두 종류의 판을 붙여서 하나의 판으로 만든 것으로 온도 변화에 따라 휘거나 그 변형을 구속 하는 힘을 발생하며 온도감응소자 등에 이용 되는 것은?

① 서멧 재료   ② 바이메탈 재료
③ 형상기억합금   ④ 수소저장합금

해설 서멧 재료 : 도자기재료와 금속과의 소결 복합재료
형상기억합금 : 형상을 변형 시켜도 일정 온도가 되면 변형전 형태로 돌아오는 합금
수소저장합금 : 수소와 반응하여 금속이 수소를 흡수하여 금속수소화물을 생성되는 합금
바이메탈재료 : 열팽창계수가 다른 두종류를 얇게 포개 붙여 열팽창의 값이 달라 휘어지는 재료

47 다음 중 화학적인 표면 경화법이 아닌 것은?

① 고체 침탄법
② 가스 침탄법
③ 고주파 경화법
④ 질화법

해설 고주파 경화법은 물리적 표면경화법이다. 고주파 유도전류에 의해 표면층만 급열후 급냉하여 경화시는 법

48 다음 중 Al, Cu, Mn, Mg을 주성분으로 하는 알루미늄 합금은?

① 로우에스
② 듀랄루민
③ Y합금
④ 실루민

해설 듀랄루민은 기본 조성은 Al 95%, Cu 4% Mg 0.5%, Si 0.4%로 항공기용 구조재로 사용된다.

49 Ni-Cu계 합금에서 60~70% Ni 합금은?

① 알민(almin)
② 어드벤스(advinice)
③ 모델메탈(monelmetal)
④ 콘스탄틴(constantan)

해설 Ni-CU 합금으로 내식성이 크고, 인장강도가 연강에 비해서 낮지 않으므로 봉, 선, 단조물, 터빈 분 레이드, 밸브 및 밸브 시트, 화학 공업용 용기 등으로 많이 사용된다.

43 ② 44 ② 45 ① 46 ② 47 ③ 48 ③ 49 ④

50 주철의 성장 원인이 아닌 것은?

① Fe3C 흑연화에 의한 팽창
② 불균일한 가열로 생기는 균열에 의한 팽창
③ 흡수되는 가스의 팽창으로 인해 항복되어 생기는 팽창
④ 고용된 원소인 Mn의 산화에 의한 팽창

해설 주철의 성장 원인
• 시멘타이트의 흑연화에 의한 팽창
• 페라이트 중에 고용되어 있는 규소의 산화에 의한 팽창
• A1 변태점(723℃) 이상의 온도에서 부피 변화로 인한 팽창
• 불균일한 가열로 생기는 균열에 의한 팽창, 흡수한 가스에 의한 팽창 등

51 보기 입체도의 화살표 방향이 정면일 경우 좌측면도로 가장 적합한 것은?

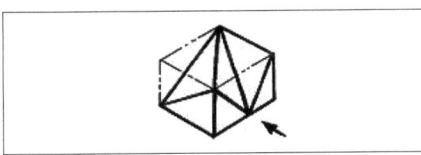

① 　②
③ 　④

52 다음중 플러그 용접 기호로 옳은 것은?

① 　②
③ 　④

해설 ② 필릿용접 ③ 표면용접 ④점 용접(스폿용접)

53 배관 제도 밸브 도시 기호에서 ⋈ 기호의 뜻은?

① 일반밸브　② 글로브 밸브
③ 게이트밸브　④ 체크밸브

해설 일반밸브 : ⋈　글로브 밸브 : ⧫
게이트밸브 ⋈

54 단면임을 나타내기 위하여 단면부분의 주된 중심선에 대해 45°(도) 경사지게 나타내는 선들을 의미하는 것은?

① 해칭　② 호핑
③ 코킹　④ 스머징

55 제3각법으로 정투상한 그림에서 누락된 정면도로 가장 적합한 것은?

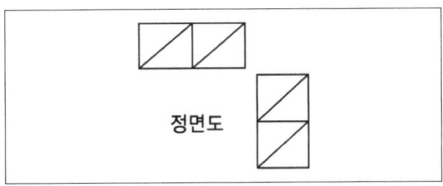

① 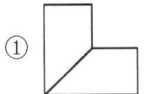　②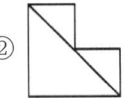
③ 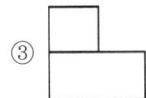　④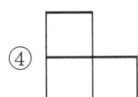

56 기계제도에서의 척도에 대한 설명으로 잘못된 것은?

① 축척의 표시는 2:1, 5:1, 10:1 등과 같이 나타낸다.
② 척도는 표제란에 기입하는 것이 원칙이다.
③ 척도란 도면에서의 길이와 대상물의 실제 길이의 비이다.
④ 도면을 정해진 척도값으로 그리지 못하거나 비례하지 않을 때에는 척도를 'NS'로 표시할 수 있다.

[해설] 실물보다 작게 그린 것을 축척이라 하며, 1:2, 1:5, 1:10 등으로 표시한다. 2:1, 5:1, 10:1은 배척을 의미함

57 다음 중 치수기입의 대한 설명으로 가장 적절한 것은?

① 중요한 치수는 중복하여 기입한다.
② 치수는 되도록 주 투상도에 집중하여 기입한다.
③ 계산하여 구한 치수는 되도록 식을 같이 기입 한다.
④ 치수 중 참고 치수에 대하여는 네모 상자 안에 치수 수치를 기입한다.

[해설] 치수는 중복 기입을 피하며, 치수는 되도록 계산해 구할 필요가 없도록 한다.

58 다음 중 고압배관용 탄소강관 재질 기호는?

① SPA
② STK
③ SPP
④ STS

[해설] SPA : 배관용 합금 강관
STK : 일반 구조용 탄소강관
SPP : 배관용 탄소강관

59 가공상태를 지시하는 용접 보조기호중 치핑을 뜻하는 것은?

① G
② C
③ H
④ R

[해설] G : 그라인딩 H : 해머링, R : 롤링

60 지그재그 선을 사용하는 경우에 해당하는 것은?

① 특정 부분의 단면을 90° 회전하여 나타내는 경우
② 대상물의 일부를 파단한 경계를 표시하는 경우
③ 인접을 참고로 표시하는 경우
④ 반복을 표시하는 경우

[해설] 불규칙한 파형의 가는 실선 또는 지그재그선은 대상물의 일부를 파단하는 경계 또는 일부를 떼어낸 경계를 표시하는데 사용

56 ① 57 ② 58 ④ 59 ② 60 ④

18 CBT 출제 예상문제

- 피복아크용접기능사
- 가스텅스텐아크용접기능사
- 이산화탄소가스아크용접기능사

01 탄소 아크 절단에 주로 사용되는 용접 전원은?

① 직류정극성 ② 직류역극성
③ 교류정극성 ④ 교류역극성

해설 ▶ 직류정극성이 주로 쓰이나 교류에서도 절단이 된다.

02 용접홀더 종류중 용접봉을 잡는 부분을 제외하고 모두 절연이 되어 있는 안전 홀더는?

① A형 ② B형
③ C형 ④ D형

해설 ▶ A형은 용접봉을 잡는 부분을 제외하고 모두 절연 안전 홀더라고 한다. B형은 손잡이 부분만 절연된 것

03 용접 이음에 대한 특성중 옳은 것은?

① 복잡한 구조물 제작이 어렵다.
② 기밀, 수밀, 유밀성이 나쁘다.
③ 변형의 우려가 없어 시공이 용이하다.
④ 이음 효율이 높고 성능이 우수하다.

해설 ▶ 용접 이음은 이음효율이 좋으며 성능이 영구적 이음을 할수 있다.

04 화염 경화법의 장점이 아닌 것은?

① 국부적인 담금질이 가능하다.
② 일반 담금질에 비해 담금질 변형이 적다.
③ 부품의 크기나 형상에 제한이 없다.
④ 가열 온도의 조절이 쉽다.

해설 ▶ 화염을 이용하기 때문에 가열 온도 조절이 쉽지 않다.

05 탄소강에 함유된 구리(Cu)의 영향으로 틀린 것은?

① A1 변태점을 저하시킨다.
② 강도, 경도, 탄성 한도를 증가시킨다.
③ 내식성을 저하시킨다.
④ 다량 함유하면 강재 압연 시 균열의 원인이 되기도 한다.

해설 ▶ 구리가 첨가되면 인장강도, 경도, 내식성 증가된다.

06 가스 절단 속도와 절단 산소의 순도에 관한 설명중 옳은 것은?

① 절단 속도는 절단 산소의 압력이 높고, 산소 소비량이 많을수록 정비례하여 증가한다.
② 절단 속도는 모재의 온도가 낮을수록 고속절단이 가능하다.
③ 산소에 불순물이 많으면 절단 속도가 빨라진다.
④ 산소의 순도가 99% 이상이면 절단 속도가 느리다.

해설 ▶
- 가스 절단시 산소순도는 99.5% 이상이어야 작업능률이 높아진다.
- 불순물이 많을수록 절단 속도가 느려진다.
- 모재의 온도가 높을수록 고속절단이 가능하다.

07 가변압식 토치의 팁 번호가 300번을 사용하여 중성 불꽃으로 1시간 동안 용접할 때, 아세틸렌 가스의 소비량은 몇 L인가?

① 300 ② 500
③ 700 ④ 900

01 ① 02 ① 03 ④ 04 ④ 05 ③ 06 ① 07 ①

해설 가변압식(프랑스식) 1시간동안 중성 불꽃으로 사용시 소비량으로 팁번호를 나타낸다.
300일 경우 소비량은 300L이다.

08 피복 아크 용접에서 일반적을 용접 모재에 흡수되는 열량은 용접 입열의 몇 %정도되는 가?

① 40~50% ② 50~60%
③ 60~70% ④ 70~80%

해설 모재에 흡수되는 열량은 입열의 70~80%이다.

09 다음중 용접기의 특성에 있어 수하 특성의 역할로 가장 적합한 것은?

① 열량의 증가
② 아크의 안정
③ 아크 전압의 상승
④ 저항의 감소

해설 수하 특성은 용접 작업중 아크 상태를 안정화시키위해 필요한 특성이다.

10 아크 용접기의 구비 조건으로 틀린 것은?

① 구조 및 취급이 간단해야 한다.
② 용접중 온도 상승이 커야 한다.
③ 아크발생 및 유지가 용이하고 아크가 안정되어야 한다.
④ 역률 및 효율이 좋아야 한다.

해설 용접기의 온도 상승이 커지면 용접효율이 떨어지므로 온도 상승이 낮아야 좋다.

11 용접변형 방지법이 아닌 것은?

① 도열법 ② 억제법
③ 비녀장법 ④ 역변형법

해설 비녀장법은 용접결함 보수법중 가늘고 긴 균열을 보수하기 위해 용접선에 직각이 되게 꺾쇠 모양으로 직경 6mm 정도의 강봉을 박고 용접 하는 법이다.

12 산소 용기의 취급상 주의할 점이 아닌 것은?

① 운반중에 충격을 피할 것
② 직사광선을 피해 그늘진 곳에 보관할 것
③ 산소 누설 시험에는 비눗물을 사용할 것
④ 산소 용기의 운반시 벨브를 열고 캡을 제거후 이동할 것

해설 산소용기뿐만 아니라 대부분 압력용기는 충격을 피하고 직사광선을 피해 그늘에 보관하며 비눗물을 이용하여 누설검사하고 운반시 벨브를 닫고 캡을 씌워서 이동하며 화기에서 멀리 보관한다.

13 직류 아크용접의 정극성에 전극 연결 상태로 옳은 것은?

① 용접봉 (−), 모재 (+)
② 용접봉 (+), 모재 (−)
③ 용접봉 (+), 모재 (+)
④ 용접봉 (−), 모재 (+)

해설

극성명칭	전극		열원 배분량	특징
직류정극성 (DCSP, DCEN)	모재	+	약 70%	• 용입이 깊고 용접봉은 천천히 용융됨. • 후판용접에 적합하다. • 열이용률이 높다.
	전극봉	−	약 30%	• 비드폭이 좁다. • 일반적인 용접에 사용된다.
직류역극성 (DCRP, DCEP)	모재	−	약 30%	• 용입이 얕고 용접봉은 빠르게 용융됨. • 박판용접에 적합하다. • 열이용률이 낮다.
	전극봉	+	약 70%	• 비드폭이 넓다. • 주철, 고탄소강, 비철금속에 사용된다.
교류	없음		각각 50%씩	• 직류정극성, 직류역극성의 중간

08 ④   09 ②   10 ②   11 ③   12 ④   13 ①

13 제품을 회전시키며 작업능률을 향상시켜주는 장비로 옳은 것은?

① 회전 포지셔너 ② 용접클램프
③ 평판작업대   ④ 바이스클램프

14 부탄가스의 화학 기호로 맞는 것은?

① C_5H_{12} ② C_3H_8
③ C_4H_{10} ④ C_2H_6

해설 ▶ C3H8 : 프로판, C5H12 : 메탄, C2H6 : 에탄

15 비드 표면이 곱고 슬랙의 박리성이 좋아 아래보기 및 수평 필렛 용접에 많이 사용되는 용접봉은?

① 저수소계(E4316)
② 일미나이트계(E4301)
③ 철분산화철계(E4327)
④ 라임 티타니아계(E4303)

해설 ▶ E4327
E : 전기아크용접봉 43 : 최저인장강도셋째 27 : 피복제의 계통 및 용접자세 2는 자세를 뜻함(아래보기 및 수평 필렛)

16 직류 용접에서 아크쏠림(arc blow)에 대한 설명으로 틀린 것은?

① 아크쏠림의 방지 대책으로는 용접봉 끝을 아크쏠림 방향으로 기울인다.
② 자기불림(magnetic blow)이라고도 한다.
③ 용접 전류에 의해 아크 주위에 발생하는 자장이 용접에 대해서 비대칭으로 나타나는 현상이다.
④ 용접봉에 아크가 한쪽으로 쏠리는 현상이다.

해설 ▶ 아크쏠림(자기불림(magneic blow)) : 직류 용접에서 용접봉에 아크가 한쪽으로 쏠리는 현상으로 용접 전류에 의해 아크 주위에 자장이 용접에 대하여 비대칭으로 나타나는 현상이며, 교류 용접에서는 발생하지 않는다.
방지 대책으로 접지를 용접부에서 멀리 두며 아크길이를 짧게 하고 아크를 쏠림 반대 방향으로 기울인다.

17 탱크 등 밀폐 용기 속에서 용접 작업을 할 때 주의사항으로 적합하지 않은 것은?

① 환기에 주의한다.
② 감시원을 배치하여 사고의 발생에 대처한다.
③ 유해가스 및 폭발가스의 발생을 확인한다.
④ 위험하므로 혼자서 용접하도록 한다.

해설 ▶ 탱크 및 밀폐 용기 속에서 용접 작업을 할 때는 반드시 감시인 1인 이상을 배치시켜서 안전사고의 예방과 사고 발생 시 즉시 사고에 대해 조치하도록 한다.

18 용접 순서를 결정하는 사항으로 맞지 않는 것은?

① 같은 평면 안에 많은 이음이 있을 때에는 수축은 되도록 자유단으로 보낸다.
② 중심에 대하여 항상 대칭으로 용접을 진행시킨다.
③ 수축이 작은 이음을 먼저 용접하고 큰 이음을 뒤에 용접 한다.
④ 용접물의 중립축에 대하여 용접으로 인한 수축력 모멘트의 합이 0이 되도록 한다.

해설 ▶ 수축이 큰 이음부터 용접후 작은 이음 순서로 진행한다.

14 ③   15 ③   16 ①   17 ④   18 ③

19 크레이터(crater) 처리 미숙으로 일어나는 결함이 아닌 것은?

① 수축될 때 균열이 생기기 쉽다.
② 파손이나 부식의 원인이 된다.
③ 슬랙의 섞임이 되기 쉽다.
④ 용접봉의 단락 원인이 된다.

해설 용접부의 끝부분 움푹 파인 부분을 크레이터라고 하며, 일반적으로 크레이터 처리는 아크 길이를 짧게 하여 운봉을 정지시켜서 크레이터를 채운 다음 용접봉을 빠른 속도로 들어 아크를 끊는다. 이때 크레이터 처리를 잘 못하면 균열, 슬랙 섞임, 등이 일어나거나 파손될 수 있어 시종단에 엔드탭을 사용한다.

20 아크 용접에서 피닝을 하는 목적으로 가장 알맞은 것은?

① 용접부의 잔류 응력을 완화시킨다.
② 모재의 재질을 검사하는 수단이다.
③ 응력을 강하게 하고 변형을 유발시킨다.
④ 모재 표면의 이물질을 제거한다.

해설 잔류 응력 제거법에 노내 풀림법, 국부 풀림법, 기계적 응력 완화법, 저온 응력 완화법, 피닝법 등이 있다.

21 연강용 피복 아크 용접봉 심선의 성분 중 고온균열을 일으키는 성분은?

① 황   ② 망간
③ 인   ④ 규소

해설 연강용 피복 아크 용접봉 심선은 탄소(C), 규소(S), 망간(Mn), 인(P), 황(S), 구리(Cu)로 조성되어 있으며, 이들 성분 중 망간은 균열을 방지하는 성분, 황은 고온균열을 일으키는 성분이다.

22 합금주철의 원소 중 흑연화를 방지하고 탄화물을 안정시키는 원소는?

① 크롬(Cr)   ② 니켈(Ni)
③ 구리(Cu)   ④ 몰리브덴(Mo)

해설 니켈 : 흑연화 촉진, 몰리브덴 : 조직의 균일화

23 가접 방법에서 가장 옳은 설명은?

① 가접은 반드시 본 용접을 실시할 홈 안에 하도록 한다.
② 가접은 가능한 한 튼튼하게 하기 위하여 길고 많게 한다.
③ 가접은 본 용접과 비슷한 기량을 가진 용접공이 할 필요는 없다.
④ 가접은 강도상 중요한 곳과 용접의 시점 및 종점 이 되는 끝부분에는 피해야 한다.

해설
• 본 용접을 실시하기 전에 좌우의 홈 부분을 잠정적으로 고정하기 위한 짧은 용접이다.
• 가접 상태의 좋고 나쁨은 용접 결과에 직접 영향을 준다.
• 본 용접 시와 동일한 기량을 가진 용접사에 의해 실시하여야 한다.
• 본 용접보다는 지름이 약간 가는 용접봉을 사용하는 것이 좋다.
• 강도상 중요한 곳(응력이 집중하는 곳)과 용접의 시점 및 종점 되는 끝부분은 피해야 한다.
• 홈 안에 불가피 가접하였을 때는 본 용접 전에 갈아내는 것이 좋다

24 다음 중 서브머지드 아크용접의 다른 이름 (명칭)이 아닌 것은?

① 잠호 용접
② 유니언멜트 용접
③ 링컨 용접
④ 플라즈마 아크 용접

해설 서브머지드 아크 용접(잠호 용접)은 용제 속에서 아크를 발생시켜 용접하며, 상품명으로는 유니언 멜트 용접, 링컨 용접법이라고도 한다.

19 ④　20 ①　21 ①　22 ①　23 ④　24 ④

25 아크 용접기의 사용률 공식으로 옳은 것은?

① 사용률(%) = $\dfrac{\text{아크시간} + \text{휴지시간}}{\text{아크시간}} \times 100$

② 사용률(%) = $\dfrac{\text{아크시간}}{\text{아크시간} + \text{휴지시간}} \times 100$

③ 사용률(%) = $\dfrac{\text{휴지시간}}{\text{아크시간}} \times 100$

④ 사용률(%) = $\dfrac{\text{아크시간}}{\text{휴지시간}} \times 100$

26 고주파 교류 전원을 사용하여 TIG 용접을 할 때 장점으로 틀린 것은?

① 긴 아크 유지가 용이하다.
② 전극봉의 수명이 길어진다.
③ 비접촉에 의해 융착 금속과 전극의 오염을 방지한다.
④ 동일한 전극봉 크기로 사용할 수 있는 전류 범위가 작다.

해설 고주파 전원을 사용하므로 모재에 접촉시키지 않아도 아크가 발생한다. 또한 고주파 장치가 붙어 있는 것을 사용하면 초기 아크 발생이 쉽고 텅스텐 전극의 오손 등이 적어 오래 사용할 수 있다.

27 청동의 용해 주조시에 탈산제로 사용하는 P의 첨가량이 많아 합금 중에 0.05%~0.5%정도 남게 하면 용탕의 유동성이 좋아지고 합금의 경도, 강도가 증가하여 내마모성, 탄성이 개선되는 청동은?

① 인청동
② 베빗 메탈(babbit metal)
③ 암즈 청동
④ 켈밋(Kelmet)

해설 인청동 : 인이 0.5% 이하로 첨가된 청동으로 내식성, 내마멸성, 유동성이 양호하며 기어, 캠, 축으로 많이 사용된다.

28 18-8 스테인리스강에서 18-8이 의미하는 것은 무엇인가?

① 몰리브덴이 18%, 크롬이 8% 함유 되어 있다.
② 크롬이 18%, 몰리브덴이 8% 함유 되어 있다.
③ 크롬이 18%, 니켈이 8% 함유 되어 있다.
④ 니켈이 18%, 크롬이 8% 함유 되어 있다.

해설 오스테나이트계 : 18% Cr-8% N 내식성이 가장 우수하며, 가공성이 좋고, 용접성 우수, 염산, 황산에 취약, 비자성체

29 미세한 알루미늄 분말과 산화철 분말을 혼합하여 과산화바륨과 알루미늄 등 혼합분말로 된 점화제를 넣고 연소시켜 그 반응 열로 용접하는 것은?

① 테르밋 용접
② 전자빔 용접
③ 불활성가스 아크용접
④ 원자수소 용접

해설 알루미늄 분말과 산화철 분말을 3~4:1의 혼합하여 테르밋제에 과산화바륨과 마그네슘분말을 혼합하여 촉진제를 넣어 연소시켜 화학반응열로 인해 용접하는 방법

30 다음 중 용접의 장점에 대한 설명으로 옳은 것은?

① 기밀, 수밀, 유밀성이 좋지 않다.
② 두께에 대한 제한이 없다.
③ 작업이 비교적 복잡하다.
④ 보수 수리가 곤란하다.

해설
- 재료가 절약되고, 중량이 감소한다.
- 작업 공정 단축으로 경제적이다.
- 재료의 두께 제한이 없다.
- 이음 효율이 향상된다(기밀, 수밀, 유밀 유지).

25 ②   26 ③   27 ①   28 ③   29 ①   30 ②

- 이종 재료 접합이 가능하다.
- 용접의 자동화가 용이하다.
- 보수와 수리가 용이하다.
- 형상의 자유화를 추구할 수 있다.

31 피복 아크 용접 중 오버랩이 발생한 경우 그 보수방법으로 가장 적당한 것은?

① 결함부분을 절단하여 재 용접한다.
② 일부분을 깎아내고 재 용접한다.
③ 가는 용접봉을 사용하여 재 용접하다.
④ 정지구멍을 뚫고 재 용접하다.

해설 용용된 금속이 모재와 융합되지 않아 들뜨는 용접 결함으로 전류가 약하거나 속도가 너무 느려 발생한다.
방지법으로 전류를 강하게 하고 용접 속도를 빠르게 한다.
보수 방법으로 용용되지 않은 부위를 전동공구로 제거후 재 용접을 한다.

32 일렉트로 가스 아크 용접에 주로 사용되는 실드가스는?

① 아르곤가스   ② 수소가스
③ 헬륨가스   ④ CO_2

해설 주로 CO_2가스를 사용하고 아르곤, 헬륨도 사용된다.

33 Fe-C 상태도에서 A3와 A4변태점 사이에서의 결정구조는?

① 체심정방격자
② 체심입방격자
③ 조밀육방격자
④ 면심입방격자

해설 A3변태(910℃)
온도 상승시 : BCC → FCC로 격자구조 변화
온도 하강시 : FCC → BCC로 격자구조 변화
A4변태(1390℃)
온도 상승시 : FCC → BCC로 격자구조 변화
온도 하강시 : BCC → FCC로 격자구조 변화

34 주철의 조직은 C와 Si 의 양과 냉각속도에 의해 좌우된다. 이들의 요소와 조직의 관계를 나태는 것은?

① C.C.T 곡선   ② 탄소 당량도
③ 마우러 조직도   ④ 주철의 상태도

해설 주철 C와 Si량의 냉각송도에 따른 조직의 변화를 나타낸다.

35 철강 인장시험결과 시험편이 파괴되기 직전 표점거리 62 mm, 원표점거리 50 mm일 때 연신율은?

① 12%   ② 24%
③ 31%   ④ 36%

해설 연신율 = 원길이와 늘어난 길이의 비율
$\dfrac{\ell' - \ell}{\ell}$ (ℓ :원길이, ℓ' 늘어난길이) $= \dfrac{62-50}{50} \times 100 = 24\%$

36 전격방지기는 아크를 끊음과 동시에 자동적으로 릴레이가 차단되어 용접기의 2차 무부하 전압을 몇 V 이하로 유지시키는가?

① 20 ~ 30
② 35 ~ 45
③ 50 ~ 60
④ 65 ~ 75

해설 전격방지기 – 높은 전압으로 용접작업자의 감전사고를 예방하기 위해 2차무부하전압을 안전전압인 25V이하로 내려주는 장치

37 금속 표면에 스텔라이트, 초경합금 등의 금속을 용착시켜 표면경화 층을 만드는 것은?

① 금속 용사법
② 하드페이싱
③ 쇼트 피이닝
④ 금속 침투법

해설
- 금속용사법 – 액체상태의 금속을 표면에 뿌려 막을 만드는 방법

 31 ②   32 ④   33 ④   34 ③   35 ②   36 ①   37 ②

- 하드페이싱 – 표면을 마모나 부식으로부터 방지하기 위해서 스텔라이트나 경합금을 융착시키는 방법
- 쇼트피이닝 – 작은 금속입자를 고속으로 표면에 투사하여 표면을 해머링하는 방법
- 금속침투법 – 가열된 강재 표면에 철과 친화력이 있는 금속을 확산 침투시키는 방법

38 산소-아세틸렌 가스 절단과 비교한 산소-프로판 가스절단의 특징으로 옳은 것은?

① 절단면이 미세하며 깨끗하다.
② 절단 개시 시간이 빠르다.
③ 슬래그 제거가 어렵다.
④ 중성불꽃을 만들기가 쉽다.

해설
- 아세틸렌가스 절단 – 예열시간 짧고, 점화 및 불꽃 조절이 쉬우며 절단개시 시간이 빠르며 중성불꽃을 만들기 쉬움
- 프로판가스 절달 – 절단면이 깨끗하며, 슬레그 제거가 쉽고 후판 절단시 에세틸렌보다 절단 속도 빠름

39 일종의 피복아크 용접법으로 피더(feeder)에 철분계 용접봉을 장착하여 수평 필릿용접을 전용으로 하는 일종의 반자동 용접장치로서 모재와 일정한 경사를 갖는 금속지주를 용접홀더가 하강하면서 용접되는 용접법은?

① 그래비트 용접   ② 용사
③ 스터드 용접   ④ 테르밋 용접

해설
- 용사 : 미랍자를 표면에 분사하여 피막을 형성 기법
- 스터드 용접 : 볼트, 환봉등을 모재사이에 아크 발생시킨후 압력을 가해서 용접하는 것
- 테르밋 용접 : 금속산화물을 이용하여 화학열을 발생시킨후 용접하는 기법

40 볼트나 환봉을 피스톤형의 홀더에 끼우고 모재와 볼트 사이에 순간적으로 아크를 발생시켜 용접하는 방법은?

① 서브머지드 아크 용접
② 스터드 용접
③ 테르밋 용접
④ 불활성가스 아크 용접

해설 스터드용접 : 볼트나 환봉, 핀 등의 금속 고정구를 철판이나 기존 금속면에 모재와 스터드 끝면을 용융시켜 스터드를 모재에 눌러 융합시켜 용접을 하는 자동아크용접법이다

41 용접에 의한 변형을 미리 예측하여 용접하기 전에 용접 반대 방향으로 변형을 주고 용접하는 방법은?

① 억제법   ② 역변형법
③ 후퇴법   ④ 비석법

해설
억제법 : 변형을 막기 위해 가접, 지그홀더등으로 변형이 일어나지 않게 구속 켜서 작업하는 것
후퇴법 : 용접선의 방향과 반대로 용접하는 법 (후퇴법은 상대적으로 변형 적게 일어난다.)
비석법 : 용접선을 짧게 나눠 놓고 간격을 뛰면서 용접하는 법

42 용접부의 표면에 사용되는 검사법으로 비교적 간단하고 비용이 싸며, 특히 자기 탐상 검사가 되지 않는 금속 재료에 주로 사용되는 검사법은?

① 방사선비파괴 검사
② 누수 검사
③ 침투 비파괴 검사
④ 초음파 비파괴 검사

해설
- MT(Magnetic Testing, 타분탐상검사) : 재료를 자화시킨 상태에서 결함부에서 생기는 누설자속 상태를 철분 또는 검사코일을 사용해 검출하는 검사법이다.
- UT(Ultrasonic Testing, 초음파검사) : 초음파를 발생시켜 송수신을 통하여 도달되는 초음파의 강도로 결함부를 검출하는 검사법이다.
- PT(Penentrant Testing, 침투탐상검사) : 표면의 미세균열이나 홈 부위에 침투액을 뿌리고 현상액을 통하여 결함의 불연속부 속 침투액을 표면에 노출시켜 결함을 검출하는 검사법이다.
- RT(Radiographic Testing, 방사선검사) : 방사선을 재료에 투과시켜 필름에 감광시킨후 빛의 투과량에 따라 내부의 상태를 확인하는 방법이다.

38 ①   **39** ①   **40** ②   **41** ②   **42** ③

43 가스 실드계의 대표적인 용접봉으로 유기물을 20%~30% 정도 포함하고 있는 용접봉은?

① E4303　　② E4311
③ E4313　　④ E4324

해설
- E4301(일미나이트계) – 일미나이트(산화티탄, 산화철) 30%이상 포함. 작업성 및 용접성 우수, 일반구조물에 사용
- E4303(라임티탄계) – 산화티탄 30%이상과 석회석이 주성분. 비드가 우수 내구조물, 기계 차량에 사용
- E4311(고셀룰로스계) – 가스발생제 셀룰로스 20~30%정도 포함. 아연도금강판, 저합금강, 배관에 사용
- E4313(고산화티탄계) – 산화티탄을 35%정도 포함. 경구조물, 차량 박강판에 사용
- E4316(저수소계) – 석회석이나 형석이 주성분. 수소가 적은 고강도용접봉으로 고압용기, 후판등에 사용
- E4324(철분산화티탄계)– 고산화티탄계 피복제의 약 50%정도 철분첨가. 저탄소강, 저합금강에 사용
- E4326(철분저수소계) – 저수소계 피복제의 30~50% 정도 철분 첨가. 기계적성질 좋음
- E4327(철분산화계) – 산화철에 철분을 30~45% 첨가, 규산염을 다량 함유, 용입이 E4324보다 깊음

44 용접이음 설계 시 충격하중을 받는 연강의 안전율은?

① 12　　② 8
③ 5　　④ 3

해설

정하중	반복하중	교번하중	충격하중
3	5	8	12

45 다음 중 기본 용접 이음 형식에 속하지 않는 것은?

① 맞대기 이음　　② 모서리 이음
③ 마찰 이음　　④ T자 이음

해설 이음의 종류에 맞대기, 모서리, 필렛(T형, 십자형) 겹치기, 변두리 등이 있으며 마찰이음은 없다.

46 아크 에어 가우징법으로 절단을 할 때 사용되어지는 장치가 아닌 것은?

① 가우징 토치　　② 가우징 봉
③ 컴프레셔　　④ 냉각장치

해설 아크에어가우징장치는 전원(용접기), 가우징 토치, 컴프레셔가 있다.

47 가스용접시 팁 끝이 순간적으로 막혀 가스분출이 나빠지고 혼합실까지 불꽃이 들어가는 현상을 무엇이라 하는가?

① 인화　　② 역류
③ 점화　　④ 역화

해설 인화 : 팁 끝이 순간적으로 막히게 되면 가스의 분출이 나빠지고 혼합실까지 불꽃이 들어가는 현상이다. 아세틸렌을 먼저 잠가 혼합실의 불을 끄고 산소밸브를 잠그는 방식으로 대처한다.

48 아크 용접에서 피복제의 역할로서 옳지 않은 것은?

① 용착금속의 급냉 방지
② 용착금속의 탈산정련작용.
③ 전기 절연작용
④ 스패터의 다량 생성 작용

해설 피복제의 주된 역할은 용접진행 시 스패터를 적게 하며 용착금속의 합금원소를 첨가시키고 모재표면 슬래그를 생성시켜 산화를 방지하며 급냉 방지를 통해 양호한 용접부를 얻는 것이다.

49 가스 가우징에 대한 설명 중 틀린 것은?

① 용접부의 결함, 가접의 제거, 홈가공 등에 사용된다.
② 스카핑에 비하여 나비가 큰 홈을 가공한다.
③ 팁은 슬로우 다이버전트로 설계되어 있다.

43 ②　44 ①　45 ③　46 ④　47 ①　48 ④　49 ②

④ 가우징 진행 중 팁은 모재에 닿지 않도록 한다.

해설▶ 가우징은 깊은 홈을 가공하기 위해 주로 사용한다. 스카핑은 얇고 넓게 깎는 방법이다.

50 아연을 약 40% 첨가한 황동으로 고온가공 하여 상온에서 완성하며, 열교환기, 열간 단조품, 탄피 등에 사용되고 탈 아연 부식을 일으키기 쉬운 것은?

① 알브락
② 니켈황동
③ 문츠메탈
④ 애드미럴티황동

해설▶ • 애드미럴티황동 : 7-3 황동에 1% Sn을 첨가한 황동 열교환기, 증발기등에 사용
• 알브락 : 구리 75%, 아연 20%. 소량의 알루미늄과 실리콘, 비소 등의 합금 내식성이 커 냉각기관에 사용
• 문츠메탈 : 60%의 구리와 40%의 아연이 합금된 것으로 단조제품이나, 볼트 리벳에 이용됨

51 기계제도에서 도형의 생략에 관환 설명으로 틀린 것은?

① 도형이 대칭 형식인 경우에는 대칭 중심선의 한쪽 도형만을 그리고, 그 대칭 중심선의 양끝 부분에 대칭그림기호를 그려서 대칭임을 나타낸다.
② 대칭 중심선의 한쪽 도형을 대칭 중심선을 조금 넘는 부분까지 그려서 나타낼 수도 있으며, 이 때 중심선 양 끝에 대칭그림기호를 반드시 나타내야 한다.
③ 같은 종류, 같은 모양의 것이 다수 줄지어 있는 경우에는 실형 대신 그림기호를 피치선과 중심선과의 교점에 기입하여 나타낼 수 있다.

④ 축, 막대, 관과 같은 동일 단면형의 부분은 지면을 생략하기 위하여 중간 부분을 파단선으로 잘라내서 그 긴요한 부분만을 가까이 하여 도시할 수 있다.

해설▶ 대칭 중심선의 한쪽 도형이 대칭 중심선을 넘지 않도록 나타내고, 대칭그림기호를 그려서 대칭임을 나타낸다.

52 용접이음 방법 명칭으로 옳은 것은?

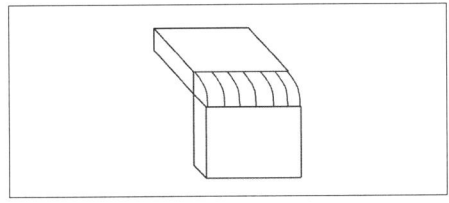

① 겹치기이음   ② 모서리이음
③ 맞대기이음   ④ T이음

53 그림과 같은 입체도에서 화살표 방향을 정면으로 할 때 평면도로 가장 적합한 것은?

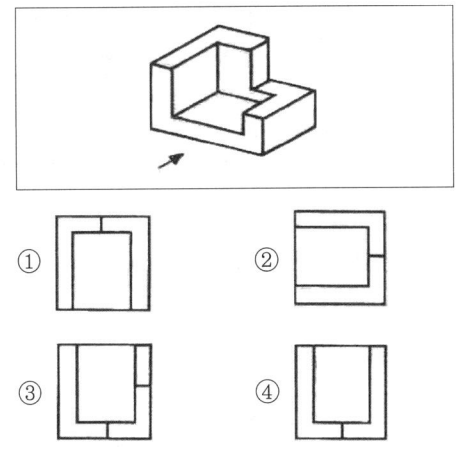

50 ③   51 ②   52 ②   53 ①

54 홈 형상 중 루트간격을 나태는 것으로 옳은 것은?

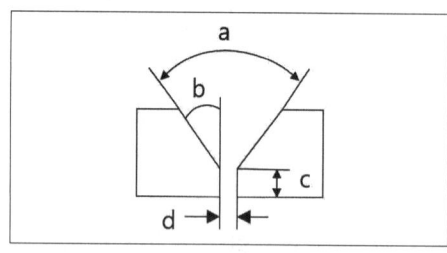

① a ② b
③ c ④ d

해설 a : 홈각도 b : 개선각도 c : 루트면

55 그림과 같은 입체도의 화살표 방향 투상도로 가장 적합한 것은?

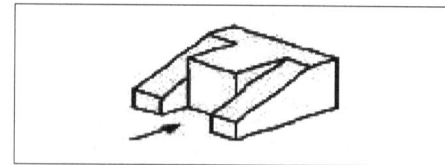

56 그림의 용접 도시기호는 어떤 용접을 나타내는가?

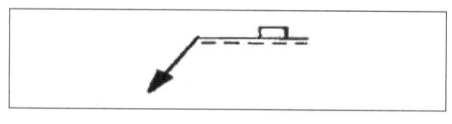

① 점 용접 ② 플러그 용접
③ 심 용접 ④ 가장자리 용접

57 도면을 용도에 따른 분류와 내용에 따른 분류로 구분할 때 다음 중 내용에 따라 분류한 도면인 것은?

① 제작도 ② 주문도
③ 견적도 ④ 부품도

해설 도면에 내용에 따른 분류 : 조립도, 기초도, 배치도, 배근도, 장치도, 스케치도, 부품도
용도에 따른 분류 : 계획도, 제작도, 주문도, 승인도, 견적도, 설명도

58 다음 용접 이음부 중에서 냉각 속도가 가장 빠른 이음은?

① 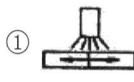 ②

③  ④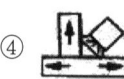

해설 냉각속도는 표면적이 넓을수록 빠르다.

59 파이프의 영구 결합부(용접 등)는 어떤 형태로 표시하는가?

① 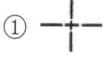 ②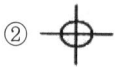

③  ④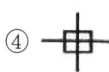

해설 ① 일반 연결부 접속되지 않았을 때 ② 납땜식 ③ 슬리브형으로 연결

60 기계제도에서 호의 길이를 표시하는 치수 기입법은?

① 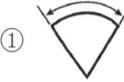 ②

③  ④

 54 ④ 55 ② 56 ② 57 ④ 58 ④ 59 ④ 60 ②

19 CBT 출제 예상문제

- 피복아크용접기능사
- 가스텅스텐아크용접기능사
- 이산화탄소가스아크용접기능사

01 15℃, 1kgf/cm²하에서 사용 전 용해아세틸렌병의 무게가 50kgf이고, 사용 후 무게가 47kgf일 때 사용한 아세틸렌의 양은 몇 리터인가?

① 2915 ② 2815
③ 3815 ④ 2715

해설 15℃, 1kgf/cm²에서의 아세틸렌의 양 = 905
905×(병 전체의 무게−빈병의 무게) = 905×3 = 2715

02 다음 용착법 중 다층쌓기방법인 것은?

① 전진법 ② 대칭법
③ 스킵법 ④ 케스케이드법

해설 용착법에서 다층쌓기방법에는 덧살올림법, 케스케이드법, 전진블록법 등이 있다.

03 다음 중 두께 20mm인 강판을 가스절단하였을 때 드래그(Drag)의 길이가 5mm이었다면 드래그 양은 몇 %인가?

① 5 ② 20
③ 25 ④ 100

해설 드래그는 판두께의 20%로 한다.
드래그 = (드래그길이/판두께)×100 = 25

04 가스용접에 사용되는 용접용 가스 중 불꽃온도가 가장 높은 가연성가스는?

① 아세틸렌 ② 메탄
③ 부탄 ④ 천연가스

해설
- 산소−아세틸렌불꽃 : 3,430℃
- 산소−수소불꽃 : 2,900℃
- 산소−메탄불꽃 : 2,700℃
- 산소−프로판불꽃 : 2,820℃

05 가스용접에서 전진법과 후진법을 비교하여 설명한 것으로 옳은 것은?

① 용착금속의 냉각도는 후진법이 서랭된다.
② 용접변형은 후진법이 크다.
③ 산화의 정도가 심한 것은 후진법이다.
④ 용접속도는 후진법보다 전진법이 더 빠르다.

해설 전진법은 후진법에 비해 열이용률이 나쁘고 용접속도가 느리며, 비드모양이 좋으며 용접변형이 크며, 용착금속 조직이 거칠다.

06 가스절단 시 절단면에 일정한 간격의 곡선이 진행방향으로 나타나는데 이것을 무엇이라 하는가?

① 슬래그(Slag)
② 태핑(Tapping)
③ 드래그(Drag)
④ 가우징(Gouging)

07 피복금속아크용접봉의 피복제가 연소한 후 생성된 물질이 용접부를 보호하는 방식이 아닌 것은?

① 가스발생식
② 슬래그생성식
③ 스프레이발생식
④ 반가스발생식

해설 용접부 보호방식에는 가스발생식, 슬래그생성식, 반가스발생식이 있다.

01 ④ 02 ④ 03 ③ 04 ① 05 ① 06 ③ 07 ③

08 용해아세틸렌 용기취급 시 주의사항으로 틀린 것은?

① 아세틸렌충전구가 동결 시는 50℃ 이상의 온수로 녹여야 한다.
② 저장장소는 통풍이 잘 되어야 한다.
③ 용기는 반드시 캡을 씌워 보관한다.
④ 용기는 진동이나 충격을 가하지 말고 신중히 취급해야 한다.

해설) 동결된 용해 아세틸렌가스 용기는 35℃ 이하의 온수로 녹인다.

09 AW300, 정격사용률이 40%인 교류아크용접기를 사용하여 실제 150A의 전류용접을 한다면 허용사용률은?

① 80%   ② 120%
③ 140%   ④ 160%

해설) 허용사용률=$(300^2/150^2) \times 40 = 160\%$

10 용접용어와 그 설명이 잘못 연결된 것은?

① 모재 : 용접 또는 절단되는 금속
② 용융풀 : 아크열에 의해 용융된 쇳물 부분
③ 슬래그 : 용접봉이 용융지에 녹아 들어가는 것
④ 용입 : 모재가 녹은 깊이

해설) 슬래그는 피복제가 녹아 굳은 비금속 물질이다.

11 탄산가스 아크용접에서 용착속도에 관한 내용으로 틀린 것은?

① 용접속도가 빠르면 모재의 입열이 감소한다.
② 용착률은 일반적으로 아크전압이 높은 쪽이 좋다.
③ 와이어 용융속도는 와이어의 지름과는 거의 관계가 없다.
④ 와이어 용융속도는 아크전류에 거의 정비례하며 증가한다.

해설) 전류를 높게 하면 와이어의 녹아내림이 빠르고 용착률과 용입이 증가한다. 반면 아크전압을 높이면 비드가 넓어지고 납작해지며 지나치게 아크전압을 높이면 기포가 발생한다.

12 플래시버트용접 과정의 3단계는?

① 업셋, 예열, 후열
② 예열, 검사, 플래시
③ 예열, 플래시, 업셋
④ 업셋, 플래시, 후열

해설) 플래시버트용접은 예열, 플래시, 업셋 과정을 거친다.

13 용접결함 중 은점의 원인이 되는 주된 원소는?

① 헬륨   ② 수소
③ 아르곤   ④ 이산화탄소

해설) 수소는 은점, 백점, 헤어크랙, 기공, 선상조직의 원인이 된다.

14 다음 중 제품별 노내 및 국부풀림의 유지온도와 시간이 올바르게 연결된 것은?

① 탄소강 주강품 : 625±25℃, 판두께 25mm에 대하여 1시간
② 기계구조용 연강재 : 725±25℃, 판두께 25mm에 대하여 1시간
③ 보일러용 압연강재 : 625±25℃, 판두께 25mm에 대하여 4시간
④ 용접구조용 연강재 : 725±25℃, 판두께 25mm에 대하여 2시간

08 ①   09 ④   10 ③   11 ②   12 ③   13 ②   14 ①

15 용접시공에서 다층쌓기로 작업하는 용착법이 아닌 것은?

① 스킵법
② 빌드업법
③ 전진블록법
④ 캐스케이드법

해설 스킵법은 비석법이라고 하며 용접길이를 짧게 또는 길게 나누어 간격을 맞추어 용접하는 방법이다.

16 예열의 목적에 대한 설명으로 틀린 것은?

① 수소의 방출을 용이하게 하여 저온균열을 방지한다.
② 열영향부와 용착금속의 경화를 방지하고 연성을 증가시킨다.
③ 용접부의 기계적 성질을 향상시키고 경화조직의 석출을 촉진시킨다.
④ 온도분포가 완만하게 되어 열응력의 감소로 변형과 잔류응력의 발생을 적게 한다.

해설 경화조직의 석출을 방지한다.

17 용접작업에서 전격의 방지대책으로 틀린 것은?

① 땀, 물 등에 의해 젖은 작업복, 장갑 등은 착용하지 않는다.
② 텅스텐봉을 교체할 때 항상 전원스위치를 차단하고 작업한다.
③ 절연홀더의 절연부분이 노출, 파손되면 즉시 보수하거나 교체한다.
④ 가죽장갑, 앞치마, 발 덮개 등 보호구를 반드시 착용하지 않아도 된다.

해설 가죽장갑, 앞치마, 발덮개 등 보호구를 반드시 착용하도록 한다.

18 서브머지드 아크용접에서 용제의 구비조건에 대한 설명으로 틀린 것은?

① 용접 후 슬래그(Slag)의 박리가 어려울 것
② 적당한 입도를 갖고 아크 보호성이 우수할 것
③ 아크발생을 안정시켜 안정된 용접을 할 수 있을 것
④ 적당한 합금성분을 첨가하여 탈황, 탈산 등의 정련작용을 할 것

해설 서브머지드 아크용접은 용제를 먼저 용접할 곳에 뿌리고 와이어가 용제 속에서 아크를 발생하며 용접을 하는 방법이다. 이 때에 용제에는 용접 후에 슬래그가 원활하게 박리되어야 하는 합금성분이 포함되어 있다.

19 MIG용접의 전류밀도는 TIG용접의 약 몇 배 정도인가?

① 2
② 4
③ 6
④ 8

해설 MIG용접의 전류밀도는 TIG용접의 약 2배, 피복아크용접의 4~6배 정도이다.

20 다음 중 파괴시험에서 기계적 시험에 속하지 않는 것은?

① 경도시험
② 굽힘시험
③ 부식시험
④ 충격시험

해설 부식시험은 화학적 시험의 일종이다.

21 스테인리스강을 TIG용접할 때 적합한 극성은?

① DCSP
② DCRP
③ AC
④ ACRP

해설 스테인리스강이나 탄소강은 직류정극성을 사용하며, Al 합금 등은 고주파 중첩교류를 사용한다.

15 ① **16** ③ **17** ④ **18** ① **19** ① **20** ③ **21** ①

22 피복아크용접작업 시 전격에 대한 주의사항으로 틀린 것은?

① 무부하전압이 필요 이상으로 높은 용접기는 사용하지 않는다.
② 전격을 받은 사람을 발견했을 때는 즉시 스위치를 꺼야 한다.
③ 작업종료 시 또는 장시간 작업을 중지할 때는 반드시 용접기의 스위치를 끄도록 한다.
④ 낮은 전압에서는 주의하지 않아도 되며, 습기 찬 구두는 착용해도 된다.

해설 낮은 전압에서도 조심하여야 하며, 습기에 주의하도록 한다.

23 직류아크용접의 설명 중 옳은 것은?

① 용접봉을 양극, 모재를 음극에 연결하는 경우를 정극성이라고 한다.
② 역극성은 용입이 깊다.
③ 역극성은 두꺼운 판의 용접에 적합하다.
④ 정극성은 용접비드의 폭이 좁다.

해설 직류역극성은 모재를 −극에 연결한 경우이며, 비드폭이 넓고 용입이 얕으므로 박판용접, 청정작용이 있어 Al, Mg 합금용접에 적합하며, 직류정극성은 역극성의 반대이다.

24 다음 중 수중절단에 가장 적합한 가스로 짝지어진 것은?

① 산소-수소가스
② 산소-이산화탄소가스
③ 산소-암모니아가스
④ 산소-헬륨가스

해설 수중절단은 산소-수소가스를 활용한 절단법이다.

25 피복아크용접봉 중에서 피복제 중에 석회석이나 형석을 주성분으로 하고 피복제에서 발생하는 수소량이 적어 인성이 좋은 용착금속을 얻을 수 있는 용접봉은?

① 일미나이트계(E 4301)
② 고셀룰로오스계(E 4311)
③ 고산화티탄계(E 4313)
④ 저수소계(E 4316)

해설 저수소계 : 아크분위기 중의 수소량을 감소시키기 위해 피복제의 유기물을 적게 하고, 대신 탄산칼슘(석회) 등의 염기성 탄산염에 형석, 페로실리콘 등을 배합하였다.

26 피복아크용접봉의 간접작업성에 해당되는 것은?

① 부착슬래그의 박리성
② 용접봉 용융상태
③ 아크상태
④ 스패터

해설 간접작업성은 부착슬래그의 박리성, 용접봉 용융상태, 아크상태 등이 해당된다. 직접작업성에는 아크상태, 아크발생, 용접봉의 용융상태, 슬래그상태, 스패터 등이 있다.

27 가스용접의 특징에 대한 설명으로 틀린 것은?

① 가열 시 열량조절이 비교적 자유롭다.
② 피복아크용접에 비해 후판용접에 적당하다.
③ 전원설비가 없는 곳에서도 쉽게 설치할 수 있다.
④ 피복아크용접에 비해 유해광선의 발생이 적다.

해설 가스용접은 피복아크용접에 비해 불꽃의 온도와 열효율성이 떨어지므로 두꺼운 후판용접에 적당하지 않다.

22 ④ 23 ④ 24 ① 25 ④ 26 ① 27 ②

28 피복아크용접봉의 심선의 재질로서 적당한 것은?

① 고탄소림드강
② 고속도강
③ 저탄소림드강
④ 반연강

29 가스절단에서 양호한 절단면을 얻기 위한 조건으로 틀린 것은?

① 드래그(Drag)가 가능한 클 것
② 드래그(Drag)의 홈이 낮고 노치가 없을 것
③ 슬래그이탈이 양호할 것
④ 절단면표면의 각이 예리할 것

해설 양호한 절단면을 얻기 위해서는 드래그가 가능한 작고, 슬래그이탈이 잘 되며, 절단면이 평활하며, 드래그홈이 낮아야 한다.

30 용접기의 2차무부하전압을 20~30V로 유지하고, 용접 중 전격재해를 방지하기 위해 설치하는 용접기의 부속장치는?

① 과부하방지장치
② 전격방지장치
③ 원격세어장치
④ 고주파발생장치

해설
• 원격제어장치 : 용접기에서 떨어진 곳에서 전류 및 전압조정을 할 수 있는 장치
• 고주파발생장치 : 교류아크용접기에서 안정한 아크를 얻기 위하여 상용주파의 아크전류에 고전압의 고주파를 중첩시켜 아크발생과 용접작업을 쉽게 할 수 있도록 하는 장치

31 가변압식의 팁번호가 200일 때 10시간 동안 표준불꽃으로 용접할 경우 아세틸렌가스의 소비량은 몇 리터인가?

① 20   ② 200
③ 2000   ④ 20000

해설 가변압식은 팁번호가 1시간에 소비되는 아세틸렌가스로 200×10 = 2,000ℓ 이다.

32 정격2차전류가 200A, 아크출력 60kW인 교류용접기를 사용할 때 소비전력은 얼마인가?(단, 내부손실이 4kW이다)

① 64kW   ② 104kW
③ 264kW   ④ 804kW

해설 소비전력 : 60kW+4kW = 64kW

33 수중절단작업을 할 때 가장 많이 사용하는 가스로 기포발생이 적은 연료가스는?

① 아르곤   ② 수소
③ 프로판   ④ 아세틸렌

해설 수소
• 폭발의 범위가 넓은 가연성가스이다.
• 가장 가볍고 확산속도가 빨라 누설되기 쉽고 열전도도가 가장 크다.
• 납땜이나 수중절단용으로 사용한다.

34 용접기의 규격 AW500의 설명 중 옳은 것은?

① AW은 직류아크용접기라는 뜻이다.
② 500은 정격2차전류의 값이다.
③ AW은 용접기의 사용률을 말한다.
④ 500은 용접기의 무부하전압값이다.

28 ③ 29 ① 30 ② 31 ③ 32 ① 33 ② 34 ②

35 가스용접에서 토치를 오른손에 용접봉을 왼손에 잡고 오른쪽에서 왼쪽으로 용접을 하는 용접법은?

① 전진법 ② 후진법
③ 상진법 ④ 병진법

해설
- 전진법 : 토치를 오른손에, 용접봉을 왼손으로 잡고 토치의 팁이 우에서 좌로 이동한다. 3mm 이하의 얇은 판, 변두리용접에 적합하다.
- 후진법 : 토치를 좌에서 우로 이동한다. 가열시간이 짧아 가열이 되지 않으며 용접변형이 적고 용접속도가 크다. 두꺼운 판 및 다층용접에 적합하다.

36 용접기와 멀리 떨어진 곳에서 용접전류 또는 전압을 조절할 수 있는 장치는?

① 원격제어장치
② 핫스타트장치
③ 고주파 발생장치
④ 수동전류조정장치

해설
- 핫스타트장치 : 아크발생초기에 용접봉이 처음 모재에 접촉한 순간 1/4~1/5초 정도 순간적인 대전류를 흘려 아크초기의 안정을 하는 장치이다.
- 고주파 발생장치 : 교류아크용접기의 아크안정을 위해 고전압(2000~3000V)의 고주파(300~1000Kc)약전류를 중첩시키는 방식이다.

37 아크에어가우징법의 작업능률은 가스가우징법보다 몇 배 정도 높은가?

① 2~3배 ② 4~5배
③ 6~7배 ④ 8~9배

해설 아크에어가우징은 가스가우징보다 작업능률이 2~3배 높고 장비가 간단하고 작업방법도 비교적 용이하여 활용범위가 넓어 비철금속에도 적용이 될 수 있다.

38 가스용접에서 프로판가스의 성질 중 틀린 것은?

① 증발잠열이 작고, 연소할 때 필요한 산소의 양은 1:1 정도이다.
② 폭발한계가 좁아 다른 가스에 비해 안전도가 높고 관리가 쉽다
③ 액화가 용이하여 용기에 충전이 쉽고 수송이 편리하다.
④ 상온에서 기체상태이고 무색, 투명하며 약간의 냄새가 난다.

해설 프로판이 연소할 때 필요한 산소의 양은 1:4.5 정도이다.

39 면심입방격자의 어떤 성질이 가공성을 좋게 하는가?

① 취성 ② 내식성
③ 전연성 ④ 전기전도성

해설 면심입방격자는 전성과 연성이 좋아 가공하기 수월하다.

40 알루미늄과 알루미늄가루를 압축성형하고 약 500~600℃로 소결하여 압출가공한 분산강화형합금의 기호에 해당하는 것은?

① DAP ② ACD
③ SAP ④ AMP

41 아크발생시간이 3분, 아크발생정지시간이 7분일 경우 사용률(%)은?

① 100% ② 70%
③ 50% ④ 30%

해설 사용률 = (아크발생시간/아크발생시간+정지시간)×100
= (3/10)×100 = 30%

---

35 ① 36 ① 37 ① 38 ① 39 ③ 40 ③ 41 ④

42 논가스아크용접(Non Gas Arc Welding)의 장점에 대한 설명으로 틀린 것은?

① 바람이 있는 옥외에서도 작업이 가능하다.
② 용접장치가 간단하며 운반이 편리하다.
③ 융착금속의 기계적 성질은 다른 용접법에 비해 우수하다.
④ 피복아크용접봉의 저수소계와 같이 수소의 발생이 적다.

해설 와이어가 비싸고, 용접부의 기계적 성질이 떨어진다.

43 전기누전에 의한 화재의 예방대책으로 틀린 것은?

① 금속관 내에 접속점이 없도록 해야 한다.
② 금속관의 끝에는 캡이나 절연 부싱을 하여야 한다.
③ 전선공사 시 전선피복의 손상이 없는지를 점검한다.
④ 전기기구의 분해조립을 쉽게 하기 위하여 나사의 조임을 헐겁게 해 놓는다.

해설 전기기구의 분해조립 시 나사의 조임은 단단히 하여 누전 등의 사고를 예방해야 한다.

44 납땜 시 사용하는 용제가 갖추어야 할 조건이 아닌 것은?

① 사용재료의 산화를 방지할 것
② 전기저항납땜에는 부도체를 사용할 것
③ 모재와의 친화력을 좋게 할 것
④ 산화피막 등의 불순물을 제거하고 유동성이 좋을 것

해설 전기저항납땜에는 전도체를 사용해야 한다.

45 용접 후 잔류응력이 있는 제품에 하중을 주어 용접부에 약간의 소성변형을 일으키게 한 다음 하중을 제거하는 잔류응력 경감 방법은?

① 노내풀림법
② 국부풀림법
③ 기계적 응력완화법
④ 저온응력완화법

해설 기계적 응력완화법 : 기계적 하중을 가하여 소성변형시켜 응력을 완화하는 방법이다.

46 용접부의 결함검사법에서 초음파탐상법의 종류에 해당되지 않는 것은?

① 공진법   ② 투과법
③ 스테레오법   ④ 펄스반사법

해설 초음파탐상법에는 투과법, 펄스법, 공진법이 있다.

47 불활성가스 텅스텐 아크용접의 장점으로 틀린 것은?

① 용제가 불필요하다.
② 용접품질이 우수하다.
③ 전자세용접이 가능하다.
④ 후판용접에 능률적이다.

해설 얇은 박판용접에 능률적이다.

48 시험재료의 전성, 연성 및 균열의 유무 등 용접부위를 시험하는 시험법은?

① 굴곡시험   ② 경도시험
③ 압축시험   ④ 조직시험

해설 굴곡시험은 굽힘시험이라고도 하며, 용접부위의 연성, 전성, 안전성, 결함(균열)여부를 판별한다.

42 ③ 43 ④ 44 ② 45 ③ 46 ③ 47 ④ 48 ①

49 제품을 제작하기 위한 조립순서에 대한 설명으로 틀린 것은?

① 대칭으로 용접하여 변형을 예방한다.
② 리벳작업과 용접을 같이 할 때는 리벳작업을 먼저 한다.
③ 동일평면 내에 많은 이음이 있을 때는 수축은 가능한 자유단으로 보낸다.
④ 용접선의 직각 단면 중심축에 대하여 용접의 수축력의 합이 0(Zero)이 되도록 용접순서를 취한다.

해설 ▶ 열에 의한 응력이 많이 발생할 수 있는 용접작업을 먼저 한 후 리벳작업을 한다.

50 서브머지드 아크용접에서 맞대기용접이음 시 받침쇠가 없을 경우 루트간격은 몇 mm 이하가 가장 적합한가?

① 0.8mm   ② 1.5mm
③ 2.0mm   ④ 2.5mm

해설 ▶ 0.8mm 이하로 하도록 하며, 간격이 너무 크면 용락될 위험이 있다.

51 다음 입체도의 화살표 방향 투상도로 가장 적합한 것은?

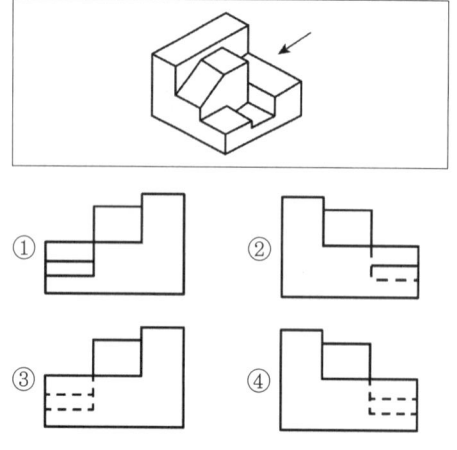

52 다음 그림과 같은 용접방법 표시로 맞는 것은?

① 삼각용접   ② 현장용접
③ 공장용접   ④ 수직용접

53 다음 밸브기호는 어떤 밸브를 나타낸 것인가?

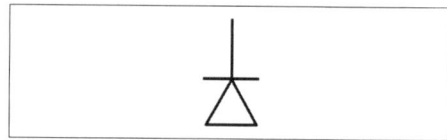

① 풋밸브
② 볼밸브
③ 체크밸브
④ 버터플라이밸브

54 다음 중 리벳용 원형강의 KS기호는?

① SV   ② SC
③ SB   ④ PW

55 대상물의 일부를 떼어낸 경계를 표시하는데 사용하는 선의 굵기는?

① 굵은 실선   ② 가는 실선
③ 아주 굵은 실선   ④ 아주 가는 실선

해설 ▶ 가는 실선의 용도 : 치수보조선, 치수선, 지시선, 수준면선, 파단선

49 ②   50 ①   51 ③   52 ②   53 ①   54 ①   55 ②

56 그림과 같은 배관도시기호가 있는 관에는 어떤 종류의 유체가 흐르는가?

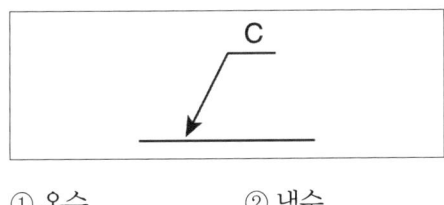

① 온수 ② 냉수
③ 냉온수 ④ 증기

57 제3각법에 대하여 설명한 것으로 틀린 것은?

① 저면도는 정면도 밑에 도시한다.
② 평면도는 정면도의 상부에 도시한다.
③ 좌측면도는 정면도의 좌측에 도시한다.
④ 우측면도는 평면도의 우측에 도시한다.

해설 우측면도는 정면도의 우측에 도시한다.

58 다음 치수표현 중에서 참고치수를 의미하는 것은?

① Sø24 ② t=24
③ (24) ④ □24

해설 Sø : 구의 지름, t : 판두께, □ : 정사각형 한 변의 길이

59 구멍에 끼워 맞추기 위한 구멍, 볼트, 리벳의 기호표시에서 현장에서 드릴가공 및 끼워맞춤을 하고 양쪽면에 카운터싱크가 있는 기호는?

① 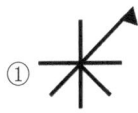 ②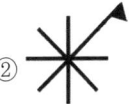
③  ④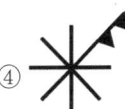

60 도면을 용도에 따른 분류와 내용에 따른 분류로 구분할 때 다음 중 내용에 따라 분류한 도면인 것은?

① 제작도 ② 주문도
③ 견적도 ④ 조립도

해설
- 도면을 내용에 따라 분류 : 조립도, 부품도, 기초도, 배치도, 배근도, 장치도, 스케치도
- 용도에 따라 분류 : 계획도, 제작도, 주문도, 승인도, 견적도, 설명도

56 ② **57** ④ **58** ③ **59** ④ **60** ④

20 CBT 출제 예상문제

· 피복아크용접기능사
· 가스텅스텐아크용접기능사
· 이산화탄소가스아크용접기능사

01 15℃, 1kgf/cm² 하에서 사용 전 용해아세틸렌 병의 무게가 50kgf이고, 사용 후 무게가 47kgf 일 때 사용한 아세틸렌의 양은 몇 리터(L)인가?

① 2915
② 2815
③ 3815
④ 2715

해설 ▶ L = 910(50−47) − t = 910(50−47) −15 = 2,715

02 다음 용착법 중 다층쌓기방법인 것은?

① 전진법
② 대칭법
③ 스킵법
④ 케스케이드법

03 다음 중 두께 20mm인 강판을 가스절단하였을 때 드래그(Drag)의 길이가 5mm이었다면 드래그 양은 몇 %인가?

① 5
② 20
③ 25
④ 100

해설 ▶ 드래그의 양 = (5/20)×100 = 25%

04 가스용접에 사용되는 용접용 가스 중 불꽃온도 가 가장 높은 가연성가스는?

① 아세틸렌
② 메탄
③ 부탄
④ 천연가스

해설 ▶
· 산소 − 아세틸렌불꽃 : 3,430℃
· 산소 − 수소불꽃 : 2,900℃
· 산소 − 메탄불꽃 : 2,700℃
· 산소 − 프로판불꽃 : 2,820℃

05 가스용접에서 전진법과 후진법을 비교하여 설명한 것으로 옳은 것은?

① 용착금속의 냉각도는 후진법이 서랭된다.
② 용접변형은 후진법이 크다.
③ 산화의 정도가 심한 것은 후진법이다.
④ 용접속도는 후진법보다 전진법이 더 빠르다.

해설 ▶ 전진법은 후진법에 비해 열이용률이 나쁘고 용접속도가 느리며, 비드모양이 좋으며 용접변형이 크며, 용착금속 조직이 거칠다.

06 가스절단 시 절단면에 일정한 간격의 곡선이 진행방향으로 나타나는데 이것을 무엇이라 하는가?

① 슬래그(Slag)
② 태핑(Tapping)
③ 드래그(Drag)
④ 가우징(Gouging)

해설 ▶
· 드래그 : 가스절단면에 있어서 절단기류의 입구점과 출구점 사이의 수평거리이다.
· 드래그라인 : 드래그 길이는 절단면에 일정한 드래그 라인과 드래그간격의 곡선이 진행 방향으로 나타나 있는 선이다.

07 피복금속아크용접봉의 피복제가 연소한 후 생성된 물질이 용접부를 보호하는 방식이 아닌 것은?

① 가스발생식
② 슬래그생성식
③ 스프레이발생식
④ 반가스발생식

01 ④ 02 ④ 03 ③ 04 ① 05 ① 06 ③ 07 ③

08 용해아세틸렌 용기취급 시 주의사항으로 틀린 것은?

① 아세틸렌 충전구가 동결 시는 50℃ 이상의 온수로 녹여야 한다.
② 저장 장소는 통풍이 잘 되어야 한다.
③ 용기는 반드시 캡을 씌워 보관한다.
④ 용기는 진동이나 충격을 가하지 말고 신중히 취급해야 한다.

해설 동결된 용해아세틸렌가스용기는 35℃ 이하의 온수로 녹인다.

09 AW300, 정격사용률이 40%인 교류아크용접기를 사용하여 실제 150A의 전류용접을 한다면 허용사용률은?

① 80% ② 120%
③ 140% ④ 160%

해설 허용사용률 = (정격2차전류²/실제용접전류²) × 정격사용률
= (300²/150²) × 40 = 160%

10 용접용어와 그 설명이 잘못 연결된 것은?

① 모재 : 용접 또는 절단되는 금속
② 용융풀 : 아크열에 의해 용융된 쇳물 부분
③ 슬래그 : 용접봉이 용융지에 녹아 들어가는 것
④ 용입 : 모재가 녹은 깊이

해설 용접봉이 용융지에 녹아 들어가는 것은 용착이다.

11 용접봉에서 모재로 용융금속이 옮겨가는 용적이행상태가 아닌 것은?

① 글로뷸러형 ② 스프레이형
③ 단락형 ④ 핀치효과형

해설 용접이행에는 단락형, 스프레이형, 글로뷸러형이 있다.

12 일반적으로 사람의 몸에 얼마 이상의 전류가 흐르면 순간적으로 사망할 위험이 있는가?

① 5mA ② 15mA
③ 25mA ④ 50mA

해설 전격이 인체에 미치는 영향
• 8mA~15mA : 고통을 수반한 쇼크(순간)를 느낄 수 있다.
• 15mA~20mA : 고통을 느끼고 근육이 저려서 움직이지 않는다.
• 20mA~50mA : 고통을 느끼고 강한 근육 수축과 호흡이 곤란하다.
• 50mA~100mA : 심장마비를 일으켜 순간적 사망할 수 있다.

13 피복아크용접 시 일반적으로 언더컷을 발생시키는 원인으로 가장 거리가 먼 것은?

① 용접전류가 너무 높을 때
② 아크길이가 너무 길 때
③ 부적당한 용접봉을 사용했을 때
④ 홈각도 및 루트간격이 좁을 때

해설 홈각도 및 루트간격이 좁을 때 발생하는 용접결함은 용입불량이다.

14 보기에서 용극식 용접방법을 모두 고른 것은?

> ㉠ 서브머지드 아크용접
> ㉡ 불활성가스 금속 아크용접
> ㉢ 불활성가스 텅스텐 아크용접
> ㉣ 솔리드와이어 이산화탄소 아크용접

① ㉠, ㉡
② ㉢, ㉣
③ ㉠, ㉡, ㉢
④ ㉠, ㉡, ㉣

해설 불활성가스 텅스텐 아크용접은 전극 자체가 녹지 않으므로 용융금속으로 소모가 되지 않기 때문에 비용극식 또는 비소모식이라 한다.

08 ① 09 ④ 10 ③ 11 ④ 12 ④ 13 ④ 14 ④

15 납땜을 연납땜과 경납땜으로 구분할 때 구분 온도는?

① 350 ℃   ② 450 ℃
③ 550 ℃   ④ 650 ℃

해설 ▶ 연납은 450℃ 이하, 경납은 450℃ 이상

16 전기저항용접의 특징에 대한 설명으로 틀린 것은?

① 산화 및 변질 부분이 적다
② 다른 금속 간의 접합이 쉽다.
③ 용제나 용접봉이 필요없다.
④ 접합 강도가 비교적 크다.

해설 ▶ 금속마다 고유한 저항이 다르므로 접합이 쉽지 않다.

17 직류정극성(DCSP)에 대한 설명으로 옳은 것은?

① 모재의 용입이 얕다.
② 비드폭이 넓다.
③ 용접봉의 녹음이 느리다.
④ 용접봉에 (+)극을 연결한다.

해설 ▶ • 직류정극성 : 모재의 용입이 깊다. 봉의 용융이 느리다. 비드폭이 좁다. 일반적으로 널리 쓰인다.
• 직류역극성 : 모재의 용입이 얕다. 봉의 용융이 빠르다. 비드폭이 넓다. 박판·주철·합금강·비철금속에 쓰인다.

18 다음 용접법 중 압접에 해당되는 것은?

① MIG용접
② 서브머지드 아크용접
③ 점용접
④ TIG용접

해설 ▶ 점용접은 Spot용접이라고도 하며, 전기저항용접의 겹치기용접의 일종으로 압접에 속한다.

19 로크웰 경도시험에서 C스케일의 다이아몬드의 압입자 꼭지각의 각도는?

① 100°   ② 115°
③ 120°   ④ 150°

해설 ▶ 로크웰 경도시험 : 1/16인치 강구압자나 꼭지각이 120°인 원뿔형의 다이아몬드 압자를 이용하여 오목자국의 깊이를 가지고 측정하는 시험법

20 아크타임을 설명한 것 중 옳은 것은?

① 단위시간 내의 작업여유시간이다.
② 단위시간 내의 용도여유시간이다.
③ 단위시간 내의 아크발생시간을 백분율로 나타낸 것이다.
④ 단위시간 내의 시공한 용접길이를 백분율로 나타낸 것이다.

해설 ▶ 아크타임이란 용접작업에서 아크가 흘러나온 시간을 말한다.

21 납땜에서 경납용 용제가 아닌 것은?

① 붕사   ② 붕산
③ 염산   ④ 알칼리

해설 ▶ 경납용 용제 : 붕사, 붕산, 빙정석, 산화 제1동, 식염

22 서브머지드 아크용접에서 동일한 전류전압의 조건에서 사용되는 와이어지름의 영향 설명 중 옳은 것은?

① 와이어의 지름이 크면 용입이 깊다.
② 와이어의 지름이 작으면 용입이 깊다.
③ 와이어의 지름과 상관이 없이 같다.
④ 와이어의 지름이 커지면 비드폭이 좁아진다.

해설 ▶ 동일한 전류전압의 조건에서 와이어의 지름이 작으면 용입이 깊고 비드폭이 좁아진다.

15 ②   16 ②   17 ③   18 ③   19 ③   20 ③   21 ③   22 ②

23 피복아크용접봉에서 피복제의 주된 역할로 틀린 것은?

① 전기절연작용을 하고 아크를 안정시킨다.
② 스패터의 발생을 적게 하고 용착금속에 필요한 합금원소를 첨가시킨다.
③ 용착금속의 탈산정련작용을 하며 용융점이 높고 높은 점성의 무거운 슬래그를 만든다.
④ 모재표면의 산화물을 제거하고, 양호한 용접부를 만든다.

해설) 슬래그의 제거를 쉽게 하고 파형이 고운 비드를 만든다.

24 다음 중 부하전류가 변하여도 단자전압을 거의 변화하지 않는 용접기의 특성은?

① 수하특성   ② 하향특성
③ 정전압특성 ④ 정전류특성

해설)
• 수하특성 : 전류가 증가하면 전압이 낮아지는 특성
• 상승특성 : 전류증가에 따라 전압이 약간씩 높아지는 특성
• 정전압특성 : 부하전류가 변하여도 단자전압은 변하지 않는 특성
• 부특성 : 전류가 커지면 저항이 작아져서 전압도 낮아지는 특성
• 정전류특성 : 아크길이가 크게 변하여도 전류값은 변하지 않는 특성

25 아크가 보이지 않는 상태에서 용접이 진행된다고 하여 일명 잠호용접이라 부르기도 하는 용접법은?

① 스터드용접
② 레이저용접
③ 서브머지드 아크용접
④ 플라즈마용접

해설) 서브머지드 아크용접 : 미세한 입상의 플럭스를 접합부에 부어 모아 그 가운데에 와이어를 송급하여 와이어와 모재와의 사이의 아크를 발생시켜 용접하는 것이다. 아크가 보이지 않아 잠호용접이라고 한다.

26 가스절단면의 표준드래그길이는 판두께의 몇 % 정도가 가장 적당한가?

① 10%   ② 20%
③ 30%   ④ 40%

해설) 드래그길이는 판두께의 20% 정도이다.

27 피복아크용접에서 홀더로 잡을 수 있는 용접봉 지름(mm)이 5.0~8.0일 경우 사용하는 용접봉 홀더의 종류로 옳은 것은?

① 125호   ② 160호
③ 300호   ④ 400호

28 다음 중 용접봉의 내균열성이 가장 좋은 것은?

① 셀룰로오스계   ② 티탄계
③ 일미나이트계   ④ 저수소계

해설) E4316(저수소) : 기계적 성질 및 내균열성이 우수하다. 300~350도에서 2시간 정도 건조 후 사용한다.

29 아크길이가 길 때 일어나는 현상이 아닌 것은?

① 아크가 불안정해진다.
② 용융금속의 산화 및 질화가 쉽다.
③ 열집중력이 양호하다.
④ 전압이 높고 스패터가 많다.

해설) 아크길이가 길 때 일어나는 현상
• 아크의 불안정
• 작업 곤란
• 열의 비산으로 용입이 나빠짐
• 스패터 발생
• 산화, 질화, 기공, 균열의 원인
• 비드가 좋지 않음

23 ③   24 ③   25 ③   26 ②   27 ④   28 ④   29 ③

30 직류용접기 사용 시 역극성(DCRP)과 비교한, 정극성(DCSP)의 일반적인 특징으로 옳은 것은?

① 용접봉의 용융속도가 빠르다.
② 비드폭이 넓다.
③ 모재의 용입이 깊다.
④ 박판, 주철, 합금강 비철금속의 접합에 쓰인다.

해설
- 직류정극성 : 모재의 용입이 깊다. 봉의 용융이 느리다. 비드폭이 좁다. 일반적으로 널리 쓰인다.
- 직류역극성 : 모재의 용입이 얕다. 봉의 용융이 빠르다. 비드폭이 넓다. 박판·주철·합금강·비철금속에 쓰인다.

31 피복아크용접기로서 구비해야 할 조건 중 잘못된 것은?

① 구조 및 취급이 간편해야 한다.
② 전류조정이 용이하고 일정하게 전류가 흘러야 한다.
③ 아크발생과 유지가 용이하고 아크가 안정되어야 한다.
④ 용접기가 빨리 가열되어 아크안정을 유지해야 한다.

32 피복아크용접에서 용접봉의 용융속도와 관련이 가장 큰 것은?

① 아크전압
② 용접봉 지름
③ 용접기의 종류
④ 용접봉 쪽 전압강하

해설 용융속도 = 아크전류×용접봉 전압강하 = 시간당 소비되는 용접봉의 길이

33 가스가우징이나 치핑에 비교한 아크에어가우징의 장점이 아닌 것은?

① 작업능률이 2~3배 높다.
② 장비조작이 용이하다.
③ 소음이 심하다.
④ 활용범위가 넓다.

해설 아크에어가우징은 아크를 발생하여 용융시키고 고압의 공기로 불어내어 홈을 파는 방법으로 이론적으로는 소음이 적다고 되어있으나 압축공기의 분출로 소음이 크다.

34 피복아크용접에서 아크전압이 30V, 아크전류가 150A, 용접속도가 20cm/min일 때 용접입열은 몇 joule/cm인가?

① 27000
② 22500
③ 15000
④ 13500

해설 H = (60×E×I/V) = (60×30×150/20) = 13,500J/cm

35 다음 가연성가스 중 산소와 혼합하여 연소할 때 불꽃온도가 가장 높은 가스는?

① 수소
② 메탄
③ 프로판
④ 아세틸렌

해설
- 산소 – 아세틸렌불꽃 : 3,430℃
- 산소 – 수소불꽃 : 2,900℃
- 산소 – 메탄불꽃 : 2,700℃
- 산소 – 프로판불꽃 : 2,820℃

36 피복아크용접봉의 피복제의 작용에 대한 설명으로 틀린 것은?

① 산화 및 질화를 방지한다.
② 스패터가 많이 발생한다.
③ 탈산정련작용을 한다.
④ 합금원소를 첨가한다.

해설 피복제는 아크를 안정시켜 스패터 발생을 방지한다.

30 ③ 31 ④ 32 ④ 33 ③ 34 ④ 35 ④ 36 ②

37 부하전류가 변화하여도 단자전압은 거의 변하지 않는 특성은?

① 수하특성　　② 정전류특성
③ 정전압특성　　④ 전기저항특성

해설
- 정전압특성 : 전류가 증가하여도 전압이 일정하게 되는 특성
- 상승특성 : 전류가 증가할 때 전압이 다소 높아지는 특성
- 수하특성 : 부하전류가 증가하면 단자전압이 저하하는 특성

38 용접기의 명판에 사용률이 40%로 표시되어 있을 때 다음 설명으로 옳은 것은?

① 아크발생시간이 40%이다.
② 휴지시간이 40%이다.
③ 아크발생시간이 60%이다.
④ 휴지시간이 4분이다.

해설 사용률은 전체 용접기의 사용시간 10분 중 아크발생시간의 사용량을 나타낸다.

39 포금의 주성분에 대한 설명으로 옳은 것은?

① 구리에 8~12% Zn을 함유한 합금이다.
② 구리에 8~12% Sn을 함유한 합금이다.
③ 6:4황동에 1% Pb을 함유한 합금이다.
④ 7:3황동에 1% Mg을 함유한 합금이다.

해설 8~12% Sn청동에 1~2% Zn을 첨가한 합금

40 다음 중 완전탈산시켜 제조한 강은?

① 킬드강　　② 림드강
③ 고망간강　　④ 세미킬드강

해설 강괴 중에서 완전탈산시킨 강을 킬드강, 거의 하지 않은 강을 림드강, 중간 정도 탈산한 강을 세미킬드강이라 한다.

41 티그용접의 전원특성 및 사용법에 대한 설명이 틀린 것은?

① 역극성을 사용하면 전극의 소모가 많아진다.
② 알루미늄용접 시 교류를 사용하면 용접이 잘된다.
③ 정극성은 연강, 스테인리스강 용접에 적당하다.
④ 정극성을 사용할 때 전극은 둥글게 가공하여 사용하는 것이 아크가 안정된다.

해설 교류를 사용할 때에 전극을 둥글게 가공한다.

42 플러그용접에서 전단강도는 일반적으로 구멍의 면적당 전용착금속 인장강도의 몇 % 정도로 하는가?

① 20~30%　　② 40~50%
③ 60~70%　　④ 80~90%

43 용접에서 변형교정방법이 아닌 것은?

① 얇은 판에 대한 점수축법
② 롤러에 거는 방법
③ 형재에 대한 직선수축법
④ 노내풀림법

해설 노내풀림법은 응력을 제거하거나 완화하는 방법 중 하나이다.

44 이산화탄소 가스아크용접에서 아크전압이 높을 때 비드형상으로 맞는 것은?

① 비드가 넓어지고 납작해진다.
② 비드가 좁아지고 납작해진다.
③ 비드가 넓어지고 볼록해진다.
④ 비드가 좁아지고 볼록해진다.

해설 아크전압이 높으면 비드가 넓어지고 납작해진다. 또한 아크전압과 아크길이는 비례한다.

37 ③　38 ①　39 ②　40 ①　41 ④　42 ③　43 ④　44 ①

45 용접재예열의 목적으로 옳지 않은 것은?

① 변형방지 ② 잔류응력감소
③ 균열발생방지 ④ 수소이탈방지

> **해설** 용접부 예열의 목적
> • 용접작업성의 개선
> • 열영향부 균열방지 및 기계적 성질 개선
> • 급열, 급랭에 의한 변형 및 균열방지
> • 용착금속의 수소량 감소

46 다음 중 용접부에 언더컷이 발생했을 경우 결함 보수방법으로 가장 적당한 것은?

① 드릴로 정지구멍을 뚫고 다듬질한다.
② 절단작업을 한 다음 재용접한다.
③ 가는 용접봉을 사용하여 보수용접한다.
④ 일부분을 깎아내고 재용접한다.

> **해설** 언더컷을 보수할 때에는 지름이 가는 용접봉을 사용하여 재용접한다.

47 화재 및 폭발의 방지조치사항으로 틀린 것은?

① 용접작업부근에 점화원을 두지 않는다.
② 인화성 액체의 반응 또는 취급은 폭발한계범위 이내의 농도로 한다.
③ 아세틸렌이나 LP가스용접 시에는 가연성가스가 누설되지 않도록 한다.
④ 대기 중에 가연성가스를 누설 또는 방출시키지 않는다.

48 가스용접작업 시 주의사항으로 틀린 것은?

① 반드시 보호안경을 착용한다.
② 산소호스와 아세틸렌호스는 색깔 구분 없이 사용한다.
③ 불필요한 긴 호스를 사용하지 말아야 한다.
④ 용기 가까운 곳에서는 인화물질의 사용을 금한다.

> **해설** 산소호스와 아세틸렌호스는 색깔을 구분하여 사용해 사고를 예방한다.

49 불활성가스 금속아크용접의 용접토치 구성부품 중 와이어가 송출되면서 전류를 통전시키는 역할을 하는 것은?

① 가스분출기(Gas Diffuser)
② 팁(Tip)
③ 인슐레이터(Insulator)
④ 플렉시블콘딧(Flexible Conduit)

50 다음 중 테르밋용접의 점화제가 아닌 것은?

① 과산화바륨
② 망간
③ 알루미늄
④ 마그네슘

> **해설** 미세 알루미늄분말과 산화철 분말을 1:3~4의 중량비로 혼합하고 과산화바륨과 마그네슘의 혼합분말을 넣어 점화제로 쓴다.

51 치수보조기호 중 지름을 표시하는 기호는?

① D ② Ø
③ R ④ SR

> **해설** Ø : 지름, R : 반지름, SØ : 구의 지름, SR : 구의 반지름

45 ④ 46 ③ 47 ② 48 ② 49 ② 50 ② 51 ②

52 다음 도면은 정면도이다. 이 정면도에 가장 적합한 평면도는?

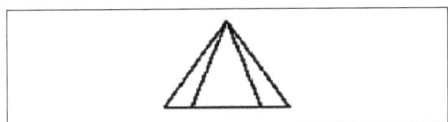

53 3개의 좌표축의 투상이 서로 120°가 되는 축측투상으로 평면, 측면, 정면을 하나의 투상면 위에 동시에 볼 수 있도록 그려진 투상법은?

① 등각투상법
② 국부투상법
③ 정투상법
④ 경사투상법

해설 ▶ 등각투상법 : 물체의 정면, 평면, 측면을 하나의 투상도에서 볼 수 있도록 그린 도법으로 물체 3개의 각도를 각각 120°로 나누어 나타낸다.

54 그림에서 나타난 배관접합기호는 어떤 접합을 나타내는가?

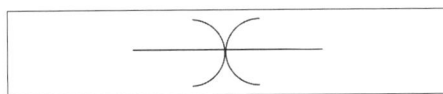

① 블랭크(Blank)연결
② 유니언(Union)연결
③ 플랜지(Flange)연결
④ 칼라(Collar)연결

해설 ▶ 칼라연결 : 양 끝을 붙인 외주에 철근 콘크리트로 만든 칼라를 끼우고 사이에 컴포를 채워 굳히는 방식의 접합

55 인접부분을 참고로 표시하는데 사용하는 선은?

① 숨은선　② 가상선
③ 외형선　④ 피치선

해설 ▶ 가상선은 인접부분을 참고로 표시하거나, 위치를 참고로 나타내는데 사용한다.

56 다음 그림에서 화살표 방향을 정면도로 선정할 경우 평면도로 가장 올바른 것은?

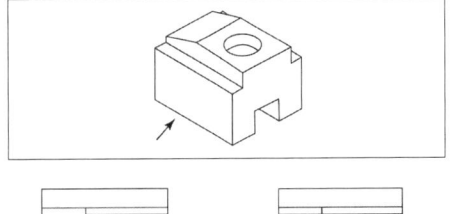

57 그림과 같이 입체도에서 화살표 방향이 정면일 경우 평면도로 가장 적합한 것은?

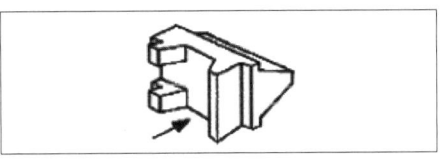

52 ④　53 ①　54 ④　55 ②　56 ③　57 ④

58 양면용접부 조합기호에 대하여 그 명칭이 틀린 것은?

① ✕ : 양면 V형맞대기용접
② ✕ : 넓은 루트면이 있는 K형맞대기용접
③ K : K형 맞대기용접
④ ✕ : 양면 U형맞대기용접

해설 ②의 기호는 넓은 루트면이 있는 V형용접을 의미한다.

59 그림과 같은 부등변 ㄱ형강의 치수표시로 가장 적합한 것은?

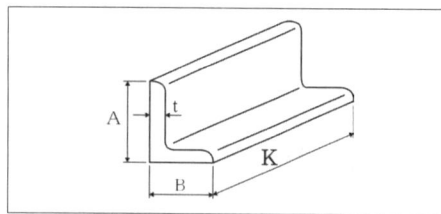

① L A×B×t-K
② H B×t×A-K
③ L K×t×A-B
④ ㄷ K-A×t-B

60 KS재료 중에서 탄소강 주강품을 나타내는 "SC 410"의 기호 중에서 "SC 410"이 의미하는 것은?

① 최저인장강도   ② 규격순서
③ 탄소함유량   ④ 제작번호

해설 S : 강, C : 주조품, 410 : 최저인장강도

58 ② 59 ① 60 ①

21 CBT 출제 예상문제

- 피복아크용접기능사
- 가스텅스텐아크용접기능사
- 이산화탄소가스아크용접기능사

01 내용적이 33.7ℓ인 산소용기에 15MPa로 충전하였을 때 사용 가능한 용기 내의 산소량은?

① 약 505.5ℓ   ② 약 5055ℓ
③ 약 13575ℓ   ④ 약 12673ℓ

해설 내용적×충전압력 = 33.7×150 = 5,055ℓ

02 산소용기취급 시 주의사항으로 틀린 것은?

① 저장소에는 화기를 가까이 하지 말고 통풍이 잘 되어야 한다.
② 저장 또는 사용 중에는 반드시 용기를 세워 두어야 한다.
③ 가스용기 사용 시 가스가 잘 발생되도록 직사광선을 받도록 한다.
④ 가스용기는 뉘어두거나 굴리는 등 충돌, 충격을 주지 말아야 한다.

해설 가스용기는 직사광선을 피해야 한다.

03 피복아크용접봉의 피복제가 연소한 후 생성된 물질이 용접부를 보호하는 방식에 따라 분류했을 때, 이에 속하지 않는 것은?

① 스패터발생식
② 가스발생식
③ 슬래그생성식
④ 반가스발생식

해설 용접부 보호방식에 따라 가스발생식, 슬래그생성식, 반가스발생식이 있다.

04 용접전류가 100A, 전압이 30V일 때 전력은 몇 KW인가?

① 4.5KW   ② 15KW
③ 10KW   ④ 3KW

해설 전력=전압×전류=30×100=3000W=3KW

05 아크절단법이 아닌 것은?

① 아크에어가우징
② 금속아크절단
③ 스카핑
④ 플라즈마제트절단

해설 아크절단에는 탄소아크절단, 금속아크절단, 불활성아크절단, 아크에어가우징, 산소아크절단, 플라즈마 제트절단이 있다. 참고로 스카핑은 가스절단법 중 하나인 가스시공에 속한다.

06 피복아크용접 시 복잡한 형상의 용접물을 자유회전시킬 수 있으며, 용접능률향상을 위해 사용하는 회전대는?

① 가접지그   ② 역변형지그
③ 회전지그   ④ 용접포지셔너

해설 용접포지셔너는 용접자세를 좋게하고 용접하기 쉬운 상태로 놓아 정반자체가 회전하도록 한 것이다.

07 모재의 두께, 이음형식 등 모든 용접조건이 같을 때, 일반적으로 가장 많은 전류를 사용하는 용접자세는?

① 아래보기자세용접
② 수직자세용접
③ 수평자세용접
④ 위보기자세용접

해설 아래보기자세에서 가장 높은 전류가 쓰인다. 수직자세에서는 아래보기자세의 15~20% 전류를 낮게 한다.

01 ② 02 ③ 03 ① 04 ④ 05 ③ 06 ④ 07 ①

08 강재를 가스절단 시 예열온도로 가장 적합한 것은?

① 300~450℃
② 450~700℃
③ 800~900℃
④ 1000~1300℃

해설 가스절단 시 산소-아세틸렌 불꽃으로 800~900℃ 정도 예열한 후 고압의 산소를 이용하여 절단한다.

09 아크용접에서 직류역극성으로 용접할 때의 특성에 대한 설명으로 틀린 것은?

① 모재의 용입이 얕다.
② 비드폭이 좁다.
③ 용접봉의 용융이 빠르다.
④ 박판용접에 쓰인다.

해설 직류역극성(DCRP)은 용입이 얕고, 용접봉의 녹음이 빠르고, 비드폭이 넓으며, 박판, 주철, 고탄소강, 합금강, 비철금속의 용접에 사용된다.

10 용접봉에서 모재로 용융금속이 옮겨가는 상태를 용적이행이라 한다. 다음 중 용적이행이 아닌 것은?

① 단락형
② 스프레이형
③ 글로뷸러형
④ 불림이행형

해설 용접이행에는 단락형, 스프레이형, 글로뷸러형이 있다.

11 기계구조물 저합금강에 양호하게 요구되는 조건이 아닌 것은?

① 항복강도
② 가공성
③ 인장강도
④ 마모성

12 주철의 여린 성질을 개선하기 위하여 합금주철에 첨가하는 특수원소 중 크롬(Cr)이 미치는 영향으로 잘못 된 것은?

① 내마모성을 향상시킨다.
② 흑연의 구상화를 방해하지 않는다.
③ 크롬 0.2~1.5% 정도 포함시키면 기계적 성질을 향상시킨다.
④ 내열성과 내식성을 감소시킨다.

해설 크롬은 내열성과 내식성을 증가시키는 역할을 한다.

13 알루미늄-규소계 합금으로서, 10~14%의 규소가 함유되어 있고, 알펙스(Alpeax)라고도 하는 것은?

① 실루민(Silumin)
② 두랄루민(Duralumin)
③ 하이드로날륨(Hydronalium)
④ Y합금

해설 실루민 : 주조용 Al-Si 합금으로 살이 얇은 주물에 적합하며, 내식성이 크기 때문에 계기의 부품, 크랭크실 등의 제조에 사용된다.

14 주철과 비교한 주강에 대한 설명으로 틀린 것은?

① 주철에 비하여 강도가 더 필요할 경우에 사용한다.
② 주철에 비하여 용접에 의한 보수가 용이하다.
③ 주철에 비하여 주조 시 수축량이 커 균열 등이 발생하기 쉽다.
④ 주철에 비하여 용융점이 낮다.

해설 주강은 탄소강 또는 합금강을 주조하여 만든 제품으로 기계적 성질이 우수하고 용접에 의한 보수가 용이하며, 주철에 비해 융융점이 높다.

08 ③ 09 ② 10 ④ 11 ④ 12 ④ 13 ① 14 ④

15 구리합금의 용접 시 조건으로 잘못된 것은?

① 구리의 용접 시 간격과 높은 예열온도가 필요하다.
② 비교적 루트간격과 홈각도를 크게 취한다.
③ 용가재는 모재와 같은 재료를 사용한다.
④ 용접봉으로는 토빈(Torbin) 청동봉, 인 청동봉, 에버듈(Ever Dur)봉 등이 많이 사용된다.

해설 구리에 비해 예열온도가 낮아도 되며 예열방법은 토치나 가열로 등을 사용한다.

16 냉간가공의 특징을 설명한 것으로 틀린 것은?

① 제품의 표면이 미려하다.
② 제품의 치수정도가 좋다.
③ 가공경화에 의한 강도가 낮아진다.
④ 가공공수가 적어 가공비가 적게 든다.

해설 가공경화에 의한 강도가 증가한다.

17 일반적으로 냉간가공경화된 탄소강 재료를 600~650℃에서 중간풀림하는 방법은?

① 확산풀림   ② 연화풀림
③ 항온풀림   ④ 완전풀림

해설
- 완전풀림 : 일반적 풀림
- 연화풀림 : 기계절삭이나 냉간가공이 수월하게 되게 하기 위해 경도를 감소시킬 목적으로 고온으로 가열유지 후, 서냉하는 풀림
- 확산풀림 : 단조품에 생긴 응고편석을 확산소실시켜 이것을 균질화하기 위해 하는 풀림

18 탄소강에서 피트(Pit)결함의 원인이 되는 원소는?

① C   ② P
③ Pb   ④ Cu

해설 피트는 용접비드표면이 입을 벌리고 있는 것으로 탄소, 망간 등 합금원소가 많을 때 일어난다.

19 납땜을 가열방법에 따라 분류한 것이 아닌 것은?

① 인두납땜   ② 가스납땜
③ 유도가열납땜   ④ 수중납땜

해설 납땜의 종류에는 인두납땜, 가스납땜, 담금납땜, 저항납땜, 노내납땜, 유도가열납땜 등이 있다.

20 서브머지드 아크용접법의 단점으로 틀린 것은?

① 와이어에 소전류를 사용할 수 있어 용입이 얕다.
② 용접선이 짧거나 복잡한 경우 비능률적이다.
③ 루트간격이 너무 크면 용락될 위험이 있다.
④ 용접진행상태를 육안으로 확인할 수 없다.

해설 서브머지드 아크용접은 와이어에 고전류 사용이 가능하여 융융속도, 융착속도가 빠르며 용입이 깊다.

21 CO_2용접에서 발생되는 일산화탄소와 산소 등의 가스를 제거하기 위해 사용되는 탈산제는?

① Mn   ② Ni
③ W   ④ Cu

해설 탈산제는 규소철, 망간철, 티탄철 등의 철합금 또는 금속 망간, 알루미늄 등이 사용된다.

22 용접부의 균열발생의 원인 중 틀린 것은?

① 이음의 강성이 큰 경우
② 부적당한 용접봉 사용 시
③ 용접부의 서랭
④ 용접전류 및 속도 과대

해설 용접부의 급랭이 균열발생의 원인이 된다.

15 ① 16 ③ 17 ② 18 ① 19 ④ 20 ① 21 ① 22 ③

23 다음 중 플라즈마 아크용접의 장점이 아닌 것은?

① 용접속도가 빠르다.
② 1층으로 용접할 수 있으므로 능률적이다.
③ 무부하전압이 높다.
④ 각종 재료의 용접이 가능하다.

해설 ▶ 무부하전압이 높은 것은 단점에 해당한다.

24 MIG용접 시 와이어송급방식의 종류가 아닌 것은?

① 풀(Pull)방식
② 푸시(Push)방식
③ 푸시언더(Push-under)방식
④ 푸시풀(Push-pull)방식

해설 ▶ 와이어송급방식에는 푸시방식, 풀방식, 푸시풀방식이 있다.

25 다음 용접이음부 중에서 냉각속도가 가장 빠른 이음은?

① 맞대기이음 ② 변두리이음
③ 모서리이음 ④ 필릿이음

해설 ▶ 냉각속도는 필릿이음이 가장 빠르다.

26 CO_2용접 시 저전류영역에서의 가스유량으로 가장 적당한 것은?

① 5~10 ℓ/min
② 10~15 ℓ/min
③ 15~20 ℓ/min
④ 20~25 ℓ/min

해설 ▶ CO_2가스 아크용접 시 저전류영역은 10~15 ℓ/min, 고전류영역은 20~25 ℓ/min가 적당하다.

27 비소모성 전극봉을 사용하는 용접법은?

① MIG용접
② TIG용접
③ 피복아크용접
④ 서브머지드 아크용접

해설 ▶ TIG용접은 비용극식, 비소모성으로 전극봉의 소모가 발생하지 않는다.

28 용접부 비파괴검사법인 초음파탐상법의 종류가 아닌 것은?

① 투과법   ② 펄스반사법
③ 형광 탐상법 ④ 공진법

해설 ▶ 초음파탐상법에는 투과법, 펄스반사법, 공진법이 있다.

29 공기보다 약간 무거우며 무색, 무미, 무취의 독성이 없는 불활성가스로 용접부의 보호능력이 우수한 가스는?

① 아르곤 ② 질소
③ 산소   ④ 수소

해설 ▶ 아르곤은 색이 없고, 맛이 없으며, 냄새가 없는 비활성기체로 질소, 산소 다음으로 공기 중에 풍부한 원소이고 공기보다 무겁고 물과 유기용매에 녹는다.

30 예열방법 중 국부예열의 가열범위는 용접선 양쪽에 몇 mm 정도로 하는 것이 가장 적합한가?

① 0~50mm
② 50~100mm
③ 100~150mm
④ 150~200mm

해설 ▶ 국부예열의 가열범위는 용접선 양쪽에 50~100mm 정도로 한다.

23 ③ 24 ③ 25 ④ 26 ② 27 ② 28 ③ 29 ① 30 ②

31 용접봉의 습기가 원인이 되어 발생하는 결함으로 가장 적절한 것은?

① 기공
② 선상조직
③ 용입불량
④ 슬래그섞임

해설 용접봉의 기공은 습기로 인해 발생하므로, 건조 후 용접해야 한다.

32 은납땜이나 황동납땜에 사용되는 용제(Flux)는?

① 붕사
② 송진
③ 염산
④ 염화암모늄

해설 경납용 용제 : 붕사, 붕산, 빙정석, 산화 제1동, 식염

33 다음 금속 중 냉각속도가 가장 빠른 금속은?

① 구리
② 연강
③ 알루미늄
④ 스테인리스강

해설
- 용접입열이 일정한 경우 재료의 열전도율이 높을수록 냉각속도가 빠른데, 보기 중에서는 구리가 가장 빠르다.
- 열전도율 순서 : 구리 > 알루미늄 > 연강 > 스테인리스강

34 아크용접기의 사용에 대한 설명으로 틀린 것은?

① 사용률을 초과하여 사용하지 않는다.
② 무부하전압이 높은 용접기를 사용한다.
③ 전격방지기가 부착된 용접기를 사용한다.
④ 용접기케이스는 접지(Earth)를 확실히 해둔다.

해설 무부하전압이 높으면 감전의 위험도가 크므로 아크발생이 가능한 범위에서 낮은 것이 좋다.

35 서브머지드 아크용접에서 와이어 돌출길이는 보통 와이어지름을 기준으로 정한다. 적당한 와이어 돌출길이는 와이어 지름의 몇 배가 가장 적합한가?

① 2배
② 4배
③ 6배
④ 8배

36 점용접법의 종류가 아닌 것은?

① 맥동점용접
② 인터랙점용접
③ 직렬식점용접
④ 병렬식점용접

해설 점용접에는 단극식, 직렬식, 다전극, 맥동, 인터랙 등이 있다.

37 아세틸렌, 수소 등의 가연성가스와 산소를 혼합연소시켜 그 연소열을 이용하여 용접하는 것은?

① 탄산가스 아크용접
② 가스용접
③ 불활성가스 아크용접
④ 서브머지드 아크용접

해설 가스용접 : 가연성가스와 지연성가스인 산소의 혼합으로 가스가 연소할 때 발생하는 열을 이용하여 모재를 용융시키면서 용접봉을 공급하여 접합하는 방법

38 아크용접에서 기공의 발생원인이 아닌 것은?

① 아크길이가 길 때
② 피복제 속에 수분이 있을 때
③ 용착금속 속에 가스가 남아 있을 때
④ 용접부 냉각속도가 느릴 때

해설 기공은 용접부의 냉각속도가 빠를 때 발생된다.

31 ① 32 ① 33 ① 34 ② 35 ④ 36 ④ 37 ② 38 ④

39 용접봉을 선택할 때 모재의 재질, 제품의 형상, 사용 용접기기, 용접자세 등 사용목적에 따른 고려사항으로 가장 먼 것은?

① 용접성   ② 작업성
③ 경제성   ④ 환경성

40 보호가스의 공급이 없이 와이어 자체에서 발생하는 가스에 의해 아크 분위기를 보호하는 용접법은?

① 일렉트로 슬래그용접
② 스터드용접
③ 논가스 아크용접
④ 플라즈마 아크용접

> 해설 ▶ 논가스 아크용접은 탈산제를 적당히 첨가한 솔리드 와이어를 전극으로 하는 노가스 논용제 아크법과 탈산제, 슬래그생성제, 아크안정제, 탈질제를 섞은 용제를 넣은 복합와이어를 쓰는 논가스아크법이 있다.

41 TIG용접에서 고주파교류(ACHF)의 특성을 잘못 설명한 것은?

① 고주파전원을 사용하므로 모재에 접촉시키지 않아도 아크가 발생한다.
② 긴 아크유지가 용이하다.
③ 전극의 수명이 짧다.
④ 동일한 전극봉에서 직류정극성(DCSP)에 비해 고주파교류(ACHF)가 사용전류범위가 크다.

> 해설 ▶ 전극의 수명이 길어진다.

42 금속표면에 스텔라이트, 초경합금 등의 금속을 용착시켜 표면경화층을 만드는 것은?

① 금속용사법   ② 하드페이싱
③ 쇼트피닝   ④ 금속침투법

> 해설 ▶ 하드페이싱 : 금속표면에 부식, 마모 등을 방지하고 표면에 합금층을 만든다.

43 철강인장시험 결과 시험편이 파괴되기 직전 표점거리 62mm, 원표점거리 50mm일 때 연신율은?

① 12%   ② 24%
③ 31%   ④ 36%

> 해설 ▶ 연신율(%) = (파단후길이 − 표점간거리/표점간거리)×100
> = (62−50/50)×100 = 24%

44 주철의 조직은 C와 Si의 양과 냉각속도에 의해 좌우된다. 이들의 요소와 조직의 관계를 나타내는 것은?

① C.C.T곡선
② 탄소당량도
③ 주철의 상태도
④ 마우러조직도

> 해설 ▶ 마우러조직도는 주철에서 탄소와 규소의 함량에 따라 조직의 종류를 판별할 수 있는 조직도이다.

45 Al-Cu-Si계 합금의 명칭으로 옳은 것은?

① 알민   ② 라우탈
③ 알드리   ④ 코오슨합금

> 해설 ▶ Al-Cu-Si계(라우탈) : 3%~8% Cu, 3%~8% Si을 함유한다. 주조성을 개선하고 절삭성을 향상시켰다. 금형주물에 사용한다.

46 Al표면에 방식성이 우수하고 치밀한 산화피막이 만들어지도록 하는 방식방법이 아닌 것은?

① 산화법   ② 수산법
③ 황산법   ④ 크롬산법

> 해설 ▶ 알루미늄 방식법 : 황산법, 수산법, 크롬산법

47 다음 중 재결정온도가 가장 낮은 것은?

① Zn ② Mg
③ Cu ④ Ni

해설 금속의 재결정온도
- 구리(Cu) : 200℃
- 아연(Zn) : 7~25℃
- 마그네슘(Mg) : 150℃
- 알루미늄(Al) : 150℃
- 니켈(Ni) : 500~600℃

48 다음 중 해드필드(Hadfield)강에 대한 설명으로 틀린 것은?

① 오스테나이트조직은 Mn강이다.
② 성분은 10~14Mn%, 0.9~1.3C% 정도이다.
③ 이 강은 고온에서 취성이 생기므로 600~800℃에서 공랭한다.
④ 내마멸성과 내충격성이 우수하고, 인성이 우수하기 때문에 파쇄장치, 임펠러 플레이트 등에 사용된다.

해설 1,000℃에서 수랭한다.

49 Fe-C상태도에서 A_3와 A_4 변태점 사이에서의 결정구조는?

① 체심정방격자 ② 체심입방격자
③ 조밀육방격자 ④ 면심입방격자

50 열팽창계수가 다른 두 종류의 판을 붙여서 하나의 판으로 만든 것으로 온도변화에 따라 휘거나 그 변형을 구속하는 힘을 발생하며 온도감응소자 등에 이용되는 것은?

① 서멧재료 ② 바이메탈재료
③ 형상기억합금 ④ 수소저장합금

51 다음 단면도에 대한 설명으로 틀린 것은?

① 부분단면도는 일부분을 잘라내고 필요한 내부 모양을 그리기 위한 방법이다
② 조합에 의한 단면도는 축, 휠, 볼트, 너트류의 절단면의 이해를 위해 표시한 것이다.
③ 한쪽단면도는 대칭형 대상물의 외형 절반과 온단면도의 절단을 조합하여 표시한 것이다.
④ 회전도시단면도는 핸들이나 바퀴 등의 암, 림, 훅, 구조 물 등의 절단면을 90도 회전시켜서 표시한 것이다.

52 나사의 감김방향의 지시방법 중 틀린 것은?

① 오른나사는 일반적으로 감김방향을 지시하지 않는다.
② 왼나사는 나사의 호칭방법에 약호 "LH"를 추가하여 표시한다.
③ 동일부품에 오른나사와 왼나사가 있을 때는 왼나사에만 약호 "LH"를 추가한다.
④ 오른나사는 필요하면 나사의 호칭방법에 약호 "RH"를 추가하여 표시할 수 있다.

해설 동일부품에 오른나사와 왼나사가 있을 때는 각각 쌍방에 표시하고 오른나사에 약호 "RH"를 추가한다.

47 ① 48 ③ 49 ④ 50 ② 51 ② 52 ③

53 그림과 같은 도면의 해독으로 잘못된 것은?

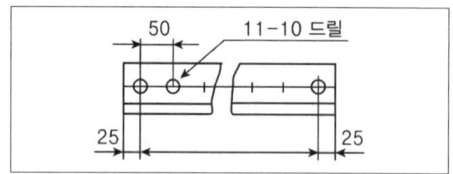

① 구멍사이의 피치는 50mm
② 구멍의 지름은 10mm
③ 전체길이는 600mm
④ 구멍의 수는 11개

해설 전체길이는 50×11=550mm이다.

54 그림과 같이 제3각법으로 정투상한 도면에 적합한 입체도는?

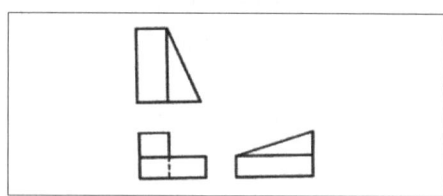

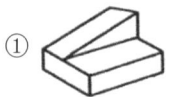 

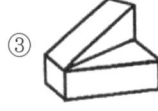 

55 동일장소에서 선이 겹칠 경우 나타내야할 선의 우선순위를 옳게 나타낸 것은?

① 외형선〉중심선〉숨은선〉치수보조선
② 외형선〉치수보조선〉중심선〉숨은선
③ 외형선〉숨은선〉중심선〉치수보조선
④ 외형선〉중심선〉치수보조선〉숨은선

해설 외형선〉숨은선〉절단선〉중심선〉치수보조선

56 그림과 같은 입체도에서 화살표 방향을 정면으로 할 때 제3각법으로 올바르게 정투상한 것은?

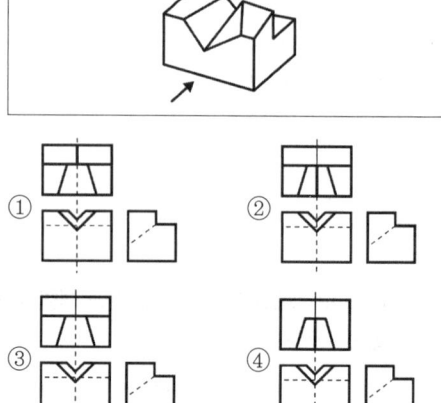

57 다음 중 일반구조용 압연강재의 KS 재료기호는?

① SS 490　　② SSW 41
③ SBC 1　　 ④ SM 400A

해설 SS : 일반구조용 압연강재, 490 : 최저인장강도

58 배관의 접합기호 중 플랜지 연결을 나타내는 것은?

해설 ① 일반(나사식), ③ 유니온식, ④ 턱걸이식

53 ③　54 ②　55 ③　56 ④　57 ①　58 ②

59 그림에서 '6.3'선이 나타내는 선의 명칭으로 옳은 것은?

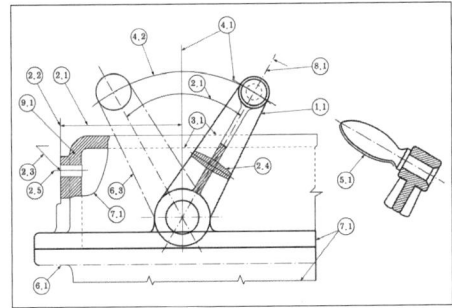

① 가상선　　② 절단선
③ 중심선　　④ 무게 중심선

해설 ▶ 6.3은 레버의 움직임에 대한 가상의 형태를 나타내는 것이므로 가상선으로 그려준다.

60 다음 중 직원뿔 전개도의 형태로 가장 적합한 형상은?

22 CBT 출제 예상문제

- 피복아크용접기능사
- 가스텅스텐아크용접기능사
- 이산화탄소가스아크용접기능사

01 아크용접에서 피닝을 하는 목적으로 가장 알맞은 것은?

① 용접부의 잔류응력을 완화시킨다.
② 모재의 재질을 검사하는 수단이다.
③ 응력을 강하게 하고 변형을 유발시킨다.
④ 모재표면의 이물질을 제거한다.

해설 피닝 : 금속 내부에 잔류응력을 풀어주는 효과

02 다음 중 연납의 특성에 관한 설명으로 틀린 것은?

① 연납땜에 사용하는 용가제를 말한다.
② 주석-납계합금이 가장 많이 사용된다.
③ 기계적 강도가 낮으므로 강도를 필요로 하는 부분에는 적당하지 않다.
④ 은납, 황동납 등이 이에 속하고 물리적 강도가 크게 요구될 때 사용된다.

해설 은납과 황동납은 경납에 속한다.

03 다음 각종 용접에서 전격방지대책으로 틀린 것은?

① 홀더나 용접봉은 맨손으로 취급하지 않는다.
② 어두운 곳이나 밀폐된 구조물에서 작업 시 보조자와 함께 작업한다.
③ CO_2용접이나 MIG용접작업 도중에 와이어를 2명이 교대로 교체할 때는 전원은 차단하지 않아도 된다.
④ 용접작업을 하지 않을 때에는 TIG전극봉은 제거하거나 노즐 뒤쪽에 밀어 넣는다.

해설 작업 도중에 와이어를 2명이 교대로 교체할 때는 전원을 차단하거나, 절연 안전보호구를 착용하여야 한다.

04 심(seam)용접법에서 용접전류의 통전방법이 아닌 것은?

① 직·병렬통전법
② 단속통전법
③ 연속통전법
④ 맥동통전법

해설 심용접의 통전방법 : 단속통전법, 연속통전법, 맥동통전법

05 플라즈마 아크의 종류가 아닌 것은?

① 이행형아크
② 비이행형아크
③ 중간형아크
④ 탠덤형아크

해설 플라즈마아크 : 이행형, 비이행형, 중간형

06 직류용접기와 비교하여 교류용접기의 특징을 틀리게 설명한 것은?

① 유지가 쉽다.
② 아크가 불안정하다.
③ 감전의 위험이 적다.
④ 고장이 작고, 값이 싸다.

해설 직류에 비해 교류용접기가 사용상 감전의 위험이 높다.

01 ① 02 ④ 03 ③ 04 ① 05 ④ 06 ③

07 피복아크용접에서 아크열에 의해 모재가 녹아 들어간 깊이는?

① 용적 ② 용입
③ 용락 ④ 용착금속

해설
- 용입 : 모재가 녹아 들어간 깊이
- 용적 : 용접봉에서 모재로 이행되는 용적, 용융풀 등
- 용락 : 모재와 용제가 붙지 않은 상태
- 용착금속 : 모재에 용착금속이 잘 붙어있는 상태

08 탄소아크절단에 압축공기를 병용하여 전극홀더의 구멍에서 탄소전극봉에 나란히 분출하는 고속의 공기를 분출시켜 용융금속을 불어내어 홈을 파는 방법은?

① 금속아크절단
② 아크에어가우징
③ 플라스마 아크절단
④ 불활성가스 아크절단

09 서브머지드 아크용접법에서 다전극방식의 종류에 해당되지 않는 것은?

① 탠덤식 방식
② 횡병렬식 방식
③ 횡직렬식 방식
④ 종직렬식 방식

해설 다전극방식 : 탠덤식, 횡병렬식, 횡직렬식

10 아크타임을 설명한 것 중 옳은 것은?

① 단위시간 내의 작업여유시간이다.
② 단위시간 내의 용도여유시간이다.
③ 단위시간 내의 아크발생시간을 백분율로 나타낸 것이다.
④ 단위시간 내의 시공한 용접길이를 백분율로 나타낸 것이다.

해설 아크타임이란 용접작업에서 아크가 흘러나온 시간을 말한다.

11 가스가우징에 대한 설명 중 옳은 것은?

① 드릴작업의 일종이다.
② 용접부의 결함, 가접의 제거 등에 사용된다.
③ 저압식 토치의 압력조절방법의 일종이다.
④ 가스의 순도를 조절하기 위한 방법이다.

해설 가스가우징은 용접부의 결함제거, 뒤따내기, 압연강재, 단조, 주강의 표면결함의 제거 등에 사용된다.

12 가스절단에서 표준드래그는 보통 판두께의 얼마 정도인가?

① 1/4 ② 1/5
③ 1/10 ④ 1/100

해설 표준드래그의 길이는 판두께의 20%(1/5)가 적당하다.

13 가스용접 시 모재가 주철인 경우 사용되는 용제에 속하지 않는 것은?

① 염화칼륨 45%
② 붕사 15%
③ 탄산나트륨 15%
④ 중탄산나트륨 70%

해설 각종 금속에 적당한 용제
- 연강 : 사용하지 않는다.
- 주철 : 탄산나트륨 15%, 붕사 15%, 중탄산나트륨 70%
- 알루미늄 : 염화나트륨 30%, 염화칼륨 45%, 염화리튬 5%, 블루오르화칼륨 7%, 황산칼륨 3%
- 구리합금 : 붕사 75%, 염화리튬 25%

14 가스용접불꽃에서 아세틸렌과잉불꽃이라 하며 속불꽃과 겉불꽃 사이에 아세틸렌페더가 있는 것은?

① 바깥불꽃 ② 중성불꽃
③ 산화불꽃 ④ 탄화불꽃

해설
- 산화불꽃 : 산소의 과잉불꽃
- 중성불꽃 : 적정불꽃(백심불꽃)
- 탄화불꽃 : 아세틸렌과잉불꽃

07 ② 08 ② 09 ④ 10 ③ 11 ② 12 ② 13 ① 14 ④

15 가스용접에서 전진법과 비교한 후진법의 특성을 설명한 것으로 틀린 것은?

① 열이용률이 나쁘다.
② 용접속도가 빠르다.
③ 용접변형이 작다.
④ 산화정도가 약하다.

해설 후진법은 전진법보다 용입이 깊고, 열이용률이 좋아 두꺼운 판에 용이하다.

16 아세틸렌가스가 충격, 진동 등에 의해 분해 폭발하는 압력용 15℃에서 몇 Kgf/cm² 이상인가?

① 2.0Kgf/cm²   ② 1Kgf/cm²
③ 0.5Kgf/cm²   ④ 0.1Kgf/cm²

17 모재의 두께가 4mm인 가스용접봉의 이론상의 지름은?

① 1mm   ② 2mm
③ 3mm   ④ 4mm

해설 $\dfrac{두께}{2} + 1 = \dfrac{4}{2} + 1 = 3mm$

18 고압에서 사용이 가능하고 수중절단 중에 기포의 발생이 적어 예열가스로 가장 많이 사용되는 것은?

① 부탄   ② 수소
③ 천연가스 ④ 프로판

19 용접용 가스의 불꽃온도 중 가장 높은 것은?

① 산소-수소불꽃
② 산소-아세틸렌불꽃
③ 도시가스불꽃
④ 천연가스불꽃

해설
- 산소 – 아세틸렌불꽃 : 3,430℃
- 산소 – 수소불꽃 : 2,900℃
- 산소 – 메탄불꽃 : 2,700℃
- 산소 – 프로판불꽃 : 2,820℃

20 심용접에서 사용하는 통전방법이 아닌 것은?

① 포일통전법
② 단속통전법
③ 연속통전법
④ 맥동통전법

해설 심용접의 통전방법 : 단속통전법, 연속통전법, 맥동통전법

21 가스용접법에서 후진법과 비교한 전진법의 설명에 해당하는 것은?

① 용접속도가 느리다.
② 열이용률이 좋다.
③ 용접변형이 크다.
④ 용접가능한 판두께가 얇다.

해설 후진법의 용접속도가 더 빠르며, 용접변형이 더 작고, 용접가능한 판두께도 후진법이 더 두껍다.

22 이산화탄소아크용접의 특징이 아닌 것은?

① 전원은 교류정전압 또는 수하특성을 사용한다.
② 가시아크이므로 시공이 편리하다
③ MIG용접에 비해 용착금속에 기공생김이 적다
④ 산화 및 질화가 되지 않는 양호한 용착금속을 얻을 수 있다.

해설 전원은 직류를 사용하고 정전압특성, 상승특성이다.

15 ① 16 ① 17 ③ 18 ② 19 ② 20 ① 21 ① 22 ①

23 불활성가스 텅스텐 아크용접법의 극성에 대한 설명으로 틀린 것은?

① 직류정극성에서는 모재의 용입이 깊고 비드폭이 좁다.
② 직류역극성에서는 전극소모가 많으므로 지름이 큰 전극을 사용한다.
③ 직류정극성에서는 청정작용이 있어 알루미늄이나 마그네슘용접에 가스를 사용한다.
④ 직류역극성에서는 모재의 용입이 얕고, 비드폭이 넓다.

해설 ▶ 직류정극성에서는 청정작용이 일어나지 않는다.

24 아크에어가우징의 특징에 대한 설명 중 틀린 것은?

① 가스가우징보다 작업의 능률이 높다.
② 모재에 미치는 영향이 별로 없다.
③ 비철금속의 절단도 가능하다
④ 장비가 복잡하여 조작하기가 어렵다.

해설 ▶ 아크에어가우징은 가스가우징보다 작업능률이 2~3배 높고 장비가 간단하고 작업방법도 비교적 용이하여 활용 범위가 넓어 비철금속에도 적용이 될 수 있다.

25 아크용접 로봇자동화시스템의 구성으로 틀린 것은?

① 포지셔너(Positioner)
② 아크발생장치
③ 모재가공부
④ 안전장치

26 구리는 비철재료 중에 비중을 크게 차지한 재료이다. 다른 금속재료와의 비교 설명 중 틀린 것은?

① 철에 비해 용융점이 높아 전기제품에 많이 사용된다.
② 아름다운 광택과 귀금속적 성질이 우수하다.
③ 전기 및 열이 전도도가 우수하다.
④ 전연성이 좋아 가공이 용이하다.

해설 ▶ 철보다 구리의 용융점이 낮다.

27 크롬강의 특징을 잘못 설명한 것은?

① 크롬강은 담금질이 용이하고 경화층이 깊다.
② 탄화물이 형성되어 내마모성이 크다.
③ 내식 및 내열강으로 사용한다.
④ 구조용은 W, V, Co를 첨가하고 공구용은 Ni, Mn, Mo을 첨가한다.

해설 ▶ 구조용에 Ni, Mo 등을 첨가하고, 공구용에 W, V, Co 등을 첨가한다.

28 청동은 다음 중 어느 합금을 의미하는가?

① Cu-Zn   ② Fe-Al
③ Cu-Sn   ④ Zn-Sn

해설 ▶ 청동은 구리와 주석의 합금이 일반적이다.

29 용접부의 표면이 좋고 나쁨을 검사하는 것으로 가장 많이 사용하며 간편하고 경제적인 검사방법은?

① 자분검사   ② 외관검사
③ 초음파검사   ④ 침투검사

해설 ▶ 외관검사는 용접부의 양부를 외관에 나타나는 비드의 형상에 의하여 육안으로 관찰하는 간편한 검사법이다.

30 아크용접작업에 관한 안전사항으로서 올바르지 않은 것은?

① 용접기는 항상 환기가 잘 되는 곳에 설치할 것
② 전류는 아크를 발생하면서 조절할 것
③ 용접기는 항상 건조되어 있을 것
④ 항상 정격에 맞는 전류로 조절할 것

해설 ▶ 아크를 발생시키는 도중에 전류 조절을 해서는 안 된다.

31 CO_2가스아크용접 시 보호가스로 CO_2+Ar+O_2를 사용할 때의 좋은 효과로 볼 수 없는 것은?

① 슬래그 생성량이 많아져 비드표면을 균일하게 덮어 급랭을 방지하며, 비드 외관이 개선된다.
② 용융지의 온도가 상승하며, 용입량도 다소 증대된다.
③ 비금속 개재물의 응집으로 용착강이 청결해진다.
④ 스패터가 많아지며, 용착강의 환원반응을 활발하게 한다.

해설 ▶ 스패터가 감소하게 된다.

32 판두께가 보통 6mm 이하인 경우에 사용되는 용접홈의 형태는?

① I형   ② V형
③ U형   ④ X형

해설 ▶ I형은 판두께가 보통 6mm 이하인 경우에 사용한다.

33 연강의 인장시험에서 하중 100N, 시험편의 최초단면적이 50㎟일 때 응력은 몇 N/㎟인가?

① 1   ② 2
③ 5   ④ 10

해설 ▶ 응력 = 하중/단면 = 100/50 = 2N/mm²

34 테르밋용접의 특징 설명으로 틀린 것은?

① 용접작업이 단순하고 용접 결과의 재현성이 높다.
② 용접시간이 짧고 용접 후 변형이 적다.
③ 전기가 필요하고 설비비가 비싸다.
④ 용접기구가 간단하고 작업장소의 이동이 쉽다.

해설 ▶ 테르밋용접은 테르밋 반응에 의해 생성되는 열을 이용하여 용접하는 방법으로 전기가 필요 없고 설비비가 싸다.

35 다음 중 변형과 잔류응력을 경감하는 일반적인 방법이 잘못된 것은?

① 용접 전 변형방지책 : 억제법
② 용접시공에 의한 경감법 : 빌드업법
③ 모재의 열전도를 억제하여 변형을 방지하는 방법 : 도열법
④ 용접금속부의 변형과 응력을 제거하는 방법 : 피닝법

해설 ▶
- 억제법 : 모재를 가접하거나 지그를 사용하여 변형의 발생을 억제하는 방법
- 빌드업법(덧살올림법) : 용착법 중 하나로 두꺼운 판 용접 시 층을 쌓아 올리면서 용접하는 방법
- 도열법 : 용접부 주위에 물을 적신 석면, 동판을 대어 열을 흡수시켜 변형을 방지하는 방법
- 피닝법 : 용접부를 해머로 타격하여 소성변형시켜 응력을 완화시키는 방법

30 ②   31 ④   32 ①   33 ②   34 ③   35 ②

36 솔리드 이산화탄소아크용접의 특징에 대한 설명으로 틀린 것은?

① 바람의 영향을 전혀 받지 않는다.
② 용제를 사용하지 않아 슬래그의 혼입이 없다.
③ 용접금속의 기계적, 야금적 성질이 우수하다.
④ 전류밀도가 높아 용입이 깊고 용융속도가 빠르다.

해설 실드가스를 사용하여 바람의 영향을 받는다.

37 용접부의 내부 결함으로써 슬래그섞임을 방지하는 것은?

① 용접전류를 최대한 낮게 한다.
② 루트간격을 최대한 좁게 한다.
③ 저층의 슬래그는 제거하지 않고 용접한다.
④ 슬래그가 앞지르지 않도록 운봉속도를 유지한다.

해설 슬래그섞임은 슬래그가 용융지보다 앞설 때 발생하므로 운봉속도를 유지하고 모재의 각도를 조절한다.

38 전격에 의한 사고를 입을 위험이 있는 경우와 거리가 가장 먼 것은?

① 옷이 습기에 젖어 있을 때
② 케이블의 일부가 노출되어 있을 때
③ 홀더의 통전부분이 절연되어 있을 때
④ 용접 중 용접봉 끝에 옴이 닿았을 때

해설 홀더의 통전부분이 절연되어 있을 때 전격에 의한 사고 위험을 줄일 수 있다.

39 서브머지드 아크용접에 사용되는 용접용 용제 중 용융형용제에 대한 설명으로 옳은 것은?

① 화학적 균일성이 양호하다.
② 미용융용제는 다시 사용이 불가능하다.
③ 흡습성이 있어 재건조가 필요하다.
④ 용융 시 분해되거나 산화되는 원소를 첨가할 수 있다.

해설 용융형 용제는 화학적으로 매우 균일하고 흡습성이 없으며, 비드의 외관이 좋다.

40 수랭동판을 용접부의 양면에 부착하고 용융된 슬래그 속에서 전극와이어를 연속적으로 송급하여 용융슬래그 내를 흐르는 저항열에 의하여 전극와이어 및 모재를 용융접합시키는 용접법은?

① 초음파용접
② 플라즈마제트용접
③ 일렉트로가스용접
④ 일렉트로슬래그용접

해설 일렉트로슬래그용접은 아크열이 아닌 와이어와 용융슬래그 사이에 통전된 전류의 저항열을 이용하여 용접하는 방법이다.

41 Al-Cu-Si 합금으로 실리콘(Si)을 넣어 주조성을 개선하고 Cu를 첨가하여 절삭성을 좋게 한 알루미늄합금으로 시효경화성이 있는 합금은?

① Y합금
② 라우탈
③ 코비탈륨
④ 로-엑스합금

해설
• 라우탈 : Al-Cu-Si계
• Y-합금 : Al-Cu 4%-Ni 2%-Mg 1.5%

36 ① 37 ④ 38 ③ 39 ① 40 ④ 41 ②

42 주철 중 구상흑연과 편상흑연의 중간형태의 흑연으로 형성된 조직을 갖는 주철은?

① CV주철
② 에시큘라주철
③ 니크로실라주철
④ 미하나이트주철

해설 ▶ CV주철 : 구상흑연주철과 편상흑연주철의 중간성질을 갖는다. 버미큘러주철이라고도 한다.

43 연질자성재료에 해당하는 것은?

① 페라이트자석
② 알니크자석
③ 네오디뮴자석
④ 퍼멀로이

해설 ▶ 퍼멀로이 : 연질자성합금이며 투자성이 상당히 높은 합금이고 강자성재이다.

44 다음 중 황동과 청동의 주성분으로 옳은 것은?

① 황동 : Cu + Pb, 청동 : Cu + Sb
② 황동 : Cu + Sn, 청동 : Cu + Zn
③ 황동 : Cu + Sb, 청동 : Cu + Pb
④ 황동 : Cu + Zn, 청동 : Cu + Sn

해설 ▶ 황동은 구리에 아연을, 청동은 주석을 넣은 것을 말하나, 청동은 아연 이외의 원소를 함유한 것을 말한다.

45 다음 중 담금질에 의해 나타난 조직 중에서 경도와 강도가 가장 높은 것은?

① 오스테나이트
② 소르바이트
③ 마르텐사이트
④ 크루스타이트

해설 ▶ 담금질 조직에 따른 강도와 경도 순서 : 시멘타이트 〉 마르텐사이트 〉 트루스라이트 〉 베이나이트 〉 소르바이트〉 펄라이트〉 오스테나이트〉 페라이트

46 2~10%Sn, 0.6%P 이하의 합금이 사용되며 탄성률이 높아 스프링 재료로 가장 적합한 청동은?

① 알루미늄청동   ② 망간청동
③ 니켈청동   ④ 인청동

해설 ▶ 인청동(R CuSn)
• 동, 인청동, 황동의 용접에 사용한다.
• 용착금속의 화학성분은 Sn 2.0~10.0%, P 0.6% 이하이며, P 0.15% 이상에서 경도가 높다. 내마모성이 요구되는 슬리브용접에 이용한다.
• 예열온도는 약 150~200℃이며 용접 후 피닝이 필요하다.

47 알루미늄합금 중 대표적인 단련용 Al합금으로 주요성분이 Al-Cu-Mg-Mn인 것은?

① 알민   ② 알드레리
③ 두랄루민   ④ 하이드로날륨

해설 ▶ 두랄루민은 Al + Cu + Mg + Mn계 합금이다.

48 인장시험에서 표점거리가 50mm의 시험편을 시험 후 절단된 표점거리를 측정하였더니 65mm가 되었다. 이 시험편의 연신율은 얼마인가?

① 20%   ② 23%
③ 30%   ④ 33%

해설 ▶ 연신율(%) = (파단후길이−표점거리/표점거리)×100
= (65−50/50)×100 = 30%

49 면심입방격자 구조를 갖는 금속은?

① Cr   ② Cu
③ Fe   ④ Mo

해설 ▶ 면심입방구조를 갖는 것은 구리이다.

50 노멀라이징(Normalizing) 열처리의 목적으로 옳은 것은?

① 연화를 목적으로 한다.
② 경도향상을 목적으로 한다.
③ 인성부여를 목적으로 한다.
④ 재료의 표준화를 목적으로 한다.

해설 ▶ 노멀라이징(불림)의 목적
• 조직을 미세화
• 내부 응력을 제거
• 결정 조직의 표준화

51 다음 그림과 같은 양면용접부 조합기호의 명칭으로 옳은 것은?

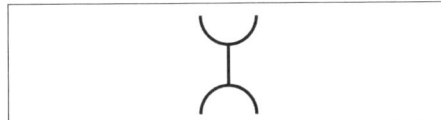

① 양면 V형 맞대기용접
② 넓은 루트면이 있는 양면 V형용접
③ 넓은 루트면이 있는 K형 맞대기용접
④ 양면 U형 맞대기용접

52 다음 그림은 경유서비스탱크 지지철물의 정면도와 측면도이다. 모두 동일한 ㄱ형강일 경우 중량은 약 몇 kgf인가?(단, ㄱ형강(L-50×50×6)의 단위 m당 중량은 4.43kgf/m이고, 정면도와 측면도에서 좌우대칭이다)

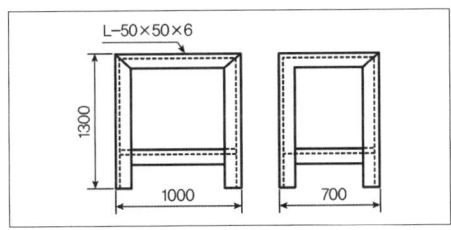

① 44.3
② 53.1
③ 55.4
④ 76.1

53 3각법으로 정투상한 아래 도면에서 정면도와 우측면도에 가장 적합한 평면도는?

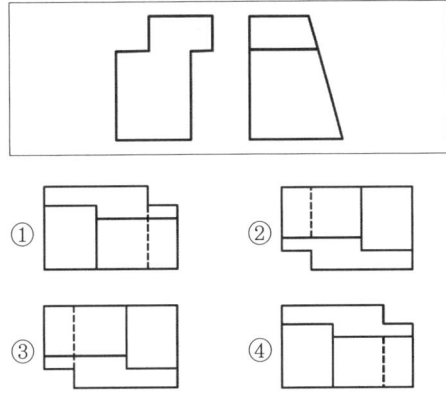

54 도면에 그려진 길이가 실제 대상물의 길이보다 큰 경우 사용한 척도의 종류인 것은?

① 현척
② 실척
③ 배척
④ 축척

해설 ▶ 배척은 도면에 도형을 실물보다 크게 제도하는 경우에 사용하며 1:2, 1:5, 1:10, 1:20, 1:50 등이 있다.

55 대상물의 보이는 부분의 모양을 표시하는데 사용하는 선은?

① 치수선
② 외형선
③ 숨은선
④ 기준선

해설 ▶ 외형선은 사물의 외곽을 나타내고 굵은 실선을 사용한다.

56 다음 도면에 표시된 치수에서 최소허용치수는?

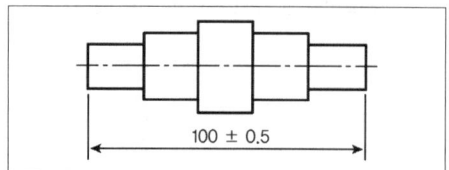

① 0.5　　② 99.5
③ 100　　④ 100.5

해설
- 최소치수 100−0.5=99.5
- 최대치수 100+0.5=100.5

57 다음 도면의 (*) 안의 치수로 가장 적합한 것은?

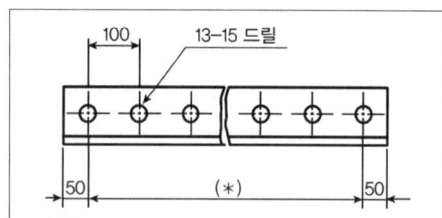

① 1400　　② 1300
③ 1200　　④ 1100

해설　피치수× 피치치수=합계치수
(13−1)×100=1200

58 그림과 같이 용접을 하고자 할 때 용접도시기호를 올바르게 나타낸 것은?

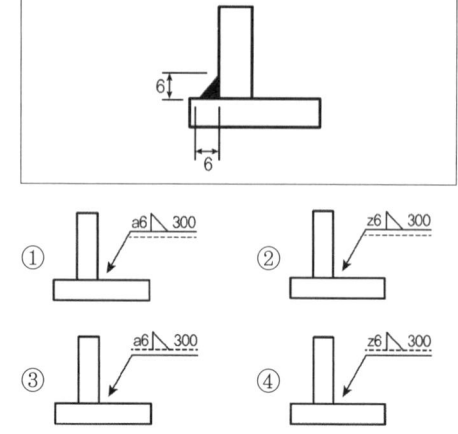

59 화살표 방향이 정면일 때 좌우대칭이 보기와 같은 입체도의 좌측면도로 가장 적합한 것은?

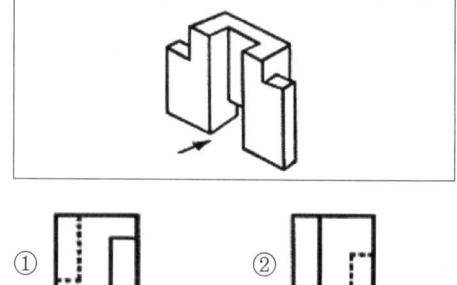

① 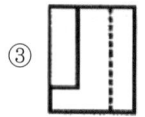　　②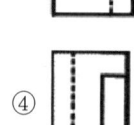

③ 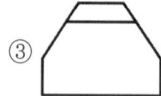　　④

60 그림과 같은 입체도의 화살표 방향인 정면도를 가장 올바르게 투상한 것은?

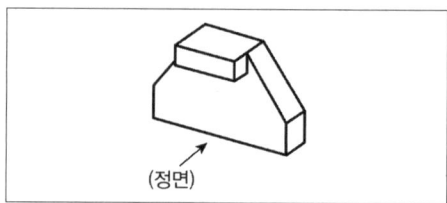

① 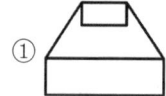　　②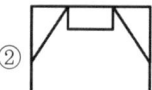

56 ②　57 ③　58 ④　59 ①　60 ④

23 CBT 출제 예상문제

- 피복아크용접기능사
- 가스텅스텐아크용접기능사
- 이산화탄소가스아크용접기능사

01 탄산가스 아크용접에서 용착속도에 관한 내용으로 틀린 것은?

① 용접속도가 빠르면 모재의 입열이 감소한다.
② 용착률은 일반적으로 아크전압이 높은 쪽이 좋다.
③ 와이어 용융속도는 와이어의 지름과는 거의 관계가 없다.
④ 와이어 용융속도는 아크전류에 거의 정비례하며 증가한다.

해설▶ 전류를 높게 하면 와이어의 녹아내림이 빠르고 용착률과 용입이 증가한다. 반면 아크전압을 높이면 비드가 넓어지고 납작해지며 지나치게 아크전압을 높이면 기포가 발생한다.

02 플래시버트용접 과정의 3단계는?

① 업셋, 예열, 후열
② 예열, 검사, 플래시
③ 예열, 플래시, 업셋
④ 업셋, 플래시, 후열

해설▶ 플래시버트용접은 예열, 플래시, 업셋 과정을 거친다.

03 용접결함 중 은점의 원인이 되는 주된 원소는?

① 헬륨   ② 수소
③ 아르곤   ④ 이산화탄소

해설▶ 수소는 은점, 백점, 헤어크랙, 기공, 선상조직의 원인이 된다.

04 다음 중 제품별 노내 및 국부풀림의 유지온도와 시간이 올바르게 연결된 것은?

① 탄소강 주강품 : 625±25℃, 판두께 25mm에 대하여 1시간
② 기계구조용 연강재 : 725±25℃, 판두께 25mm에 대하여 1시간
③ 보일러용 압연강재 : 625±25℃, 판두께 25mm에 대하여 4시간
④ 용접구조용 연강재 : 725±25℃, 판두께 25mm에 대하여 2시간

05 용접시공에서 다층쌓기로 작업하는 용착법이 아닌 것은?

① 스킵법   ② 빌드업법
③ 전진블록법   ④ 캐스케이드법

해설▶ 스킵법은 비석법이라고 하며 용접길이를 짧게 또는 길게 나누어 간격을 맞추어 용접하는 방법이다.

06 예열의 목적에 대한 설명으로 틀린 것은?

① 수소의 방출을 용이하게 하여 저온균열을 방지한다.
② 열영향부와 용착금속의 경화를 방지하고 연성을 증가시킨다.
③ 용접부의 기계적 성질을 향상시키고 경화조직의 석출을 촉진시킨다.
④ 온도분포가 완만하게 되어 열응력의 감소로 변형과 잔류응력의 발생을 적게 한다.

해설▶ 경화조직의 석출을 방지한다.

01 ②　02 ③　03 ②　04 ①　05 ①　06 ③

07 용접작업에서 전격의 방지대책으로 틀린 것은?

① 땀, 물 등에 의해 젖은 작업복, 장갑 등은 착용하지 않는다.
② 텅스턴봉을 교체할 때 항상 전원스위치를 차단하고 작업한다.
③ 절연홀더의 절연부분이 노출, 파손되면 즉시 보수하거나 교체한다.
④ 가죽 장갑, 앞치마, 발 덮개 등 보호구를 반드시 착용하지 않아도 된다.

해설 가죽장갑, 앞치마, 발덮개 등 보호구를 반드시 착용하도록 한다.

08 서브머지드 아크용접에서 용제의 구비조건에 대한 설명으로 틀린 것은?

① 용접 후 슬래그(Slag)의 박리가 어려울 것
② 적당한 입도를 갖고 아크보호성이 우수할 것
③ 아크발생을 안정시켜 안정된 용접을 할 수 있을 것
④ 적당한 합금성분을 첨가하여 탈황, 탈산 등의 정련작용을 할 것

해설 서브머지드 아크용접은 용제를 먼저 용접할 곳에 뿌리고 와이어가 용제 속에서 아크를 발생하며 용접을 하는 방법이다. 이 때에 용제에는 용접 후에 슬래그가 원활하게 박리되어야 하는 합금성분이 포함되어 있다.

09 MIG용접의 전류밀도는 TIG용접의 약 몇 배 정도인가?

① 2 ② 4
③ 6 ④ 8

해설 MIG용접의 전류밀도는 TIG용접의 약 2배, 피복아크용접의 4~6배 정도이다.

10 다음 중 파괴시험에서 기계적 시험에 속하지 않는 것은?

① 경도시험 ② 굽힘시험
③ 부식시험 ④ 충격시험

해설 부식시험은 화학적 시험의 일종이다.

11 볼트나 환봉을 피스톤형의 홀더에 끼우고 모재와 볼트 사이에 순간적으로 아크를 발생시켜 용접하는 방법은?

① 서브머지드 아크용접
② 스터드용접
③ 테르밋용접
④ 불활성가스 아크용접

해설 스터드용접 : 볼트나 환봉, 핀 등의 금속 고정구를 철판이나 기존 금속면에 모재와 스터드 끝면을 용융시켜 스터드를 모재에 눌러 융합시켜 용접을 하는 자동아크용접법이다.

12 용접결함과 그 원인에 대한 설명 중 잘못 짝지어진 것은?

① 언더컷 - 전류가 너무 높을 때
② 기공 - 용접봉이 흡습되었을 때
③ 오버랩 - 전류가 너무 낮을 때
④ 슬래그섞임 - 전류가 과대되었을 때

해설 슬래그섞임은 전층의 슬래그제거가 불완전할 때 발생한다.

13 피복아크용접에서 피복제의 성분에 포함되지 않는 것은?

① 아크안정제 ② 가스발생제
③ 피복이탈제 ④ 슬래그생성제

해설 피복제는 아크안정, 가스발생용접부 보호, 슬래그생성으로 산화방지와 냉각속도를 느리게 한다.

07 ④ 08 ① 09 ① 10 ③ 11 ② 12 ④ 13 ③

14 피복아크용접봉의 용융속도를 결정하는 식은?

① 용융속도=아크전류×용접봉 쪽 전압강하
② 용융속도=아크전류×모재 쪽 전압강하
③ 용융속도=아크전압×용접봉 쪽 전압강하
④ 용융속도=아크전압×모재 쪽 전압강하

해설 ▶ 용융속도 = 아크전류×용접봉 전압강하 = 시간당 소비되는 용접봉의 길이

15 용접법의 분류에서 아크용접에 해당되지 않는 것은?

① 유도가열용접   ② TIG용접
③ 스터드용접   ④ MIG용접

해설 ▶ 유도가열용접은 아크발생을 하지 않고 유도전기열을 이용하여 용접부를 융용시킨 후 가압하여 용접하는 방법이다.

16 피복아크용접 시 용접선 상에서 용접봉을 이동시키는 조작을 말하며 아크의 발생, 중단, 재아크, 위빙 등이 포함된 작업을 무엇이라 하는가?

① 용입   ② 운봉
③ 키홀   ④ 용융지

17 다음 중 산소 및 아세틸렌용기의 취급방법으로 틀린 것은?

① 산소용기의 밸브, 조정기, 도관, 취부구는 반드시 기름이 묻은 천으로 깨끗이 닦아야 한다.
② 산소용기의 운반 시에는 충돌, 충격을 주어서는 안 된다.
③ 사용이 끝난 용기는 실병과 구분하여 보관한다.
④ 아세틸렌용기는 세워서 사용하며 용기에 충격을 주어서는 안 된다.

해설 ▶ 기름 묻은 천으로 닦으면 화재위험이 있다.

18 가스용접이나 절단에 사용되는 가연성가스의 구비조건으로 틀린 것은?

① 발열량이 클 것
② 연소속도가 느릴 것
③ 불꽃의 온도가 높을 것
④ 용융금속과 화학반응이 일어나지 않을 것

해설 ▶ 연소속도가 빨라야 한다.

19 다음 중 가변저항의 변화를 이용하여 용접전류를 조정하는 교류아크용접기는?

① 탭전환형   ② 가동코일형
③ 가동철심형   ④ 가포화리액터형

해설 ▶ 가포화리액터형은 가변저항의 변화로 용접전류를 조정하는 것으로 전기적 전류조정으로 소음이 없고 기계 수명이 길다.

20 AW-250, 무부하전압 80V, 아크전압 20V인 교류용접기를 사용할 때 역률과 효율은 각각 약 얼마인가?(단, 내부손실은 4kW이다.)

① 역률 : 45%, 효율 : 56%
② 역률 : 48%, 효율 : 69%
③ 역률 : 54%, 효율 : 80%
④ 역률 : 69%, 효율 : 72%

해설 ▶ • 전원입력 : 250A×80V = 20kVA
• 아크출력 : 250A×20V = 5kVA
• 소비전력 : 5kVA+4kVA = 9kVA
역률 = (소비전력/전원입력)×100 = (9/20)×100 = 45%
효율 = (아크출력/소비전력)×100 = (5/9)×100 = 55.5%

21 아크용접에서 피닝을 하는 목적으로 가장 알맞은 것은?

① 용접부의 잔류응력을 완화시킨다.
② 모재의 재질을 검사하는 수단이다.
③ 응력을 강하게 하고 변형을 유발시킨다.
④ 모재표면의 이물질을 제거한다.

해설 ▶ 피닝 : 금속 내부에 잔류응력을 풀어주는 효과

22 다음 중 연납의 특성에 관한 설명으로 틀린 것은?

① 연납땜에 사용하는 용가제를 말한다.
② 주석-납계 합금이 가장 많이 사용된다.
③ 기계적 강도가 낮으므로 강도를 필요로 하는 부분에는 적당하지 않다.
④ 은납, 황동납 등이 이에 속하고 물리적 강도가 크게 요구될 때 사용된다.

해설 ▶ 은납과 황동납은 경납에 속한다.

23 다음 각종 용접에서 전격방지대책으로 틀린 것은?

① 홀더나 용접봉은 맨손으로 취급하지 않는다.
② 어두운 곳이나 밀폐된 구조물에서 작업 시 보조자와 함께 작업한다.
③ CO_2용접이나 MIG용접작업 도중에 와이어를 2명이 교대로 교체할 때는 전원은 차단하지 않아도 된다.
④ 용접작업을 하지 않을 때에는 TIG전극봉은 제거하거나 노즐 뒤쪽에 밀어 넣는다.

해설 ▶ 작업 도중에 와이어를 2명이 교대로 교체할 때는 전원을 차단하거나, 절연 안전보호구를 착용하여야 한다.

24 심(Seam)용접법에서 용접전류의 통전방법이 아닌 것은?

① 직·병렬통전법
② 단속통전법
③ 연속통전법
④ 맥동통전법

해설 ▶ 심용접의 통전방법 : 단속통전법, 연속통전법, 맥동통전법

25 플라즈마아크의 종류가 아닌 것은?

① 이행형아크
② 비이행형아크
③ 중간형아크
④ 탠덤형아크

해설 ▶ 플라즈마아크 : 이행형, 비이행형, 중간형

26 피복아크용접결함 중 용착금속이 냉각속도가 빠르거나, 모재의 재질이 불량할 때 일어나기 쉬운 결함으로 가장 적당한 것은?

① 용입불량
② 언더컷
③ 오버랩
④ 선상조직

해설 ▶ 선상조직은 모재의 재질이 불량하거나 용착금속을 급랭시킬 때 발생하며, 부서지기 쉬운 파단면의 일종이다.

27 용접기의 점검 및 보수 시 지켜야 할 사항으로 옳은 것은?

① 정격사용률 이상으로 사용한다.
② 탭전환은 반드시 아크발생을 하면서 시행한다.
③ 2차측단자의 한쪽과 용접기케이스는 반드시 어스(Earth)하지 않는다.
④ 2차측케이블이 길어지면 전압강하가 일어나므로 가능한 지름이 큰 케이블을 사용한다.

21 ① 22 ④ 23 ③ 24 ① 25 ④ 26 ④ 27 ④

28 용접입열이 일정할 경우에는 열전도율이 큰 것일수록 냉각속도가 빠른데 다음 금속 중 열전도율이 가장 높은 것은?

① 구리 ② 납
③ 연강 ④ 스테인리스강

해설 ▶ 열전도율 : 구리 〉 알루미늄 〉 연강 〉 스테인리스강

29 로봇용접의 분류 중 동작기구로부터의 분류방식이 아닌 것은?

① PTB좌표로봇
② 직각좌표로봇
③ 극좌표로봇
④ 관절로봇

해설 ▶
• 동작기구 분류 : 직각좌표로봇, 극좌표로봇, 원통좌표로봇, 다관절로봇
• 제어 분류 : 서보제어, 논서보제어, CP제어, PTP제어

30 CO_2용접작업 중 가스의 유량은 낮은 전류에서 얼마가 적당한가?

① 10~15 ℓ/min
② 20~25 ℓ/min
③ 30~35 ℓ/min
④ 40~45 ℓ/min

해설 ▶ 저전류가스 함유량은 10~15 ℓ/min가 적당하다.

31 CO_2용접에서 발생되는 일산화탄소와 산소 등의 가스를 제거하기 위해 사용되는 탈산제는?

① Mn ② Ni
③ W   ④ Cu

해설 ▶ 탈산제는 규소철, 망간철, 티탄철 등의 철합금 또는 금속 망간, 알루미늄 등이 사용된다.

32 용접부의 균열발생의 원인 중 틀린 것은?

① 이음의 강성이 큰 경우
② 부적당한 용접봉 사용 시
③ 용접부의 서랭
④ 용접전류 및 속도과대

해설 ▶ 용접부의 급랭이 균열발생의 원인이 된다.

33 다음 중 플라즈마 아크용접의 장점이 아닌 것은?

① 용접속도가 빠르다.
② 1층으로 용접할 수 있으므로 능률적이다.
③ 무부하전압이 높다.
④ 각종 재료의 용접이 가능하다.

해설 ▶ 무부하전압이 높은 것은 단점에 해당한다.

34 MIG용접 시 와이어송급방식의 종류가 아닌 것은?

① 풀(Pull)방식
② 푸시(Push)방식
③ 푸시언더(Push-under)방식
④ 푸시풀(Push-pull)방식

해설 ▶ 와이어송급방식에는 푸시방식, 풀방식, 푸시풀방식이 있다.

35 다음 용접이음부 중에서 냉각속도가 가장 빠른 이음은?

① 맞대기이음 ② 변두리이음
③ 모서리이음 ④ 필릿이음

해설 ▶ 냉각속도는 필릿이음이 가장 빠르다.

36 보기와 같이 연강용 피복아크용접봉을 표시하였다. 설명으로 틀린 것은?

> E 4 3 1 6

① E : 전기용접봉
② 43 : 용착금속의 최저인장강도
③ 16 : 피복제의 계통표시
④ E4316 : 일미나이트계

해설 ▶ E4316은 저수소계이며, 일미나이트계는 E4301이다.

37 가스절단에서 고속분출을 얻는데 가장 적합한 다이버전트노즐은 보통의 팁에 비하여 산소소비량이 같을 때 절단속도를 몇 % 정도 증가시킬 수 있는가?

① 5~10% ② 10~15%
③ 20~25% ④ 30~35%

해설 ▶ 보통팁에 비하여 산소소비량이 같을 때 절단속도를 20~25% 증가시킬 수 있다.

38 직류아크용접에서 정극성(DCSP)에 대한 설명으로 옳은 것은?

① 용접봉의 녹음이 느리다.
② 용입이 얕다.
③ 비드폭이 넓다.
④ 모재를 음극(-)에 용접봉을 양극(+)에 연결한다.

해설 ▶
• 직류정극성 : 모재의 용입이 깊다, 봉의 용융이 느리다. 비드폭이 좁다. 일반적으로 널리 쓰인다.
• 직류역극성 : 모재의 용입이 얕다, 봉의 용융이 빠르다. 비드폭이 넓다. 박판·주철·합금강·비철금속에 쓰인다.

39 게이지용 강이 갖추어야 할 성질에 대한 설명 중 틀린 것은?

① HRC 55 이하의 경도를 가져야 한다.
② 팽창계수가 보통 강보다 작아야 한다.
③ 시간이 지남에 따라 치수변화가 없어야 한다.
④ 담금질에 의하여 변형이나 담금질균열이 없어야 한다.

해설 ▶ HRC 55 이상의 경도를 가져야 한다.

40 알루미늄에 대한 설명으로 옳지 않은 것은?

① 비중이 2.7로 낮다.
② 용융점은 1067℃이다.
③ 전기 및 열전도율이 우수하다.
④ 고강도합금으로 두랄루민이 있다.

해설 ▶ 알루미늄의 용융점은 약 650℃이다.

41 탄소강에 함유된 원소 중에서 고온메짐(Hot Shortness)의 원인이 되는 것은?

① Si ② Mn
③ P ④ S

해설 ▶ 탄소강에 함유된 황(S)은 고온메짐의 원인이 된다.

42 알루미늄의 표면방식법이 아닌 것은?

① 수산법 ② 염산법
③ 황산법 ④ 크롬산법

해설 ▶ 표면방식법 : 황산법, 수산법, 크롬산법

36 ④ 37 ③ 38 ① 39 ① 40 ② 41 ④ 42 ②

43 재료표면상에 일정한 높이로부터 낙하시킨 추가 반발하여 튀어오르는 높이로부터 경도값을 구하는 경도기는?

① 쇼어경도기　② 로크웰경도기
③ 비커즈경도기　④ 브리넬경도기

해설
- 비커스경도시험 : 내면각이 136°인 다이아몬드 사각뿔의 압입자에 대각선 길이로 경도를 측정한다.
- 로크웰경도시험 : 압입형태에 따라 B스케일(하중 100kg), C스케일(꼭지각이120°, 하중은 150kg)로 나뉜다.
- 브리넬경도시험 : 담금질된 강구를 일정한 하중으로 압입하여 그 자국의 표면적을 측정한다.
- 쇼어경도시험 : 추를 일정한 높이에서 낙하시켜 반발한 높이로 측정한다.

44 Fe-C 평형상태도에서 나타날 수 없는 반응은?

① 포정반응　② 편정반응
③ 공석반응　④ 공정반응

해설 Fe-C 평형상태도에서는 포정, 공석, 공정반응이 일어난다.

45 강의 담금질 깊이를 깊게 하고 크리프저항과 내식성을 증가시키며 뜨임메짐을 방지하는데 효과가 있는 합금원소는?

① Mo　② Ni
③ Cr　④ Si

해설 몰리브덴(Mo)은 뜨임메짐을 방지하는 합금원소이다.

46 2~10%Sn, 0.6%P 이하의 합금이 사용되며 탄성률이 높아 스프링재료로 가장 적합한 청동은?

① 알루미늄청동　② 망간청동
③ 니켈청동　④ 인청동

해설 인청동(R CuSn)
- 동, 인청동, 황동의 용접에 사용한다.
- 용착금속의 화학성분은 Sn 2.0~10.0%, P 0.6% 이하이며, P 0.15% 이상에서 경도가 높다. 내마모성이 요구되는 슬리브용접에 이용한다.

- 예열온도는 약 150~200°C이며 용접 후 피닝이 필요하다.

47 알루미늄합금 중 대표적인 단련용 Al합금으로 주요성분이 Al-Cu-Mg-Mn인 것은?

① 알민　② 알드레리
③ 두랄루민　④ 하이드로날륨

해설 두랄루민은 Al+Cu+Mg+Mn계 합금이다.

48 인장시험에서 표점거리가 50mm의 시험편을 시험 후 절단된 표점거리를 측정하였더니 65mm가 되었다. 이 시험편의 연신율은 얼마인가?

① 20%　② 23%
③ 30%　④ 33%

해설 연신율(%) = (파단후길이−표점간거리/표점간거리)×100
= (65−50/50)×100 = 30%

49 면심입방격자 구조를 갖는 금속은?

① Cr　② Cu
③ Fe　④ Mo

해설 면심입방구조를 갖는 것은 구리이다.

50 노멀라이징(Normalizing) 열처리의 목적으로 옳은 것은?

① 연화를 목적으로 한다.
② 경도향상을 목적으로 한다.
③ 인성부여를 목적으로 한다.
④ 재료의 표준화를 목적으로 한다.

해설 노멀라이징(불림)의 목적
- 조직을 미세화
- 내부응력을 제거
- 결정조직의 표준화

51 다음 입체도의 화살표 방향 투상도로 가장 적합한 것은?

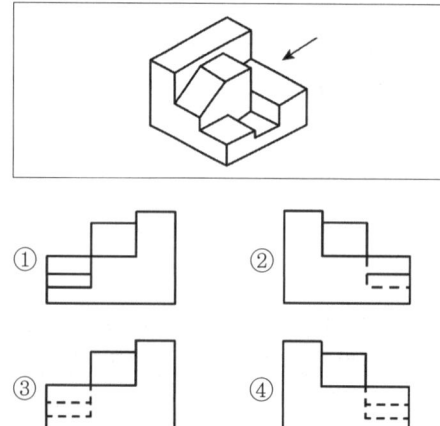

52 다음 그림과 같은 용접방법표시로 맞는 것은?

① 삼각용접   ② 현장용접
③ 공장용접   ④ 수직용접

53 다음 밸브기호는 어떤 밸브를 나타낸 것인가?

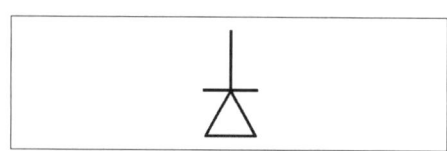

① 풋밸브   ② 볼밸브
③ 체크밸브   ④ 버터플라이밸브

54 다음 중 리벳용 원형강의 KS기호는?
① SV   ② SC
③ SB   ④ PW

해설 • SC : 탄소주강품
• B : 보일러용 압연강재
• W : 피아노선

55 대상물의 일부를 떼어낸 경계를 표시하는데 사용하는 선의 굵기는?
① 굵은 실선   ② 가는 실선
③ 아주 굵은 실선   ④ 아주 가는 실선

해설 가는 실선의 용도 : 치수보조선, 치수선, 지시선, 수준면선, 파단선

56 그림과 같이 정투상도의 제3각법으로 나타낸 정면도와 우측면도를 보고 평면도를 올바르게 도시한 것은?

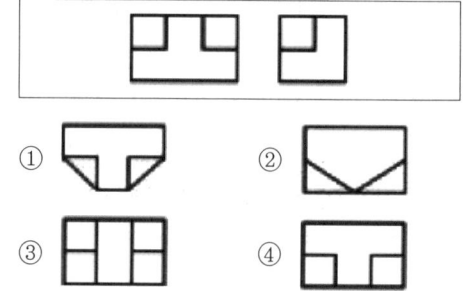

57 도면을 축소 또는 확대했을 경우, 그 정도를 알기 위해서 설정하는 것은?
① 중심마크   ② 비교눈금
③ 도면의 구역   ④ 재단마크

해설 • 중심마크 : 도면을 마이크로필름에 촬영, 복사할 때의 편의를 위하여 마련된다.
• 도면의 구역 : 윤곽석을 나타내는 것이다.
• 재단마크 : 복사도면을 재단하는 경우의 편의를 위해서 표시한 것이다.

51 ③ 52 ② 53 ① 54 ① 55 ② 56 ④ 57 ②

58 다음 중 선의 종류와 용도에 의한 명칭 연결이 틀린 것은?

① 가는 1점쇄선 : 무게중심선
② 굵은 1점쇄선 : 특수지정선
③ 가는 실선 : 중심선
④ 아주 굵은 실선 : 특수한 용도의 선

해설 가는 1점쇄선의 용도 : 중심선, 피치선

59 다음 중 원기둥의 전개에 가장 적합한 전개도법은?

① 평행선 전개도법
② 방사선 전개도법
③ 삼각형 전개도법
④ 타출 전개도법

해설 전개도 작성방법
- 평행선법 : 각기둥이나 원기둥을 전개할 때 사용된다.
- 삼각형법 : 각뿔이나 원뿔을 전개할 대 입체의 표면을 여러 개의 삼각형으로 나누어 전개하는 방법을 말한다.
- 방사선법 : 꼭지점을 중심으로 부채꼴 모양으로 전개된다.

60 나사의 단면도에서 수나사와 암나사의 골밑(골지름)을 도시하는데 적합한 선은?

① 가는 파선
② 굵은 실선
③ 가는 실선
④ 가는 1점쇄선

해설 나사의 골지름은 가는 실선으로 도시한다.

58 ① 59 ① 60 ③

24 CBT 출제 예상문제

- 피복아크용접기능사
- 가스텅스텐아크용접기능사
- 이산화탄소가스아크용접기능사

01 합금 공구강을 나타내는 한국산업표준(KS)의 기호는?

① SKH 2　　② SCr 2
③ STS 11　　④ SNCM

해설 ▶ 합금 공구강 : STS

02 스테인리스강의 금속조직학상 분류에 해당하지 않는 것은?

① 마르텐사이트계
② 페라이트계
③ 시멘타이트계
④ 오스테나이트계

해설 ▶ 시멘타이트계에는 해당되지 않는다.

03 구리에 40~50% Ni을 첨가한 합금으로서 전기저항이 크고 온도계수가 일정하므로 통신기자재, 저항선, 전열선 등에 사용하는 니켈합금은?

① 인바　　② 엘린바
③ 모넬메탈　　④ 콘스탄탄

해설 ▶ 콘스탄탄은 구리-니켈합금으로 열전대 등에 많이 쓰인다.

04 강의 표면에 질소를 침투시켜 경화시키는 표면경화법은?

① 침탄법
② 질화법
③ 세라다이징
④ 고주파담금질

해설 ▶ 표면경화법은 표면만을 경화시키는 방법으로 질소와 철의 반응을 이용한 방법이 질화법이다.

05 합금강의 분류에서 특수용도용으로 게이지, 시계추 등에 사용되는 것은?

① 불변강　　② 쾌삭강
③ 규소강　　④ 스프링강

해설 ▶ 불변강은 길이나 탄성이 온도에 따라 변하지 않는 강으로, 길이 불변강은 인바, 탄성 불변강으로 엘린바가 있다.

06 인장강도가 98~196MPa 정도이며, 기계가공성이 좋아 공작기계의 베드, 일반기계 부품, 수도관 등에 사용되는 주철은?

① 백주철　　② 회주철
③ 반주철　　④ 흑주철

해설 ▶ 회주철은 공작기계의 베드, 내연기관의 실린더 피스톤, 주철관, 농기구, 펌프 등에 사용된다.

07 열처리된 탄소강의 현미경 조직에서 경도가 가장 높은 것은?

① 소르바이트
② 오스테나이트
③ 마르텐사이트
④ 트루스타이트

해설 ▶ 경도가 가장 높은 순으로 마르텐사이트 〉 트루스타이트 〉 소르바이트 〉 오스테나이트가 된다.

08 용접부품에서 일어나기 쉬운 잔류응력을 감소시키기 위한 열처리방법은?

① 완전풀림(Full Annealing)
② 연화풀림(Softening Annealing)
③ 확산풀림(Diffusion Annealing)
④ 응력제거풀림(Stress Relief Annealing)

01 ③　02 ③　03 ④　04 ②　05 ①　06 ②　07 ③　08 ④

해설 ▶ 응력제거풀림 : 500℃~600℃의 온도로 가열 후 서랭하는 것으로 저온풀림이라고도 불리우며, 가공 후 잔류응력을 제거하기 위한 열처리법이다.

09 초음파탐상법의 특징 설명으로 틀린 것은?

① 초음파의 투과능력이 작아 얇은 판의 검사에 적합하다.
② 결함의 위치와 크기를 비교적 정확히 알 수 있다.
③ 검사시험체의 한 면에서도 검사가 가능하다.
④ 감도가 높으므로 미세한 결함을 검출할 수 있다.

해설 ▶ 초음파의 투과능력은 작지 않고 크므로 두꺼운 부분도 검사가 가능하다.

10 다음 중 용제와 와이어가 분리되어 공급되고 아크가 용제 속에서 일어나며 잠호용접이라 불리는 용접은?

① MIG용접
② 심용접
③ 서브머지드 아크용접
④ 일렉트로 슬래그용접

해설 ▶ 서브머지드 아크용접은 아크가 보이지 않는 상태에서 용접이 진행된다고 하여 잠호용접이라고 한다.

11 용접 후 변형을 교정하는 방법이 아닌 것은?

① 박판에 대한 점수축법
② 형재(形材)에 대한 직선수축법
③ 가스가우징법
④ 롤러에 거는 방법

해설 ▶ 가스가우징은 용접부 결함제거, 뒤따내기, 압연강재, 단조, 주강의 표면결함의 제거 등에 사용된다.

12 용접전압이 25V, 용접전류가 350A, 용접속도가 40cm/min인 경우 용접입열량은 몇 J/cm인가?

① 10,500J/cm
② 11,500J/cm
③ 12,125J/cm
④ 13,125J/cm

해설 ▶ H=(60×E×I/V)=(60×25×350/40)=13,125J/cm

13 용접이음 준비 중 홈가공에 대한 설명으로 틀린 것은?

① 홈가공의 정밀 또는 용접능률과 이음의 성능에 큰 영향을 준다.
② 홈모양은 용접방법과 조건에 따라 다르다.
③ 용접균열은 루트간격이 넓을수록 적게 발생한다.
④ 피복아크용접에서는 54~70% 정도의 홈각도가 적합하다.

해설 ▶ 루트간격이 넓을수록 균열이 많이 발생한다.

14 그림과 같이 용접선의 방향과 하중의 방향이 직교한 필릿용접은?

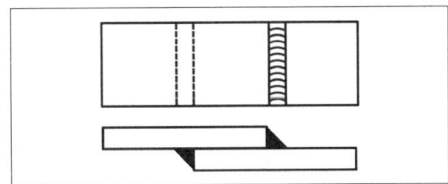

① 측면필릿용접
② 경사필릿용접
③ 전면필릿용접
④ T형 필릿용접

해설 ▶ 용접선의 방향과 하중의 방향이 직교한 것을 전면필릿용접이라고 한다.

09 ① 10 ③ 11 ③ 12 ④ 13 ③ 14 ③

15 아크플라즈마는 고전류가 되면 방전전류에 의하여 생기는 자장과 전류의 작용으로 아크의 단면이 수축된다. 그 결과 아크 단면이 수축하여 가늘게 되고 전류밀도가 증가한다. 이와 같은 성질을 무엇이라고 하는가?

① 열적핀치효과
② 자기적핀치효과
③ 플라스마핀치효과
④ 동적핀치효과

16 아크용접에서 피복제의 작용을 설명한 것 중 틀린 것은?

① 전기절연작용을 한다.
② 아크(Arc)를 안정하게 한다.
③ 스패터링(Spattering)을 많게 한다.
④ 용착금속의 탈산정련작용을 한다.

해설 ▶ 스패터의 발생을 적게 한다.

17 강의 인성을 증가시키며, 특히 노치인성을 증가시켜 강의 고온가공을 쉽게 할 수 있도록 하는 원소는?

① P   ② Si
③ Pb   ④ Mn

해설 ▶ 망간은 강도, 경도, 인성, 점성, 담금질성을 증가시키고, 연성을 감소시킨다.

18 플라즈마 아크절단법에 관한 설명이 틀린 것은?

① 알루미늄 등의 경금속에는 작동가스로 아르곤과 수소의 혼합가스가 사용된다.
② 가스절단과 같은 화학반응은 이용하지 않고, 고속의 플라즈마를 사용한다.
③ 텅스텐전극과 수랭노즐 사이에 아크를 발생시키는 것을 비이행형 절단법이라 한다.
④ 기체의 원자가 저온에서 음(−)이온으로 분리된 것을 플라즈마라 한다.

해설 ▶ 기체를 고온으로 가열하여 기체 안의 가스원자가 원자핵과 전자로 분리되며, 양(+), 음(−)의 이온상태로 되는 것을 '플라즈마'라 한다.

19 AW 220, 무부하전압 80V, 아크전압이 30V인 용접기의 효율은(단, 내부손실은 2.5kW이다)

① 71.5%   ② 72.5%
③ 73.5%   ④ 74.5%

해설 ▶ 효율 = [(아크입력)/아크입력 + 손실]×100%
= [(30×220)/(30×220 + 2500VA)]×100% = 72.5%

20 예열용 연소가스로는 주로 수소가스를 이용하며, 침몰선의 해체, 교량의 교각개조 등에 사용되는 절단법은?

① 스카핑   ② 산소창절단
③ 분말절단   ④ 수중절단

해설 ▶ 수중절단 : 주로 수소가스를 사용하며, 침몰선의 해체나 교량의 개조공사 등에 사용된다. 예열가스의 양은 공기 중보다 4~8배 더 필요하며, 수중절단 시 산소분출구의 구멍크기는 공기 중보다 1.5~2배 큰 것을 요구한다.

21 피복아크용접작업에서 아크길이에 대한 설명 중 틀린 것은?

① 아크길이는 일반적으로 3mm 정도가 적당하다.
② 아크전압은 아크길이에 반비례한다.
③ 아크길이가 너무 길면 아크가 불안정하게 된다.
④ 양호한 용접은 짧은 아크(Short Arc)를 사용한다.

해설 ▶ 아크전압은 아크길이에 비례한다.

15 ②   16 ③   17 ④   18 ④   19 ②   20 ④   21 ②

22 균열에 대한 감수성이 좋아 구속도가 큰 구조물의 용접이나 탄소가 많은 고탄소강 및 황의 함유량이 많은 쾌삭강 등의 용접에 사용되는 용접봉의 계통은?

① 고산화티탄계 ② 일미나이트계
③ 라임티탄계   ④ 저수소계

해설 저수소계 용접봉은 균열에 대한 감수성이 좋아서 두꺼운 판용접에 사용되고, 고탄소강 및 황의 함유량이 많은 쾌삭강 등의 용접에 사용되고 있다.

23 가스절단 시 예열불꽃이 약할 때 나타나는 현상으로 틀린 것은?

① 절단속도가 늦어진다.
② 역화발생이 감소된다.
③ 드래그가 증가한다.
④ 절단이 중단되기 쉽다.

해설 예열불꽃이 약하면 절단속도가 늦어지고 절단이 중단되기 쉽다. 또한 드래그가 증가하며 역화를 일으키기 쉽다.

24 가스용접 시 전진법과 후진법을 비교 설명한 것 중 틀린 것은?

① 전진법은 용접속도가 느리다.
② 후진법은 열이용률이 좋다.
③ 후진법은 용접변형이 크다.
④ 전진법은 개선홈의 각도가 크다.

해설 후진법은 용접변형이 적다.

25 오스테나이트계 스테인리스강은 용접 시 냉각되면서 고온균열이 발생되는데 주원인이 아닌 것은?

① 아크길이가 짧을 때
② 모재가 오염되어 있을 때
③ 크레이터 처리를 하지 않을 때
④ 구속력이 가해진 상태에서 용접할 때

26 아세틸렌가스의 성질에 대한 설명으로 옳은 것은?

① 수소와 산소가 화합된 매우 안정된 기체이다.
② 1리터의 무게는 1기압 15℃에서 117g이다.
③ 가스용접용 가스이며, 카바이드로부터 제조된다.
④ 공기를 1로 했을 때의 비중은 1.91이다.

해설 아세틸렌은 비중 0.91로 공기보다 가벼우며 15℃, 1kg/mm²에서 1L의 무게는 1.176g이다. 또한 매우 불안전한 상태의 가스이다.

27 금속의 접합법 중 야금학적 접합법이 아닌 것은?

① 융접   ② 압접
③ 납땜   ④ 볼트이음

해설 야금학적 접합 : 압접, 융접, 납땜

28 다음의 열처리 중 항온열처리방법에 해당되지 않는 것은?

① 마퀜칭   ② 마템퍼링
③ 오스템퍼링 ④ 인상담금질

해설 항온열처리방법 : 오스템퍼링, 마퀜칭, 마템퍼링

29 탄소강의 담금질 중 고온의 오스테나이트 영역에서 소재를 냉각하면 냉각속도의 차이에 따라 마르텐사이트, 페라이트, 펄라이트, 소르바이트 등의 조직으로 변태되는데 이들 조직 중에서 강도와 경도가 가장 높은 것은?

① 마르텐사이트
② 페라이트
③ 펄라이트
④ 소르바이트

22 ④ **23** ② **24** ③ **25** ① **26** ③ **27** ④ **28** ④ **29** ①

30 주철에서 탄소와 규소의 함유량에 의해 분류한 조직의 분포를 나타낸 것은?

① T.T.T곡선
② Fe-C상태도
③ 공정반응조직도
④ 마우러(Maurer)조직도

해설 마우러조직도는 주철에서 C와 Si의 양에 따른 주철의 조직관계를 표시한 것이다.

31 다음 중 정전압특성에 관한 설명으로 옳은 것은?

① 부하전압이 변화하면 단자전압이 변하는 특성
② 부하전류가 증가하면 단자전압이 저하하는 특성
③ 부하전류가 변화하여도 단자전압이 변하지 않는 특성
④ 부하전류가 변화하지 않아도 단자전압이 변하는 특성

해설 정전압특성 : 전류가 증가하여도 전압이 일정하게 되는 특성(전원의 자기제어특성에 의한 아크길이제어)

32 다음 중 연강용접봉에 비해 고장력강 용접봉의 장점이 아닌 것은?

① 재료의 취급이 간단하고 가공이 용이하다.
② 동일한 강도에서 판의 두께를 얇게 할 수 있다.
③ 소요강재의 중량을 상당히 무겁게 할 수 있다.
④ 구조물의 하중을 경감시킬 수 있어 그 기초공사가 단단해진다.

33 다음 중 피복아크용접에 있어 위빙운봉 폭은 용접봉 심선지름의 얼마로 하는 것이 가장 적절한가?

① 1배 이하   ② 약 2~3배
③ 약 4~5배   ④ 약 6~7배

해설 운봉폭은 용접봉 심선지름의 2~3배 정도가 적절하다.

34 피복아크용접에서 용접속도(Welding Speed)에 영향을 미치지 않는 것은?

① 모재의 재질   ② 이음 모양
③ 전류값   ④ 전압값

해설 모재의 재질, 이음모양, 용접봉의 종류 및 전류값 등이 용접속도에 영향을 미친다.

35 다음 중 가스불꽃의 온도가 가장 높은 것은?

① 산소 - 메탄불꽃
② 산소 - 프로판불꽃
③ 산소 - 수소불꽃
④ 산소 - 아세틸렌불꽃

해설
• 산소 - 아세틸렌불꽃 : 3,430℃
• 산소 - 수소불꽃 : 2,900℃
• 산소 - 메탄불꽃 : 2,700℃
• 산소 - 프로판불꽃 : 2,820℃

36 다음 중 용접부에 언더컷이 발생했을 경우 결함 보수방법으로 가장 적당한 것은?

① 드릴로 정지구멍을 뚫고 다듬질한다.
② 절단작업을 한 다음 재용접한다.
③ 가는 용접봉을 사용하여 보수용접한다.
④ 일부분을 깎아내고 재용접한다.

해설 언더컷을 보수할 때에는 지름이 가는 용접봉을 사용하여 재용접한다.

30 ④ 31 ③ 32 ③ 33 ② 34 ④ 35 ④ 36 ③

37 화재 및 폭발의 방지조치사항으로 틀린 것은?

① 용접작업부근에 점화원을 두지 않는다.
② 인화성 액체의 반응 또는 취급은 폭발한계범위 이내의 농도로 한다.
③ 아세틸렌이나 LP가스용접 시에는 가연성가스가 누설되지 않도록 한다.
④ 대기 중에 가연성가스를 누설 또는 방출시키지 않는다.

38 가스용접작업 시 주의사항으로 틀린 것은?

① 반드시 보호안경을 착용한다.
② 산소호스와 아세틸렌호스는 색깔 구분 없이 사용한다.
③ 불필요한 긴 호스를 사용하지 말아야 한다.
④ 용기 가까운 곳에서는 인화물질의 사용을 금한다.

해설 산소호스와 아세틸렌호스는 색깔을 구분하여 사용해 사고를 예방한다.

39 불활성가스 금속아크용접의 용접토치 구성부품 중 와이어가 송출되면서 전류를 통전시키는 역할을 하는 것은?

① 가스분출기(Gas Diffuser)
② 팁(Tip)
③ 인슐레이터(Insulator)
④ 플렉시블콘딧(Flexible Conduit)

40 다음 중 테르밋용접의 점화제가 아닌 것은?

① 과산화바륨   ② 망간
③ 알루미늄   ④ 마그네슘

해설 미세 알루미늄분말과 산화철 분말을 1:3~4의 중량비로 혼합하고 과산화바륨과 마그네슘의 혼합분말을 넣어 점화제로 쓴다.

41 다음 용접법 중 용접봉을 용제 속에 넣고 아크를 일으켜 용접하는 것은?

① 원자수소용접
② 서브머지드 아크용접
③ 불활성가스 아크용접
④ 이산화탄소 아크용접

해설 서브머지드 아크용접 : 모재의 용접부에 미세한 가루모양의 입상용제를 쌓아 놓고 그 속에 전극와이어를 공급하여 와이어의 선단과 모재와의 사이에서 아크를 발생시켜, 그 아크열에 의하여 모재와 용제를 용해하는 자동아크용접이다.

42 MIG알루미늄용접을 그 용적이행형태에 따라 분류할 때 해당되지 않는 용접법은?

① 단락아크용접
② 스프레이아크용접
③ 펄스아크용접
④ 저전압아크용접

해설 MIG알루미늄용접의 용적이행형태 : 단락, 스프레이, 펄스아크

43 용접지그선택의 기준이 아닌 것은?

① 물체를 튼튼하게 고정시킬 크기와 힘이 있어야 할 것
② 용접위치를 유리한 용접자세로 쉽게 움직일 수 있을 것
③ 물체의 고정과 분해가 용이해야 하며 청소에 편리할 것
④ 변형이 쉽게 되는 구조로 제작될 것

해설 용접용지그는 변형을 막아줄 만큼 견고하게 잡아줄 수 있어야 한다.

44 선박, 보일러 두꺼운 판의 용접 시 용융슬래그와 와이어의 저항열을 이용하여 연속적으로 상진하면서 용접하는 것은?

① 테르밋용접
② 일렉트로 슬래그용접
③ 논실드 아크용접
④ 서브머지드 아크용접

해설 일렉트로 슬래그용접은 아크를 발생하지 않고 와이어와 용융슬래그 그리고 모재 내에 흐르는 전기저항열에 의하여 용접한다.

45 다음 중 화학적 시험에 해당되는 것은?

① 물성시험
② 열특성시험
③ 설퍼프린트시험
④ 함유수소시험

해설 화학적 시험 : 부식, 함유수소시험

46 전자빔용접의 특징 중 잘못 설명한 것은?

① 용접변형이 적고 정밀용접이 가능하다.
② 열전도율이 다른 이종금속의 용접이 가능하다.
③ 진공 중에서 용접하므로 불순가스에 의한 오염이 적다.
④ 용접물의 크기에 제한이 없다.

해설 전자빔용접은 진공의 공간에서 이루어져야 하므로 용접물의 크기에 제한이 있다.

47 납땜의 용제가 갖추어야 할 조건 중 맞는 것은?

① 모재나 땜납에 대한 부식작용이 최대한 일 것
② 납땜 후 슬래그제거가 용이할 것
③ 전기저항납땜에 사용되는 것은 부도체일 것
④ 침지땜에 사용되는 것은 수분을 함유하여야 할 것

해설 납땜은 슬래그를 생성시키지 않는다.

48 모재두께가 9~10mm인 연강판의 V형 맞대기 피복아크용접 시 홈의 각도로 적당한 것은?

① 20~40° ② 40~50°
③ 60~70° ④ 90~100°

해설 • t = 6mm~15mm(V형)의 홈각도 : 60°~70°
• t 〉 20mm(H형)의 홈각도 : 30°

49 용접홈 종류 중 두꺼운 판을 한쪽방향에서 충분한 용입을 얻으려고 할 때 사용되는 것은?

① U형 홈   ② X형 홈
③ H형 홈   ④ I형 홈

해설 I형홈은 얇은 판 용접에 적합하고, X와 H형홈은 두꺼운 판의 양쪽방향용접에 적합하다.

50 용접부의 잔류응력을 제거하기 위한 방법으로 끝이 둥근 해머로 용접부를 연속적으로 때려 용접표면상에 소성변형을 주어 용접금속부의 인장응력을 완화하는 방법은?

① 코킹법
② 피닝법
③ 저온응력완화법
④ 국부풀림법

해설 피닝법 : 용접부를 해머로 타격하여 소성변형시켜 응력을 완화시키는 방법

44 ② 45 ④ 46 ④ 47 ② 48 ③ 49 ① 50 ②

51 그림과 같은 입체도에서 화살표 방향을 정면으로 할 때 제3각법으로 올바르게 정투상한 것은?

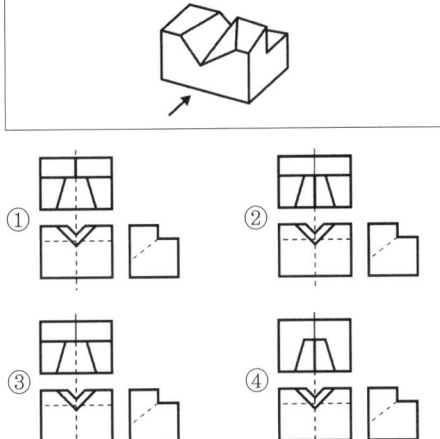

52 다음 중 일반구조용 압연강재의 KS 재료기호는?

① SS 490 ② SSW 41
③ SBC 1   ④ SM 400A

 • SS : 일반구조용 압연강재
• SM : 기계구조용 탄소강재

53 배관의 접합기호 중 플랜지 연결을 나타내는 것은?

① ─┼─   ② ─┤├─
③ ─╫─   ④ ─┤>

해설 ① 일반(나사식), ③ 유니온식, ④ 턱걸이식

54 그림에서 '6.3'선이 나타내는 선의 명칭으로 옳은 것은?

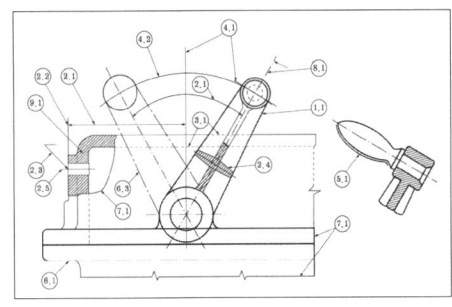

① 가상선   ② 절단선
③ 중심선   ④ 무게 중심선

해설 6.3은 레버의 움직임에 대한 가상의 형태를 나타내는 것이므로 가상선으로 그려준다.

55 다음 중 직원뿔 전개도의 형태로 가장 적합한 형상은?

① △   ② (원뿔)
③ ▭   ④ (사다리꼴)

56 그림과 같이 정투상도의 제3각법으로 나타낸 정면도와 우측면도를 보고 평면도를 올바르게 도시한 것은?

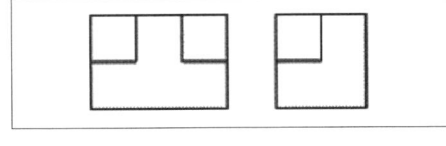

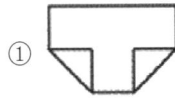 

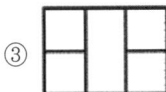 

51 ② 52 ① 53 ② 54 ① 55 ② 56 ④

57 도면을 축소 또는 확대했을 경우, 그 정도를 알기 위해서 설정하는 것은?

① 중심 마크
② 비교 눈금
③ 도면의 구역
④ 재단 마크

해설
- 중심마크 : 도면을 마이크로필름에 촬영, 복사할 때의 편의를 위하여 마련된다.
- 도면의 구역 : 윤곽석을 나타내는 것이다.
- 재단마크 : 복사도면을 재단하는 경우의 편의를 위해서 표시한 것이다.

58 다음 중 선의 종류와 용도에 의한 명칭 연결이 틀린 것은?

① 가는 1점쇄선 : 무게중심선
② 굵은 1점쇄선 : 특수지정선
③ 가는 실선 : 중심선
④ 아주 굵은 실선 : 특수한 용도의 선

해설 가는 1점쇄선의 용도 : 중심선, 피치선

59 다음 중 각기둥의 전개에 가장 적합한 전개도법은?

① 평행선 전개도법
② 방사선 전개도법
③ 삼각형 전개도법
④ 타출 전개도법

해설 전개도 작성방법
- 평행선법 : 각기둥이나 원기둥을 전개할 때 사용된다.
- 삼각형법 : 각뿔이나 원뿔을 전개할 대 입체의 표면을 여러 개의 삼각형으로 나누어 전개하는 방법을 말한다.
- 방사선법 : 꼭지점을 중심으로 부채꼴 모양으로 전개된다.

60 나사의 단면도에서 수나사와 암나사의 골밑(골지름)을 도시하는데 적합한 선은?

① 가는 실선
② 굵은 실선
③ 가는 파선
④ 가는 1점쇄선

해설 나사의 골지름은 가는 실선으로 도시한다.

57 ② 58 ① 59 ① 60 ①

25 CBT 출제 예상문제

- 피복아크용접기능사
- 가스텅스텐아크용접기능사
- 이산화탄소가스아크용접기능사

01 아크용접에서 정극성과 비교한 역극성의 특징은?

① 모재의 용입이 깊다.
② 용접봉의 녹음이 빠르다.
③ 비드폭이 좁다.
④ 후판용접에 주로 사용된다.

해설
- 직류정극성 : 모재의 용입이 깊다. 봉의 용융이 느리다. 비드폭이 좁다. 일반적으로 널리 쓰인다.
- 직류역극성 : 모재의 용입이 얕다. 봉의 용융이 빠르다. 비드폭이 넓다. 박판·주철·합금강·비철금속에 쓰인다.

02 피복아크용접봉의 운봉법 중 수직용접에 주로 사용되는 것은?

① 8자형   ② 진원형
③ 6각형   ④ 지그재그형

해설 수직용접에는 파형, 지그재그형, 3각형 등의 운봉법이 사용된다.

03 피복아크용접에서 피복제의 역할이 아닌 것은?

① 아크를 안정되게 한다.
② 스패터를 적게 한다.
③ 용착금속에 적당한 합금원소를 공급한다.
④ 용착금속에 산소를 공급한다.

해설 피복제는 용착금속과 외부의 산소를 차단하여 산화되는 것을 방지한다.

04 피복아크용접기에 관한 설명으로 맞는 것은?

① 용접기는 역률과 효율이 낮아야 한다.
② 용접기는 무부하전압이 낮아야 한다.
③ 용접기의 역률이 낮으면 입력에너지가 증가한다.
④ 용접기의 사용률은 아크시간/(아크시간−휴식시간)에 대한 백분율이다.

05 산소-아세틸렌가스용접기로 두께가 3.2mm인 연강판을 V형 맞대기이음을 하려면 이에 적합한 연강용 가스용접봉의 지름(mm)을 계산식에 의해 구하면 얼마인가?

① 4.6   ② 3.2
③ 3.6   ④ 2.6

해설 용접봉의 지름
$D = (T/2) + 1 = (3.2/2) + 1 = 2.6mm$

06 산소-아세틸렌가스를 이용하여 용접할 때 사용하는 산소압력조정기의 취급에 관한 설명 중 틀린 것은?

① 산소용기에 산소압력조정기를 설치할 때 압력조정기 설치구에 있는 먼지를 털어내고 연결한다.
② 산소압력조정기 설치구 나사부나 조정기의 각 부에 그리스를 발라 잘 조립되도록 한다.
③ 산소압력조정기를 견고하게 설치한 후 가스누설여부를 비눗물로 점검한다.
④ 산소압력조정기의 압력지시계가 잘 보이도록 설치하며 유리가 파손되지 않도록 한다.

해설 나사부나 조정기 각부에 그리스나 기름 등을 사용하면 화재의 위험이 있다.

01 ②   02 ④   03 ④   04 ③   05 ④   06 ②

07 산소-아세틸렌의 불꽃에서 속불꽃과 겉불꽃 사이에 백색의 제3의 불꽃 즉 아세틸렌페더라고도 하는 것은?

① 탄화불꽃 ② 중성불꽃
③ 산화불꽃 ④ 백색불꽃

해설 ▶ 탄화불꽃 : 아세틸렌과잉불꽃이라 하며 속불꽃과 겉불꽃 사이에 백색의 제3불꽃(아세틸렌페더)이 있다.

08 CO_2가스아크용접에서 플럭스코어드와이어의 단면형상이 아닌 것은?

① NCG형
② Y관상형
③ 풀(Pull)형
④ 아코스(Arcos)형

09 CO_2가스아크용접 결함에 있어서 다공성이란 무엇을 의미하는가?

① 질소, 수소, 일산화탄소 등에 의한 기공을 말한다.
② 와이어 선단부에 용적이 붙어 있는 것을 말한다.
③ 스패터가 발생하여 비드의 외관에 붙어 있는 것을 말한다.
④ 노즐과 모재간 거리가 지나치게 작아서 와이어송급불량을 의미한다.

해설 ▶ 다공성의 원인이 되는 가스는 질소, 일산화탄소, 수소이다.

10 다음 중 응급처치구명 4대요소에 속하지 않는 것은?

① 상처보호
② 지혈
③ 기도유지
④ 전문구조기관의 연락

해설 ▶ 4대요소 : 지혈, 기도유지 및 심박동유지, 쇼크방지 및 처치, 상처보호

11 용접 후 변형을 교정하는 방법이 아닌 것은?

① 박판에 대한 점수축법
② 형재(形材)에 대한 직선수축법
③ 가스가우징법
④ 롤러에 거는 방법

해설 ▶ 가스가우징은 용접부 결함제거, 뒤따내기, 압연강재, 단조, 주강의 표면결함의 제거 등에 사용된다.

12 용접전압이 25V, 용접전류가 350A, 용접속도가 40cm/min인 경우 용접입열량은 몇 J/cm인가?

① 10500J/cm ② 11500J/cm
③ 12125J/cm ④ 13125J/cm

해설 ▶ H = (60×E×I/V) = (60×25×350/40) = 13,125J/cm

13 용접이음 준비 중 홈가공에 대한 설명으로 틀린 것은?

① 홈가공의 정밀 또는 용접능률과 이음의 성능에 큰 영향을 준다.
② 홈모양은 용접방법과 조건에 따라 다르다.
③ 용접균열은 루트간격이 넓을수록 적게 발생한다.
④ 피복아크용접에서는 54~70% 정도의 홈각도가 적합하다.

해설 ▶ 루트간격이 넓을수록 균열이 많이 발생한다.

07 ① 08 ③ 09 ① 10 ④ 11 ③ 12 ④ 13 ③

14 아크의 길이가 너무 길 때 발생하는 현상이 아닌 것은?

① 용융금속이 산화 및 질화되기 쉽다.
② 용입이 나빠진다.
③ 아크가 불안정하다.
④ 열량이 대단히 작아진다. 정답

해설 ▶ 아크길이가 길어지면 전압은 상승하며 전류는 떨어지고 열량이 커진다.

15 아크플라즈마는 고전류가 되면 방전전류에 의하여 생기는 자장과 전류의 작용으로 아크의 단면이 수축된다. 그 결과 아크단면이 수축하여 가늘게 되고 전류밀도가 증가한다. 이와 같은 성질을 무엇이라고 하는가?

① 열적핀치효과
② 자기적핀치효과
③ 플라즈마핀치효과
④ 동적핀치효과

16 아크용접에서 피복제의 작용을 설명한 것 중 틀린 것은?

① 전기절연작용을 한다.
② 아크(Arc)를 안정하게 한다.
③ 스패터링(Spattering)을 많게 한다.
④ 용착금속의 탈산정련작용을 한다.

해설 ▶ 스패터의 발생을 적게 한다.

17 강의 인성을 증가시키며, 특히 노치인성을 증가시켜 강의 고온가공을 쉽게 할 수 있도록 하는 원소는?

① P
② Si
③ Pb
④ Mn

해설 ▶ 망간은 강도, 경도, 인성, 점성, 담금질성을 증가시키고, 연성을 감소시킨다.

18 플라즈마 아크절단법에 관한 설명이 틀린 것은?

① 알루미늄 등의 경금속에는 작동가스로 아르곤과 수소의 혼합가스가 사용된다.
② 가스절단과 같은 화학반응은 이용하지 않고, 고속의 플라즈마를 사용한다.
③ 텅스텐전극과 수랭노즐 사이에 아크를 발생시키는 것을 비이행형 절단법이라 한다.
④ 기체의 원자가 저온에서 음(-)이온으로 분리된 것을 플라즈마라 한다.

해설 ▶ 기체를 고온으로 가열하여 기체 안의 가스원자가 원자핵과 전자로 분리되며, 양(+), 음(-)의 이온상태로 되는 것을 '플라즈마'라 한다.

19 AW 220, 무부하전압 80V, 아크전압이 30V인 용접기의 효율은?(단, 내부손실은 2.5kW이다)

① 71.5%
② 72.5%
③ 73.5%
④ 74.5%

해설 ▶ 효율 = [(아크입력)/아크입력 + 손실]×100%
= [(30×220)/(30×220 + 2500VA)]×100% = 72.5%

20 예열용 연소가스로는 주로 수소가스를 이용하며, 침몰선의 해체, 교량의 교각 개조 등에 사용되는 절단법은?

① 스카핑
② 산소창절단
③ 분말절단
④ 수중절단

해설 ▶ 수중절단 : 주로 수소가스를 사용하며, 침몰선의 해체나 교량의 개조공사 등에 사용된다. 예열가스의 양은 공기 중보다 4~8배 더 필요하며, 수중절단 시 산소분출구의 구멍크기는 공기 중보다 1.5~2배 큰 것을 요구한다.

14 ④ 15 ② 16 ③ 17 ④ 18 ④ 19 ② 20 ④

21 다음 중 가스압접의 특징으로 틀린 것은?

① 이음부의 탈탄층이 전혀 없다.
② 작업이 거의 기계적이어서, 숙련이 필요하다.
③ 용가재 및 용제가 불필요하고, 용접시간이 빠르다.
④ 장치가 간단하여 설비비, 보수비가 싸고 전력이 불필요하다.

해설 가스압접의 특징
• 전력이 불필요하다.
• 이음부에 탈탄층이 전혀 없다.
• 장치가 간단하고, 설비 보수비가 저렴하다.
• 작업이 기계적이어서 작업자의 숙련이 필요 없다.
• 이음부에 첨가제나 용제가 불필요하다.

22 절단용 산소 중의 불순물이 증가되면 나타나는 결과가 아닌 것은?

① 절단속도가 늦어진다.
② 산소의 소비량이 적어진다.
③ 절단개시시간이 길어진다.
④ 절단홈의 폭이 넓어진다.

해설 절단용산소의 순도가 떨어지거나 불순물이 증가하면 절단속도가 감소한다.

23 피복아크용접봉에서 피복배합제인 아교의 역할은?

① 고착제   ② 합금제
③ 탈산제   ④ 아크안정제

해설 아교 : 환원가스발생제인 동시에 고착제 역할을 한다.

24 가스절단에 영향을 미치는 인자가 아닌 것은?

① 후열불꽃   ② 예열불꽃
③ 절단속도   ④ 절단조건

해설 가스절단의 경우 절단의 시작인 예열불꽃의 영향에 의한 산화촉진으로 절단의 효율화를 나타내지만 후열의 경우는 절단에 영향을 미치기에는 어렵다.

25 직류아크용접의 극성에 관한 설명으로 옳은 것은?

① 직류정극성에서는 용접봉의 녹음 속도가 빠르다.
② 직류역극성에서는 용접봉에 30%의 열분배가 되기 때문에 용입이 깊다.
③ 직류정극성에서는 용접봉에 70%의 열분배가 되기 때문에 모재의 용입이 얕다.
④ 직류역극성은 박판, 주철, 고탄소강, 비철금속의 용접에 주로 사용된다.

해설 박판, 주철, 비철금속의 용접에 주로 사용되는 것은 직류역극성이다.

26 서브머지드 아크용접용 재료 중 와이어의 표면에 구리를 도금한 이유에 해당되지 않는 것은?

① 콘택트팁과의 전기적 접촉을 좋게 한다.
② 와이어에 녹이 발생하는 것을 방지한다.
③ 전류의 통전효과를 높게 한다.
④ 용착금속의 강도를 높게 한다.

해설 접촉팁과의 전기접촉을 원활하게 하고 공기 중에서 녹이 스는 것을 방지하며, 전류의 통전효과를 높게 하기 위함이다.

27 화상에 의한 응급조치로서 적절하지 않은 것은?

① 냉찜질을 한다.
② 붕산수에 찜질한다.
③ 전문의의 치료를 받는다.
④ 물집을 터트리고 수건으로 감싼다.

21 ② 22 ② 23 ① 24 ① 25 ④ 26 ④ 27 ④

28 언더컷의 원인이 아닌 것은?
① 전류가 높을 때
② 전류가 낮을 때
③ 빠른 용접속도
④ 운봉각도의 부적합

해설 언더컷 발생원인 : 용접속도가 빠를 때, 용접전류가 높을 때, 아크길이가 길 때, 운봉각도가 부적합할 때

29 연강용 피복용접봉에서 피복제의 역할이 아닌 것은?
① 아크를 안정시킨다.
② 스패터(Spatter)를 많게 한다.
③ 파형이 고운 비드를 만든다.
④ 용착금속의 탈산정련작용을 한다.

해설 스패터의 발생을 적게 한다.

30 전기저항 점용접작업 시 용접기 조작에 대한 3대 요소가 아닌 것은?
① 가압력   ② 통전시간
③ 전극봉   ④ 전류세기

해설 3요소 : 가압력, 통전시간, 통전전류(세기)

31 아세틸렌가스의 선질에 대한 설명으로 옳은 것은?
① 수소와 산소가 화합된 매우 안정된 기체이다.
② 1리터의 무게는 1기압 15℃에서 117g이다.
③ 가스용접용 가스이며, 카바이드로부터 제조된다.
④ 공기를 1로 했을 때의 비중은 1.91이다.

해설 아세틸렌은 비중 0.91로 공기보다 가벼우며 15℃, 1kg/mm²에서 1L의 무게는 1.176g이다. 또한 매우 불안전한 상태의 가스이다.

32 금속의 접합법 중 야금학적 접합법이 아닌 것은?
① 융접   ② 압접
③ 납땜   ④ 볼트이음

해설 야금학적 접합 : 압접, 융접, 납땜

33 다음의 열처리 중 항온열처리방법에 해당되지 않는 것은?
① 마퀜칭   ② 마템퍼링
③ 오스템퍼링   ④ 인상담금질

해설 항온열처리방법 : 오스템퍼링, 마퀜칭, 마템퍼링

34 탄소강의 담금질 중 고온의 오스테나이트 영역에서 소재를 냉각하면 냉각속도의 차에 따라 마르텐사이트, 페라이트, 펄라이트, 소르바이트 등의 조직으로 변태되는데 이들 조직 중에서 강도와 경도가 가장 높은 것은?
① 마르텐사이트   ② 페라이트
③ 펄라이트   ④ 소르바이트

35 주철에서 탄소와 규소의 함유량에 의해 분류한 조직의 분포를 나타낸 것은?
① T.T.T곡선
② Fe-C상태도
③ 공정반응조직도
④ 마우러(Maurer)조직도

해설 마우러조직도는 주철에서 C와 Si의 양에 따른 주철의 조직관계를 표시한 것이다.

28 ② 29 ② 30 ③ 31 ③ 32 ④ 33 ④ 34 ① 35 ④

36 티그용접의 전원특성 및 사용법에 대한 설명이 틀린 것은?

① 역극성을 사용하면 전극의 소모가 많아진다.
② 알루미늄용접 시 교류를 사용하면 용접이 잘된다.
③ 정극성은 연강, 스테인리스강 용접에 적당하다.
④ 정극성을 사용할 때 전극은 둥글게 가공하여 사용하는 것이 아크가 안정된다.

해설▶ 교류를 사용할 때에 전극을 둥글게 가공한다.

37 플러그용접에서 전단강도는 일반적으로 구멍의 면적당 전용착금속 인장강도의 몇 % 정도로 하는가?

① 20~30%   ② 40~50%
③ 60~70%   ④ 80~90%

38 용접에서 변형교정방법이 아닌 것은?

① 얇은 판에 대한 점수축법
② 롤러에 거는 방법
③ 형재에 대한 직선수축법
④ 노내풀림법

해설▶ 노내풀림법은 응력을 제거하거나 완화하는 방법 중 하나이다.

39 이산화탄소 가스아크용접에서 아크전압이 높을 때 비드형상으로 맞는 것은?

① 비드가 넓어지고 납작해진다.
② 비드가 좁아지고 납작해진다.
③ 비드가 넓어지고 볼록해진다.
④ 비드가 좁아지고 볼록해진다.

해설▶ 아크전압이 높으면 비드가 넓어지고 납작해진다. 또한 아크전압과 아크길이는 비례한다.

40 용접재 예열의 목적으로 옳지 않은 것은?

① 변형방지
② 잔류응력감소
③ 균열발생방지
④ 수소이탈방지

해설▶ 예열의 목적
• 균열발생방지
• 기계적 성질 향상
• 변형 및 잔류응력감소
• 블로홀 생성방지
• 경화조직의 석출방지

41 용접분위기 가운데 수소 또는 일산화탄소가 과잉될 때 발생하는 결함은?

① 언더컷   ② 기공
③ 오버랩   ④ 스패터

해설▶ 기공은 용접분위기 가운데 수소 또는 일산화탄소가 과잉될 때 발생한다.

42 용접작업 시 전격방지를 위한 주의사항 중 틀린 것은?

① 캡타이어 케이블의 피복상태, 용접기의 접지상태를 확실하게 점검할 것
② 기름기가 묻었거나 젖은 보호구와 복장은 입지 말 것
③ 좁은 장소의 작업에서는 신체를 노출시키지 말 것
④ 개로전압이 높은 교류용접기를 사용할 것

해설▶ 무부하전압을 개로전압이라고 하며, 이 전압은 용접기 미사용 시 용접기에 흐르는 것을 말한다. 따라서 전격방지를 위해서는 개로전압이 낮은 것이 예방에 좋다.

36 ④   37 ③   38 ④   39 ①   40 ④   41 ②   42 ④

43 다음 소화기의 설명으로 옳지 않은 것은?

① A급화재에는 포말소화기가 적합하다.
② A급화재란 보통화재를 뜻한다.
③ C급화재에는 CO_2소화기가 적합하다.
④ C급화재란 유류화재를 뜻한다.

해설 C급화재는 전기화재를 의미한다.

44 가스용접장치에 대한 설명으로 틀린 것은?

① 화기로부터 5m 이상 떨어진 곳에 설치한다.
② 전격방지기를 설치한다.
③ 아세틸렌가스 집중장치 시설에는 소화기를 준비한다.
④ 작업종료 시 메인밸브 및 콕 등을 완전히 잠근다.

해설 가스용접기는 전기를 사용하지 않으므로 전격방지기가 필요하지 않다.

45 가스용접에 의한 역화가 일어날 경우 대처방법으로 잘못 된 것은?

① 아세틸렌을 차단한다.
② 산소밸브를 열어 산소량을 증가시킨다.
③ 팁을 물로 식힌다.
④ 토치의 기능을 점검한다.

해설 역화가 발생하면 산소밸브를 잠가 연소를 돕지 않도록 차단해야 한다.

46 다음 용접법 중 용접봉을 용제 속에 넣고 아크를 일으켜 용접하는 것은?

① 원자수소용접
② 서브머지드 아크용접
③ 불활성가스 아크용접
④ 이산화탄소 아크용접

해설 서브머지드 아크용접 : 모재의 용접부에 미세한 가루모양의 입상용제를 쌓아 놓고 그 속에 전극와이어를 공급하여 와이어의 선단과 모재와의 사이에서 아크를 발생시켜, 그 아크열에 의하여 모재와 용제를 용해하는 자동아크용접이다.

47 MIG알루미늄용접을 그 용적이행형태에 따라 분류할 때 해당되지 않는 용접법은?

① 단락아크용접
② 스프레이아크용접
③ 펄스아크용접
④ 저전압아크용접

해설 MIG알루미늄용접의 용적이행형태 : 단락, 스프레이, 펄스아크

48 용접지그선택의 기준이 아닌 것은?

① 물체를 튼튼하게 고정시킬 크기와 힘이 있어야 할 것
② 용접위치를 유리한 용접자세로 쉽게 움직일 수 있을 것
③ 물체의 고정과 분해가 용이해야 하며 청소에 편리할 것
④ 변형이 쉽게 되는 구조로 제작될 것

해설 용접용지그는 변형을 막아줄 만큼 견고하게 잡아줄 수 있어야 한다.

49 선박, 보일러 두꺼운 판의 용접 시 용융슬래그와 와이어의 저항열을 이용하여 연속적으로 상진하면서 용접하는 것은?

① 테르밋용접
② 일렉트로 슬래그용접
③ 논실드 아크용접
④ 서브머지드 아크용접

해설 일렉트로 슬래그용접은 아크를 발생하지 않고 와이어와 용융슬래그 그리고 모재 내에 흐르는 전기저항열에 의하여 용접한다.

43 ④ 44 ② 45 ② 46 ② 47 ④ 48 ④ 49 ②

50 다음 중 화학적 시험에 해당되는 것은?

① 물성시험
② 열특성시험
③ 설퍼프린트시험
④ 함유수소시험

해설 화학적 시험 : 부식, 함유수소시험

51 치수를 나타내기 위한 치수선의 표시가 잘못된 것은?

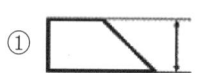 
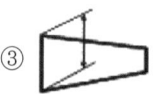 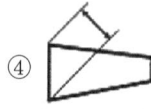

52 그림과 같은 도면에서 가는 실선으로 대각선을 그려 도시한 면의 설명으로 올바른 것은?

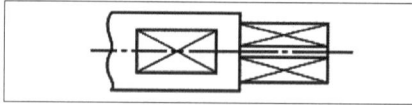

① 대상의 면이 평면임을 도시
② 특수열처리한 부분을 도시
③ 다이아몬드의 볼록현상을 도시
④ 사각형으로 관통한 면

해설 가는 실선으로 대각선을 그려 도시한 면은 평면이라는 의미이다.

53 그림과 같은 양면 필릿용접기호를 가장 올바르게 해석한 것은?

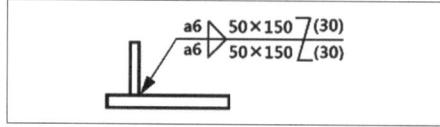

① 목길이 6mm, 용접길이 150mm, 인접한 용접부 간격 50mm
② 목길이 6mm, 용접길이 50mm, 인접한 용접부 간격 30mm
③ 목두께 6mm, 용접길이 150mm, 인접한 용접부 간격 30mm
④ 목두께 6mm, 용접길이 50mm, 인접한 용접부 간격 50mm

54 제3각법으로 정투상한 그림과 같은 정면도와 우측면도에 가장 적합한 평면도는?

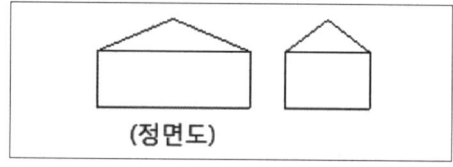

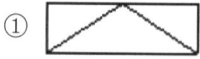 
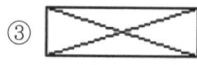 

55 그림의 A 부분과 같이 경사면부가 있는 대상물에서 그 경사면의 실형을 표시할 필요가 있는 경우 사용하는 투상도는?

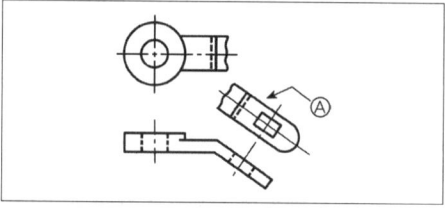

① 국부투상도　② 전개투상도
③ 회전투상도　④ 보조투상도

해설 보조투상도는 경사면의 실물형상을 표시할 필요가 있을 때, 그 경사면에 대응하는 위치에 필요부분만 그린 도면이다.

50 ④　51 ④　52 ①　53 ③　54 ③　55 ④

56 그림과 같은 도면에서 지름 3mm 구멍의 수는 모두 몇 개인가?

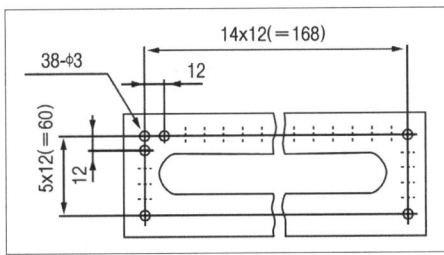

① 24 ② 38
③ 48 ④ 60

해설 ▶ Ø3 앞의 숫자 38이 구멍의 수이다.

57 다음 중 도면의 일반적인 구비조건으로 거리가 먼 것은?

① 대상물의 크기, 모양, 자세, 위치의 정보가 있어야 한다.
② 대상물을 명확하고 이해하기 쉬운 방법으로 표현해야 한다.
③ 도면의 보존, 검색 이용이 확실히 되도록 내용과 양식을 구비해야 한다.
④ 무역과 기술의 국제 교류가 활발하므로 대상물의 특징을 알 수 없도록 보안성을 유지해야 한다.

58 그림과 같은 용접기호에서 a7이 의미하는 뜻으로 알맞은 것은?

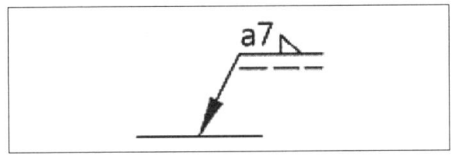

① 용접부 목길이가 7mm이다.
② 용접간격이 7mm이다.
③ 용접모재의 두께가 7mm이다.
④ 용접부 목두께가 7mm이다.

59 일반적으로 표면의 결 도시기호에서 표시하지 않는 것은?

① 표면재료종류
② 줄무늬 방향의 기호
③ 표면의 파상도
④ 컷오프값, 평가길이

해설 ▶ 표면재료종류는 보통 도면의 부품기입 시에 기록한다.

60 치수 숫자와 함께 사용되는 기호가 바르게 연결된 것은?

① 지름 : P
② 정사각형 : □
③ 구면의 지름 : Ø
④ 구의 반지름 : C

해설 ▶
• 구의 지름 : SØ
• 구의 반지름 : SR
• 45도 모따기 : C

56 ② **57** ④ **58** ④ **59** ① **60** ②

26 CBT 출제 예상문제

- 피복아크용접기능사
- 가스텅스텐아크용접기능사
- 이산화탄소가스아크용접기능사

01 용접봉에서 모재로 용융금속이 옮겨가는 용적 이행상태가 아닌 것은?

① 글로뷸러형 ② 스프레이형
③ 단락형   ④ 핀치효과형

해설 용접이행에는 단락형, 스프레이형, 글로뷸러형이 있다.

02 일반적으로 사람의 몸에 얼마 이상의 전류가 흐르면 순간적으로 사망할 위험이 있는가?

① 5mA   ② 15mA
③ 25mA   ④ 50mA

해설 전격이 인체에 미치는 영향
- 8mA~15mA : 고통을 수반한 쇼크(순간)를 느낄 수 있다.
- 15mA~20mA : 고통을 느끼고 근육이 저려서 움직이지 않는다.
- 20mA~50mA : 고통을 느끼고 강한 근육 수축과 호흡이 곤란하다.
- 50mA~100mA : 심장마비를 일으켜 순간적 사망할 수 있다.

03 피복아크용접 시 일반적으로 언더컷을 발생시키는 원인으로 가장 거리가 먼 것은?

① 용접전류가 너무 높을 때
② 아크길이가 너무 길 때
③ 부적당한 용접봉을 사용했을 때
④ 홈 각도 및 루트간격이 좁을 때

해설 홈 각도 및 루트간격이 좁을 때 발생하는 용접결함은 용입불량이다.

04 보기에서 용극식 용접방법을 모두 고른 것은?

> ㉠ 서브머지드 아크용접
> ㉡ 불활성가스 금속 아크용접
> ㉢ 불활성가스 텅스텐 아크용접
> ㉣ 솔리드와이어 이산화탄소 아크용접

① ㉠, ㉡   ② ㉢, ㉣
③ ㉠, ㉡, ㉢   ④ ㉠, ㉡, ㉣

해설 불활성가스 텅스텐 아크용접은 전극 자체가 녹지 않으므로 용융금속으로 소모가 되지 않기 때문에 비용극식 또는 비소모식이라 한다.

05 납땜을 연납땜과 경납땜으로 구분할 때 구분온도는?

① 350℃   ② 450℃
③ 550℃   ④ 650℃

해설 연납은 450℃ 이하, 경납은 450℃ 이상

06 전기저항용접의 특징에 대한 설명으로 틀린 것은?

① 산화 및 변질부분이 적다.
② 다른 금속 간의 접합이 쉽다.
③ 용제나 용접봉이 필요 없다.
④ 접합 강도가 비교적 크다.

해설 금속마다 고유한 저항이 다르므로 접합이 쉽지 않다.

01 ④ 02 ④ 03 ④ 04 ④ 05 ② 06 ②

07 직류정극성(DCSP)에 대한 설명으로 옳은 것은?

① 모재의 용입이 얕다.
② 비드폭이 넓다.
③ 일반적으로 널리 쓰인다.
④ 용접봉에 (+)극을 연결한다.

해설
- 직류정극성 : 모재의 용입이 깊다. 봉의 용융이 느리다. 비드폭이 좁다. 일반적으로 널리 쓰인다.
- 직류역극성 : 모재의 용입이 얕다. 봉의 용융이 빠르다. 비드폭이 넓다. 박판 · 주철 · 합금강 · 비철금속에 쓰인다.

08 다음 용접법 중 압접에 해당되는 것은?

① MIG용접
② 서브머지드 아크용접
③ 점용접
④ TIG용접

해설 점용접은 Spot용접이라고도 하며, 전기저항용접의 겹치기용접의 일종으로 압접에 속한다.

09 로크웰 경도시험에서 C스케일의 다이아몬드의 압입자 꼭지각 각도는?

① 100°
② 115°
③ 120°
④ 150°

해설 로크웰 경도시험 : 1/16인치 강구압자나 꼭지각이 120°인 원뿔형의 다이아몬드 압자를 이용하여 오목자국의 깊이를 가지고 측정하는 시험법

10 아크타임을 설명한 것 중 옳은 것은?

① 단위시간 내의 작업여유시간이다.
② 단위시간 내의 용도여유시간이다.
③ 단위시간 내의 아크발생시간을 백분율로 나타낸 것이다.
④ 단위시간 내의 시공한 용접길이를 백분율로 나타낸 것이다.

해설 아크타임이란 용접작업에서 아크가 흘러나온 시간을 말한다.

11 용접 후 변형을 교정하는 방법이 아닌 것은?

① 박판에 대한 점수축법
② 형재(形材)에 대한 직선수축법
③ 가스가우징법
④ 롤러에 거는 방법

해설 가스가우징은 용접부 결함제거, 뒤따내기, 압연강재, 단조, 주강의 표면결함의 제거 등에 사용된다.

12 용접전압이 25V, 용접전류가 350A, 용접속도가 40cm/min인 경우 용접입열량은 몇 J/cm인가?

① 10,500J/cm
② 11,500J/cm
③ 12,125J/cm
④ 13,125J/cm

해설 $H = (60 \times E \times I/V) = (60 \times 25 \times 350/40) = 13,125 J/cm$

13 용접이음준비 중 홈가공에 대한 설명으로 틀린 것은?

① 홈가공의 정밀 또는 용접능률과 이음의 성능에 큰 영향을 준다.
② 홈모양은 용접방법과 조건에 따라 다르다.
③ 용접균열은 루트간격이 넓을수록 적게 발생한다.
④ 피복아크용접에서는 54~70% 정도의 홈각도가 적합하다.

해설 루트간격이 넓을수록 균열이 많이 발생한다.

07 ③ **08** ③ **09** ③ **10** ③ **11** ③ **12** ④ **13** ③

14 아크용접기의 코일이 1차코일과 2차코일이 같은 철심에 감겨 있고 대개 2차코일은 고정하고 1차코일을 이동하여 두 코일 간의 거리를 조절하여 전류를 조정하는 용접기는?

① 가동철심형
② 가동코일형
③ 탭전환형
④ 가포화 리액터형

해설
- 가동철심형 : 가동 철심을 이용하여 전류를 조정하며, 미세한 전류조정이 가능하다.
- 탭전환형 : 코일이 감긴 수에 따라 전류를 조정하며, 미세한 전류조정이 어렵다.
- 가포화 리액터형 : 가변 저항의 변화를 통하여 용접전류를 조정하며, 소음이 없고, 수명이 길다.

15 아크플라즈마는 고전류가 되면 방전전류에 의하여 생기는 자장과 전류의 작용으로 아크의 단면이 수축된다. 그 결과 아크단면이 수축하여 가늘게 되고 전류밀도가 증가한다. 이와 같은 성질을 무엇이라고 하는가?

① 열적핀치효과
② 자기적핀치효과
③ 플라스마핀치효과
④ 동적핀치효과

16 아크용접에서 피복제의 작용을 설명한 것 중 틀린 것은?

① 전기절연작용을 한다.
② 아크(Arc)를 안정하게 한다.
③ 스패터링(Spattering)을 많게 한다.
④ 용착금속의 탈산정련작용을 한다.

해설 스패터의 발생을 적게 한다.

17 강의 인성을 증가시키며, 특히 노치인성을 증가시켜 강의 고온가공을 쉽게 할 수 있도록 하는 원소는?

① P
② Si
③ Pb
④ Mn

해설 망간은 강도, 경도, 인성, 점성, 담금질성을 증가시키고, 연성을 감소시킨다.

18 플라즈마 아크절단법에 관한 설명이 틀린 것은?

① 알루미늄 등의 경금속에는 작동가스로 아르곤과 수소의 혼합가스가 사용된다.
② 가스절단과 같은 화학반응은 이용하지 않고, 고속의 플라즈마를 사용한다.
③ 텅스텐전극과 수랭노즐 사이에 아크를 발생시키는 것을 비이행형 절단법이라 한다.
④ 기체의 원자가 저온에서 음(−)이온으로 분리된 것을 플라즈마라 한다.

해설 기체를 고온으로 가열하여 기체 안의 가스원자가 원자핵과 전자로 분리되며, 양(+), 음(−)의 이온상태로 되는 것을 '플라즈마'라 한다.

19 AW 220, 무부하전압 80V, 아크전압이 30V인 용접기의 효율은?(단, 내부손실은 2.5kW이다)

① 71.5%
② 72.5%
③ 73.5%
④ 74.5%

해설 효율 = [(아크입력)/아크입력+손실]×100%
= [(30×220)/(30×220+2500VA)]×100% = 72.5%

20 예열용 연소가스로는 주로 수소가스를 이용하며, 침몰선의 해체, 교량의 교각 개조 등에 사용되는 절단법은?

① 스카핑
② 산소창절단
③ 분말절단
④ 수중절단

14 ② 15 ② 16 ③ 17 ④ 18 ④ 19 ② 20 ④

해설 ▶ 수중절단 : 주로 수소가스를 사용하며, 침몰선의 해체나 교량의 개조공사 등에 사용된다. 예열가스의 양은 공기 중보다 4~8배 더 필요하며, 수중절단 시 산소분출구의 구멍크기는 공기 중보다 1.5~2배 큰 것을 요구한다.

21 다음 중 가스압접의 특징으로 맞는 것은?

① 이음부의 탈탄층이 전혀 없다.
② 작업이 거의 기계적이어서, 숙련이 필요하다.
③ 용가재 및 용제가 필요하고, 용접시간이 느리다.
④ 장치가 복잡하여 설비비, 보수비가 비싸다.

해설 ▶ 가스압접의 특징
- 전력이 불필요하다.
- 이음부에 탈탄층이 전혀 없다.
- 장치가 간단하고, 설비 보수비가 저렴하다.
- 작업이 기계적이어서 작업자의 숙련이 필요 없다.
- 이음부에 첨가제나 용제가 불필요하다.

22 절단용 산소 중의 불순물이 증가되면 나타나는 결과가 아닌 것은?

① 절단속도가 늦어진다.
② 산소의 소비량이 적어진다.
③ 절단개시시간이 길어진다.
④ 절단홈의 폭이 넓어진다.

해설 ▶ 절단용 산소 중에 불순물이 증가하면 그만큼 산소의 사용에 따른 활용률이 떨어지게 되어 산소 소비량이 증가하게 된다.

23 피복아크용접봉에서 피복배합제인 아교의 역할은?

① 고착제   ② 합금제
③ 탈산제   ④ 아크안정제

해설 ▶ 아교 : 환원가스발생제인 동시에 고착제 역할을 한다.

24 가스절단에 영향을 미치는 인자가 아닌 것은?

① 후열불꽃   ② 예열불꽃
③ 절단속도   ④ 절단조건

25 직류아크용접의 극성에 관한 설명으로 옳은 것은?

① 직류정극성에서는 용접봉의 녹음 속도가 빠르다.
② 직류역극성에서는 용접봉에 30%의 열분배가 되기 때문에 용입이 깊다.
③ 직류정극성에서는 용접봉에 70%의 열분배가 되기 때문에 모재의 용입이 얕다.
④ 직류역극성은 박판, 주철, 고탄소강, 비철금속의 용접에 주로 사용된다.

해설 ▶ 박판, 주철, 비철금속의 용접에 주로 사용되는 것은 직류역극성이다.

26 가스가우징에 대한 설명 중 옳은 것은?

① 드릴작업의 일종이다.
② 용접부의 결함, 가접의 제거 등에 사용된다.
③ 저압식토치의 압력조절방법의 일종이다.
④ 가스의 순도를 조절하기 위한 방법이다.

해설 ▶ 가스가우징은 용접부의 결함 제거, 뒤따내기, 압연강재, 단조, 주강의 표면결함의 제거 등에 사용된다.

27 가스절단에서 표준드래그는 보통 판두께의 얼마 정도인가?

① 1/4   ② 1/5
③ 1/10   ④ 1/100

해설 ▶ 표준드래그의 길이는 판두께의 20%(1/5)가 적당하다.

21 ① 22 ② 23 ① 24 ① 25 ④ 26 ② 27 ②

28 가스용접 시 모재가 주철인 경우 사용되는 용제에 속하지 않는 것은?

① 염화칼륨 45%
② 붕사 15%
③ 탄산나트륨 15%
④ 중탄산나트륨 70%

해설 각종 금속에 적당한 용제
- 연강 : 사용하지 않는다.
- 주철 : 탄산나트륨 15%, 붕사 15%, 중탄산나트륨 70%
- 알루미늄 : 염화나트륨 30%, 염화칼륨 45%, 염화리튬 5%, 블루오르화칼륨 7%, 황산칼륨 3%
- 구리합금 : 붕사 75%, 염화리튬 25%

29 가스용접불꽃에서 아세틸렌과잉불꽃이라 하며 속불꽃과 겉불꽃 사이에 아세틸렌페더가 있는 것은?

① 바깥불꽃
② 중성불꽃
③ 산화불꽃
④ 탄화불꽃

해설
- 산화불꽃 : 산소의 과잉불꽃
- 중성불꽃 : 적정불꽃(백심불꽃)
- 탄화불꽃 : 아세틸렌과잉불꽃

30 가스용접에서 압력조정기의 압력전달순서가 올바르게 된 것은?

① 부르동관 → 피니언 → 섹터기어 → 링크
② 부르동관 → 피니언 → 링크 → 섹터기어
③ 부르동관 → 링크 → 섹터기어 → 피니언
④ 부르동관 → 링크 → 피니언 → 섹터기어

31 다음 중 용접법의 분류에서 초음파용접은 어디에 속하는가?

① 융접
② 아크용접
③ 납땜
④ 압접

해설 초음파용접 : 압접의 일종으로서 가벼운 압력으로 용접팁 사이에 접합재를 놓고 초음파를 넣으면 혼을 통해 전달된 진동에너지를 이용하여 재료를 접합하는 방법으로 필름, 박판 등의 접합에 이용된다.

32 용접에서 오버랩이 생기는 원인이 아닌 것은?

① 모재의 재질이 불량할 때
② 용접전류가 너무 적을 때
③ 용접봉의 유지각도가 불량할 때
④ 용접봉의 선택이 불량할 때

해설 오버랩은 용접전류가 낮을 때, 운봉속도가 느릴 때, 각도가 불량할 때, 용접봉의 선택이 불량할 때 발생한다.

33 연강용 아크용접봉의 특성에 대한 설명 중 틀린 것은?

① 고산화티탄계는 아크안정성이 좋다.
② 일미나이트계는 슬래그 생성계이다.
③ 저수소계는 기계적 성질이 우수하다.
④ 고셀룰로오스계는 슬래그생성식이다.

해설 고셀룰로오스계(E4311) : 셀룰로오스를 30% 정도 포함하며 슬래그가 적다. 배관용접, 전자세용이며 강력 스프레이형이고 용입이 좋으나 스패터가 많고 비드파행이 거칠다.

34 발전기형 용접기와 정류기형 용접기의 특징을 비교한 아래의 표에서 내용이 틀린 것은?

구분		발전기형	정류기형
㉠	전원	없는 곳에서 가능	없는 곳에서 불가능
㉡	직류전원	완전한 직류	불완전한 직류
㉢	구조	간단	복잡
㉣	고장	많다.	적다.

① ㉠
② ㉡
③ ㉢
④ ㉣

해설 발전기형은 구조가 복잡하여 보수점검이 어렵고 정류기형은 구조가 간단하여 보수점검이 쉽다.

28 ① 29 ④ 30 ③ 31 ④ 32 ① 33 ④ 34 ③

35 용접변형이 발생하는 중요 요인과 가장 거리가 먼 것은?

① 판두께
② 피용접 재질
③ 용접봉의 건조상태
④ 이음부형상

36 TIG용접에서 고주파교류(ACHF)의 특성을 잘못 설명한 것은?

① 고주파 전원을 사용하므로 모재에 접촉시키지 않아도 아크가 발생한다.
② 긴 아크유지가 용이하다.
③ 전극의 수명이 짧다.
④ 동일한 전극봉에서 직류정극성(DCSP)에 비해 고주파교류(ACHF)가 사용전류범위가 크다.

해설 ▶ 전극의 수명이 길어진다.

37 가스용접 및 절단재해의 사례를 열거한 것 중 틀린 것은?

① 내부에 밀폐된 용기를 용접 또는 절단하다가 내부공기의 팽창으로 인하여 폭발하였다.
② 역화방지기를 부착하여 아세틸렌용기가 폭발하였다.
③ 철판의 절단작업 중 철판 밑에 불순물(황, 인 등)이 분출하여 화상을 입었다.
④ 가스용접 후 소화상태에서 토치의 아세틸렌과 산소밸브를 잠그지 않아 인화되어 화재를 당했다.

38 가스용접 토치의 취급상 주의사항으로 틀린 것은?

① 팁 및 토치를 작업장 바닥 등에 방치하지 않는다.
② 역화방지기는 반드시 제거한 후 토치를 점화한다.
③ 팁을 바꿔 끼울 때는 반드시 양쪽밸브를 모두 닫은 사음에 행한다.
④ 토치를 망치 등 다른 용도로 사용해서는 안 된다.

해설 ▶ 역화방지기는 설치한 후 토치를 점화해야 한다.

39 변형과 잔류응력을 최소로 해야 할 경우 사용되는 용착법으로 가장 적합한 것은?

① 후진법　　② 전진법
③ 스킵법　　④ 덧살올림법

해설 ▶ 스킵법은 비석법이라 하며 용접길이를 짧게 나누어 간격을 두면서 용접하는 방법으로 피용접물 전체에 변형이나 잔류응력이 적게 발생하도록 하는 용접법이다.

40 초음파탐상법의 종류에 속하지 않는 것은?

① 투과법　　② 펄스반사법
③ 공진법　　④ 맥동법

해설 ▶ 초음파탐상법에는 투과법, 펄스법, 공진법이 있다.

41 피복아크용접 시 아크가 발생될 때 아크에 다량 포함되어 있어 인체에 가장 큰 피해를 줄 수 있는 광선은?

① 감마선　　② 자외선
③ 방사선　　④ X-선

해설 ▶ 아크의 불빛에는 태양광선과 같이 자외선, 적외선, 가시광선이 분포되어 있어 맨눈으로 보면 안염을 일으킨다.

35 ③　36 ③　37 ②　38 ②　39 ③　40 ④　41 ②

42 MIG용접에서 토치의 종류와 특성에 대한 연결이 잘못된 것은?

① 커브형 토치 - 공랭식토치 사용
② 커브형 토치 - 단단한 와이어 사용
③ 피스톨형 토치 - 낮은 전류 사용
④ 피스톨형 토치 - 수랭식 사용

해설 MIG용접에 사용되는 토치에는 커브형과 피스톨형이 있으며 피스톨형은 수랭식으로 고전류를 사용한다.

43 다음 금속재료 중에서 가장 용접하기 어려운 것은?

① 철 ② 알루미늄
③ 티탄 ④ 니켈경합금

44 불활성가스 금속아크용접(MIG)의 특성이 아닌 것은?

① 아크자기제어 특성이 있다.
② 정전압특성, 상승특성이 있는 직류용접기이다.
③ 반자동 또는 전자동용접기로 속도가 빠르다.
④ 전류밀도가 낮아 3mm 이하 얇은 판 용접에 능률적이다.

해설 MIG는 피복아크용접보다 전류밀도가 크기 때문에 용입이 깊고 필릿용접에서 작은 용접 사이즈로도 요구하는 용접강도를 얻을 수 있다.

45 결함 끝 부분을 드릴로 구멍을 뚫어 정지구멍을 만들고 그 부분을 깎아내어 다시 규정의 홈으로 다듬질하여 보수를 하는 용접결함은?

① 슬래그섞임 ② 균열
③ 언더컷 ④ 오버랩

해설 균열이 더 이상 퍼지지 않도록 하기 위해 정지구멍을 뚫어 균열을 멈추도록 하고, 그 주위를 깎아내어 재용접해 결함을 수정한다.

46 점용접법의 종류가 아닌 것은?

① 맥동점용접
② 인터랙점용접
③ 직렬식점용접
④ 병렬식점용접

해설 점용접에는 단극식, 직렬식, 다전극, 맥동, 인터랙 등이 있다.

47 아세틸렌, 수소 등의 가연성가스와 산소를 혼합연소시켜 그 연소열을 이용하여 용접하는 것은?

① 탄산가스 아크용접
② 가스용접
③ 불활성가스 아크용접
④ 서브머지드 아크용접

해설 가스용접 : 가연성가스와 지연성가스인 산소의 혼합으로 가스가 연소할 때 발생하는 열을 이용하여 모재를 용융시키면서 용접봉을 공급하여 접합하는 방법

48 아크용접에서 기공의 발생원인이 아닌 것은?

① 아크길이가 길 때
② 피복제 속에 수분이 있을 때
③ 용착금속 속에 가스가 남아 있을 때
④ 용접부 냉각속도가 느릴 때

해설 기공은 용접부의 냉각속도가 빠를 때 발생된다.

49 용접봉을 선택할 때 모재의 재질, 제품의 형상, 사용용접기기, 용접자세 등 사용목적에 따른 고려사항으로 가장 먼 것은?

① 용접성 ② 작업성
③ 경제성 ④ 환경성

42 ③　43 ④　44 ④　45 ②　46 ④　47 ②　48 ④　49 ④

50 보호가스의 공급이 없이 와이어 자체에서 발생하는 가스에 의해 아크분위기를 보호하는 용접법은?

① 일렉트로 슬래그용접
② 스터드용접
③ 논가스 아크용접
④ 플라즈마 아크용접

[해설] 논가스 아크용접은 탈산제를 적당히 첨가한 솔리드와이어를 전극으로 하는 노가스 논용제 아크법과 탈산제, 슬래그 생성제, 아크안정제, 탈질제를 섞은 용제를 넣은 복합와이어를 쓰는 논가스 아크법 두가지가 있다.

51 물체의 정면도를 기준으로 하여 뒤쪽에서 본 투상도는?

① 정면도   ② 평면도
③ 저면도   ④ 배면도

[해설] 정면도 : 앞쪽, 평면도 : 위쪽, 저면도 : 아래쪽, 배면도 : 뒤쪽

52 그림과 같은 용접이음을 용접기호로 옳게 표시한 것은?

 ①   ②

 ③   ④

53 다음 중 치수보조기호를 적용할 수 없는 것은?

① 구의 지름치수
② 단면이 정사각형인 면
③ 단면이 정삼각형인 면
④ 판재의 두께치수

54 다음 중 용접구조용 압연강재의 KS기호는?

① SS 400   ② SCW 450
③ SM 400 C   ④ SCM 415 M

[해설] SM : 용접구조용 압연강재, 400 : 인장강도

55 다음 그림에서 축 끝에 도시된 센터구멍기호가 뜻하는 것은?

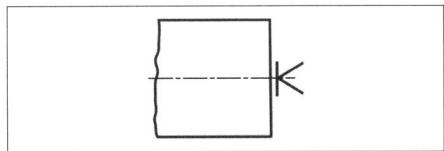

① 센터구멍이 남아 있어도 좋다.
② 센터구멍이 필요하지 않다.
③ 센터구멍을 반드시 남겨둔다.
④ 센터구멍이 필요하다.

56 미터나사의 호칭지름은 수나사의 바깥지름을 기준으로 정한다. 이에 결합되는 암나사의 호칭지름은 무엇이 되는가?

① 암나사의 골지름
② 암나사의 안지름
③ 암나사의 유효지름
④ 암나사의 바깥지름

[해설] 미터나사를 도시할 때 수나사는 바깥지름, 암나사는 골지름을 호칭지름으로 나타낸다.

57 그림과 같은 입체도에서 화살표 방향이 정면일 경우 좌측면도로 가장 적합한 것은?

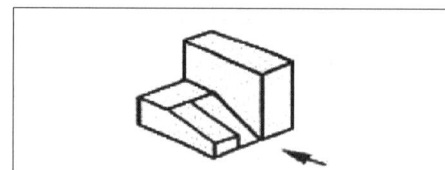

58 도면의 마이크로필름 촬영, 복사할 때 등의 편의를 위해 만든 것은?

① 중심마크 ② 비교눈금
③ 도면구역 ④ 재단마크

해설
- 비교눈금 : 도면을 축소 또는 확대했을 경우, 그 정도를 알기 위해서 설정하는 것
- 도면구역 : 도면에서 특정부분의 위치를 지시하는데 편리하도록 표시한 것
- 재단마크 : 도면의 4구석을 표시하는 것으로 복사한 도면을 재단할 때 편의를 목적으로 표시

59 원호의 길이치수기입에서 원호를 명확히 하기 위해서 치수에 사용되는 치수보조기호는?

① (20)   ② C20

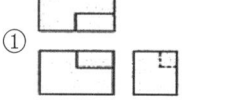   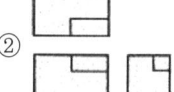

60 그림과 같은 입체를 제3각법으로 나타낼 때 가장 적합한 투상도는?(단, 화살표 방향을 정면으로 한다)

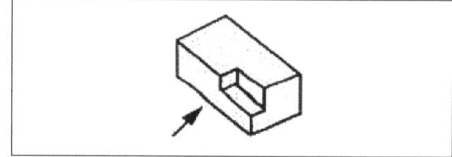

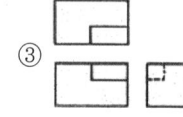

57 ② 58 ① 59 ④ 60 ④

27 CBT 출제 예상문제

- 피복아크용접기능사
- 가스텅스텐아크용접기능사
- 이산화탄소가스아크용접기능사

01 다음 중 아크에어가우징 시 압축공기의 압력으로 가장 적합한 것은?

① 1~3kgf/cm² ② 5~7kgf/cm²
③ 9~15kgf/cm² ④ 11~20kgf/cm²

해설 가우징봉을 물리는 입구에 작은 구멍이 2개가 있고 그곳으로 에어가 분출되어 파내는 작업을 진행한다. 가우징의 압축공기압력은 5~7kgf/cm²이 적합하다.

02 다음 중 직류아크용접의 극성에 관한 설명으로 틀린 것은?

① 전자의 충격을 받는 양극이 음극보다 발열량이 작다.
② 정극성일 때는 용접봉의 용융이 늦고 모재의 용입은 깊다.
③ 역극성일 때는 용접봉의 용융속도는 빠르고 모재의 용입이 얕다.
④ 얇은 판의 용접에는 용락(Burn Through)을 피하기 위해 역극성을 사용하는 것이 좋다.

03 다음 중 원판상의 롤러전극 사이에 용접할 2장의 판을 두고 가압, 통전하여 전극을 회전시키며 연속적으로 점용접을 반복하는 용접법은?

① 심용접 ② 프로젝션용접
③ 전자빔용접 ④ 테르밋용접

해설
- 프로젝션용접 : 피용접물에 돌기를 만들어 점용접하면서 용접봉으로 압접하는 용접
- 전자빔용접 : 진공 중 고속의 전자빔을 모아 모재에 충돌시켜 충격열을 이용하여 용접
- 테르밋용접 : 테르밋제를 생성하여 화학적 반응열을 통하여 용접

04 다음 중 정격2차전류가 200A, 정격사용률이 40%의 아크용접기로 150A의 용접전류를 사용하여 용접하는 경우 사용률은 약 몇 %인가?

① 33% ② 40%
③ 50% ④ 71%

해설 허용사용률 = (200²/150²)×40 ≒ 71

05 다음 중 가연성가스가 가져야 할 성질과 가장 거리가 먼 것은?

① 발열량이 클 것
② 연소속도가 느릴 것
③ 불꽃의 온도가 높을 것
④ 용융금속과 화학반응을 일으키지 않을 것

해설 연소속도가 빨라야 한다.

06 구리는 비철재료 중에 비중을 크게 차지한 재료이다. 다른 금속재료와의 비교 설명 중 틀린 것은?

① 철에 비해 용융점이 높아 전기제품에 많이 사용된다.
② 아름다운 광택과 귀금속적 성질이 우수하다.
③ 전기 및 열이 전도도가 우수하다.
④ 전연성이 좋아 가공이 용이하다.

해설 철보다 구리의 용융점이 낮다.

 01 ② 02 ① 03 ① 04 ④ 05 ② 06 ①

07 크롬강의 특징을 잘못 설명한 것은?

① 크롬강은 담금질이 용이하고 경화층이 깊다.
② 탄화물이 형성되어 내마모성이 크다.
③ 내식 및 내열강으로 사용한다.
④ 구조용은 W, V, Co를 첨가하고 공구용은 Ni, Mn, Mo을 첨가한다.

해설 구조용에 Ni, Mo 등을 첨가하고, 공구용에 W, V, Co 등을 첨가한다.

08 청동은 다음 중 어느 합금을 의미하는가?

① Cu-Zn   ② Fe-Al
③ Cu-Sn   ④ Zn-Sn

해설 청동은 구리와 주석의 합금이 일반적이다.

09 용접부의 표면이 좋고 나쁨을 검사하는 것으로 가장 많이 사용하며 간편하고 경제적인 검사방법은?

① 자분검사   ② 외관검사
③ 초음파검사 ④ 침투검사

해설 외관검사는 용접부의 양부를 외관에 나타나는 비드의 형상에 의하여 육안으로 관찰하는 간편한 검사법이다.

10 아크용접작업에 관한 안전사항으로서 올바르지 않은 것은?

① 용접기는 항상 환기가 잘되는 곳에 설치할 것
② 전류는 아크를 발생하면서 조절할 것
③ 용접기는 항상 건조되어 있을 것
④ 항상 정격에 맞는 전류로 조절할 것

해설 아크를 발생시키는 도중에 전류 조절을 해서는 안 된다.

11 용접 후 변형을 교정하는 방법이 아닌 것은?

① 박판에 대한 점수축법
② 형재(形材)에 대한 직선수축법
③ 가스가우징법
④ 롤러에 거는 방법

해설 가스가우징은 용접부 결함제거, 뒤따내기, 압연강재, 단조, 주강의 표면결함의 제거 등에 사용된다.

12 용접전압이 25V, 용접전류가 350A, 용접속도가 40cm/min인 경우 용접입열량은 몇 J/cm인가?

① 10,500J/cm
② 11,500J/cm
③ 12,125J/cm
④ 13,125J/cm

해설 $H = (60 \times E \times I / V) = (60 \times 25 \times 350 / 40) = 13,125 J/cm$

13 용접이음 준비 중 홈가공에 대한 설명으로 틀린 것은?

① 홈가공의 정밀 또는 용접능률과 이음의 성능에 큰 영향을 준다.
② 홈모양은 용접방법과 조건에 따라 다르다.
③ 용접균열은 루트간격이 넓을수록 적게 발생한다.
④ 피복아크용접에서는 54~70% 정도의 홈각도가 적합하다.

해설 루트간격이 넓을수록 균열이 많이 발생한다.

07 ④ 08 ③ 09 ② 10 ② 11 ③ 12 ④ 13 ③

14 일반가스용접 및 아크용접보다 낮은 온도에서 용접하며, 용접봉은 모재와 같은 공정합금을 사용하는 용접법은?

① 열풍용접　② 마찰용접
③ 저온용접　④ 고주파용접

해설 ▶ 저온용접 : 일반적인 용접에 비해 낮은 온도인 500~1,000℃ 정도에서 용접하는 방법으로, 가장 녹는점이 낮은 합금을 용접봉으로 사용한다.

15 아크플라즈마는 고전류가 되면 방전전류에 의하여 생기는 자장과 전류의 작용으로 아크의 단면이 수축된다. 그 결과 아크단면이 수축하여 가늘게 되고 전류밀도가 증가한다. 이와 같은 성질을 무엇이라고 하는가?

① 열적핀치효과
② 자기적핀치효과
③ 플라스마핀치효과
④ 동적핀치효과

16 산소용기에 각인되어 있는 TP와 FP는 무엇을 의미하는가?

① TP : 내압시험압력, FP : 최고충전압력
② TP : 최고충전압력, FP : 내압시험압력
③ TP : 내용적(실측), FP : 용기중량
④ TP : 용기중량, FP : 내용적(실측)

해설 ▶
• 내용적(ℓ) : V
• 내압시험압력(kg/cm²) : TP
• 최고충전압력(kg/cm²) : FP
• 용기중량(밸브, 캡 제외 : kg) : W

17 교류아크용접기의 규격 AW-300에서 300이 의미하는 것은?

① 정격사용률　② 정격2차전류
③ 무부하전압　④ 정격부하전압

해설 ▶ AW : 교류아크용접기, 300 : 정격2차전류

18 피복아크용접봉의 용융금속 이행형태에 따른 분류가 아닌 것은?

① 스프레이형　② 글로뷸러형
③ 슬래그형　④ 단락형

해설 ▶ 용적이행형식에 슬래그형은 없다.

19 일반적으로 가스용접봉의 지름이 2.6mm일 때 강판의 두께는 몇 mm 정도가 적당한가?

① 1.6mm　② 3.2mm
③ 4.5mm　④ 6.0mm

해설 ▶ $D(지름: 2.6) = \frac{t(두께)}{2} + 1$, 그러므로 $t(두께) = 3.2$

20 다음 중 용접작업에 영향을 주는 요소가 아닌 것은?

① 용접봉 각도　② 아크길이
③ 용접속도　④ 용접비드

해설 ▶ 용접비드는 용접작업영향과는 거리가 멀다.

21 피복아크용접 시 용접회로의 구성순서가 바르게 연결된 것은?

① 용접기 → 접지케이블 → 용접봉홀더 → 용접봉 → 아크 → 모재 → 헬멧
② 용접기 → 전극케이블 → 용접봉홀더 → 용접봉 → 아크 → 접지케이블 → 모재
③ 용접기 → 접지케이블 → 용접봉홀더 → 용접봉 → 아크 → 전극케이블 → 모재
④ 용접기 → 전극케이블 → 용접봉홀더 → 용접봉 → 아크 → 모재 → 접지케이블

14 ③　15 ②　16 ①　17 ②　18 ③　19 ②　20 ④　21 ④

22 엔진구동형 용접기에 비해 정류기형 직류아크 용접기의 특성에 관한 설명으로 틀린 것은?

① 보수와 점검이 어렵다.
② 취급이 간단하고 가격이 싸다.
③ 고장이 적고, 소음이 나지 않는다.
④ 교류를 정류하므로 완전한 직류를 얻지 못한다.

해설 직류아크용접기는 고장이 적고 유지보수가 용이하다.

23 동일한 용접조건에서 피복아크용접할 경우 용입이 가장 깊게 나타나는 것은?

① 교류(AC)
② 직류역극성(DCRP)
③ 직류정극성(DCSP)
④ 고주파교류(ACHF)

해설 용입의 깊이
직류정극성 〉 교류 〉 직류역극성

24 탄소강의 종류 중 탄소함유량이 0.3~0.5%이고 탄소량이 증가함에 따라서 용접부에서 저온균열이 발생될 위험성이 커지기 때문에 150~250℃로 예열을 실시할 필요가 있는 탄소강은?

① 저탄소강
② 중탄소강
③ 고탄소강
④ 대탄소강

해설 중탄소강 : 탄소량이 0.3%~0.5%를 함유하고 있는 강이다. 탄소량이 증가함에 따라서 용접부에서 저온균열이 발생될 위험이 커지기 때문에 150℃~250℃로 예열을 실시할 필요가 있다. 탄소함유량이 0.4% 이상인 경우에는 후열처리도 고려해야 한다.

25 가스용접봉의 성분 중에서 인(P)이 모재에 미치는 영향을 올바르게 설명한 것은?

① 기공을 막을 수 있으나 강도가 떨어지게 된다.
② 강의 강도를 증가시키나 연신율, 굽힘성 등이 감소된다.
③ 용접부의 저항력을 감소시키고, 기공 발생의 원인이 된다.
④ 강에 취성을 주며 가연성을 잃게 하는데 특히 암적색으로 가열한 경우는 대단히 심하다.

해설
• 인(P) : 강에 취성을 주며 가연성을 잃게 한다.
• 규소(Si) : 기공을 막을 수 있으나 강도가 떨어지게 된다.
• 탄소(C) : 강의 강도를 증가시키지만 연신율, 굽힘성이 감소된다.
• 황(S) : 기공발생과 용접부 저항력 감소의 원인이 된다.

26 직류용접기와 비교하여 교류용접기의 특징을 틀리게 설명한 것은?

① 유지가 쉽다.
② 아크가 불안정하다.
③ 감전의 위험이 적다.
④ 고장이 작고, 값이 싸다.

27 피복아크용접에서 아크열에 의해 모재가 녹아 들어간 깊이는?

① 용적
② 용입
③ 용락
④ 용착금속

해설
• 용입 : 모재가 녹아 들어간 깊이
• 용적 : 용접봉에서 모재로 이행되는 용적, 용융풀 등
• 용락 : 모재와 용제가 붙지 않은 상태
• 용착금속 : 모재에 용착금속이 잘 붙어있는 상태

22 ① 23 ③ 24 ② 25 ④ 26 ③ 27 ②

28 탄소아크절단에 압축공기를 병용하여 전극홀더의 구멍에서 탄소전극봉에 나란히 분출하는 고속의 공기를 분출시켜 용융금속을 불어내어 홈을 파는 방법은?

① 금속아크절단
② 아크에어가우징
③ 플라스마 아크절단
④ 불활성가스 아크절단

29 서브머지드 아크용접법에서 다전극방식의 종류에 해당되지 않는 것은?

① 탠덤식 방식
② 횡병렬식 방식
③ 횡직렬식 방식
④ 종직렬식 방식

해설▶ 다전극방식 : 탠덤식, 횡병렬식, 횡직렬식

30 교류아크용접기 부속장치 중 용접봉홀더의 종류(KS)가 아닌 것은?

① 100호
② 200호
③ 300호
④ 400호

해설▶ 용접홀더의 종류 : 160호, 200호, 300호, 400호, 500호

31 용접부의 외부에서 주어지는 열량을 무엇이라 하는가?

① 용접입열
② 용접가열
③ 용접열효율
④ 용접외열

해설▶ 용접의 입열은 용접부 외부에서 주어지는 열량으로 모재에 흡수된 입열량의 75~85% 정도이다.

32 용접의 단점이 아닌 것은?

① 재질의 변형과 잔류응력발생
② 용접에 의한 변형과 수축
③ 저온취성 발생
④ 제품의 성능과 수명향상

33 용접용 산소용기취급상의 주의사항 중 틀린 것은?

① 통풍이 잘 되고 직사광선이 잘 드는 곳에 보관한다.
② 용기운반 시 충격을 주어서는 안 된다.
③ 기름이 묻은 손이나 장갑을 끼고 취급하지 않는다.
④ 가연성 물질이 있는 곳에는 용기를 보관하지 말아야 한다.

해설▶ 직사광선은 피하도록 한다.

34 용접기에 AW-300이라는 표시가 있다. 여기서 "300"이 의미하는 것은?

① 2차최대전류
② 최고2차무부하전압
③ 정격사용률
④ 정격2차전류

해설▶ AW : 교류아크용접기, 300 : 정격2차전류

35 정격사용률 40%, 정격2차전류 300A인 용접기로 180A 전류를 사용하여 용접하는 경우 이 용접기의 허용사용률은?(단, 소수점 미만은 버린다)

① 109%
② 111%
③ 113%
④ 115%

해설▶ 허용사용률 =$(300^2/180^2) \times 40 = 111$

36 다음 중 재결정온도가 가장 낮은 금속은?

① Al
② Cu
③ Ni
④ Zn

해설 금속의 재결정온도
- 구리(Cu) : 200℃
- 아연(Zn) : 7~25℃
- 마그네슘(Mg) : 150℃
- 알루미늄(Al) : 150℃
- 니켈(Ni) : 500~600℃

37 다음 중 상온에서 구리(Cu)의 결정격자형태는?

① HCT
② BCC
③ FCC
④ CPH

해설
- 구리는 FCC(면심입방격자)를 갖는다.
- BCC : 체심입방격자
- HCP : 조밀육방격자

38 Ni-Fe합금으로서 불변강이라 불리우는 합금이 아닌 것은?

① 인바
② 모넬메탈
③ 엘린바
④ 슈퍼인바

해설 불변강(고Ni강) : 인바, 엘린바, 초인바, 코엘린바, 퍼멀로이, 플래티나이트

39 다음 중 Fe-C 평형상태도에 대한 설명으로 옳은 것은?

① 공정점의 온도는 약 723℃이다.
② 포정점은 약 4.30%C를 함유한 점이다.
③ 공석점은 약 0.8%C를 함유한 점이다.
④ 순철의 자기변태온도는 210℃이다.

해설
- 공정점은 1130℃ 정도이다.
- 포정점은 탄소함유량이 0.18% 정도 함유한 점이다.
- 순철의 자기변태온도는 768℃이다.

40 고주파 담금질의 특징을 설명한 것 중 옳은 것은?

① 직접가열하므로 열효율이 높다.
② 열처리 불량은 적으나 변형보정이 항상 필요하다.
③ 열처리 후의 연삭과정을 생략 또는 단축시킬 수 없다.
④ 간접부분 담금질으로 원하는 깊이만큼 경화하기 힘들다.

해설 고주파전류를 이용하여 직접 일정두께의 표면을 가열한 후 급랭시켜 표면층만을 담금질하는 고주파경화법이다.

41 점용접법의 종류가 아닌 것은?

① 맥동점용접
② 인터랙점용접
③ 직렬식점용접
④ 병렬식점용접

해설 점용접에는 단극식, 직렬식, 다전극, 맥동, 인터랙 등이 있다.

42 아세틸렌, 수소 등의 가연성가스와 산소를 혼합연소시켜 그 연소열을 이용하여 용접하는 것은?

① 탄산가스 아크용접
② 가스용접
③ 불활성가스 아크용접
④ 서브머지드 아크용접

해설 가스용접 : 가연성가스와 지연성가스인 산소의 혼합으로 가스가 연소할 때 발생하는 열을 이용하여 모재를 용융시키면서 용접봉을 공급하여 접합하는 방법

36 ④　37 ③　38 ②　39 ③　40 ①　41 ④　42 ②

43 아크용접에서 기공의 발생원인이 아닌 것은?

① 아크길이가 길 때
② 피복제 속에 수분이 있을 때
③ 용착금속 속에 가스가 남아 있을 때
④ 용접부 냉각속도가 느릴 때

해설 기공은 용접부의 냉각속도가 빠를 때 발생된다.

44 용접봉을 선택할 때 모재의 재질, 제품의 형상, 사용 용접기기, 용접자세 등 사용목적에 따른 고려사항으로 가장 먼 것은?

① 용접성   ② 작업성
③ 경제성   ④ 환경성

45 보호가스의 공급이 없이 와이어 자체에서 발생하는 가스에 의해 아크분위기를 보호하는 용접법은?

① 일렉트로 슬래그용접
② 스터드용접
③ 논가스 아크용접
④ 플라즈마 아크용접

해설 논가스 아크용접은 탈산제를 적당히 첨가한 솔리드와이어를 전극으로 하는 노가스 논용제 아크법과 탈산제, 슬래그 생성제, 아크안정제, 탈질제를 섞은 용제를 넣은 복합와이어를 쓰는 논가스 아크법 두 가지가 있다.

46 서브머지드 아크용접장치에서 용접기의 전류용량에 따른 분류 중 최대전류가 2000A일 경우에 해당하는 용접기는?

① 대형(M형)
② 경량형(DS형)
③ 표준 만능형(UZ형)
④ 반자동형(SMW형)

해설
• 대형(M형) : 최대전류 4,000A
• 경량형(DS형) : 최대전류 1,200A
• 표준만능형(UZ형) : 최대전류 2,000A
• 반자동형(SMW형) : 최대전류 900A 이상

47 용접작업에서 소재의 예열온도에 관한 설명 중 옳은 것은?

① 주철, 고급내열합금은 용접균열을 방지하기 위하여 예열을 하지 않는다.
② 연강을 0℃ 이하에서 용접할 경우, 이음의 양쪽 폭 100mm 정도를 80~140℃로 예열한다.
③ 고장력강, 저합금강, 스테인리스강의 경우 용접부를 50~350℃로 예열한다.
④ 열전도가 좋은 알루미늄합금, 구리합금은 500~600℃로 예열한다.

48 산소와 아세틸렌용기 및 가스용접장치 등의 사용방법으로 잘못된 것은?

① 아세틸렌병은 세워서 사용하며 병에 충격을 주어서는 안 된다.
② 산소병과 아세틸렌가스병 등을 혼합하여 보관해서는 안 된다.
③ 가스용접장치는 화기로부터 5m 이상 떨어진 곳에 설치해야 한다.
④ 산소병 밸브, 조정기, 도관 등은 기름 묻은 천으로 깨끗이 닦는다.

해설 기름 묻은 천으로 닦으면 화재위험이 있다.

49 논가스 아크용접(Non-Gas Arc Welding)의 장점이 아닌 것은?

① 용접장치가 간단하며 운반이 편리하다.
② 길이가 긴 용접물에 아크를 중단하지 않고 연속용접을 할 수 있다.
③ 용접전원으로 교류, 직류를 모두 사용할 수 있고 전자세용접이 가능하다.
④ 피복아크용접봉 중 고산화티탄계와 같이 수소의 발생이 많다.

해설 피복아크용접봉 중 저수소계와 같이 수소발생이 적다.

43 ④   44 ④   45 ③   46 ③   47 ③   48 ④   49 ④

50 불활성가스 금속아크용접법에서 장치별 기능설명으로 틀린 것은?

① 와이어송급장치는 직류전동기, 감속장치, 송급롤러와 와이어송급속도 제어장치로 구성되어 있다.
② 용접전원은 정전류특성 또는 상승특성의 직류용접기가 사용되고 있다.
③ 제어장치의 기능으로 보호가스제어와 용접전류제어, 냉각수 순환기능을 갖는다.
④ 토치는 형태, 냉각방식, 와이어송급방식 또는 용접기의 종류에 따라 다양하다.

해설 ▶ 정전압, 상승특성의 직류용접기가 사용된다.

51 기계제도의 치수보조기호 중에서 SØ는 무엇을 나타내는 기호인가?

① 구의 지름   ② 원통의 지름
③ 판의 두께   ④ 원호의 길이

해설 ▶ • 구의 지름 : SØ
• 구의 반지름 : SR

52 그림과 같은 관표시기호의 종류는?

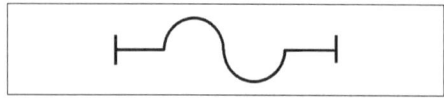

① 크로스   ② 리듀서
③ 디스트리뷰터   ④ 휨관조인트

53 재료기호가 "SM400C"로 표시되어 있을 때 이는 무슨 재료인가?

① 일반구조용 압연강재
② 용접구조용 압연강재
③ 스프링강재
④ 탄소공구강강재

해설 ▶ SM400C는 인장강도 400 이상의 용접구조용 압연강재이다.

54 회전도시단면도에 대한 설명으로 틀린 것은?

① 절단할 곳의 전·후를 끊어서 그 사이에 그린다.
② 절단선의 연장선 위에 그린다.
③ 도형 내의 절단한 곳에 겹쳐서 도시할 경우 굵은 실선을 사용하여 그린다.
④ 절단면은 90° 회전하여 표시한다.

해설 ▶ 회전도시단면도는 핸들이나 바퀴 등의 암, 림, 훅, 구조물 등의 절단면을 90도 회전시켜서 표시한 것이다. 절단할 곳의 전후를 끊어서 사이에 그리고, 절단선의 연장선 위에 그린다. 또한 도형 내의 절단한 곳에 겹쳐서 가는 실선으로 그린다.

55 아래 그림은 원뿔을 경사지게 자른 경우이다. 잘린 원뿔의 전개형태로 가장 올바른 것은?

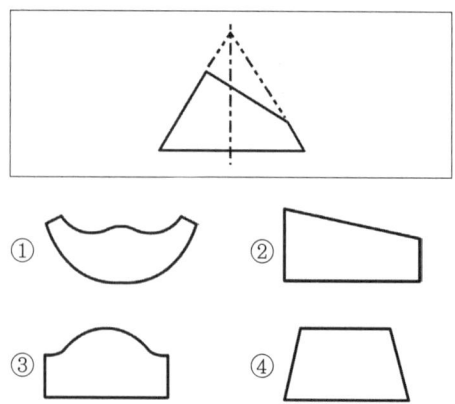

50 ② 51 ① 52 ④ 53 ② 54 ③ 55 ①

56 바퀴의 암(Arm), 림(Rim), 축(Shaft), 훅(Hook) 등을 나타낼 때 주로 사용하는 단면도로서, 단면의 일부를 90° 회전하여 나타낸 단면도는?

① 부분단면도
② 회전도시단면도
③ 계단단면도
④ 곡면단면도

해설 회전도시단면도는 핸들이나 바퀴 등의 암, 림, 훅, 구조물 등의 절단면을 90도 회전시켜서 표시한 것이다.

57 용기 모양의 대상물 도면에서 아주 굵은 실선을 외형선으로 표시하고 치수표시가 ø int 34로 표시된 경우 가장 올바르게 해독한 것은?

① 도면에서 int로 표시된 부분의 두께치수
② 화살표로 지시된 부분의 폭방향치수가 ø34mm
③ 화살표로 지시된 부분의 안쪽 치수가 ø34mm
④ 도면에서 int로 표시된 부분만 인치단위치수

58 배관의 간략도시방법 중 환기계 및 배수계의 끝부분 장치 도시방법의 평면노에서 그림과 같이 도시된 것의 명칭은?

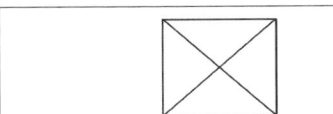

① 회전식 환기삿갓
② 고정식 환기삿갓
③ 벽붙이 환기삿갓
④ 콕이 붙은 배수구

59 용접부의 도시기호가 "a4△3 × 25(7)"일 때의 설명으로 틀린 것은?

① △ – 필릿용접
② 3 – 용접부의 폭
③ 25 – 용접부의 길이
④ 7 – 인접한 용접부의 간격

해설 3은 필릿용접의 개수를 의미하며, a4는 필릿용접부의 목 두께가 4mm라는 의미이다.

60 냉간압연강판 및 강대에서 일반용으로 사용되는 종류의 KS재료기호는?

① SPSC
② SPHC
③ SSPC
④ SPCC

해설 SPCC : 냉간압연강판

28 CBT 출제 예상문제

- 피복아크용접기능사
- 가스텅스텐아크용접기능사
- 이산화탄소가스아크용접기능사

01 CO₂ 가스 아크 용접에서 아크 전압에 대한 설명으로 옳은 것은?

① 아크 전압이 높으면 비드 폭이 넓어진다.
② 아크 전압이 높으면 비드가 볼록해진다.
③ 아크 전압이 높으면 용입이 깊어진다.
④ 아크 전압이 높으면 아크 길이 짧다.

해설 아크 전압이 높으면 비드가 넓어지고, 납작해지며, 지나치게 전압이 높으면 기포가 발생한다.

02 불활성가스 금속아크 용접의 용적이행 방식 중 용융이행 상태는 아크기류 중에서 용가재가 고속으로 용융, 미립자의 용적으로 분사되어 모재에 용착되는 용적이행은?

① 용락 이행
② 단락 이행
③ 스프레이 이행
④ 글로뷸러 이행

03 불활성가스 금속 아크 용접의 제어장치로써 크레이터 처리 기능에 의해 낮아진 전류가 서서히 줄어들면서 아크가 끊어지는 기능으로 이면 용접 부위가 녹아내리는 것을 방지하는 것은?

① 예비가스 유출시간
② 스타트 시간
③ 크레이터 충전시간
④ 버언 백 시간

04 MIG 용접에서 가장 많이 사용되는 용적 이행 형태는?

① 단락 이행
② 스프레이 이행
③ 입상 이행
④ 글로뷸러 이행

해설 스프레이(분무형) 이행은 스패터가 거의 없고 용착 속도가 빠르고 용입이 깊어 가장 많이 사용된다.

05 다음 중 CO₂ 가스 아크 용접에서 일반적으로 다공성의 원인이 되는 가스가 아닌 것은?

① 산소   ② 수소
③ 질소   ④ 일산화탄소

해설 다공성의 원인이 되는 가스는 질소, 수소, 일산화탄소이다.

06 다음 중 TIG 용접에 사용되는 전극봉의 재료로 가장 적합한 금속은?

① 알루미늄   ② 텅스텐
③ 스테인리스   ④ 강철

해설 TIG(Tungsten Inert Gas) 전극봉은 텅스텐 전극을 사용, 전자 방사 능력이 좋고, 낮은 전류에서도 아크 발생이 쉽고 오존 또한 적음 토륨 1~2%를 포함한 텅스텐 전극봉을 사용한다.

07 다음 중 이산화탄소 아크 용접의 특징에 대한 설명으로 틀린 것은?

① 전류 밀도가 높아 용입이 깊다.
② 자동 또는 반자동 용접은 불가능하다.
③ 용착금속의 기계적 성질이 우수하다.

 01 ① 02 ③ 03 ④ 04 ② 05 ① 06 ② 07 ②

④ 가시 아크이므로 용융지의 상태를 보면서 용접할 수 있어 시공이 편리하다.

해설 이산화탄소 아크용접은 용극식으로 주로 자동이나 반자동으로 용접한다.

08 다음 중 이산화탄소 아크용접에 대한 설명으로 옳은 것은?

① 전류 밀도가 낮다.
② 비철금속 용접에만 적합하다.
③ 전류 밀도가 낮아 용입이 얕다.
④ 용착금속의 기계적 성질이 좋다.

해설
- 불활성 가스 금속 아크 용접과 원리가 같으며, 불활성 가스 대신 탄산가스를 사용한 용극식 용접법이다. 일반적으로 플럭스 코드가 많이 사용된다.
- 용입을 결정하는 가장 큰 용인은 전류로 전류 값이 높아지면 용입이 깊어진다.
- 비드 형상을 결정하는 것은 용접 전압인데 전압 값이 높아지면 비드 형상이 넓어진다. 하지만 지나치게 커지면 기포가 발생할 수 있다.
- 용융 속도는 아크 전류에 거의 정비례하여 증가하며, 용접속도가 빠르면 모재의 입열이 감소되어 용입이 얕아진다.

09 다음 중 무색, 무취, 무미와 독성이 없고, 공기 중에 약 0.94% 정도를 포함하는 불활성 가스는?

① 헬륨(He)
② 아르곤(Ar)
③ 네온(Ne)
④ 크립톤(Kr)

해설 아르곤은 공기 중에 0.94% 존재하는 비활성기체이다. 용접에서 불활성가스로 사용한다.

10 다음 중 복합와이어 CO_2 가스 아크 용접법이 아닌 것은?

① 아코스 아크법
② 유니언 아크법
③ NCG법
④ SYG법

해설 용제가 들어 있는 CO_2 와이어 법 : 아코스 아크법(컴파운드 와이어), 퓨즈 아크법, 유니언 아크법(자성용), 버나드 아크 용접(NCG법)

11 SCr이나 SNC 강은 용접열로 인하여 뜨임취성이 발생되는데, 다음 중 뜨임취성을 방지하기 위해 첨가하는 원소는?

① Mo
② Ni
③ Cr
④ Ti

해설 Ni-Cr강은 일명 SNC라고 솔바이트 조직으로 5%이내의 니켈을 함유하면 대표적인 구조용 강이다. Cr 1% 이하를 사용하고 850℃에서 담금질하고 600℃에서 뜨임하여 솔바이트 조직을 얻는다. 하지만 뜨임 취성이 있다. 대용품으로 Cr-Mo강을 사용하여 Mo은 뜨임 취성을 방지한다. 크롬-몰리브덴을 소량 첨가하여 성질을 향상시킨 것으로 용접성이 우수하고 니켈-크롬강에 비하여 질량 효과 기계적 성질도 큰 차이가 없다. 몰리브덴을 첨가하여 메짐성이 적어져 고온 가공성이 좋고 가공면이 깨끗하여 얇은 강판이나 관의 제조에 많이 사용된다.

12 다음 중 TIG 용접기로 알루미늄을 용접할 때 직류 역극성을 사용하는 가장 중요한 이유는?

① 전극이 심하게 가열되지 않으므로 전극의 소모가 적기 때문이다.
② 산화막을 제거하는 청정작용이 이루어지기 때문이다.
③ 비드 폭이 좁고, 모재의 용입이 깊어지기 때문이다.
④ 전자가 모재에 강하게 충돌하므로 깊은 용입을 얻을 수 있기 때문이다.

해설 일반적으로 티그 용접에서 알루미늄은 교류를 사용하여 용접하나 산화막을 제거하기 위하여 청정작용을 이용할 경우 직류 역극성이 사용된다.

08 ④ 09 ② 10 ④ 11 ① 12 ②

13 다음 중 용접 작업에서 전류 밀도가 가장 높은 용접은?

① 피복금속 아크 용접
② 산소-아세틸렌 용접
③ 불활성 가스 금속 아크 용접
④ 불활성 가스 텅스텐 아크 용접

해설 ▶ 불활성 가스 금속 아크 용접(MIG 용접)은 전류 밀도가 TIG 용접의 약 2배, 일반 용접의 약 4~6배로 매우 크다.

14 다음 중 일렉트로 가스 아크 용접에 주로 사용되는 가스는?

① Ar　　② CO_2
③ H2　　④ He

해설 ▶ 일렉트로 가스 아크 용접은 일렉트로 슬래그 용접의 특징 있는 조작과 이산화탄소 가스 아크 용접을 조합한 아크 용접의 일종이다. 일렉트로 가스 아크 용접은 이산화탄소 가스를 보호 가스로 사용하여 이산화탄소 가스 분위기 속에서 아크를 발생시키고 그 아크 열로 용접을 한다. 일명 이산화탄소 엔크로즈 아크 용접이라고도 한다.

15 x선이나, γ선을 재료에 투과시켜 투과된 빛의 강도에 따라 사진 필름에 감광시켜 결함을 검사하는 비파괴 시험법은?

① 자분 탐상 검사
② 침투 탐상 검사
③ 초음파 탐상 검사
④ 방사선 투과 검사

해설 ▶ 방사선 투과 검사(RT) : 가장 확실한 비파괴 검사 방법이다.
- x선 투과 검사 : 균열, 융합불량, 기공, 슬래그 섞임 등의 내부 결함 검출에 사용된다. x선 발생장치로는 관구식과 베타트론 식이 있다. 단점으로는 미소 균열이나 모재면에 평행한 라미네이션 등의 검출은 안된다.
- γ선 투과 검사 : x선으로 투과하기 힘든 후판에 사용된다. γ선원으로는 이리듐 192, 코발트60, 세슘 134가 있다.

16 냉간가공의 특징을 설명한 것으로 틀린 것은?

① 제품의 표면이 미려하다.
② 제품의 치수 정도가 좋다.
③ 가공경화에 의한 강도가 낮아진다.
④ 가공공수가 적어 가공비가 적게 든다.

해설 ▶ 냉간가공은 가공 경화에 의해 경도 강도가 증가한다.

17 Ni 합금 중에서 구리에 Ni 40~50% 정도를 첨가한 합금으로 저항선, 전열선 등으로 사용되며 열전쌍의 재료로도 사용되는 것은?

① 모넬메탈
② 퍼멀로이
③ 콘스탄탄
④ 큐프로 니켈

해설 ▶ 콘스탄탄은 니켈 40~50%와 동과의 합금으로, 전기 저항이 크며 전기 저항값은 온도변화의 영향을 받는다. 동, 철판의 조합으로 기전력이 크기 문에 열전대·계측기 등에 사용되고 있다.

18 심 용접에서 사용하는 통전 방법이 아닌 것은?

① 포일 통전법
② 단속 통전법
③ 연속 통전법
④ 맥동 통전법

해설 ▶ 심용접의 통전 방법에는 단속, 연속, 맥동 통전법이 있으며 단속 통전법을 많이 사용한다.

19 이산화탄소 가스 아크 용접에서 아크 전압이 높을 때 비드 형상으로 맞는 것은?

① 비드가 넓어지고 납작해진다.
② 비드가 좁아지고 납작해진다.
③ 비드가 넓어지고 볼록해진다.
④ 비드가 좁아지고 볼록해진다.

해설 ▶ 아크 전압이 높으면 비드가 넓어지고, 납작해지며, 지나치게 높으면 기포가 발생된다.

 13 ③　14 ②　15 ④　16 ③　17 ③　18 ①　19 ①

20 TIG 용접에서 보호가스로 주로 사용하는 가스는?

① Ar, He
② CO₂
③ He, CO₂
④ CO, He

21 용접 전의 일반적인 준비 사항이 아닌 것은?

① 용접재료 확인
② 용접사 선정
③ 용접봉의 선택
④ 후열과 풀림

해설▶ 후열과 풀림은 용접 후의 처리사항이다.

22 금속간의 원자가 접합하는 인력 범위는?

① 10⁻⁴cm
② 10⁻⁶cm
③ 10⁻⁸cm
④ 10⁻¹⁰cm

해설▶ 원자간의 접합 인력 거리는 10⁻⁸cm, 즉 1억분의 1cm(Å : 옹그스트롱)로 접근시키면 가열이 없어도 접합이 가능하다. 그러나 실질적으로 금속 표면은 아무리 정밀 가공이 되어도 그게 확대하면 요철이 있게 되며, 표면이 산화막 등이 있어 접합이 안 된다.

23 점용접에서 용접점이 앵글재와 같이 용접 위치가 나쁠 때 보통 팁으로는 용접이 어려운 경우에 사용하는 전극의 종류는?

① P형 팁
② E형 팁
③ R형 팁
④ F형 팁

24 용접에 사용되지 않는 열원은?

① 기계적 에너지
② 전기 에너지
③ 위치 에너지
④ 가스 에너지

해설▶ 위치 에너지는 용접의 열원으로 사용되지 않는다.

25 응급처치의 3대 요소가 아닌 것은?

① 상처 보호
② 쇼크 방지
③ 기도 유지
④ 응급 후송

해설▶ 응급처치 구명 4단계
• 지혈 → 기도 확보, 심박동 유지 → 쇼크 방지, 처치 → 상처 보호, 투약
• 응급 후송은 응급 처치 후에 실시한다.

26 TIG 용접에 사용되는 전극봉의 조건으로 틀린 것은?

① 고융용점의 금속
② 전자 방출이 잘되는 금속
③ 전기 저항률이 많은 금속
④ 열 전도성이 좋은 금속

해설▶ TIG 용접용 전극으로 전기 저항이 많으면 전극의 발열이 높아져 전극 소손이 높아진다.

27 불활성 가스 금속 아크 용접(MIG 용접)의 특징이 아닌 것은?

① 대체로 모든 금속의 용접이 가능하다.
② 수동 피복 아크 용접에 비해 용착효율이 높아 고능률적이다.
③ 전류밀도가 낮아 3mm 이상의 두꺼운 용접에 비능률적이다.
④ 아크의 자기제어 기능이 있다.

20 ① **21** ④ **22** ③ **23** ② **24** ③ **25** ④ **26** ③ **27** ③

해설 ▶ MIG 용접의 특징
- MIG 용접은 주로 직류 역극성이며 정전압특성(CP특성), 상승특성을 가지고 있다.
- 전극이 용접봉이어서 녹으므로 용극식, 소모식이라고 한다.

28 다음 중 용접이음의 종류가 아닌 것은?
① 십자이음
② 맞대기이음
③ 변두리이음
④ 모따기이음

해설 ▶ 이음 형상에 따라 맞대기, T형, 필릿, 변두리, 겹치기, 모서리, 십자이음 등이 있다.

29 다음 중 불활성 가스인 것은?
① 산소
② 헬륨
③ 탄소
④ 이산화탄소

해설 ▶ 불활성 가스란 다른 물질과 화합하지 않는 가스를 말하며 용접에서 사용되는 것은 아르곤(Ar)과 헬륨(He)가 있으며, 일반적으로 아르곤이 많이 쓰이며 헬륨은 가벼워서 아래보기 자세에서는 보호 효과가 적고 가격이 비싸므로 위보기 자세 등에서 보통 아르곤과 혼합하여 사용되고 있다.

30 다음 중 기본 용접 이음 형식에 속하지 않는 것은?
① 맞대기이음
② 모서리이음
③ 마찰이음
④ T자이음

해설 ▶ 마찰용접 : 압접에 속하는 용접법의 종류이다. 기본이음 형식으로는 맞재기용접(이음), 필릿용접, 모서리용접, 겹치기이음 등이 있다.

31 다음 중 직류 정극성을 나타내는 기호는?
① DCSP
② DCCP
③ DCRP
④ DCOP

해설 ▶
- DCSP : 직류 정극성
- DCRP : 직류 역극성
- AC : 교류

32 용접에서 직류 역극성의 설명 중 틀린 것은?
① 모재의 용입이 깊다.
② 봉의 녹음이 빠르다.
③ 비드 폭이 넓다.
④ 박판, 합금강, 비철금속의 용접에 사용한다.

33 MIG 용접 시 사용되는 전원은 직류의 무슨 특성을 사용하는가?
① 수하 특성
② 동전류 특성
③ 정전압 특성
④ 정극성 특성

해설 ▶ 용접기는 아크 안정성을 위해서 외부특성 곡선을 필요로 한다. 외부특성곡선이란 부하전류와 부하단자 전압의 관계를 나타낸 곡선으로 피복 아크 용접에서는 수하 특성을 MIG나 CO_2 용접기는 정전압 특성이나 상승특성을 사용한다.

용접기의 외부특성곡선의 종류
- 정전류 특성(CC 특성, Constant Current) : 전압이 변해도 전류는 거의 변하지 않는다.
- 정전압 특성(CP 특성, Constant Voltage) : 전류가 변해도 전압은 거의 변하지 않는다.
- 수하 특성(DC 특성, Drooping Characteristic) : 전류가 증가하면 전압이 낮아진다.
- 상승 특성(RC 특성, Rising Characteristic) : 전류가 증가하면 전압이 약간 높아진다.

28 ④ 29 ② 30 ③ 31 ① 32 ① 33 ③

34 일반적으로 사용되는 용접부의 비파괴시험의 기본기호로 틀린 것은?

① UT : 초음파시험
② PT-와류탐상시험
③ RT-방사선투과시험
④ VT-육안시험

해설
- 내부결함 방사선투과시험(RT), 초음파탐상시험(UT)
- 표면결함 외관검사(VT), 자분탐상검사(MT), 침투탐상검사(PT), 누설검사(LT), 와전류탐상시험(ET)

35 다음 중 가스 불꽃의 온도가 가장 높은 것은?

① 산소 - 메탄 불꽃
② 산소 - 프로판 불꽃
③ 산소 - 수소불꽃
④ 산소 - 아세틸렌 불꽃

해설 ① 2700℃, ② 2820℃, ③ 2900℃, ④ 3430℃

36 탄소량이 증가함에 따라서 탄소강의 표준 상태에서 기계적 성질이 감소하는 것은?

① 경도
② 항복점
③ 연신율
④ 인장강도

해설 탄소량이 증가함에 따라 인장강도, 경도, 항복점등의 기계적 성질은 증가하나 연신율 등은 감소한다. 즉 강도가 강해진다는 것은 곧 잘 늘어나지 않는 것을 의미한다.

37 KS 재료기호 "SM10C"에서 10C는 무엇을 뜻하는가?

① 일련 번호
② 항복점
③ 탄소 함유량
④ 최저 인장강도

해설 재료기호 뒤에 숫자와 C가 붙으면 탄소 함유량을 뜻하며, 실제 탄소 함유량×100을 한 것으로 10.05~0.15%C의 탄소 함유강을 말한다. 즉, 0.1%C의 기계구조용강을 뜻한다. C가 붙지 않고 SS400 등으로 나타낸 것은 최저 인장강도 400N/mm²(41kgf/mm²)의 일반구조용 강을 뜻한다.

38 CO_2용접에서 발생하는 일산화탄소와 산소 등의 가스를 제거하기 위해 사용되는 탈산제는?

① Mn
② Ni
③ W
④ Cu

39 열처리 종류 중 항온 열처리 방법이 아닌 것은?

① 마퀜칭
② 어닐링
③ 마템퍼링
④ 오스템퍼링

해설
- 항온열처리 : 항온풀림(Ausannealing), 오스템퍼링(Austempering), 마퀜칭(Marquenching), 마템퍼링(Martempering)
- 계단열처리 : 담금질(quenching), 불림(normalizing), 풀림(annealing), 뜨임(tempering)
- 표면경화법 : 침탄법, 질화법, 고주파 표면경화법

40 주로 전자기 재료로 사용되는 Ni-Fe 합금에 해당하지 않는 것은?

① 슈퍼인바
② 엘린바
③ 스텔라이트
④ 퍼멀로이

해설 니켈-철계 합금
- 인바 : Fe-Ni 36%, 선팽창계수가 적다, 줄자, 표준자, 시계의 주에 이용
- 엘린바 : Fe-Ni 36% - Cr12%, 탄성율이 불변, 시계의 스프링, 정밀계측기부품
- 플래티나이트 : Fe-Ni 44~48%, 선팽창계수가 유리, 백금과 비슷하다. 전구나 진공관의 도입선에 이용
- 초인바(초불변강) : 인바보다 선팽창계수가 더 적음
- 코엘린바 : 스프링, 태엽, 기상 관측용 재료에 사용

34 ② 35 ④ 36 ③ 37 ③ 38 ① 39 ② 40 ③

41 마그네슘(Mg)의 특성을 설명한 것 중 틀린 것은?

① 비중이 1.74 정도로 실용금속 중 가장 가볍다.
② 비강도가 Al 합금보다 떨어진다.
③ 항공기, 자동차부품, 전기기기, 선박, 광학기계, 인쇄제판 등에 이용된다.
④ 구상흑연 주철의 첨가제로 사용된다.

해설 비강도는 재료의 강도를 비중량(比重量)으로 나눈값으로 마그네슘(비중 1.74)은 알루미늄합금 (비중 2.67)보다 비강도가 높다.

42 주로 전자기 재료로 사용되는 Ni – Fe 합금이 아닌 것은?

① 인바
② 슈퍼인바
③ 콘스탄탄
④ 플라티나이트

해설 니켈-철계 합금
- 인바 : Fe–Ni 36%, 선팽창계수가 적다, 줄자, 표준자, 시계의 추에 이용
- 엘린바 : Fe–Ni 36% – Cr12%, 탄성율이 불변, 시계의 스프링, 정밀계측기부품
- 플래티나이트 : Fe–Ni 44~48%, 선팽창계수가 유리, 백금과 비슷함

43 두랄루민(duralumin)의 합금 성분은?

① Al+Cu +Sn +Zn
② Al+Cu +Si+Mo
③ Al+Cu+Ni+Fe
④ Al+Cu+Mg +Mn

44 강자성체 금속에 해당되는 것은?

① Bi, Sn, Au
② Fe, Pt, Mn
③ Ni, Fe, Co
④ Co, Sn, Cu

45 다음 중 상온에서 구리(Cu)의 결정 격자 형태는?

① HCT
② BCC
③ FCC
④ CPH

46 용접 포지셔너를 사용하여 구조물을 용접하려 한다. 용접능률이 가장 좋은 자세는?

① 아래보기 자세
② 직립 자세
③ 수평 자세
④ 위보기 자세

해설 아래보기 자세는 다른 자세보다 높은 전류를 사용할 수 있으며 능률도 약 20% 이상 높일 수 있다.

47 서브머지드 아크 용접장치에서 용접기의 전류가 용량에 따른 분류 중 최대전류가 2000A일 경우 해당하는 용접기는?

① 대형(M형)
② 표준 만능형(UZ형)
③ 경량형(DS형)
④ 반자동형(SMW형)

해설 전류 용량에 따른 분류
- 최대전류 900A : 반자동형(SMW형)
- 최대전류 1200A : 경량형(DS형)
- 최대전류 2000A : 표준 만능형(UZ형)
- 최대전류 4000A : 대형(M형)

41 ② 42 ③ 43 ④ 44 ③ 45 ③ 46 ① 47 ②

48 다음 중 강은 온도가 높아지면 전연성이 커지나 200~300℃ 부근에서는 메짐(취성)이 나타나는데 이를 무엇이라 하는가?

① 고온 메짐
② 청열 메짐
③ 적열 메짐
④ 뜨임 메짐

해설 ▶ 청열 메짐(청열 취성) : 강은 200~300℃로 가열되면 경도, 강도가 최대로 되고, 연신율, 단면 수축률은 줄어들게 되어 메지게 되는 것으로 이때 표면에 청색의 산화 피막이 생성된다. 인(B)이 원인이다.

49 가스 용접에서 산화방지가 필요한 금속의 용접, 즉 스테인리스, 스텔라이트 등의 용접에 사용되며 금속표면에 침탄작용을 일으키기 쉬운 불꽃의 종류로 적당한 것은?

① 산화불꽃
② 중성불꽃
③ 탄화불꽃
④ 역할불꽃

50 용접봉을 선택할 때 모재의 재질, 제품의 형상, 사용 용접기기, 용접자세 등 사용목적에 따른 고려사항으로 가장 먼 것은?

① 용접성   ② 작업성
③ 경제성   ④ 환경

51 그림에서 "□15"에 대한 설명으로 맞는 것은?

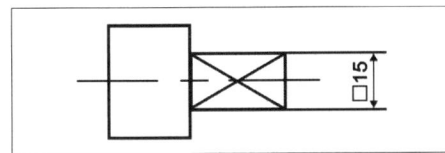

① 단면적이 15인 직사각형
② ø15인 원통에 평면이 있음
③ 이론적으로 정확한 치수가 15인 평면
④ 한 변의 길이가 15인 직사각형

52 용접부의 보조기호에서 제거 가능한 이면판재를 사용하는 경우의 표시 기호는?

① M   ② P
③ MR   ④ PR

해설 ▶ M은 영구적인 덮개판을 MR은 제거 가능한 덮개판을 의미한다.

53 다음 중 선의 종류와 용도에 의한 명칭 연결이 틀린 것은?

① 가는 1점 쇄선 : 무게 중심선
② 굵은 1점 쇄선 : 특수 지정선
③ 가는 실선 : 중심선
④ 아주 굵은 실선 : 특수한 용도의 선

54 관용 테이퍼 나사 중 평행 암나사를 표시하는 기호는?(단 ISO표준에 있는 기호로 한다.)

① G   ② R
③ Rc   ④ Rp

해설 ▶
• R : 관용 테이퍼 수나사
• Rc(구기호 PT) : 관용 테이퍼 암나사
• G(구기호 PF) : 관용 평행 나사
• Rp(구기호 PS) : 관용 평행 암나사

55 기계제도에서 도형의 생략에 관한 설명으로 틀린 것은?

① 도형이 대칭 형식인 경우에는 대칭 중심선의 한쪽 도형만을 그리고, 그 대칭 중심선의 양 끝부분에 대칭그림 기호를 그려서 대칭임을 나타낸다.
② 대칭 중심선의 한쪽 도형을 대칭 중심선을 조금 넘는 부분까지 그려서 나타낼 수도 있으며, 이 때 중심선 양끝에 대칭 그림 기호를 반드시 나타내야 한다.
③ 같은 종류, 같은 모양의 것이 다수 줄지어 있는 경우에는 실형 대신 그림 기호를 피치선과 중심선과의 교점에 기입하여 나타낼 수 있다.
④ 축, 막대, 관과 같은 동일 단면형의 부분은 지면을 생략하기 위하여 중간 부분을 파단선으로 잘라내서 그 긴요한 부분만을 가까이하여 도시할 수 있다.

해설) 대칭 중심선 도형 표시에서 대칭 그림 기호는 특별한 경우가 아니면 생략할 수 있다.

56 선의 종류에 따른 용도에 의한 명칭으로 틀린 것은?

① 굵은 실선 – 외형선
② 가는 실선 – 치수선
③ 가는 1점 쇄선 – 기준선
④ 가는 파선 – 치수보조선

해설) 치수보조선은 도면에서 가는 실선으로 나타낸다.

57 그림에서 나타난 배관 접합 기호는 어떤 접합을 나타내는가?

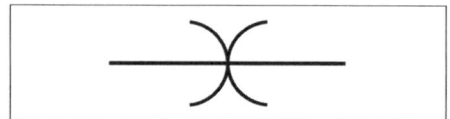

① 블랭크(blank) 연결
② 유니언(union) 연결
③ 플랜지(flange) 연결
④ 칼라(collar) 연결

해설) 칼라 연결 : 양 끝을 붙인 외주에 철근 콘크리트로 만든 칼라를 끼우고 사이에 컴포를 채워 굳히는 방식의 접합

58 그림과 같은 입체도의 화살표 방향인 정면도를 가장 올바르게 투상한 것은?

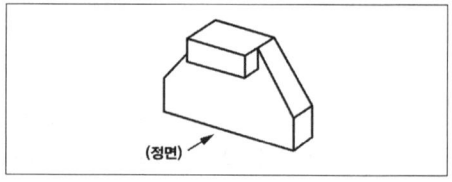

59 배관에서 유체의 종류 중 공기를 나타내는 기호는?

① A ② C
③ S ④ W

60 제도에 사용되는 문자 크기의 기준으로 맞는 것은?

① 문자의 폭
② 문자의 대각선의 길이
③ 문자의 높이
④ 문자의 높이와 폭의 비율

55 ② 56 ④ 57 ④ 58 ④ 59 ① 60 ③

29 CBT 출제 예상문제

- 피복아크용접기능사
- 가스텅스텐아크용접기능사
- 이산화탄소가스아크용접기능사

01 금속 산화물이 알루미늄에 의하여 산소를 빼앗기는 반응에 의해 생성되는 열을 이용하여 금속을 접합시키는 용접법은?

① 스터드 용접
② 테르밋 용접
③ 원자수소 용접
④ 일렉트로 슬래그 용접

해설 테르밋 용접은 테르밋 반응으로 생성되는 열을 이용하여 금속을 용접하는 방법이다.

02 피복아크 용접 결함 중 용착 금속의 냉각 속도가 빠르거나, 모재의 재질이 불량할 때 일어나기 쉬운 결함으로 가장 적당한 것은?

① 용입 불량
② 언더컷
③ 오버랩
④ 선상조직

해설 선상조직은 용착금속의 냉각 속도가 빠를 때, 모재재질이 불량할 때 나타난다.

03 다음 중 피복 아크 용접봉의 피복제가 연소한 후 생성된 물질이 용접부를 보호하는 형식에 따라 분류한 것에 해당되지 않는 것은?

① 반가스 발생식
② 스프레이 형식
③ 슬래그 생성식
④ 가스 발생식

해설 용착 금속의 보호 형식
- 슬래그 생성식(무기물형) : 슬래그로 산화, 질화 방지 및 탈산 작용
- 가스 발생식 : 대표적으로 셀룰로오스가 있으며 전 자세 용접이 용이
- 반가스 발생식 : 슬래그 생성식과 가스 발생식의 혼합

04 다음 중 용접법의 분류에 있어 금속전극을 사용한 아크 용접에서 보호아크를 사용하는 용접법이 아닌 것은?

① 와이어 아크 용접
② 피복 금속 아크 용접
③ 이산화탄소 아크 용접
④ 서브머지드 아크 용접

해설 와이어 아크 용접법은 없으나 이산화탄소 아크 용접이나 서브머지드 아크 용접 등에서 와이어를 릴에 감아 사용하여 자동 또는 반자동 용접으로 사용한다.

05 15℃, 1kgf/cm²하에서 사용 전 용해아세틸렌 병의 무게가 50kgf이고, 사용 후 무게가 47kgf일 때 사용한 아세틸렌의 양은 몇 L인가?

① 2915
② 2815
③ 3815
④ 2715

해설 C = 905(A−B) : C = 아세틸렌가스 양, A = 병 전체의 무게, B = 빈병의 무게
905×3 = 2715

06 피복 아크 용접에서 용접 속도(welding speed)에 영향을 미치지 않는 것은?

① 모재의 재질
② 이음 모양
③ 전류값
④ 전압값

해설 용접속도는 모재에 대한 용접선 방향의 아크속도로 모재의 재질, 이음모양, 용접봉의 종류 및 전류값, 위빙의 유무에 따라 달라진다.

01 ② 02 ④ 03 ② 04 ① 05 ④ 06 ④

07 용접에서 변형교정 방법이 아닌 것은?
① 얇은 판에 대한 점 수축법
② 롤러에 거는 방법
③ 형재에 대한 직선 수축법
④ 노내 풀림법

해설 ▶ 노내 풀림법은 응력 제거 열처리 방법이다.

08 피복 아크 용접에서 아크열에 의해 모재가 녹아 들어간 깊이는?
① 용적　　② 용입
③ 용락　　④ 용착금속

09 연납땜의 용제가 아닌 것은?
① 붕산　　② 염화아연
③ 인산　　④ 염화암모늄

해설 ▶ 붕산은 경납땜 용제이다. 주로 붕사와 혼합하여 동합금의 용제로 사용된다.

10 점용접에서 용접점이 앵글재와 같이 용접 위치가 나쁠 때 보통 팁으로는 용접이 어려운 경우에 사용하는 전극의 종류는?
① P형 팁　　② E형 팁
③ R형 팁　　④ F형 팁

11 용접이음 설계 시 충격하중을 받는 연강의 안전율은?
① 12　　② 8
③ 5　　④ 3

해설 ▶

재료의 종류	정하중	반복하중	교번하중	충격하중
강	3	5	8	12
주철	4	6	10	15
구리등 연한금속	5	6	9	15

12 공업용 아세틸렌가스 용기의 도색은?
① 녹색　　② 백색
③ 황색　　④ 갈색

해설 ▶ 산소-녹색, 수소-주황색, 탄산가스-청색, 아르곤-회색, 암모니아-백색, 아세틸렌-황색, 프로판-회색, 염소-갈색

13 구리 및 구리합금의 가스용접용 용제에 사용되는 물질은?
① 중탄산소다
② 염화칼슘
③ 붕사
④ 황산칼륨

해설 ▶
• 연강 – 용제 사용 안함
• 반경강 – 중탄산소다, 탄산소다
• 주철 – 붕사, 탄산나트륨
• 알루미늄 – 염화칼륨, 염화나트륨, 염화리튬, 플루오린화칼륨
• 구리합금 – 붕사, 염화리튬

14 한국산업표준(KS)의 분류기호와 해당 부문의 연결이 틀린 것은?
① KS K : 섬유
② KS B : 기계
③ KS E : 광산
④ KS D : 건설

해설 ▶ 한국산업규격(KS)의 부문별 분류기호
A : 기본, B : 기계, C : 전기, D : 금속, E : 광산, F : 건설, I : 환경, K : 섬유, Q : 품질경영, R : 수송기계, T :물류, V : 조선, W : 항공우주, X : 정보

15 다음 중 탄소강의 인장강도, 탄성한도를 증가시키며 내식성을 향상시키는 성분은?
① 황(S)　　② 구리(Cu)
③ 인(P)　　④ 망간(Mn)

07 ④　08 ②　09 ①　10 ②　11 ①　12 ③　13 ③　14 ④　15 ②

16 가스용접법에서 후진법과 비교한 전진법의 설명에 해당하는 것은?

① 용접속도가 빠르다.
② 열 이용률이 나쁘다.
③ 용접변형이 작다.
④ 용접 가능한 판 두께가 두껍다.

17 18% Cr – 8% Ni계 스테인리스강의 조직은?

① 페라이트계
② 마텐자이트계
③ 오스테나이트계
④ 시멘타이트계

18 다음 중 서브머지드 아크 용접에서 기공의 발생 원인과 거리가 가장 먼 것은?

① 용제의 건조불량
② 용접속도의 과대
③ 용접부의 구속이 심할 때
④ 용제 중에 불순물의 혼입

해설 기공은 용접부의 냉각속도가 빠를 때 발생된다.

19 심(seam) 용접법에서 용접 전류의 통전 방법이 아닌 것은?

① 직·병렬 통전법
② 단속 통전법
③ 연속 통전법
④ 맥동 통전법

20 다음 용접법 중 압접에 해당되는 것은?

① MIG 용접
② 서브머지드 아크 용접
③ 점용접
④ TIG 용접

해설 점용접은 spot 용접이라고도 하며, 전기 저항용접의 겹치기 용접의 일종으로 압접에 속한다.

21 용접봉에서 모재로 용융금속이 옮겨가는 상태를 용적이행이라 한다. 다음 중 용접이행이 아닌 것은?

① 단락형
② 스프레이형
③ 글로뷸러형
④ 불림이행형

해설 용접이행에는 단락형, 스프레이형, 글로뷸러형이 있다.

22 CO_2 용접에서 발생되는 일산화탄소와 산소 등의 가스를 제거하기 위해 사용되는 탈산제는?

① Mn
② Ni
③ W
④ Cu

해설 탈산제는 규소철, 망간철, 티탄철 등의 철합금 또는 금속 망간, 알루미늄 등이 사용된다.

23 기계구조물 저합금강에 양호하게 요구되는 조건이 아닌 것은?

① 항복강도
② 가공성
③ 인장강도
④ 마모성

24 아크 길이가 길 때 일어나는 현상이 아닌 것은?

① 아크가 불안정해진다.
② 용융금속의 산화 및 질화가 쉽다.
③ 열 집중력이 양호하다.
④ 전압이 높고 스패터가 많다.

16 ② **17** ③ **18** ③ **19** ① **20** ③ **21** ④ **22** ① **23** ④ **24** ③

25 다음 중 부하전류가 변하여도 단자 전압을 거의 변화하지 않는 용접기의 특성은?

① 수하 특성
② 하향특성
③ 정전압 특성
④ 정전류 특성

26 주철과 비교한 주강에 대한 설명으로 틀린 것은?

① 주철에 비하여 강도가 더 필요할 경우에 사용한다.
② 주철에 비하여 용접에 의한 보수가 용이하다.
③ 주철에 비하여 주조시 수축량이 커 균열 등이 발생하기 쉽다.
④ 주철에 비하여 용융점이 낮다.

해설 ▶ 주강은 탄소강 또는 합금강을 주조하여 만든 제품으로 기계적 성질이 우수하고 용접에 의한 보수가 용이하며, 주철에 비해 용융점이 높다.

27 비소모성 전극봉을 사용하는 용접법은?

① MIG 용접
② TIG 용접
③ 피복아크 용접
④ 서브머지드 아크 용접

28 피복 아크 용접기로서 구비해야 할 조건 중 잘못된 것은?

① 구조 및 취급이 간편해야 한다.
② 전류 조정이 용이하고 일정하게 전류가 흘러야 한다.
③ 아크 발생과 유지가 용이하고 아크가 안정되어야 한다.
④ 용접기가 빨리 가열되어 아크 안정을 유지해야 한다.

29 스테인리스강을 TIG 용접할 때 적합한 극성은?

① DCSP   ② DCRP
③ AC   ④ ACRP

해설 ▶ 스테인리스강이나 탄소강은 직류 정극성을 사용하며, Al 합금 등은 고주파 중첩 교류를 사용한다.

30 가스 절단 시 절단면에 일정한 간격의 곡선이 진행방향으로 나타나는데 이것을 무엇이라 하는가?

① 슬래그(slag)
② 태핑(tapping)
③ 드래그(drag)
④ 가우징(gouging)

31 용해 아세틸렌 용기 취급 시 주의사항으로 틀린 것은?

① 아세틸렌 충전구가 동결 시는 50℃ 이상의 온수로 녹여야 한다.
② 저장 장소는 통풍이 잘 되어야 한다.
③ 용기는 반드시 캡을 씌워 보관한다.
④ 용기는 진동이나 충격을 가하지 말고 신중히 취급해야 한다.

해설 ▶ 동결된 용해 아세틸렌 가스 용기는 35℃ 이하의 온수로 녹인다.

32 용접전류가 100A, 전압이 30V일 때 전력은 몇 KW인가?

① 4.5KW   ② 15KW
③ 10KW   ④ 3KW

해설 ▶ 전력=전압×전류
30×100 = 3000W = 3KW

25 ③   26 ④   27 ②   28 ④   29 ①   30 ③   31 ①   32 ④

33 용접봉의 습기가 원인이 되어 발생하는 결함으로 가장 적절한 것은?

① 기공
② 선상조직
③ 용입불량
④ 슬래그 섞임

34 다음 중 기계적 접합법에 속하지 않는 것은?

① 리벳
② 용접
③ 접어 잇기
④ 볼트 이음

35 용접기의 2차 무부하 전압을 20~30V로 유지하고, 용접 중 전격 재해를 방지하기 위해 설치하는 용접기의 부속 장치는?

① 과부하방지 장치
② 전격 방지 장치
③ 원격 제어 장치
④ 고주파 발생 장치

36 강의 표면 경화법이 아닌 것은?

① 풀림
② 금속 용사법
③ 금속 침투법
④ 하드 페이싱

[해설] 풀림처리 : 연화, 안정화, 구상화 등의 열처리이다.

37 열과 전기의 전도율이 가장 좋은 금속은?

① Cu
② Al
③ Ag
④ Au

[해설] 금속의 열 및 전기 전도율 순서
- Ag > Cu > Au(Pt) > Al > Mg > Zn > Ni > Fe > Pb > Sb
- 은 > 구리 > 금(백금) > 알루미늄 > 마그네슘 > 아연 > 니켈 > 철 > 납 > 안티몬

38 탄소강의 적열취성의 원인이 되는 원소는?

① S
② CO_2
③ Si
④ Mn

[해설] 적열취성은 (S)황으로 인해 발생된다.

39 알루미늄에 약 10%까지의 마그네슘을 첨가한 합금으로 다른 주물용 알루미늄 합금에 비하여 내식성, 강도, 연신율이 우수한 것은? 3

① 실루민
② 두랄루민
③ 하이드로날륨
④ Y합금

40 Al의 표면을 적당한 전해액 중에서 양극 산화처리하면 표면에 방식성이 우수한 산화 피막층이 만들어진다. 알루미늄의 방식 방법에 많이 이용되는 것은?

① 규산법
② 수산법
③ 탄화법
④ 질화법

41 구리에 5~20% Zn을 첨가한 황동으로, 강도는 낮으나 전연성이 좋고 색깔이 금색에 가까워, 모조금이나 판 및 선 등에 사용되는 것은?

① 톰백
② 켈밋
③ 포금
④ 문쯔메탈

33 ① 34 ② 35 ② 36 ① 37 ③ 38 ① 39 ③ 40 ② 41 ①

42 구리의 물리적 성질에서 용융점은 약 몇 ℃ 정도인가?

① 660℃
② 1,083℃
③ 1,528℃
④ 3,410℃

해설 ▶ Al : 660℃, Fe : 1,538℃, W(텅스텐) : 3,410℃

43 노멀라이징(normalizing) 열처리의 목적으로 옳은 것은?

① 연화를 목적으로 한다.
② 경도 향상을 목적으로 한다.
③ 인성부여를 목적으로 한다.
④ 재료의 표준화를 목적으로 한다.

44 공구강 중 게이지용강이 갖추어야 할 조건으로 틀린 것은?

① 경도는 HRC 45 이하를 가져야 한다.
② 팽창계수가 보통강보다 작아야 한다.
③ 담금질에 의한 변형 및 균열이 없어야 한다.
④ 시간이 지남에 따라 치수의 변화가 없어야 한다.

해설 ▶ 게이지강은 공구강을 의미하므로 내마모성이 커야 된다. 따라서 로크웰 C경도(HRC) 45 이상이 되어야 한다.

45 담금질한 강을 뜨임 열처리하는 이유는?

① 강도를 증가시키기 위하여
② 경도를 증가시키기 위하여
③ 취성을 증가시키기 위하여
④ 연성을 증가시키기 위하여

해설 ▶ 담금질한 강은 매우 단단하며, 급격한 냉각에 의해 조직의 변태(면심에서 체심입방 격자로)되며 수축에 따른 왜곡현상으로 잔류 응력이 많이 존재하므로 인성을 부여하기 위해 고온 뜨임을 하거나 경도는 약간 낮추거나 그대로 유지하며 응력을 제거하는 저온 뜨임처리를 한다.

46 금속의 공통적 특성으로 틀린 것은?

① 열과 전기의 양도체이다.
② 금속 고유의 광택을 갖는다.
③ 이온화하면 음(-)이온이 된다.
④ 소성변형성이 있어 가공하기 쉽다.

47 용접기와 멀리 떨어진 곳에서 용접전류 또는 전압을 조절 할 수 있는 장치는?

① 원격 제어장치
② 핫 스타트 장치
③ 고주파 발생 장치
④ 수동전류조정장치

48 강에 인(P)이 많이 함유되면 나타나는 결함은?

① 적열메짐
② 연화메짐
③ 저온메짐
④ 고온메짐

해설 ▶ 저온메짐은 상온 이하로 내려갈수록 경도, 인장강도는 증가하나 연신율은 감소하여 차차 여리며, 약해진다.

49 보기와 같이 연강용 피복아크 용접봉을 표시하였다. 설명으로 틀린 것은?

E 4 3 1 6

① E : 전기 용접봉
② 43 : 용착 금속의 최저 인장강도
③ 16 : 피복제의 계통 표시
④ E4316 : 일미나이트계

42 ②   43 ④   44 ①   45 ④   46 ③   47 ①   48 ③   49 ④

해설 ▶ E4316은 저수소계이며, 일미나이트계는 E4301이다.

50 모재 두께가 9~10mm인 연강 판의 V형 맞대기 피복 아크 용접 시 홈의 각도로 적당한 것은?
① 20~40º
② 40~50º
③ 60~70º
④ 90~100º

51 치수 숫자와 함께 사용되는 기호가 바르게 연결된 것은?
① 지름 : P
② 정사각형 : □
③ 구면의 지름 : Ø
④ 구의 반지름 : C

52 제3각법으로 정투상한 그림과 같은 정면도와 우측면도에 가장 적합한 평면도는?

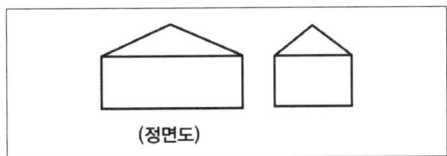

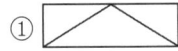 
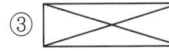 

53 그림과 같은 용접 이음을 용접 기호로 옳게 표시한 것은?

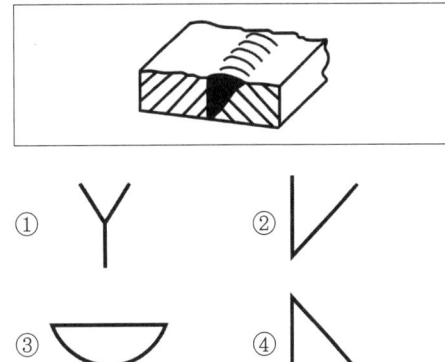

54 다음 중 용접 구조용 압연 강재의 KS 기호는?
① SS 400
② SCW 450
③ SM 400 C
④ SCM 415 M

55 그림과 같은 용접기호에서 a7이 의미하는 뜻으로 알맞은 것은?

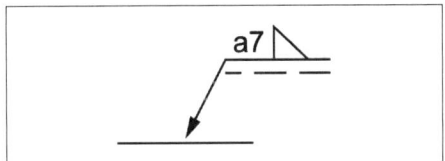

① 용접부 목 길이가 7mm이다.
② 용접 간격이 7mm이다.
③ 용접 모재의 두께가 7mm이다.
④ 용접부 목 두께가 7mm이다.

50 ③ 51 ② 52 ③ 53 ② 54 ③ 55 ④

56 미터나사의 호칭지름은 수나사의 바깥지름을 기준으로 정한다. 이에 결합되는 암나사의 호칭지름은 무엇이 되는가?

① 암나사의 골지름
② 암나사의 안지름
③ 암나사의 유효지름
④ 암나사의 바깥지름

57 다음 중 도면의 일반적인 구비조건으로 거리가 먼 것은?

① 대상물의 크기, 모양, 자세, 위치의 정보가 있어야 한다.
② 대상물을 명확하고 이해하기 쉬운 방법으로 표현해야 한다.
③ 도면의 보존, 검색 이용이 확실히 되도록 내용과 양식을 구비해야 한다.
④ 무역과 기술의 국제 교류가 활발하므로 대상물의 특징을 알 수 없도록 보안성을 유지해야 한다.

58 다음 중 선의 종류와 용도에 의한 명칭 연결이 틀린 것은?

① 가는 1점 쇄선 : 무게 중심선
② 굵은 1점 쇄선 : 특수지정선
③ 가는 실선 : 중심선
④ 아주 굵은 실선 : 특수한 용도의 선

해설 ▶ 가는 1점 쇄선의 용도 : 중심선, 피치선

59 도면에 그려진 길이가 실제 대상물의 길이보다 큰 경우 사용한 척도의 종류인 것은?

① 현척
② 실척
③ 배척
④ 축척

해설 ▶ 배척은 도면에 도형을 실물보다 크게 제도하는 경우에 사용하며 1:2, 1:5, 1:10, 1:20, 1:50 등이 있다.

60 대상물의 보이는 부분의 모양을 표시하는데 사용하는 선은?

① 치수
② 외형선
③ 숨은선
④ 기준선

56 ①   57 ④   58 ①   59 ③   60 ②

30 CBT 출제 예상문제

- 피복아크용접기능사
- 가스텅스텐아크용접기능사
- 이산화탄소가스아크용접기능사

01 용접부의 표면이 좋고 나쁨을 검사하는 것으로 가장 많이 사용하며 간편하고 경제적인 검사 방법은?

① 자분검사
② 외관검사
③ 초음파검사
④ 침투검사

02 가스용접 불꽃에서 아세틸렌 과잉 불꽃이라 하며 속불꽃과 겉불꽃 사이에 아세틸렌 페더가 있는 것은?

① 바깥불꽃
② 중성불꽃
③ 산화불꽃
④ 탄화불꽃

해설
- 산화 불꽃 : 산소의 과잉 불꽃
- 중성 불꽃 : 적정 불꽃(백심 불꽃)
- 탄화 불꽃 : 아세틸렌 과일 불꽃

03 테르밋 용접의 특징 설명으로 틀린 것은?

① 용접 작업이 단순하고 용접 결과의 재현성이 높다.
② 용접시간이 짧고 용접 후 변형이 적다.
③ 전기가 필요하고 설비비가 비싸다.
④ 용접기구가 간단하고 작업장소의 이동이 쉽다.

해설 테르밋 용접은 테르밋 반응에 의해 생성되는 열을 이용하여 용접하는 방법으로 전기가 필요 없고, 설비비가 싸다.

04 용접 결함과 그 원인에 대한 설명 중 잘못 짝지어진 것은?

① 언더컷 – 전류가 너무 높을 때
② 기공 – 용접봉이 흡습 되었을 때
③ 오버랩 – 전류가 너무 낮을 때
④ 슬래그 섞임 – 전류가 과대 되었을 때

5 아크용접기의 사용에 대한 설명으로 틀린 것은?

① 사용률을 초과하여 사용하지 않는다.
② 무부하 전압이 높은 용접기를 사용한다.
③ 전격방지기가 부착된 용접기를 사용한다.
④ 용접기 케이스는 접지(earth)를 확실히 해둔다.

해설 무부하 전압이 높으면 감전의 위험도가 크므로 아크 발생이 가능한 범위에서 낮은 것이 좋다.

06 가스절단에서 표준 드래그는 보통 판 두께의 얼마 정도인가?

① 1/4
② 1/5
③ 1/10
④ 1/100

07 CO_2 용접에서 발생되는 일산화탄소와 산소 등의 가스를 제거하기 위해 사용되는 탈산제는?

① Mn
② Ni
③ W
④ Cu

해설 탈산제는 규소철, 망간철, 티탄철 등의 철합금 또는 금속 망간, 알루미늄 등이 사용된다.

 01 ② 02 ④ 03 ③ 04 ④ 05 ② 06 ② 07 ①

08 MIG 용접 시 와이어 송급 방식의 종류가 아닌 것은?

① 풀(pull) 방식
② 푸시(push) 방식
③ 푸시언더(push-under) 방식
④ 푸시풀(push-pull) 방식

해설 와이어 송급 방식에는 푸시 방식, 풀 방식, 푸시 풀 방식이 있다.

09 용접 작업에서 전격의 방지대책으로 틀린 것은?

① 땀, 물 등에 의해 젖은 작업복, 장갑 등은 착용하지 않는다.
② 텅스텐봉을 교체할 때 항상 전원 스위치를 차단하고 작업한다.
③ 절연홀더의 절연부분이 노출, 파손되면 즉시 보수하거나 교체한다.
④ 가죽 장갑, 앞치마, 발 덮게 등 보호구를 반드시 착용하지 않아도 된다.

10 피복아크용접에서 피복제의 성분에 포함되지 않는 것은?

① 아크 안정제
② 가스 발생제
③ 피복 이탈제
④ 슬래그 생성제

해설 피복제는 아크 안정, 가스 발생 용접부 보호, 슬래그 생성으로 산화방지와 냉각속도를 느리게 한다.

11 다음 용접 이음부 중에서 냉각속도가 가장 빠른 이음은?

① 맞대기 이음
② 변두리 이음
③ 모서리 이음
④ 필릿 이음

해설 냉각속도는 필릿 이음이 가장 빠르다.

12 산소용기 취급 시 주의 사항으로 틀린 것은?

① 저장소에는 화기를 가까이 하지 말고 통풍이 잘되어야 한다.
② 저장 또는 사용 중에는 반드시 용기를 세워 두어야 한다.
③ 가스용기 사용 시 가스가 잘 발생되도록 직사광선을 받도록 한다.
④ 가스 용기는 뉘어두거나 굴리는 등 충돌, 충격을 주지 말아야 한다.

해설 가스 용기는 직사광선을 피해야 한다.

13 용접봉에서 모재로 용융금속이 옮겨가는 상태를 용적이행이라 한다. 다음 중 용적이행이 아닌 것은?

① 단락형
② 스프레이형
③ 글로뷸러형
④ 불림이행형

해설 용적이행에는 단락형, 스프레이형, 글로뷸러형이 있다.

14 탄소강에서 피트(pit) 결함의 원인이 되는 원소는?

① C ② P
③ Pb ④ Cu

해설 피트는 용접 비드 표면에 입을 벌리고 있는 것으로 탄소, 망간 등 합금원소가 많을 때 일어난다.

08 ③   09 ④   10 ③   11 ④   12 ③   13 ④   14 ①

15 아크 타임을 설명한 것 중 옳은 것은?

① 단위 기간 내의 작업여유 시간이다.
② 단위 시간 내의 용도여유 시간이다.
③ 단위 시간 내의 아크 발생 시간을 백분율로 나타낸 것이다.
④ 단위 시간 내의 시공한 용접길이를 백분율로 나타낸 것이다.

해설 아크 타임이란 용접 작업에서 아크가 흘러나온 시간을 말한다.

16 스터드 용접에서 내열성의 도기로 용융금속의 산화 및 유출을 막아주고 아크열을 집중시키는 역할을 하는 것은?

① 페룰
② 스터드
③ 용접토치
④ 제어장치

17 예열의 목적에 대한 설명으로 틀린 것은?

① 수소의 방출을 용이하게 하여 저온 균열을 방지한다.
② 열영향부와 용착 금속의 경화를 방지하고 연성을 증가시킨다.
③ 용접부의 기계적 성질을 향상시키고 경화조직의 석출을 촉진시킨다.
④ 온도 분포가 완만하게 되어 열응력의 감소로 변형과 잔류 응력의 발생을 적게 한다.

18 공기보다 약간 무거우며 무색, 무미, 무취의 독성이 없는 불활성가스로 용접부의 보호 능력이 우수한 가스는?

① 아르곤 ② 질소
③ 산소   ④ 수소

해설 아르곤은 색이 없고, 맛이 없으며, 냄새가 없는 비활성 기체로 질소, 산소 다음으로 공기 중에 풍부한 원소이고 공기보다 무겁고 물과 유기용매에 녹는다.

19 비소모성 전극봉을 사용하는 용접법은?

① MIG 용접
② TIG 용접
③ 피복아크 용접
④ 서브머지드 아크 용접

20 15℃, 1kgf/cm²하에서 사용 전 용해 아세틸렌병의 무게가 50kgf이고, 사용 후 무게가 47kgf일 때 사용한 아세틸렌의 양은 몇 리터(L)인가?

① 2,915
② 2,815
③ 3,815
④ 2,715

해설 아세틸렌 사용량 = 905×(사용 전 무게 − 사용 후 무게)

21 아크 길이가 길 때 일어나는 현상이 아닌 것은?

① 아크가 불안정해진다.
② 용융금속의 산화 및 질화가 쉽다.
③ 열 집중력이 양호하다.
④ 전압이 높고 스패터가 많다.

22 정격 2차 전류가 200A, 아크출력 60kW인 교류 용접기를 사용할 때 소비전력은 얼마인가?(단, 내부 손실이 4kW이다.)

① 64kW
② 104kW
③ 264kW
④ 804kW

해설 소비전력 = 아크출력 + 내부손실
소비전력 = 60 + 4 = 64kw

15 ③ 16 ① 17 ③ 18 ① 19 ② 20 ④ 21 ③ 22 ①

23 피복 아크 용접봉의 심선의 재질로서 적당한 것은?

① 고탄소 림드강
② 고속도강
③ 저탄소 림드강
④ 반 연강

24 가스 절단작업에서 절단속도에 영향을 주는 요인과 가장 관계가 먼 것은?

① 모재의 온도
② 산소의 압력
③ 산소의 순도
④ 아세틸렌 압력

해설 ▶ 가스 절단 속도에 영향을 주는 요소로 산소의 순도나 압력은 영향이 크지만 아세틸렌의 압력은 예열 불꽃을 형성하는 가스이므로 절단 속도에 크게 영향이 미치지 않는다.

25 다음 중 지그나 고정구의 설계 시 유의사항으로 틀린 것은?

① 구조가 간단하고 효과적인 결과를 가져와야 한다.
② 부품의 고정과 이완은 신속히 이루어져야 한다.
③ 모든 부품의 조립은 어렵고 눈으로 볼 수 없어야 한다.
④ 한번 부품을 고정시키면 차후 수정 없이 정확하게 고정되어 있어야 한다.

해설 ▶ 지그의 사용은 작업능률을 높이고 치수 정도를 높이며, 대량 생산을 하기 위해 사용하므로 조립이 쉽고 눈으로 확인할 수 있어야 한다.

26 TIG 용접에서 가스이온이 모재에 충돌하여 모재 표면에 산화물을 제거하는 현상은?

① 제거 효과
② 청정 효과
③ 용융 효과
④ 고주파 효과

해설 ▶ 청정 효과란 알루미늄 등 표면의 산화막을 제거하는 효과를 말한다.

27 용접기의 점검 및 보수 시 지켜야 할 사항으로 옳은 것은?

① 정격사용률 이상으로 사용한다.
② 탭 전환은 반드시 아크 발생을 하면서 시행한다.
③ 2차측 단자의 한쪽과 용접기 케이스는 반드시 어스(earth)하지 않는다.
④ 2차측 케이블이 길어지면 전압강하가 일어나므로 가능한 지름이 큰 케이블을 사용한다.

28 TIG 용접에서 전극봉은 세라믹 노즐의 끝에서부터 몇 mm정도 돌출시키는 것이 가장 적당한가?

① 1~2mm
② 3~6mm
③ 7~9mm
④ 10~12mm

29 변형과 잔류응력을 최소로 해야 할 경우 사용되는 용착법으로 가장 적합한 것은?

① 후진법
② 전진법
③ 스킵법
④ 덧살 올림법

 23 ③   24 ④   25 ③   26 ②   27 ④   28 ②   29 ③

해설 ▶ 스킵법은 비석법이라 하며 용접길이를 짧게 나누어 간격을 두면서 용접하는 방법으로 피용접물 전체에 변형이나 잔류 응력이 적게 발생하도록 하는 용접법이다.

30 TIG 용접에 사용되는 전극봉의 조건으로 틀린 것은?

① 고융용점의 금속
② 전자방출이 잘되는 금속
③ 전기 저항률이 많은 금속
④ 열 전도성이 좋은 금속

해설 ▶ TIG 용접용 전극으로 전기 저항이 많으면 전극의 발열이 높아져 전극 소손이 높아진다.

31 철도 레일 이음 용접에 적합한 용접법은?

① 테르밋 용접
② 서브머지드 용접
③ 스터드 용접
④ 그래비티 및 오토콘 용접

32 CO_2 용접 시 저전류 영역에서의 가스유량으로 가장 적당한 것은?

① 5~10 ℓ/min
② 10~15 ℓ/min
③ 15~20 ℓ/min
④ 20~25 ℓ/min

33 용접작업의 경비를 절감시키기 위한 유의사항으로 틀린 것은?

① 용접봉의 적절한 선정
② 용접사의 작업 능률의 향상
③ 용접지그를 사용하여 위보기 자세의 시공
④ 고정구를 사용하여 능률 향상

34 레이저 용접의 특징으로 틀린 것은?

① 루비 레이저와 가스 레이저의 두 종류가 있다.
② 광선이 용접의 열원이다.
③ 열 영향 범위가 넓다.
④ 가스 레이저로는 주로 CO_2가스 레이저가 사용된다.

해설 ▶ 레이저 용접은 열 영향 범위가 좁고 이종 금속의 용접이 가능하며 미세하고 정밀한 용접을 할 수 있다.

35 피복아크 용접에서 아크 쏠림 방지대책이 아닌 것은?

① 접지점을 될 수 있는 대로 용접부에서 멀리할 것
② 용접봉 끝을 아크쏠림 방향으로 기울일 것
③ 접지점 2개를 연결할 것
④ 직류용접으로 하지 말고 교류용접으로 할 것

36 아크에어 가우징법의 작업능률은 가스가우징법보다 몇 배 정도 높은가?

① 2~3배
② 4~5배
③ 6~7배
④ 8~9배

37 라우탈은 Al-Cu-Si 합금이다. 이 중 3~8% Si를 첨가하여 향상되는 성질은?

① 주조성
② 내열성
③ 피삭성
④ 내식성

30 ③ 31 ① 32 ② 33 ③ 34 ③ 35 ② 36 ① 37 ①

38. 인장 시험에서 변형량을 원표점 거리에 대한 백분율로 표시한 것은?

① 연신율
② 항복점
③ 인장 강도
④ 단면 수축률

해설 ▶ 연신율은 인장 시험에 있어서 파단 후의 시험편을 맞대고, 표점 사이의 변형량을 구해서 이것을 %로 나타낸 것이다.

39. 재료 표면상에 일정한 높이로부터 낙하시킨 추가 반발하여 튀어 오르는 높이로부터 경도값을 구하는 경도기는?

① 쇼어 경도기
② 로크웰 경도기
③ 비커즈 경도기
④ 브리넬 경도기

40. 다음 중 황동과 청동의 주성분으로 옳은 것은?

① 황동 : Cu + Pb, 청동 : Cu + Sb
② 황동 : Cu + Sn, 청동 : Cu + Zn
③ 황동 : Cu + Sb, 청동 : Cu + Pb
④ 황동 : Cu + Zn, 청동 : Cu + Sn

해설 ▶ 황동은 구리에 아연을, 청동은 주석을 넣은 것을 말하나, 청동은 아연 이외의 원소를 함유한 것을 말한다.

41. 금속 표면에 스텔라이트, 초경합금 등의 금속을 용착시켜 표면경화 층을 만드는 것은?

① 금속 용사법
② 하드페이싱
③ 쇼트 피이닝
④ 금속 침투법

42. 미세한 결정립을 가지고 있으며, 어느 응력하에서 파단에 이르기까지 수백 % 이상의 연신율을 나타내는 합금은?

① 제진합금
② 초소성합금
③ 미경질합금
④ 형상기억합금

43. 순철이 910℃에서 Ac3변태를 할 때 결정격자의 변화로 옳은 것은?

① BCT → FCC
② BCC → FCC
③ FCC → BCC
④ FCC → BCT

44. 금속간 화합물에 대한 설명으로 옳은 것은?

① 자유도가 5인 상태의 물질이다.
② 금속과 비금속사이의 혼합 물질이다.
③ 금속이 공기 중의 산소와 화합하여 부식이 일어난 물질이다.
④ 두 가지 이상의 금속 원소가 간단한 원자비로 결합되어 있으며, 원래 원소와는 전혀 다른 성질을 갖는 물질이다.

45. 알루미늄의 표면 방식법이 아닌 것은?

① 수산법   ② 염산법
③ 황산법   ④ 크롬산법

46. 다음 중 FeC 평형상태도에서 가장 낮은 온도에서 일어나는 반응은?

① 공석반응
② 공정반응
③ 포석반응
④ 포정반응

 38 ① 39 ① 40 ④ 41 ② 42 ② 43 ② 44 ④ 45 ② 46 ①

47 용접부의 결함 검사법에서 초음파 탐상법의 종류에 해당되지 않는 것은?

① 공진법
② 투과법
③ 스테레오법
④ 펄스반사법

해설 초음파 탐상법에는 투과법, 펄스법, 공진법이 있다.

48 가스절단에서 예열불꽃의 역할에 대한 설명으로 틀린 것은?

① 절단산소 운동량 유지
② 절단산소 순도 저하 방지
③ 절단개시 발화점 온도 가열
④ 잘단재의 표면 스케일 등의 박리성 저하

49 용접 후 잔류응력이 있는 제품에 하중을 주어 용접부에 약간의 소성 변형을 일으키게 한 다음 하중을 제거하는 잔류응력 경감 방법은?

① 노내 풀림법
② 국부 풀림법
③ 기계적 응력 완화법
④ 저온 응력 완화법

50 티그 용접의 전원 특성 및 사용법에 대한 설명이 틀린 것은?

① 역극성을 사용하면 전극의 소모가 많아진다.
② 알루미늄 용접 시 교류를 사용하면 용접이 잘된다.
③ 정극성은 연강, 스테인리스강 용접에 적당하다.
④ 정극성을 사용할 때 전극은 둥글게 가공하여 사용하는 것이 아크가 안정된다.

51 다음 도면은 정면도이다. 이 정면도에 가장 적합한 평면도는?

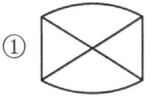 

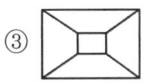 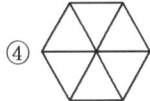

52 그림과 같은 부등변 ㄱ형강의 치수 표시로 가장 적합한 것은?

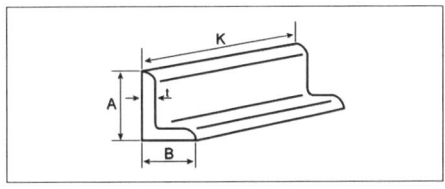

① L A×B×t-K
② H B×t×A-K
③ L K×t×A-B
④ ㄷ K-A×t-B

해설 표시방법 : LA(장축길이)×B(단축길이)×t(두께)-k(길이)

53 다음 중 일반구조용 압연강재의 KS 재료 기호는?

① SS 490
② SSW 41
③ SBC 1
④ SM 400A

54 배관의 접합 기호 중 플랜지 연결을 나타내는 것은?

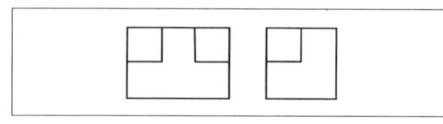

55 대상물의 일부를 떼어낸 경계를 표시하는데 사용하는 선의 굵기는?

① 굵은 실선
② 가는 실선
③ 아주 굵은 실선
④ 아주 가는 실선

56 그림과 같이 정투상도의 제3각법으로 나타낸 정면도와 우측면도를 보고 평면도를 올바르게 도시한 것은?

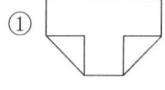

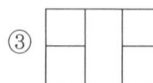
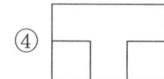

57 다음 그림과 같은 용접 방법 표시로 맞는 것은?

① 삼각 용접
② 현장 용접
③ 공장 용접
④ 수직 용접

58 다음 중 선의 종류와 용도에 의한 명칭 연결이 틀린 것은?

① 가는 1점 쇄선 : 무게 중심선
② 굵은 1점 쇄선 : 특수지정선
③ 가는 실선 : 중심선
④ 아주 굵은 실선 : 특수한 용도의 선

해설 ▶ 가는 1점 쇄선의 용도 : 중심선, 피치선

59 다음 중 호의 길이 치수를 나타내는 것은? 1

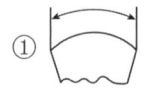
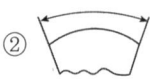
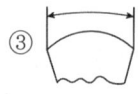

60 판을 접어서 만든 물체를 펼친 모양으로 표시할 필요가 있는 경우 그리는 도면을 무엇이라 하는가?

① 투상도
② 개략도
③ 입체도
④ 전개도

54 ② 55 ② 56 ④ 57 ② 58 ① 59 ① 60 ④

제 3 장

시험 전 체크하는 핵심요약

1 가스용접

(1) 가스용접의 장단점

장점	단점
① 전기가 필요 없다. ② 운반 및 설비가 쉽다. ③ 전기용접에 비하여 설비비가 싸다. ④ 가열범위를 조정하기 쉽다. ⑤ 박판용접이 가능하다. ⑥ 금속의 응용범위가 넓다. ⑦ 유해광선발생률이 적다. ⑧ 용접기술이 쉽다.	① 폭발, 화재의 위험이 있다. ② 용접속도가 느리다. ③ 탄화, 산화될 우려가 있다. ④ 변형이 심하다. ⑤ 기계적 강도가 떨어진다. ⑥ 가열시간이 오래 걸린다.

(2) 가연성가스의 종류와 산소와 혼합 시 최고불꽃온도

① 아세틸렌 - 3,430℃(1 : 1.8)

② 수소 - 2,900℃(1 : 0.5)

③ 프로판 - 2,820℃(1: 4.75)

④ 메탄 - 2,700℃(1: 2.25)

(3) 산소

① 공기 중에 21%(약 1/5), 물속에서는 88.89% 존재

② Au(금), Pt(백금) 등을 제외한 모든 원소와 결합하여 산화물을 만들며, 물질의 연소를 도와주는 지연성가스

③ 용융점 -219℃, 비등점 -182℃(질소의 비등점 -196℃), 비중 1.05

④ 액체산소(Liquid Oxygen)의 색 : 연한 청색

⑤ 산소의 1기압 0℃에서의 무게 : 1.429g

⑥ KS규격에서의 산소의 순도 : 99.3% 이상

⑦ KS규격에서의 액체산소의 순도 : 99.5% 이상

⑧ 산소의 제법 중 물을 전기분해할 때 음극과 양극에서 발생되는 가스의 종류와 촉매제 : 음극에서 수소(H_2), 양극에서 산소(O_2), 촉매로는 묽은황산 또는 가성소다

⑨ 산소의 제조방법
- 액체공기에서 산소를 채취하는 법(비등점을 이용)

- 물을 전기분해하는 방법
- 화약약품에 의한 방법

⑩ 산소-아세틸렌가스의 최고불꽃온도 : 3,430℃
⑪ 산소의 내용적 40.7L, 100kgf/cm²로 충전

(4) 아세틸렌

① 발열량이 가장 큰 가연성가스 : 아세틸렌
② 액체산소 1L를 기화하면 900L의 산소를 얻는다.
③ 아세틸렌의 화학식 : C_2H_2(3중결합하며 대단히 불안정한 불포화탄화수소)
④ 아세틸렌에서 악취가 나는 이유 : 안전을 위해 인화수소, 유화수소, 암모니아같은 불순물을 첨가한다.
⑤ 아세틸렌의 비중 : 0.91
⑥ 15℃, 1기압에서의 아세틸렌 1의 무게 : 1.176g
⑦ 연소열 : 아세틸렌 〉 수소 〉 프로판 〉 메탄
⑧ 다음 액체에서 아세틸렌의 용해량
  - 물 – 1 : 1
  - 석유 – 1 : 2
  - 벤젠(Bengen) – 1 : 4
  - 알코올(Alcohol) – 1 : 6
  - 아세톤(Acetone) – 1 : 25
⑨ 아세틸렌의 용해점
  - 아세틸렌은 아세톤이 25배 용해된다.
  - 15기압, 아세톤 2L에 C_2H_2가 용해되는 양 : 15×2×25=750L
    ※ 용해아세틸렌 1kg을 기화시키면 905L의 C_2H_2 발생
⑩ 아세틸렌을 500℃로 가열된 철(Fe)관을 통과시키면 : 벤젠
⑪ 아세틸렌을 탄화수소로 분류 및 카본블랙이라는 잉크원료를 얻을 수 있는 온도 : 800℃
  - 탄화수소의 종류 : 메탄(CH_4), 벤젠(C_6H_6), 아세틸렌(C_2H_2)
⑫ 순수한 카바이트 1kg으로 얻을 수 있는 아세틸렌가스의 양 : 348L(열량 : 475kcal)
⑬ 프로판가스를 1,200~2,000℃로 가열하면 아세틸렌가스가 발생한다.
⑭ 아세틸렌의 자연발화온도는 406~408℃, 폭발온도는 505~515℃
  - 산소(공기)가 없더라도 780℃ 이상이면 자연폭발한다.
⑮ 아세틸렌에 15℃, 2기압의 압력을 가하면 충격, 진동 등에 의해 폭발하고, 1.5기압은 위험압력이다.

⑯ 아세틸렌과 산소가 혼합 시 가장 폭발하기 쉬운 혼합비는 아세틸렌 15% : 산소 85%(3 : 17)이다.
⑰ 아세틸렌의 인화수소함량이 0.02% 이상이면 폭발성을 갖고, 0.06% 이상이면 자연발화되어 폭발한다.
⑱ 아세틸렌가스도구에 구리함량이 62%일 때 폭발위험이 크다.
⑲ 아세틸렌이 수은(Hg)이나 은(Ag)등과 접촉하면 폭발성 있는 화합물이 생성된다.

(5) 카바이트

① 카바이트 제조 : 산화칼슘(생석회)에 선탄 또는 코크스를 56 : 36의 중량비로 혼합 후 전기로 속에서 2,300~3,000℃로 가열하여 만든다.
② 카바이트의 융점 : 2,300℃
③ 카바이트의 비중과 색 : 2.2~2.3, 회흑색 또는 회갈색
④ 카바이트 등급에서 카바이트 1kg을 물과 작용 시 475kcal의 열량 및 348L의 아세틸렌이 발생한다.
⑤ 카바이트 등급에서 카바이트 1kg으로 발생되는 가스량에 따라 등급을 표시한다.
- 1호 : 290L 이상(C_2H_2발생량)
- 2호 : 260L 이상
- 3호 : 230L
- 4호 : 200L

⑥ 카바이트 취급 시 주의사항
- 정해진 장소에 저장(물과 습기 배제)
- 빛, 인화성 물질엄금
- 들어낼 때는 반드시 목재나 모넬메탈(Monel Metal : Ni합금)을 사용

(6) 불꽃

① 연강, 주철, 알루미늄, 구리 등은 중성불꽃으로 용접
② 황동 : 산화불꽃으로 용접
③ 스테인리스강, 모넬메탈, 스텔라이트 등 탄화불꽃으로 용접
④ 수소가스가 용접에 쓰이지 않는 이유는 불꽃경계가 확실하지 못하고 청색의 겉불꽃에 둘러싸인 무광취염을 발생시키기 때문이다.
⑤ 산소-아세틸렌불꽃의 부분 중 백심 끝으로부터 3mm 앞부분의 온도가 3,500℃로 가장 높다.
⑥ 백심 끝과 모재 사이의 거리 : 2~3mm

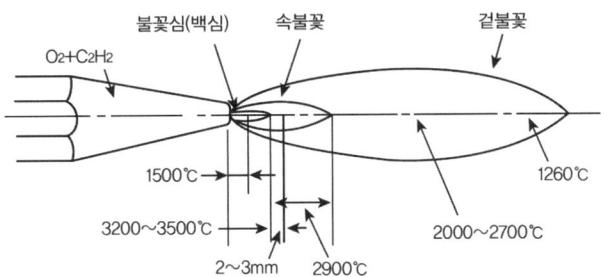

⑥ 금속의 용융점
- 연강 : 1,500℃ – 중성불꽃
- 구리 : 1,083℃ – 아세틸렌 약간 과잉
- 주철 : 1,100~1,200℃ – 중성불꽃
- 알루미늄 : 660℃ – 중성불꽃
- 황동 : 880~930℃ – 산소과잉불꽃
- 스테인리스강 : 1,400~1,450℃ – 아세틸렌 약간 과잉

(7) 산소용기

① 산소용기의 파열관은 안전장치가 있는 경우 내압시험압력의 80% 정도에 파열된다.
② 산소용기를 가스충전량에 따라 분류할 때의 종류와 내용적과의 관계
- 5,000L 내용적 : 33.7L
- 6,000L 내용적 : 40.7L
- 7,000L 내용적 : 46.7L

③ 산소용기의 충전온도와 압력 : 35℃, 150기압
④ 산소용기의 내압시험압력 : 250kg/cm^2
⑤ 산소용기의 사용압력 : 150kg/cm^2
⑥ 산소용기취급 시 주의사항
- 안전캡으로 병 전체를 들지 말 것
- 눕혀 두지 말 것
- 운반 시 끌거나 옆으로 눕혀 굴리지 말 것
- 운반 시 밸브는 반드시 잠글 것

⑦ 산소용기의 고압밸브를 열 때 1/4~1/2 정도 천천히 회전시킨다.
⑧ 산소용기의 사용압력 게이지의 단위 눈금 크기 : 고압=10kg/cm^2, 저압=0.1kg/cm^2

(8) 아세틸렌발생기

① 가스압력에 따른 아세틸렌발생기의 종류
- 저압식 : $0.07 kg/cm^2$
- 중압식 : $0.07 \sim 1.3 kg/cm^2$
- 고압식 : $1.3 kg/cm^2$ 이상

② 방식에 따른 아세틸렌발생기의 종류
- 투입식 발생기 : 많은 양의 아세틸렌가스를 발생시킬 때 사용
- 주수식 발생기 : 카바이트에 물을 주수하는 방식. 물의 소비량도 적고 기능이 간단함
- 침지식 발생기 : 설치가 간단하고 이동이 쉬움. 가스발생량에 따라 자동적으로 침수됨

③ 투입식 발생기에서 카바이트 1kg에 대한 물의 소비량 : 6~7L

④ 가스의 순도가 가장 양호한 발생기는 투입식, 불순한 발생기는 침지식

(9) 아세틸렌용기

① 용해아세틸렌용기 내부의 물질 : 다공질의 규조토, 숯가루, 석면(아세틸렌 흡수)

② 아세틸렌충전온도와 압력 : 15℃, $15 kg/cm^2$

③ 용해아세틸렌 1kg이 기화하면 15℃, 1기압에서 910L 발생

④ 아세틸렌용기의 크기 : 15L, 30L, 50L

⑤ 30L의 용기에 5kg 아세틸렌이 녹아 있는 경우, 기화하면 5kg×910L=4,550L이다.

⑥ 아세틸렌충전구가 동결되었을 때 35℃ 이하의 온수로 밸브를 녹인다.

⑦ 아세틸렌용기의 잔압 : $0.1 kg/cm^2$

⑧ 아세틸렌 게이지의 사용압력 : 산소압력의 1/10 정도
- 게이지의 단위눈금 : 고압 $1 kg/cm^2$, 저압 $0.1 kg/cm^2$

(10) 산소-아세틸렌

① 산소-아세틸렌의 이론상 완전연소혼합비→5:2 산소가 아세틸렌보다 2.5배 더 필요

② 산소-아세틸렌의 실제혼합비→1:1(공기 중 산소를 1.5배 정도 취함)

(11) 토치

① 토치의 종류
- A형토치(독일식 · 불변압식) : 불꽃조절을 따로 할 수 없다.
- B형토치(프랑스식 · 가변압식) : 사용 시마다 불꽃조절을 다시 해야 한다.

② 사용하는 가스압력에 따른 토치의 분류 : 저압식($0.07 kg/cm^2$), 중압식($0.07 kg/cm^2 \sim 1.3 kg/cm^2$), 고압식($1.3 kg/cm^2$ 이상)

③ 토치팁에 있어서 독일식과 프랑스식의 분류법
- 독일식 : 팁과 혼합실이 하나
- 프랑스식 : 여러 개의 팁 중에서 알맞은 것을 골라 사용

④ 두께 4T의 철판을 독일식으로 용접할 때 사용 팁의 번호 : 4번
- 프랑스식의 경우, 용접가능한 연강판의 두께는 팁의 번호

⑤ 5kg의 용해아세틸렌을 프랑스식 팁 100번으로 용접할 때 가능한 용접시간 : 5×910L÷450L÷시간당 100~150L 사용=45시간~30시간 사용

※ 프랑스식 팁 100번 사용 시 사용가능한 표준불꽃시간 : (40.7×100)÷100=40.7시간

(12) 액화LPG가스를 기화하면 250배의 가스를 얻는다.

(13) 가스용접에서 고무호스의 규격
① 인장강도
- 산소 : $20kg/cm^2$ → 흑색, 녹색
- 아세틸렌 : $2kg/cm^2$

② 내압시험
- 산소 : $90kg/cm^2$
- 아세틸렌 : $10kg/cm^2$

(14) 안정기
① 안정기의 종류 : 수봉식(제압용), 스프링식(중압식)
- 수봉시 안정기이 유효수주높이 : 25mm 이상
- 스프링식 안정기의 유효수주높이 : 중압 700mm 이상, 제압 700mm 이하

(15) 청정제
① 아세틸렌 청정기의 청정제의 종류 : 페라톨, 카탈리롤, 플랑클린
② 건조 후 재사용이 가능한 청정제 : 카탈리롤(황색)
③ 청정제의 최초의 색깔과 청정능력상실 시 색깔
- 카탈리롤 : 황색 → 녹회색
- 페라톨 : 황색 → 녹색

(16) 역류와 역화, 인화
    ① **역류의 현상(contra flow)** : 팁끝이 막히면 높은 압력의 산소가 아세틸렌가스 도관 내로 흘러들어가는 현상
    ② **역화의 원인(back fire)**
        - 작업물에 팁끝이 닿거나 팁끝이 파열되었을 경우
        - 가스압력과 유량이 적당하지 않을 경우
        - 팁의 죔이 완전하지 않을 경우 : 팁을 완전히 냉각, 아세틸렌 차단, 토치 기능점검
    ③ **인화(flash back)** : 팁끝이 순간적으로 막히게 되면 가스에 불꽃이 나빠지고 불꽃이 혼합실까지 밀려들어가는 현상

(17) 보안경 차광도
    ① 가스용접 시 착용하는 보안경의 차광도 : 4~5번
    ② 연납과 경납 시 보안경의 차광도 : 연납 2번, 경납 3~4번

(18) 가스용접봉
    ① 가스용접봉의 직경에 대한 표준치수 : 1.0, 1.6, 2.0, 2.6, 3.2, 4.0, 5.0, 6.0mm
    ② 가스용접봉의 길이와 지름의 허용오차 : 길이 ±3mm, 지름, ±0.1mm
    ③ 가스용접봉 선택 시 모재와의 관계식 : D(용접봉 지름) = [T(판두께)÷2]+1
    ④ 시험편처리에서 연강용 가스용접봉의 특성에서 응력제거 : NSR(풀림처리하지 않은 것), SR(풀림처리한 것)

(19) 용접봉 GA46이란?
    ① GA : gas
    ② 46 : 최저인장강도가 46kg/mm²

(20) 용재(flux)
    ① 산화피막으로 융합불량을 막기 위한 재료
        - 연강 : 사용하지 않는다.
        - 주철 : 탄산나트륨 15%, 붕사 5%, 중탄산나트륨 70%.
        - 알루미늄 : 염화나트륨 30%, 염화칼륨 45%, 염화리튬 15%, 플루오르화칼륨 7%, 황산칼륨 3%.
        - 구리합금 : 붕사 75%, 염화리튬 25%

(21) 전진법과 후진법
① 가스용접 시 전진법으로 용접할 때 진행반대각과 용가재 첨가각도
- 진행반대각 : 45~50°
- 용가재 첨가각도 : 30~40°

② 가스용접에서 전진법과 후진법의 비교
- 전진법 : 토치를 오른손에, 용접봉을 왼손으로 잡고 토치의 팁이 우에서 좌로 이동한다. 3mm 이하의 얇은 판, 변두리 용접에 적합하다.
- 후진법 : 토치를 좌에서 우로 이동한다. 가열시간이 짧아 가열이 되지 않으며 용접변형이 적고 용접속도가 크다. 두꺼운 판 및 다층용접에 적합하다.

항목	전진법(좌진법)	후진법(우진법)
열이용률	나쁘다	좋다
용접속도	느리다	빠르다
비드모양	매끈하지 못하다	보기 좋다
홈각도	크다(80°)	작다
용접변형	크다	작다
모재두께	얇다(5mm까지)	두껍다
산화정도	심하다	약하다
	빨리 식는다	

※ 가스용접에서 가접할 때 시점과 끝점에서 루트간격을 용접길이가 길 때 서로 다르게 한다. 이때 용접길이가 100mm일 때 끝점의 간격을 0.7~1mm 더 띄운다.

2 가스절단

(1) 절단의 영향요소
① 팁의 크기와 형태 ② 산소의 압력
③ 절단속도 ④ 모재의 재질과 두께
⑤ 가스의 순도 ⑥ 예열불꽃의 세기
⑦ 팁과 모재의 간격 ⑧ 절단각도(절단 진행각 : 홈절단 시 60°, 직선절단 시 90°~105°)
⑨ 표면의 상태 ⑩ 팁의 거리 및 각도
⑪ 산소의 순도

(2) 가스절단이 잘 되었는가에 대한 판정요소는?
① 절단효율
② 절단면 모양
③ 절단면의 정밀도

(3) 각 물질의 절단
① 연강판의 가스절단 시 예열온도 850~900℃, 가스가우징 작업 시 예열각도 30~45°
② 주철의 절단 시 절단을 방해하는 요소 : 흑연
  • 주철의 절단 시 철분과 알루미늄 분말의 적당한 메쉬는 200메쉬
③ 철의 연소온도 1,350℃, 용융온도 1,530℃
④ 탄소의 함량이 4% 이상일 때 분말절단이 필요하다(탄소 0.25% 이하의 강은 쉽게 절단).
  • 탄소강에서 공석강은 탄소량이 0.75%이다.
⑤ 알루미늄 함량이 10% 이상일 때 절단이 곤란하다(용융점 660℃).
⑥ 주철·스테인리스강·구리·알루미늄·비금속은 분말절단, 아크절단이 좋음
⑦ 스테인리스강에 가장 좋은 절단법 : 용제절단-탄산염(탄산소오다) 및 중탄산염, 용제분말을 이용한 절단

(4) 직선절단과 곡선절단에 용이한 토치
① 직선절단이 용이한 절단토치 : 이심형(독일식)
② 곡선절단에 알맞으며 팁끝이 동심형인 토치 : 동심형(프랑스식)

(5) 아세틸렌 게이지압력과 절단기
① 가스절단에서 아세틸렌 게이지압력이 0.07Kg 이하인 토치 : 저압식
② 중압식 절단토치의 아세틸렌 게이지압력 : $0.07 \sim 1.3 kg/cm^2$
※ 가스의 혼합이 팁믹싱형태의 절단기로 역화가 잘 일어나지 않는 절단기 : 중압식
※ 전자동 절단기의 정밀도는 수동에 비해 수 배~10배 높다.

(6) 드래그(drag)
① 일정속도로 가스절단을 할 때 절단홈 아래 부분에서 슬래그의 방해, 산소압력의 저하, 산소오염 등 절단이 지연되고 찌꺼기가 증가하며, 절단면의 일정간격의 곡선이 진행방향으로 나타나는 것이다. 절단산소가 빨리 지나가거나 속도가 불규칙하면 크게 나타난다.
② 산소의 소모가 증가하면 드래그는 감소한다.
③ 표준드래그는 강판두께의 약 20% 정도이다.

(7) 산소와 절단속도
① 산소의 소모가 증가하면 절단속도는 정비례하여 증가한다.
② 산소의 순도가 99.5%에서 1% 낮아지게 되면 산소소비량이 25% 증가, 절단속도 25% 감소
③ 다이버젠트노즐의 사용 시 보통 절단팁에 비해 절단속도와 산소소비량 20~25% 증가
※ 고속절단이 가능한 모재의 예열온도 : 1,000~1,250℃

(8) 가스절단과 불꽃
① 가스절단에서 예열불꽃이 너무 강하면 모재가 가열되어 기류에 의해 둥글게 녹아내린다.
② 가스절단에서 모재와 백심불꽃 끝 사이의 거리 : 1.5~2.0mm

(9) 가스절단 시 아세틸린과 프로판가스의 사용
① 아세틸렌에 비해 프로판가스 사용 시 산소의 소비량 : 약 4.5배가 더 필요
② 아세틸렌가스와 프로판가스의 사용상의 차이점

아세틸렌	프로판
점화가 쉬움	절단 상부 기슭에 녹은 것이 적음
중선불꽃 만들기 쉬움	절단면이 미세·미려함
절단 개시까지 시간이 빠름	슬래그 제거가 쉬움
표면 영향이 적음	포갬 절단속도가 아세틸렌보다 빠름
박판 절단	후판 절단

※ 절단팁의 모양에서 팁선단의 슬러브가 1.5mm 정도 돌출된 토치는 프로판가스 이용

(10) 수중절단
① 수중절단의 사용가스로 수소(H_2)가스가 적당하다.
② 수중절단 시 예열가스량은 공기 중 보다 4~8배 더 필요하다.
③ 수중절단 시 산소분출구의 구멍크기는 공기 중보다 1.5~2배 큰 것을 요구한다.

(11) 산소창절단과 겹치기절단
① 산소창절단 시 구리관의 안지름 3.3~6mm, 길이 1.5~3m
② 산소창절단이 필요한 작업부분은?
- 용광로
- 평로의 탭구멍의 천공
- 후판절단
- 주강의 슬래그 덩어리
- 암석의 천공

③ 겹치기절단 시 최상판의 두께는 6mm가 적당
④ 겹치기절단 시 판 사이의 틈새는 0.08mm 이하

(12) 가우징과 스카핑
① 가스가우징 시 가우징의 폭과 깊이의 비는 1 : 2~3 정도
② 가우징의 목적 : 강재의 표면에 둥근 홈 파내기 작업
③ 가우징을 할 때 필요한 토치의 각도 : 예열 시 30~45°, 작업 시 10~20°
④ 가우징은 가스절단에 비해 속도는 약 2~5배 빠르나 숙달이 필요하다.
⑤ 스카핑의 목적 : 강괴, 강편, 슬래그, 기타 표면의 균열이나 주름, 주조결함, 탈탄층 등의 표면결함을 불꽃가공으로 제거하기 위함이다.
⑥ 냉간재와 열간재의 경우 스카핑의 속도 : 냉간재 5~7m/min, 열간재 20m/min

(13) 아크에어가우징
① 아크에어가우징에서 탄소봉 표면에 구리를 도금한 이유(직류역극성) : 대전류를 필요로 하므로 전도성 향상을 위하여
② 아크에어가우징의 전극은 흑연탄소봉에 구리를 도금한 것이며 직류역극성의 아크를 발생한다. 아크전압은 35~45V, 전류는 200~500A이다.
③ 아크에어가우징이 가스가우징보다 작업능률이 2~3배 뛰어나다.
- 0.9m/min, 1.5~3m 길이의 홈을 팔 수 있다.

④ 아크에어가우징 시 공기압 : 6~7kg/cm² 이나 4kg/cm² 이하로 떨어지면 잘 불려 나가지 않는다.

(14) 기타 절단
① 플라스마 아크절단 시 아크온도 : 15,000~30,000℃
② 탄소아크절단 시 홀더에서 수랭식과 공랭식의 한계는 300A(300A 이상은 수랭식 홀더 사용)
③ MIG절단 시 전원의 극성 : DCRP(직류역극성)
④ TIG절단 시 전원의 극성 : DCSP(직류정극성)

3 계산식 정리

(1) CO_2아크용접 시 후판의 아크전압 산출공식 : $WO-0.04 \times I + 20 \pm 2.0$

(2) 아크전압 Va : $Va = $ 음극전압강하$(Vn) + $ 양극전압강하$(Up) + $ 아크기둥전압강하(Vc)

(3) 인장강도와 안전율

$$\text{인장강도} = \frac{\text{최대하중}}{\text{원단면적}} = \frac{P}{A}$$

$$\text{안전율} = \frac{\text{인장강도}}{\text{허용응력}}$$

※ 사용응력에 관한 안전율의 공식 : $SW = \dfrac{\text{극한강도}}{\text{사용응력}}$

(4) 용착금속의 인장강도

① 맞대기용접의 인장강도 $= \dfrac{\text{인장강도}}{\text{용접면적}}$

② 필릿용접의 인장강도

- 한면 덮개판일 때 $= \dfrac{0.707P}{Lh}$

- 양면 덮개판일 때 $= \dfrac{0.354P}{h}$

P : 인장하중, L : 용접길이, h : 용접두께

(5) 인장응력 : $\dfrac{\text{하중}}{\text{단면적}} = \dfrac{5000}{5 \times 40} = 25$

(6) 연신율

$$\frac{\text{늘어난 길이} - \text{원래길이}}{\text{변형길이}} \times 100 = \frac{\text{변형후길이} - \text{원래길이}}{\text{원래길이}} \times 100$$

$$= \frac{62-50}{50} \times 100 = 24\%$$

(7) 안전율

하중종류	정하중	단진응력	교번응력	충격하중
안전율	3	5	8	12

가스용접봉의 지름과 판 두께 관계식 D=T/2+1 D : 지름, T : 두께 변경

(8) 변형율

$$= \frac{파단후길이 \times 최초길이}{최초길이} \times 100 = \frac{60-50}{50} \times 100 = 20\%$$

(9) 표준드래그의 길이 : $\frac{T(판두께)}{5}$, 판두께의 20% 이하

(10) 원의 둘레 : $2\pi r$

(11) 사용률 : $\frac{아크시간}{아크시간 + 휴식시간} \times 100$

(12) 이음효율

$$\frac{용접시험편의 인장강도}{모재의 인장강도} \times 100$$

※ 인장강도시험 : 연성 유무 판단

(13) 가스용접봉의 지름과 판두께의 관계식 : $D = \frac{T}{2} \times 100$

가스용접봉의 지름과 판 두께 관계식 D=T/2+1 D : 지름, T : 두께 변경

(14) 사용허용률은? : $\frac{(정격2차전류)^2}{(실제용접전류)^2} \times 정격사용률\%$

(15) 퓨즈의 전류값 : $\frac{1차입력(KVA)}{전원입력(V)}$

(16) AW300, 무부하전압 80V, 아크전압 20V(내부손실 4KW)

① 역률 = $\frac{소비전력(KW)}{전원입력(KVA)} \times 100$

$$\frac{(300 \times 20) + 4000}{300 \times 80} \times 100$$

② 효율 = $\dfrac{\text{아크출력(KVA)}}{\text{소비전력(KW)}} \times 100$

$$\dfrac{300 \times 20}{(300 \times 20) + 4000} \times 100$$

- 전원입력 = 무부하전압 × 정격2차전류
- 아크출력 = 아크전압 × 정격2차전류

※ **무부하전압 80V, 아크전압 30V, 아크전류200A의 경우 효율과 역율(내부손실 4KW)**

① 역률

$$\dfrac{\text{소비전력(KW)}}{\text{전원입력(KVA)}} \times 100 = \dfrac{6.0 + 4.0}{24.0} \times 100 = 41.7\%$$

$$\dfrac{\text{아크출력} \times \text{전류}}{\text{2차무부하전압} \times \text{아크전류}} = \times 100$$

- 역률이 낮을수록 좋은 용접기이다.
- 전원입력 : 80V × 200A = 24KVA
- 아크출력 : 30V × 200A = 6.0KW
- 소비전력 = 아크출력 + 내부손실
  내부손실(동·철·기타) = 4.0KW

② 효율(efficiency) = $\dfrac{\text{출력(KW)}}{\text{입력(KW)}} \times 100 = \dfrac{6.0}{6.0 + 4.0} = 60\%$

$$= \dfrac{\text{아크로의 출력}}{\text{아크출력} + \text{내부손실}} \times 100$$

(17) 용접입열량 공식

$$H = \dfrac{60EI}{V}$$

H : 단위 길이 1cm 당 발생하는 전기에너지

E : 아크전압(V)

I : 아크전류(A)

V : 용접속도(cm/min)

※ 용접입열이 충분하지 못하면 용접불량, 용입불량 등의 용접결함을 일으키고, 심한 경우 모재가 녹지 않아 용접이 불가하다.

(18) 단면수축률

$$\frac{\text{최초단면적}-\text{변형단면적}}{\text{최초단면적}} \times 100 = \frac{(910 \times 20) - (8 \times 16)}{(10 \times 20)} \times 100$$

(19) 세로탄성률(영률)의 공식은?

$$E = \frac{\text{응력}}{\text{연신율}}$$

(20) 굽힘시험 내부반경

$$\varepsilon = \frac{100t}{2R+t}$$

(21) 용착효율

$$\frac{\text{용착금속중량}}{\text{용접봉 사용중량}} \times 100$$

(22) 가열 및 냉각속도 R

냉각속도 $R \leq \dfrac{200 \times 25}{t}$ 에서 두께가 25이므로 $R \leq 200 \text{Cdeg/h}$

(23) 전기저항발열량 Q : $Q = 0.24 \times I^2 \times R \times t$

(24) 쇼어경도 측정산출공식

$$HS = \frac{10,000}{65} \times \frac{h_1}{h_0}$$

(25) 용접길이

$$\ell = \frac{P}{t \times e} \times 1000 = \frac{\text{하중}}{\text{두께} \times \text{인장응력}} \times 1000$$

$$\ell = \frac{6}{20\text{mm} \times 5} \times 1000 = 60$$

4 시험과 검사

(1) 용접 전 작업의 항목들
① 용접설비, 용착금속의 성분과 성질·작업성·균열시험검사, 모재의 화학조성, 물리적 성질, 기계적 성질
② 용접 준비 : 시공조건, 용접공의 기량

(2) 용접 중에 하는 검사항목
용융상태, 슬래그 섞임, 버드모양균열, 크레이터처리, 변형상태, 용접봉 건조상태, 용접전류, 용접순서, 운봉법, 용접자세, 예열온도, 충전온도

(3) 파괴검사법과 비파괴검사법
① 파괴검사법 : 기계시험, 물리·화학적시험, 균열시험, 야금학적시험, 낙하시험, 압력(수압)시험
② 비파괴검사법 : 외관, 누설, 침투, 음향, 초음파, 자기검사, 와류, 방사선투과

(4) 인장강도시험 : 만능시험기로 재료를 잡아당겨 인장강도, 항복점, 단면수축율 등을 측정하는 시험법

(5) 굽힘시험(bending test) : 재료의 연성 유무를 파악하기 위한 시험법으로 표면, 이면, 측면 굽힘시험이 있다.

(6) 경도시험의 종류
① 브리넬 경도시험 : 강철볼을 시험편 표면에 압입한 후 생긴 오목자국의 표면적으로 하중을 나눈 값으로 측정하는 시험법
② 로크웰 경도시험 : 1/16인치 강구압자나 꼭지각이 120°인 원뿔형의 다이아몬드 압자를 이용하여 오목자국의 깊이를 가지고 측정하는 시험법
③ 비커스 경도시험 : 꼭지각이 136°인 다이아몬드 4각추를 사용하여 오목자국의 대각선 길이를 이용하여 측정하는 경도시험법
④ 쇼어경도시험 : 강구나 다이아몬드를 붙인 소형추를 25mm의 높이에서 재료에 떨어트려 튀어올라온 높이를 가지고 측정하는 경도시험법

(7) **충격시험법의 방식** : 샤르피식과 아이조드식

(8) **스테인리스강의 부식시험용 부식제에 사용되는 비등액**
65% 초산 비등액, 50g의 결정 황산구리 또는 500cc의 황산을 420cc 증류수에 녹인 비등액

(9) **건부식시험과 습부식시험**
① 건부식시험 : 고온의 증기와 가스 등과 반응하여 부식하는 상태를 시험
② 습부식시험 : 산이나 알칼리에서 부식될 때를 시험

(10) **수소시험의 종류**
① 45℃ 글리세린 치환법
② 수온에 의한 방법
③ 진공가열법

(11) **파면시험**
육안으로 하는 검사로서 재료의 균열, 슬래그섞임, 기공, 선상조직, 은점 등을 육안이나 돋보기로 관찰하는 시험법

(12) **현미경검사의 시험순서**
① 시료채취 : 적당한 크기로 절단
② 연마 : 거친연마, 중간연마, 미세연마
③ 세척 : 물로 씻은 후 알코올로 씻고 건조기로 건조
④ 부식 : 해당 부식액으로 시험부 부식

(13) **현미경시험에 필요한 부식제**
① 철강 : 질산알코올용액, 피크로산
② 스테인리스강 : 질산 30%, 초산 50% 왕수알코올용액, 염화암모늄
③ 구리, 구리합금 : 염화제2철용액
④ 알루미늄 : 플로르화용액

(14) 매크로시험
용접부의 단면을 연마하고 적당한 매크로에칭을 해서 육안 또는 확대경(10배 이하)으로 관찰하는 시험법

(15) 설퍼프린트법 : 철강재료에서 황의 분포상태를 측정하기 위한 시험법

(16) 비파괴검사로 외관을 검사할 때 검사가 가능한 결함의 종류
비드파형과 균일성의 양분, 덧붙임형태, 용입상태, 균열, 스펙터, 비드의 시작점과 크레이터 언더컷, 오버랩, 표면균열, 형상불량

(17) 형광침투검사의 작업단계 : 세척 → 침투 → 30분 후 다시 세척 → 현상 → 건조 → 검사

(18) 초음파검사의 3가지 종류 : 투과법, 펄스반사법, 공진법

(19) 마그네틱검사(magnetic particle inspection, 자기검사)
누설자속의 상태를 이용하여 결함을 찾아내는 시험법이며, 오스테나이트계 스테인리스강에는 부적합하다.

(20) 와류(맴돌이)검사(eddy current inspection) : 오스테나이트계 스테인리스강에 적합한 비파괴검사법

5 용접기호

한국 공업 규격의 분류기호

기 호	부 문
A	기 본
B	기 계
C	전 기
D	금 속
E	광 산

밸브의 도시기호

종 류	기 호	종 류	기 호
글로브밸브		일반조작밸브	
슬루스밸브		전자밸브	
앵글밸브		전동밸브	
체크밸브		토출밸브	
스프링식 안전밸브		공기빼기밸브	
추식 안전밸브		닫혀 있는 일반밸브	
일반콕		닫혀 있는 일반콕	
삼방콕		온도계 / 압력계	

관 연결방법 도시기호

이음종류	연결방법	도시기호	이음종류	연결방법	도시기호
관 이 음	일반	―――┼―――	신 축 이 음	루프형	⌒
	용접식	―――●―――		슬리브형	▭
	플랜지식	―――┤├―――		벨로즈형	▰
	턱걸이식	―――⊃―――		스위블형	↗
	유니온식	―――╫―――			

비파괴시험기호

기호	시험의 종류	기호	시험의 종류
RT	방사선투과 시험	LT	누설시험
UT	초음파탐상 시험	ST	변형도 측정 시험
MT	자분 탐상 시험	VT	육안 시험
PT	침투 탐상 시험	PRT	내압시험
ET	와류 탐상 시험	AET	음향 방출 시험

재료기호표시

기호	명칭	기호	명칭	기호	명칭
SS	일반구조용압연강재	SPP	일반배관용 탄소강관	SWR	아크용접 봉심선재
PWR	피아노선재	SPC	냉간압연강관 및 강재	SM	용접구조용압연강재
SKH	고속도공구강재	STKM	기계구조용 탄소강재	STS	합금공구강
SC	탄소주강품	GC	회주철	GCD	구상흑연주철
GCMB	흑심가단주철	GCMW	백심가단주철	SBB	보일러용압 연강재
STC	탄소공구강	SPC	냉간압연강판 및 강대	SF	탄소강단조품

6 용접설계 및 시공

(1) 용접설계
　기계 또는 구조물, 기타 각종 설비를 용접을 이용하여 제작하는 경우, 그 제품이 사용목적에 적합한 기능을 충분히 발휘하고 또한 염가로 될 수 있도록 재료, 모양, 크기라든지 그 밖의 모든 것을 결정하는 것이다.

(2) 물리적 성질 : 용접재료의 융점, 비중, 팽창계수, 열전도도, 전기저항

(3) 용접부의 이음형식
　① 맞대기이음　　② T이음
　③ 겹치기이음　　④ 모서리이음
　⑤ 한면 덮개판이음　⑥ 양면 덮개판이음
　⑦ +자이음　　⑧ 변두리이음

(4) 맞대기용접에서 양쪽 홈이음의 종류 : 덧붙이, 이음효율, 응력집중, 인장강도시험

(5) 필릿용접의 종류
　① **연속필릿용접** : 용접부 길이 전체를 연속으로 용접한 경우의 것을 말하며, 강도를 많이 요할 경우에 필요하지만 변형이 크므로 수의해야 한다.
　② **단속필릿용접** : 용접부 길이 전체를 일정한 간격으로 용접과 비용접을 교대로 띄엄띄엄 하는 것을 말한다. 지그재그형, 엇갈림형 등이 있다.
　③ **전면필릿용접** : 용접선의 방향과 하중의 방향이 직교한 형상의 필릿용접을 말한다.
　④ **측면필릿용접** : 용접선과 하중의 방향이 평행한 것을 말한다.
　⑤ **경사필릿용접** : 용접선과 하중의 방향이 직교와 평행 양일에 있을 때의 경우

(6) 플러그용접
　겹친 두 개의 판재에서 어느 한 편의 모재에다 둥근 구멍을 만든 다음 그곳에다 용착금속을 채우면서 용접을 행하는 방법

(7) 맞대기용접에서 이음홈의 종류
① 한면 홈이음 : I형, V형, ㄴ형, U형, J형
② 양면 홈이음 : 양면 I형, X형, K형, H형, 양면 J형

(8) 베벨(ㄴ)형홈과 K형홈
ㄴ형홈이나 K형홈은 T형이음 등에서 충분한 용입을 얻기 위하여 사용한다. 맞대기용접의 경우에는 수평용접 때에만 사용된다. J형홈이나 양면 J형홈은 ㄴ형, K형홈보다 두꺼운 판에 사용된다.

(9) 루트반경이 필요한 이음홈의 종류 : J형, U형, H형

(10) 필릿용접에서 목두께 : 각장의 70%, 필릿용접의 각장도 판두께의 70%

(11) 설계상 목두께 : 실제목두께가 아닌 이론상 목두께

(12) 모재두께가 서로 다른 경우 두꺼운 모재의 단면에 얼마 이하의 테이퍼를 요하나?
1/4 이하

(13) 용접선의 교차를 피하기 위해 교차부에 부채꼴 모양으로 잘라낸 형상 : 스캘럽(Scallop)

(14) 연강의 경우 인장강도와 연신율은 몇 ℃를 기준으로 반비례의 관계에 있는가? : 300℃

(15) 크리프강도
고온에서의 크리프강도는 연강 및 저합금강의 용착금속에는 용접결함이 없는 한 모재에 못지않게 양호하다는 것이 실험에서 인정되고 있다.

(16) 청열취성이 일어나는 온도 : 200℃~300℃

(17) 맞대기용접에서 덧붙임은 모재두께의 몇 %인가? : 20%

(18) 맞대기용접에서 토우부에 걸리는 응력집중현상은 모재부보다 몇 배정도 더 걸리는가?
1.7~1.8배

(19) 보통 열영향부는 모재부보다 어느 정도 이음효율이 되는가? : 100%

(20) 엔드탭

모재두께와 같이 하며 용접홈과 같은 홈을 파되 피복아크용접에서는 폭 50mm, 서브머지드 아크용접에서는 100mm 폭으로 한다.

(21) 피로한도 : 용접부가 아무리 반복하중이나 교번하중을 받아도 파단되지 않고 견디는 한계

(22) 피로한도측정에 사용되는 하중의 종류 : 양진하중, 편진하중, 반복하중

(23) 보통강재의 경우 정하중이 작용할 때 허용응력은 인장강도의 몇 %인가? : $\frac{1}{4}$의 값

(24) 고장력강의 인장강도와 항복점 : 인장강도 52~70kg/mm², 항복점 32~38kg/mm²

(25) 다음 재료의 안전율은 정하중일 때 어떠한가?

강 : 3, 주철 : 4, 동 : 5

(26) 용접지그의 사용목적

① 용접작업을 쉽게 하고 용접부의 신뢰성을 높이며 작업능률을 높인다.
② 제품의 치수를 정확하게 한다.
③ 가공공정수를 적게 한다.
④ 대량생산을 하기 위하여 사용된다.
⑤ 다듬질 정밀도를 좋게 하고 결함을 적게 한다.

(27) 지그의 종류

① 위치결정용 지그
② 회전롤이 붙은 테이블 사용
③ 회전테이블 위에서 작업하는 방법
④ 메인플레이트

(28) 피복아크용접에서 적당한 이음홈의 각도 : 54~70°

(29) 서브머지드 아크용접에서 루트간격 : 0.8mm

(30) 루트간격은 용접봉 지름의 약 몇 배로 하는가? : 1배 이하

(31) 맞대기용접 시 다음과 같이 루트간격이 클 때
　① 6mm 이하 : 한쪽 또는 양쪽을 덧살올림용접을 하여 깎아내고 규정간격으로 홈을 만들어 용접한다.
　② 6~16mm : 두께 6mm 정도의 뒤판을 대서 용접한다.
　③ 16mm 이상 : 판의 전부 또는 일부를 대체한다.

(32) 필릿용접에서 루트간격이 다음과 같이 클 때 필요한 조치법은?
　① 1~1.5mm : 규정대로의 각장으로 그대로 용접
　② 1.5~4.5mm : 그대로 용접하여도 좋으나 넓어진 만큼 각장을 증가시킬 필요가 있다.
　③ 4.5mm : 라이너를 넣든지 부족한 판을 300mm 이상 잘라내서 대체한다.

(33) 조립순서에서 맞대기용접과 필릿용접 중 어떤 것을 먼저 하는가? : 맞대기용접

(34) 큰 구조물의 경우 어떤 순서로 어떻게 용접을 하는가? : 중앙에서 끝으로

(35) 가접을 할 때의 용접공의 기량과 용접봉의 선택
　본용접공과 비등한 기량을 가진 용접공에 의하여 실시되어야 한다. 가접에는 본용접공보다 지름이 약간 가는 용접봉을 사용한다.

(36) 가접을 할 때 박판과 후판은 간격 측면에서 어떻게 다른가?
　간격은 두께 3mm 정도의 얇은 판에는 50mm마다, 두꺼운 판에서는 약 300mm마다 가접한다.

(37) 가접 시 일반적인 주의사항
① 하중을 받는 중요 부분에는 가접을 피하고 그 대신 중요하지 않는 부분에 가접을 충분히 한다.
② 가접 부위에 본용접을 행할 때에 그 형 맞대기용접이나 필릿연속용접에서는 비드외관이 거칠어질 염려가 있으니 비드 시작점과 끝나는 지점에는 가접을 피하고 연속비드 중간에 가접부가 오도록 한다.
③ 가접부의 슬래그를 충분히 제거하고 결함부는 깎아낸다.
④ 용접열에 의한 열응력작용으로 가접부에 균열이 생겼을 때는 삭제한다.
⑤ 대체로 후판에서는 가접이 불필요하거나, 필요하다고 해도 그 영향이 적지만 박판의 경우는 가접이 불가결하기 때문에 특히 주의해야 한다.

(38) 맞대기용접 시 엇갈림의 허용치는 판두께의 몇 %이며, 파이프의 경우는 어떤가?
판두께의 5%, 파이프의 경우 10%

(39) 서브머지드 아크용접에서 기름이나 수분을 제거하기 위한 가열온도 : 750~1,000℃

(40) 전진법
한 쪽 끝에서 시작하여 다른 쪽으로 용접을 진행하며, 용접길이가 짧거나 변형되었을 때, 또는 잔류응력이 문제시되지 않을 때 선택하는 용착법

(41) 대칭법 : 용접길이 전체 중에서 중심부에서 양쪽으로 병행실시하는 용착법

(42) 후퇴법 : 용접을 단계적으로 후퇴하면서 하는 용착법

(43) 스킵법 : 짧은 용접길이로 나누어 간격을 두고 용접한 후 빈 자리를 차례로 용접해 나가는 방식의 용착법

(44) 용접부가 긴 경우 실시하는 용착법 : 전진법, 후퇴법, 대칭법, 스킵법

(45) 다층쌓기법의 종류 : 덧살올림법, 캐스케이드법, 전진블록법

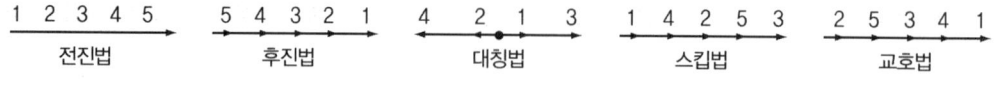

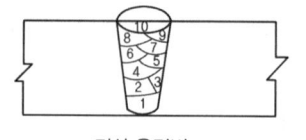

(46) 빌드업법(덧살올림법) : 각 층마다 전체의 용접길이를 용접하면서 쌓아올리는 용착법

(47) 캐스케이드법 : 후진법과 병용하여 사용되며 결함은 잘 생기지 않으나, 특수한 경우 외에는 사용하지 않는다.

(48) 전진블록법

짧은 용접길이로 표면까지 용착하는 방법이다. 첫 층에 균열이 생기기 쉬운 곳에 사용한다.

(49) 같은 평면 안에 많은 이음이 있을 때 수축을 가능한 한 어느 곳에 보내는가? : 자유단

(50) 용접순서

① 용접모재 준비　② 절단 및 가공
③ 용접부 청소　④ 가접(임시청소)
⑤ 본용접　⑥ 품질검사
⑦ 합격　⑧ 시장

(51) 수축이 큰 것과 작은 것 중 어느 곳을 먼저 용접하나? : 수축이 큰 것

(52) 용접물의 중립축을 중심으로 모멘트의 합 : 합이 0

(53) 열의 확산 방향이 많으면 냉각속도는 어떠한가? : 매우 크다(냉각속도가 빠르다).

(54) 두꺼운 판과 얇은 판 중 어떤 것이 빠르게 냉각되나? : 두꺼운 판

(55) 맞대기이음과 T형이음 중 어느 이음이 더 빠르게 냉각되나? : T형이음

(56) 연강이라도 25mm 이상이 되면 급랭하기 쉬우므로 예열을 해야 하는데 그 온도는?
　　모재의 재질에 따라 50~350℃

(57) 다음 금속의 예열온도는?
- 연강 – 40~70℃
- 주철 – 500~550℃
- 알루미늄 및 동합금 – 200~400℃

(58) 예열용 온도측정방법(표면온도측정) : 열전상이나 템스틱을 이용하여 측정

(59) 응력제거의 효과
- 용접잔류응력이 제거된다.
- 용접 열영향부가 템퍼링화되어 연성을 갖는다.
- 응력부식에 대한 저항력이 증가한다.
- 크리프강도가 증가한다.
- 충격저항성이 증가한다.
- 치수의 안정화를 도모한다.
- 용착금속 중의 수소가스가 제거되어 연성이 증가한다.

(60) 노내풀림법의 가열온도와 유지시간
　　판두께 25mm에 대해 600℃에서 10℃씩 온도가 내려가는데 대해 20분씩 길게 잡으면 된다.

(61) 응력제거 및 완화법의 종류
　　노내풀림법, 국부풀림법, 저온응력완화법, 기계적 응력완화법, 피닝에 의한 방법

(62) 국부풀림법
　　유도가열장치를 이용하여 용접선의 좌우 양측을 각각 약 250mm의 범위를 혹은 판두께의 12배 이상의 범위를 가열 후 서랭시키는 후열처리법

(63) 저온응력완화법

용접선의 양측을 150mm폭을 150~200℃로 가열 후 물로 급랭시키는 방법으로 용접선의 인장응력을 완화시키는 방법

(64) 기계적 응력완화법

잔류응력이 있는 제품에 하중을 주고 용접부에 약간의 소성변형을 일으킨 다음 하중을 제거하는 방법

(65) 피닝

변형부분을 가열 후 해머질 하는 법으로 용접 직후 용접부를 특수해머로 가볍게 두들겨 변형을 교정하고 잔류응력도 감소시킬 수 있다.

(66) 열간피닝의 온도 : 700℃

(67) 점수축법을 이용한 박판 변형의 교정
- 가열온도 : 500~600℃
- 가열지름 : 20~30mm
- 가열시간 : 약 30초
- 가열피치 : 50~70mm

※ 판상의 재료가 얇을 때 변형교정방법으로는 박판에 대한 점수축법이 적당하다.

(68) 형강재의 변형교정에 필요한 교정법 : 형재에 대한 직선수축법

(69) 결함과 보수방법

① 기공, 슬래그 섞임 : 운봉법을 충분히 익히고 각 패스마다 청소를 철저히 하며 적당한 용접조건으로 용접해야 한다.
② 언더컷 : 용접전류가 너무 셀 때 발생한다. 봉의 각도, 운봉 속도, 용접전류, 용접봉의 선택에 주의해야 한다.
③ 오버랩 : 용접속도가 너무 느릴 때 발생한다. 적당한 용접조건을 갖추고 운봉법에 주의해야 한다.
④ 균열 : 구조물 파괴의 우려가 있다. 반드시 그 균열 부분을 파내고 다시 용접해야 한다.

(70) 천이온도 : 재료가 연성파괴에서 취성파괴로 변화하는 온도범위(400~600℃)

(71) 용접봉 보관창고의 온도는?
- 보통용접봉은 70~100℃에서 30분~1시간
- 저수소계는 300~350℃에서 2시간 보관

(72) 피복아크용접 시 자세에 따른 용착률
- 아래보기자세 : 90%
- 수직자세 : 80%
- 수평자세 : 85%
- 위보기자세 : 75%

(73) 용접부 변형방지법의 종류 : 억제법, 도열법(역변형법)

(74) 역변형법
용접 전 변형이 일어날 것을 예측하여 미리 반대방향으로 변형을 주고 용접하는 방법

(75) 변형방지방법 중 냉각법의 종류
노내풀림법, 국부풀림법, 저온응력완화법, 기계적 응력완화법

(76) 탄소의 함량에 따라 철을 분류할 때 순철, 강, 주철의 탄소함량의 한계는?
0.03%까지 순철, 1.7%까지 강, 6.67%까지 주철

7 용접일반

(1) 용접의 정의
- 접합하고자 하는 2개 이상의 물체의 접합부분을 용융 또는 반용융상태로 하면서 여기에 용가재(용접봉)을 넣어 접합하거나, 접합 부분을 적당한 온도로 가열하거나 또는 냉간상태에서 압력을 주어 접합시키는 방법
- 모재를 전혀 녹이지 않고 모재보다 용융점이 낮은 금속을 녹여 접합부에 넣어 표면장력으로 접합시키는 방법

(2) 원자의 인력작용거리
10^{-8}cm(1Å)

(3) 용접의 장점
① 재료절약, 무게감소
② 공정수 감소, 시간단축
③ 두께 제한 없음
④ 기밀성·수밀성·유밀성 우수
⑤ 제품의 성능과 수명향상
⑥ 이종재료조합 가능
⑦ 작업의 자동화
⑧ 주형·금형이 필요 없음
⑨ 소음이 적어 실내에서도 작업가능
⑩ 보수와 수리가 용이
⑪ 저가의 제작비

(4) 용접의 단점
① 품질검사의 곤란
② 변형과 수축현상
③ 재질의 변형 및 잔류응력이 존재
④ 저온취성(저온에서 쉽게 깨지는 성질)

(5) 용접의 기본자세
- 아래보기자세(F, Flat position)
- 수직자세(V, Vertical position)
- 수평자세(H, Horizontal position)

- 위보기자세(OH, Overhead position)
- 전자세(AP, All position)

(6) 줄열량 계산

줄열(Q)=$0.24 \times I^2 \times R \times T$

I : 전류, R : 저항, T : 시간

(7) 테르밋 반응(Thermit reaction)
- 금속산화물의 종류가 알루미늄에 의하여 탄산 환원되면서 높은 열을 내는 반응열(2,800~3,000℃)
- 테르밋 혼합제의 $\frac{1}{2}$ 중량의 용철이 얻어지며 온도는 실험상 2,300℃ 정도에서 된다.

(8) 옴의 법칙(Ohm's law)
- 도선의 두 점 사이를 흐르는 전류의 세기는 그 두 점 사이의 전위차(전압)에 비례하고 전기 저항에 반비례한다.
- E=IR(V), $I = \frac{E}{R}$ (A)

(9) 반도체의 종류 : 산화제일구리, 셀렌(Se), 게르마늄(Ge), 실리콘(Si)

(10) 주파수 60Hz 교류전류에서 1초 동안 전기가 단절되는 횟수 : 60회이며 1초에 120번 단절되었다가 연결되는 결과이다.

(11) 직류의 경우 ⊕단자에서 60~75%, ⊖단자에서 25~40% 가량의 열이 발생한다.

(12) 정극성과 역극성

① 정극성 : 모재에 ⊕, 용접봉에 ⊖ → 직류정극성(DCSP)
- 모재의 용입이 깊다.
- 봉의 용융이 느리다.
- 비드폭이 좁다.
- 일반적으로 사용된다.

② 역극성 : 모재에 ⊖, 용접봉에 ⊕ → 직류역극성(DCRP)
- 모재의 용입이 얕다.

- 봉의 용융이 빠르다.
- 비드폭이 넓다.
- 박판, 주철, 합금강, 비철금속에서 사용된다.

(13) 스패터(spatter)현상
- 아크, 가스용접에 있어 용접 중에 비산하는 슬래그 및 금속입자를 말한다.
- 용착손실과 작업에 있어 용접상태불량과 청소시간 필요 등 작업에 지장을 준다.
- 연강 용접봉 피복용의 스패터현상은 용융량의 10~15%에 달한다. 용접봉과 모재의 수분에 의한 기포방출, 가스폭발, 아크 휨(쏠림), 과대전류, 긴 아크, 운봉각도의 부적당, 모재의 온도가 낮을 때 발생한다.

(14) 아크쏠림(arc blow)
- 모재와 용접봉 사이에 흐르는 전류에 따라 자계가 생기며, 이 자계가 용접봉에 대하여 비대칭이 되면 아크가 자력선이 집중되지 않는 쪽으로 쏠린다.
- 아크의 불안정, 기공, 슬래그 섞임, 용착금속의 재질 변화를 유발한다.

(15) 아크쏠림의 방지
① 직류보다는 교류용접기 사용
② 큰 가용접부 또는 이미 용접이 끝난 용착부로 향하여 용접할 것
③ 용접부가 긴 경우 후퇴용접법을 사용
④ 접지점이 될 수 있는 대로 용접부에서 멀리 할 것
⑤ 짧은 아크를 사용(피복제가 모재에 닿을 정도로 짧게 할 것)
⑥ 봉을 아크쏠림 반대방향으로 기울일 것
⑦ 받침쇠, 긴 가접부, 심의 처음과 끝의 엔드탭 등을 이용할 것
⑧ 전원을 2개 연결할 것

(16) 아크용접과 전압
- 교류아크용접 시 무부하전압 70~80V, 아크전압 20~40V
- 직류아크용접 시 무부하전압 : 40~60V
  ※ 아크용접기의 용량 : 2차전류의 세기로 측정

(17) 아크길이
- 모재와 용접봉 사이의 아크기둥길이
- 심선 직경의 1배 이하
- 아크길이와 아크전압은 거의 비례, 용접전류는 반비례

(18) 용접봉 심선에 따른 전류조정
- 후판용접에서는 열의 분산이 크므로 전류값도 커야 한다.
- 아래보기자세에서 가장 높은 전류가 쓰인다.
- 수직자세에서는 아래보기자세의 15~20% 전류를 낮게 한다.
- 위보기자세에서는 아래보기자세의 20~30% 정도 전류를 낮게 한다.

용접봉의 크기	용접전류	아크길이
1.6mm	20~50A	1.6mm
3.2mm	75~135A	3.2mm
4.0mm	110~180A	4.0mm
4.8mm	150~220A	4.8mm
6.4mm	200~300A	6.4mm

(19) 피복아크용접 시 모재에 흡수되는 열량
- 용접입열의 75~85% 정도
- 열효율을 높이기 위해서 아크길이가 특히 길어져서는 안 된다.

(20) 아크길이가 길 때 일어나는 현상
① 아크의 불안정을 유발한다.
② 작업이 곤란하다.
③ 열의 비산으로 용입이 나빠진다.
④ 스패터가 생긴다.
⑤ 산화, 질화, 기공, 균열의 원인이 된다.
⑥ 비드가 좋지 않다.

(21) **부저항특성**
동일저항이 흐르는 전류는 그 전압에 비례하지만 아크의 경우는 그 반대로 크게 되면 저항이 적어져서 전압도 낮아진다(부특성이라고도 한다).

(22) **전압회복특성**
아크가 중단된 순간에 아크회로의 과도전압을 급격히 상승시켜서 아크의 재발생을 쉽게 만드는 특성

(23) **절연회복특성**
보호가스에 의하여 절연된 모재와 용접봉 간의 순간적으로 꺼졌던 아크가 다시 일어나는 현상

(24) **교류용접기의 종류**
① **가동철심형** : 1차코일과 2차코일 사이의 철심에 의한 자속의 변화를 전류로 조정하는 방식이다. 낮은 전류에서 높은 전류까지 조정이 가능하고 현재 가장 많이 사용된다.
 • 구조가 간단
 • 가격이 저렴
 • 보수와 점검 양호
 • 자기쏠림현상이 없음
 • 세부적인 전류조정가능
② 가동코일형 : 1차코일과 2차코일의 간격을 조정하여 전류를 조작하는 방식이다.
 • 안정된 아크 생성
 • 잡음이 없음
③ 가포화리액터형 : 가변저항에 의한 조절로 전류를 조정하는 방식이다. 정류기와 가포화리액터 사이에 걸리는 가변저항을 이용하여 원격제어가 가능하다.
 • 가변저항값이 작아지면 용접전류는 커진다.
 • 가변저항값이 커지면 용접전류는 작아진다.
④ 탭전환형 : 아크가 중단된 상태에서 용접전류를 전환하는 방식이다.
 • 미세한 전류조정이 힘들며 반드시 아크를 중단한 상태로 전류를 조정해야 한다.
 • 넓은 범위의 전류조정이 곤란하고, 전격의 위험과 탭의 고장 날 우려가 있다.

(25) 교류아크용접기의 KSC 규격(KSC 9602)

	2차전류	정격사용률	무부하전압	전류	용접봉지름
AW200	200A	40%	85이하	200~220	2.0~4.0
AW300	300A	40%		300~330	2.6~6.0
AW400	400A	40%		400~440	3.2~8.0
AW500	500A	60%	95이하	500~550	4.0~8.0

※ 무부하전압의 제한폭은 정격2차전류의 10~110% 정도

(26) 직류아크용접기의 종류

① 전동발전식 : 3상유도전류를 사용한다.
② 엔진구동형 : 가솔린 · 디젤엔진을 구동, 아크가 안정되고, 전기가 없는 곳에서 사용한다. 고장과 소음이 많고 고가이며, 보수점검이 어렵다.
③ 정류기형 직류아크용접기 : 3상 220V 교류를 1차측 – 셀렌정류기, 실리콘정류기
  • 40~60V의 직류전원
  • 고장이 없고, 소음이 적다.
  • 저가에 취급이 간단하고, 보수 점검이 쉽다.
  • 완전한 직류를 얻지 못한다(정류기의 소손에 주의, 효율이 떨어짐).

(27) 정류기식의 반도체 소자 : 셀렌(selenium : 80℃), 실리콘(silicon : 150℃)

(28) 수하특성 : 부하전류가 증가하면 단자전압은 반대로 낮아지는 특성

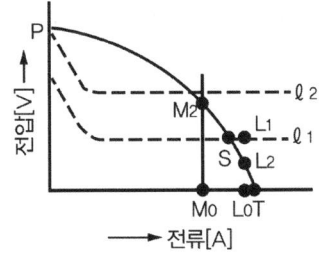

(29) 정전압특성 : 부하전압이 변하여도 단자전압은 거의 변하지 않는 특성

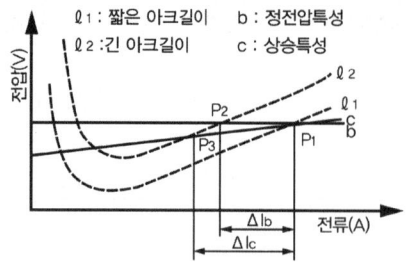

(30) 상승특성
- 자동·반자동용접에 사용되는 가는 지름의 나체와이어에 큰 전류가 통할 때 일어나는 용접기의 특성
- 직류용접기에서 사용된다.
- 아크의 자기제어능력이 있다.
- 정전압특성과 같다.

(31) 전력용 콘덴서를 용접기의 1차측에 병렬로 접속하는 방법의 이점
- 1차전류를 감소하면 전원입력(KVA)이 작게 되어 전력요금이 싸게 됨
- 전원용량이 작아도 됨 → 많은 용접기 사용이 가능
- 배전선의 재료 절감
- 전압의 변동률이 작아짐

(32) 전격방지기를 부착했을 때 무부하전압 : 25V 이하
※ 전격방지기 : 용접을 하지 않을 때에는 보조변압기에 의해 무부하전압을 20~30V로 낮추어주며, 용접봉을 모재에 접촉시키면 릴레이(relay)가 작동하여 아크를 발생시킬 수 있는 전압(원래의 무부하전압)으로 올려주는 장치이다.

(33) 아크부스터(핫스타트)장치 사용 시 장점
- 아크발생을 쉽게 한다.
- 기포발생을 방지한다.
- 비드모양을 개선하고 아크 초기의 용입을 좋게 한다.
- 무부하전압을 70v 이하로 저하시킬 수 있으며 전력의 위험이 감소한다.

(34) A형 홀더 : 완전절연, 안전한 홀더

(35) **케이블접속컨덱터** : 15~20mm 정도의 케이블 사용

(36) **용접기의 용량이 AW200, AW300, AW400일 때 사용되는 1차측 케이블과 2차측 케이블의 규격**
- 1차측 케이블(지름)　200A　300A　400A
　　　　　　　　　　　5.5mm　8mm　14mm
- 2차측 케이블(단면적) 38mm² 50mm² 60mm²

(37) **차광유리의 번호(전기용접)**

100A 사용 시	차광도 번호 10	용접봉 지름 2.6~3.2
200A 사용 시	차광도 번호 11	용접봉 지름 3.2~4.0
300A 사용 시	차광도 번호 12	용접봉 지름 4.8~6.4
가스용접 시	차광도 번호 4~6	-
연납땜	차광도 번호 2	-
경납땜	차광도 번호 3~4	-

(38) **아연, 황동, 카드뮴, 납합금 용접 시 착용하는 보호구** : 환기 뿐 아니라 방독마스크 착용

(39) **피복제는 용접봉 전체 무게의 10% 이상, 지름은 1~10mm, 길이는 350~900mm**

(40) **용접부 보호방식**
- 가스발생식(gas shield type) : 피복제 성분이 셀룰로오스 등이며, 유가를 연소하면서 가스 발생
- 슬래그생성식(slag shield type) : 피복제 성분이 규사, 석회석 등 무기물질이며, 연소하여 슬래그 형성
- 반가스발생식(half gas shield type) : 가스발생식과 슬래그생성식의 중간 방식

(41) **용융금속 이행형식**
　① 단락형(short circiut tansfer type) : 접촉단락형
- 용융된 금속방울이 용융풀에 닿는 순간 표면 장력의 도움으로 모재를 이행하는 방식
- 맨 피복봉 또는 박피복봉의 이행형식

② **스프레이형(spray type) : 분무상 이행형**
  - 피복용접봉에서 나타난다.
  - 피복제가 타면서 생기는 피복통 내부의 가스폭발의 힘과 아크 힘에 의해 용접봉 끝의 용융금속이 세차게 불리어 작은 입자로 용접부에 이행하는 형식이다.
  - 일미나이트계, 고탄산화티탄제 용접봉의 이행형식

③ **글로불러형(golbular type) : 핀치효과형**
  - 용접봉에서 비교적 큰 용적이 단락되지 않고 이행하는 형식이다.
  - 피복제가 두꺼운 저수소계 용접봉, 서브머지드 아크용접봉, MIG용접봉의 이행형식

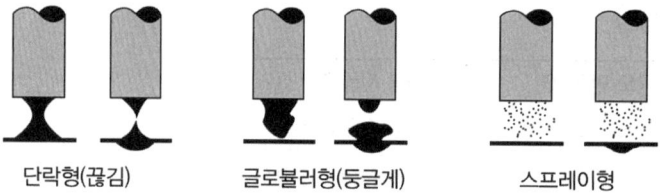

단락형(끊김)　　글로불러형(둥글게)　　스프레이형

(42) 피복제의 작용 중 가장 중요한 역할
① **아크의 안정** : 안정제로는 탄산소다, 석회석, 산화철, 산화티탄, 형석, 규산소다 등이 쓰인다.
② 산화·질화를 방지하고 용융금속을 보호한다.
③ 용적을 미세화하여 용착효율을 높인다.

(43) 무기물식 용접봉의 피복제의 성분 : 규산소다, 소백분, 당밀, 가제인, 아교(환원가스 발생제)

(44) 유기물식의 용접봉 피복제의 성분 : 황열염, 형석, 빙정석, 규사, 산화티탄

(45) 아크안정제의 종류 : 탄산소다, 석회석, 산화철, 산화티탄, 형석, 규산소다, 황혈염, 규산칼리, 탄산바륨 등

(46) 탈산제
  - 용융금속 중의 산소와 결합하여 산소를 제거한다.
  - 페로티탄, 페로실리콘, 망간철, 알루미늄, 마그네슘, 전분, 목분(톱밥), 탄분 등

(47) 합금첨가제
  - 용착금속의 여러 성질을 개선하기 위함이다.
  - 페로실리콘, 페로망간, 니켈, 크롬, 티탄 등

(48) 고착제
- 심선의 피복제를 고착시키는 역할을 한다.
- 물유리, 규산칼륨, 규산나트륨

(49) 편심율
- $\dfrac{D^1 - D}{D^1} \times 100$
- KS규격 : 3% 이내

(50) 연강용 피복아크용접봉의 심선재질
- 저탄소 림드강
- 황(S)이나 인(P) 등의 불순물을 적게 함유하도록 하고 있다.

(51) 용접봉 심선의 지름과 길이의 허용오차
- 허용오차 : ±0.05mm
- 길이에 대한 허용오차 : 3mm

(52) 강의 5대 합금원소와 성질상 특성
① 탄소(C) : 용착금속이 단단해지고 균열이 생김
② 망간(Mn) : 강의 균열 방지
③ 황(S) : 강의 피삭성 개선
④ 규소(Si) : 철심세삭
⑤ 인(P) : 강의 내후성 향상, 충격저항 저하

(53) E 43 △□
- E – 전기용접봉(electorde의 E).
- 43 – 용착금속의 최소인장강도
- △ – 용접자세
- □ – 피복제의 종류 표시(극성에 영향)

(54) 용접자세
- 0, 1 : 전자세

- 2 : 아래보기와 수평필릿
- 3 : 아래보기전용
- 4 : 전자세 또는 특정자세용접

(55) 용접봉

① E4301 : 일미나이트계이며, 일미나이트 광색·사철 등을 30% 이상 함유
- 전자세용 : 용입이 깊고 비드가 깨끗하다.
- 슬래그 유동성이 좋다(슬래그생성식).

② E4303 : 라임티탄계이며, 산화티탄을 30% 이상 함유
- E4313보다 기계적 성질 우수(반가스발생식)

③ E4311 : 고셀룰로오스계이며, 유가물(셀룰로오스)을 30% 정도 포함
- 배관용접, 전자세용
- 강력 스프레이형이고 용입이 좋으나, 스패터가 많고 비드파행이 거칠다.
- 슬래그가 적다.
- 수직·위보기자세(반가스발생식)

④ E4313 : 고산화티탄계이며, 산화티탄을 30% 이상 함유
- 아크가 안정되고, 스패어가 적다.
- 용입이 얕아 얇은 판(박판)용접에 좋다.
- 기계적 성질(내구성)이 나쁘고, 경구조물 용접용(가스발생식)이다.

⑤ E4316 : 저수소계이며, 석회석 등 염기성 탄산염과 형석, 페로실리콘이 주성분
- 비드 시작부는 불량하나 나머지는 우수하다.
- 내균열성이 대단히 양호하다.
- 강력한 탈산작용을 하고, 인성이 양호하다.
- 사용 전 300~350℃로 2시간 건조 사용한다.
- 구조물, 압력용기, 고탄소강 및 균열이 심한 부분에 사용한다.
- 고장력강(슬래그생성식)−기계적 성질이 우수하다.

⑥ E4324 : 철분산화티탄계이며, E4313에 철분을 가한 것(슬래그생성식)
- 아크가 조용하고 스패터 적다.
- 용입이 얕고 접촉용접이 가능하며 비드가 깨끗하다.

⑦ E4326 : 철분저수소계이며, E4316에 철분을 가한 것(슬래그생성식)

⑧ E4327 : 철분산화철계이며, 산화철이 주성분
- 용입이 깊고 비드가 깨끗하며 스패터가 적다.
- 후판용접용(25mm 이상)

⑨ E4340 : 지정작업용
- 슬러그생성제 : 산화, 질화 방지, 탈산 작용

(56) 용접봉 중 기계적 성질이 가장 우수한 것 : 저수소계

(57) 박판에 가장 적합한 용접봉 : 고산화티탄계

(58) 배관용접에 적합한 용접봉 : 고셀룰로오스계

(59) 고장력강
① 고장력강의 합금요소 : 망간(Mn), 규소(Si), 니켈(Ni), 크롬(Cr)
② 사용 시 이점
- 동일강도에서 판의 두께를 얇게 할 수 있다.
- 자체중량을 감소시켜 기초공사가 간단하다.
- 재료의 취급이 간단하고 가공이 적어도 된다.

(60) 스테인리스강의 종류
① 페라이트계(Cr 13%)
- 강인성 및 내식성이 있다.
- 열처리에 의해 경화가 가능하다.
- 용접이 가능하며 자성체이다.
② 마르텐사이트계
- 13Cr을 담금질하여 얻는다.
- 18Cr 보다 강도가 좋다.
- 자경성이 있으며 자성체이다.
- 용접성이 불량하다.
③ 오스테나이트계(18Cr-8Ni)
- 내식·내산성이 13Cr 보다 우수하다.
- 600~800℃에서 입계부식을 일으킨다.
- 용접성이 스테인리스 중 가장 우수하다.
- 담금질로 경화되지 않는다.
- 비자성체이다.

(61) 표면육성용 피복아크용접봉의 종류와 기호
- DF2A(고산화티탄계) : 금속 간 마모 부분이 심한 곳에 작업
- DF2B(저수소계) : 절삭가공이 곤란하나 내마모성이 있음. 회전마모가 심한 곳에 작업
- DF3C(저수소계) : 충격마모에는 적합하지 않음

(62) 용접봉의 건조온도와 시간
- 저수소계 : 300~350℃, 2시간
- 일반용접봉 : 70~100℃, 30분~1시간

(63) 용접봉의 용융속도
용융속도(melting rate)는 단위시간당 소비되는 용접봉의 길이 또는 중량으로 표시
※ 용입 깊이 : 직류정극성 〉 교류 〉 직류역극성

(64) 피복아크용접 시 운봉폭 : 심선지름의 2~3배, 위빙피치는 5~6mm

(65) 전류조정 시 변수요인 : 모재의 재질, 두께, 용접봉 직경, 용접자세, 용접부의 형상 등

(66) 전류가 높을 때 일어나는 현상 : 언더컷과 스패터가 많이 발생한다.

(67) 전류가 낮을 때 일어나는 현상
- 아크 유지가 힘들다.
- 용접봉이 모재에 달라붙기 쉽다.
- 용입이 얕다.
- 오버랩, 슬래그 혼입의 원인이 된다.

(68) 용접결함
① 치수상의 결함
- 변형
- 치수불량 : 비드폭 및 덧붙이, 다리길이 및 목두께의 과부족 등
- 형상불량

② 구조상의 결함
- 기공 및 피트
- 슬래그 섞임
- 언더컷
- 균열
- 은점
- 용입불량(부족), 융합불량
- 오버랩
- 선상조직

(69) 언더컷
- 용접 끝단에 생기는 모재가 파인 가는 홈
- 용접전류가 셀 때, 운봉 속도가 너무 빠를 때 발생

(70) 오버랩
- 용융금속이 모재와 융합되지 못하고 표면에 덮인 상태
- 용접전류가 너무 약할 때, 용접속도가 너무 느릴 때 발생

(71) 토우균열 : 맞대기이음, 필릿용접 등 비드 표면과 모재와의 경계부에 발생

(72) 라미네이션
- 모재 재질의 결함으로 강괴일 때의 기포가 압연되어 생기는 것
- 설퍼 밴드와 같이 면방향의 얇은 판 모양으로 존재하여 강재 속에 노치를 형성

(73) 선상조직
- 모재의 재질이 불량하거나 용착 금속을 급랭시킬 때 발생
- 부서지기 쉬운 파단면의 일종

(74) 기공과 피트의 원인
① 기공(blow hole) : 용접금속 속에 생기는 기포
② 피트(pit) : 용접 비드 표면에 생기는 기포
- 공기 중의 산소, 용접봉 피복제의 유기물, 습기, 홈 표면의 녹, 기름, 수분 등이 요인
- 냉각속도와 아크길이가 부적절할 때 발생

(75) **설퍼밴드** : 강 중의 황이 띠 모양으로 존재하며 모재를 잠호용접하는 경우에 볼 수 있는 대표적 고온균열

(76) **크레이터** : 아크용접의 비드 끝에서 오목하게 파인 부분

(77) **전기가 들어오지 않는 곳에서 사용가능한 용접기 엔진구동형** : 발전기 형

(78) **감전이 인체에 미치는 영향**
- 10mA : 고통(쇼크)
- 20mA : 고통, 근육마비
- 50mA : 근육수축, 호흡곤란
- 100mA : 사망위험

8 용접재료

(1) **금속의 공통 성질**
- 상온에서 고체의 결정체이다.
- 전기열의 양도체이다.
- 광택이 있고 연성, 조성, 소성변형이 가능하다.
- 대체로 비중이 크다.

(2) **경금속과 중금속의 구분** : 비중이 5 이하는 경금속, 5 이상은 중금속

(3) **합금의 특징**
- 경도가 증가하며 색이 변하고 주조성이 커진다.
- 용융점이 낮고 성분을 이루는 금속보다 우수한 성질을 나타내는 경우가 많다.

(4) **금속의 응고 과정** : 용융금속→결정핵 발생→결정의 성장→결정계 형성

(5) **금속의 결정구조에서 격자의 종류** : 체심입방격자, 면심입방격자, 조밀육방격자

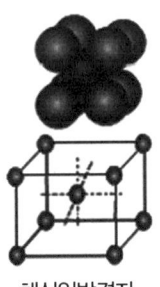
체심입방격자

면심입방격자

조밀육방격자

(6) **철의 경우 동소변태(고체 내의 원자배열이 면심입방격자에서 체심입방격자로)에서 A_4변태와 A_3변태점의 온도는?**
  A_4 : 1400℃, A_3 : 910℃

(7) **순철의 자기변태점 온도** : 768℃

(8) **고용체의 결정격자** : 침입, 치환, 규칙격자

(9) **금속간 화합물**
금속과 금속이 친화력이 클 때 화학적으로 결합하여 성분금속과는 다른 성질을 가지는 화합물

(10) **금속의 비중**
- 리듐(Li) : 0.534
- 이리듐(In) : 22.50
- 철(Fe) : 7.871

(11) **금속의 융점**
- 텅스텐(W) : 3410℃ ±20
- 수은(Hg) : −38.89℃
- 순철(Fe) : 1536℃ ±3

(12) **금속의 열전도율** : 은 > 구리 > 알루미늄 > 납

(13) **금속의 전기전도율** : 은 > 구리 > 알루미늄 > 마그네슘 > 아연 > 니켈 > 철 > 납 > 안티몬

(14) **가공경화** : 금속이 가공에 의해 강도, 경도가 커지고 연신율이 감소되는 성질

(15) **시효경화**
- 시간이 흐름에 따라 단단해지는 성질
- Al : 160℃일 때, 시효경화촉진

(16) **금속의 재결정온도**
- 납 : 3℃(식기 및 완구류에는 10% 미만)
- 아연 : 7~25℃
- 마그네슘 : 150℃
- 알루미늄 : 150℃
- 금 : 200℃

(17) 취성
- 인성의 반대 개념으로서 깨지는 성질을 말함
- 적열취성의 원인 : S(유황)
- 청열취성 : 200~300℃에서 인장강도가 최대로 되며, 연신율과 단면수축율은 최소가 된다. 이와 같이 상온에서보다 취약해지는 성질이다.

(18) 용광로의 크기 표시 : 24시간 동안 산출된 선철의 무게를 't'로 표시

(19) 제강로의 크기를 정하는 방법
- 전기 및 전로 : 1회 용해할 수 있는 양
- 전기로 : 1회 용해할 수 있는 양(1~40t)
- 평로 : 1회 작업량(25~300t)
- 도가니로 : 1회 작업량 구리의 중량

(20) 강괴의 특징
- 킬드강 : 완전 탈산강(압연재로 사용)
- 세미킬드강 : 약간 탈산강
- 림드강 : 탈산 및 가스처리가 불충분한 상태의 것으로 강괴로 쓰임
- ※ 탈산제 : 규소철, 망간철, 알루미늄분말, 현석이 적고 재질이 균일하여 압연재로 쓰임

(21) 탄소강의 5대 합금원소 : C(탄소), Mn(망간), Si(규소), P(인), S(황)

(22) 강의 표준조직의 종류
- 페라이트 : 순철에 가까움(체심입방격자 조직).
- 펄라이트 : 726℃에서 오스테나이트가 페라이트와 시멘타이트의 공석강으로 변태한 것
- 시멘타이트 : 고온의 강 중에서 생성되는 탄화철이며, 취성이 강함

(23) 강에 첨가되는 원소의 영향
① C(탄소) : 강도·경도·인성·점성이 증가하고 담금질성이 증가되나, 연성은 감소하며 유화철이 되어 고온가공을 쉽게 한다.
② S(황) : 적열취성이 원인이 된다.
③ P(인) : 편석과 상온취성의 원인이 된다.
④ H(수소) : 헤어크랙의 원인이 된다.

(24) 공구용 합금강에서 공구재료의 조건
- 강도, 경도가 크고 고온에서 경도가 유지될 것
- 내마멸성, 강인성이 클 것
- 열처리가 쉽고 취급이 용이할 것
- 가격이 저렴할 것
- 합금 공구강(STS) : Cr, W, V, Mo 첨가

(25) 금속의 탄소함유량과 용도
- 극연강 : 0.12% 이하, 철판 · 철신 · 못 · 관 등
- 연강 : 0.13~0.20%, 철골 · 철교 · 볼트 · 리벳
- 반연강 : 0.20~0.30%, 기어 · 레버 · 강철판
- 반경강 : 0.30~0.40%, 철골 · 차축 · 강철판
- 경강 : 0.40~0.50%, 차축기어 · 레일
- 최경강 : 0.50~0.70%, 스프링 · 단조공구 · 피아노선
- 탄소공구강 : 0.70~1.50%, 각종 공구 · 게이지
- 표면강화강 : 008~0.2%, 기어 · 캠 · 축

(26) 금속의 기호
- SPS : 스프링강
- STS : 합금공구강
- SKH : 고속도강
- SWS : 용접구조용 압연강재
- SEH : 내열강
- SK : 자석강

(27) 탄소의 함량에 따른 강의 분류
- 저탄소강 : 0.3% 이하
- 중탄소강 : 0.3~0.5%
- 고탄소강 : 0.5~1.3%

(28) 주철
① 융점 : 1,150℃

② 종류 : 백주철(칠드, 가단주철용), 반주철, 회주철, 구상흑연주철, 가단주철
③ 주철의 보수용접 : 스터드법, 비녀장법, 버터링법, 로킹법
※ 구상흑연주철 : 노듈러주철이라 하며, 회주철보다 2배 이상 강도가 있으며 연성이 높고 내마모성, 내열성이 우수하다. 용접 후 소둔처리가 필요하다.
※ 회주철의 인장강도 : 회주철 98~196Mpa(10~20kg/mm^2)
※ 펄라이트주철의 인장강도 250Mpa 이상(25kg/mm^2 이상)

(29) 저합금 고장력강(하이텐실, hightensil, HT) : 연강에 강도를 높일 목적으로 적당한 합금원소를 첨가한 강

(30) 인바(invar, Ni 36%) : 고Ni강(비자성체강)이며 줄자나 정밀기계부품 등으로 쓰이는 불변강

(31) 초인바(Ni 30~32%, Co 5% 이하) : 열팽창계수가 아주 작은 불변강

(32) 엘린바(Ni 36%, Cr 12%) : 시계부품, 정밀기계부품으로 좋은 불변강

(33) 플래티나이트(Ni 40~50%, Cr 18%의 Fe-Ni-Co 합금) : 전구, 진공관 도선용으로 적합한 불변강

노내 및 국부풀림의 유지온도와 시간

강 재	기 호(KS)	유지온도	유 지 시 간
보일러용 압연강재 용접구조용 압연강재 일반구조용 압연강재 탄소강 탄강품 탄소강 주강품	SBB SWB SB SF SC	625±25℃	판두께 25mm에 대해 1시간
보일러용 강관	STH 1~5종 STH 6~8종	625±25℃ 725±25℃	판두께 25mm에 대해 1시간 판두께 25mm에 대해 2시간
고압 · 고온배관용 강관		625±25℃ 725±25℃	판두께 25mm에 대해 1시간 판두께 25mm에 대해 2시간
화학공업용 강관		625±25℃ 725±25℃	판두께 25mm에 대해 1시간 판두께 25mm에 대해 2시간

(34) 불림과 풀림
- 불림(Normalizing, 소준) : 강의 표준조직을 얻기 위한 열처리
- 풀림(Annealing, 소둔) : 응력제거에 필요한 열처리

(35) 담금질
- A_1 변태점(723℃) 이상 가열 후 급랭, 경도 증가
- 담금질 조직의 종류를 강도와 경도 순으로 나열 : 시멘타이트 〉 마르텐사이트 〉 트루스라이트 〉 베이나이트 〉 솔바이트〉 펄라이트〉 오스테나이트〉 페라이트

(36) 뜨임(Tempering, 소려)의 목적
- 담금질(소입)한 강에 강인성을 주기 위함
- 담금질강을 A_1 점 이하로 가열한 후 서냉

(37) 고체침탄법에 이용되는 침탄제 : 목탄, 코크스, 골탄, 흑탄

(38) 액체침탄법(청화법)
시안화소다(청산가리)을 주성분으로 하는 용융염욕을 900℃ 전후로 유지하며 여기에 부품을 침탄하는 방법

(39) 가스침탄법에 사용하는 가스의 종류
CO : 20~40%, CH_4 : 3~30%, H_2 : 30% 이상, CO_2 : 0.5% 이하, H_2O : 0.5%

(40) 침탄방지의 방법
- 고체침탈방지는 찰흙 또는 알루미나를 물유리에 개어서 바른다.
- Cu 또는 Al, 메탈리콘이나 Cu, Ni, Al 등으로 30~200 두께로 바른다.
- 액체침탈의 경우 방법은 같으나 약간 두껍게 바른다.

(41) 심랭처리
담금질 조직 중에 잔류 오스테나이트를 가능한 적게 하기 위하여 담금질을 하며, 상온에 도달시킨 다음 0℃ 이하의 담금질 액 중에 넣어 마르텐사이트 변태를 완전히 끝날 때까지 진행시키는 것이다.

(42) 화염표면경화법
- 산소-아세틸렌 불꽃으로 급가열하여 표면층만을 오스테나이트화 시킨 후 수랭시키면 그 부분만 담금질 경화된다.
- 탄소 0.4% 전후의 탄소강에 적당하다.

(43) 질화법과 침탄법

구분	침탄법	질화법
경도	질화법보다 낮다.	침탄법보다 높다.
열처리	침탄 후 열처리 필요	질화 후 열처리 불필요
변형	경화에 의해 변형	경화 후 변형이 적다.
취성	질화층보다 여리지 않다.	질화층이 여리다.
수정여부	침탄 후 수정이 가능	수정 불가능
뜨임	고온 가열시 뜨임 되고 경도 저하	고온 가열해도 경도 유지

(44) 금속침투법의 종류
- 세라다이징 : 강에 아연을 접촉시켜 가열하면 쌍방의 친화력으로 원자 위치의 교환 확산으로 합금화됨
- 칼로라이징 : 내식성을 요구하는 부품에 알루미늄을 접촉시켜 철-알루미늄 합금층을 형성함
- 크로마이징 : 저탄소강의 표면에 크롬을 침투시켜 내부는 인성, 표면은 스테인리스강의 성질을 가짐
- 실리코나이징 : 철의 표면에 규소를 침투시켜 내식성을 향상시킴
- 보로나이징 : 붕소를 재료표면에 침투확산, 표면경도를 향상시킴

(45) 용접부의 매크로단면

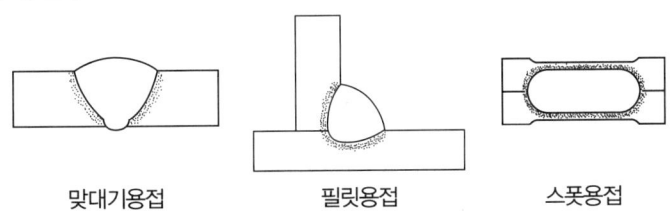

맞대기용접   필릿용접   스폿용접

(46) 탄소강에 있어 가스용접, 아크용접, 점용접에 의한 임계온도구역까지의 냉각속도 : 700~800℃

(47) 열영향부의 조직
- 용접금속 : 완전하게 용융응고된 부분이며, 수지상결정 조직이다.
- 반용융부 : 모재의 일부만 용융응고된 부분이며, 위드만 조직이다.
- 조립부 : 과열로 인하여 조립화된 곳이며, 위드만 조직이다.
- 미세부 : 세립균질로서 인성이 크다.
- 입상펄라이트부 : 모재의 펄라이트 입자가 한 번 오스트나이트로 변태한 다음에 급랭됨으로써 세분되어 세립의 펄라이트로 분해되어 변한 부분이다.
- 취화부 : 현미경 조직에는 나타나지 않지만 기계적 성질이 약간 취화된 부분이다.
- 모재부 : 원질부(용접열의 영향을 받지 않은 곳)

(48) 모재균열의 종류
- 고온균열 : 550℃ 이상에서 발생하는 균열(적열취성)
- 저온균열 : 200℃ 이하에서 발생
- 비드밑균열 : 저합금의 고장력강에 생기기 쉬운 균열
- 지연균열 : 어느 정도 시간이 지난 후에 생기는 균열

(49) 금속의 합금요소
- 실루민 : Al + Si
- Y합금 : Al + Cu + Ni + Mg – 기계적 성질이 우수하며, 단조품·피스톤헤드(내열기관)에 사용
- 두랄루민 : Al + Cu + Mg + Mn + Si – 비행기 몸체 제작에 사용
- 황동 : Cu + Zn
- 청동 : Cu + Sn
- 톰백 : 8 : 2 황동
- 네이벌황동 : 6 : 4 황동 + Sn 1%
- 델타메탈 : 6 : 4 황동에 Fe 1~2%
- 포금 : Cu + Sn + Zn
- 켈밋 : Cu + Sn + Pb

(50) 탄소의 함량에 따른 강과 주철의 분류 : 탄소함유량 2.1% 이하는 강, 2.1% 이상은 주철이다.

9 특수용접

(1) 서브머지드 아크용접

① 별칭 : 잠호용접법, 유니온 멜트용접법, 링컨용접법
② 아크용접과의 속도비교 : 모재두께 12mm 2~3배, 25mm 5~6배, 50mm, 8~12배
③ 서브머지드 아크용접의 장점 : 빠른 속도, 대량생산가능, 홈각도가 좁아도 가능, 비드가 고움, 용접신뢰성이 높음
④ 서브머지드 아크용접의 단점 : F(아래보기)·HF·직선용접만 가능, 홈가공 정밀도가 높아야 함, 설비비용이 높음
⑤ 서브머지드 아크용접의 용접헤드 : 와이어송급장치, 전압제어장치, 접촉팁, 용제 호퍼
⑥ 서브머지드 아크용접의 구성 4요소 : 심선송급장치, 전압제어장치, 접촉팁, 대차
⑦ 서브머지드 아크용접이 400A, 직류역극성일 때 아름다운 비드를 얻을 수 있다.
⑧ 서브머지드 아크용접기의 구비조건 : 수하특성이 좋고 아크전압이 안정, 전류조성이 우수, 정전압특성 직류아크용접기의 아크발생이 용이
※ 서브머지드 아크용접의 경우 용접기가 대형, 표준만능형, 경량형, 반자동형으로 구분된다.
⑨ 서브머지드 아크용접의 와이어 지름의 종류 : 2.4 , 3.2 , 4.8 , 6.4 , 7.9 , 9.5 , 12.7
※ 녹 방지를 위해 와이어에 구리도금을 한다.
⑩ 서브머지드 아크용접의 와이어의 무게별 종류와 약칭
  • 작은 코일(small coil) : 12.5Kg
  • 중간 코일(medium coil) : 25Kg
  • 큰 코일(large coil) : 75Kg
⑪ 서브머지드 아크용접의 용제의 종류 : 용융형용제, 소결형용제
  • 용제의 건조온도와 시간 : 150℃~250℃에서 30~40분 건조
    ※ 용제의 산포상태가 두꺼울 때 내부에서 발생하는 가스의 방출이 어려워 용착금속에 용입이 생기고, 기포의 발생원인이 된다.
⑫ 각도와 루트
  • 홈의 각도 : ±5°
  • 루트간격 : 0.8mm 이하
  • 루트면 : ±1mm
⑬ 엔드탭과 모재의 관계 및 모양

- 용접선 양끝에서 용접 시 결합을 방지하고 같은 두께의 탭판으로 한다.
- 가로세로 150×150을 붙여서 용접

⑭ 용접금속 내 기공을 없애기 위해 가스불꽃으로 60~80℃ 예열한다.
⑮ 용접속도가 빠르거나 아크전류가 낮으면 용입이 얕고, 전압이 낮으면 용입이 깊고 덧붙이 비드가 생긴다.
⑯ 용접판의 경사는 6°가 적당하다.

(2) TIG, MIG용접

① 불활성가스 : 아르곤(Ar), 헬륨(He)
- Ar가스의 충전압력과 가스량 : 1기압에서 6,500L의 양을 140kg/cm²로 가스실린더에 충전된 것을 공급함
- Ar가스 유출량이 셀 때 나타나는 현상 : 난류가 형성되고 아크안정이 저해된다. 표피면적을 적게 해야 한다.
- Ar가스의 순도와 수분 함유량 : Ar 99.9% 이상, 수분 0.02% 이하

② MIG와 TIG용접의 차이
- TIG : 모재 0.6~3mm, 박판 가능, 용제 불필요
- MIG : 모재 3mm 이상, 후판, 용제 필요

③ TIG로 박판용접할 때 알맞은 극성 : 직류역극성(DCRP)
- 청정작용을 요할 때 사용하는 극성 : 직류역극성(DCRP)
- Al(알루미늄), Mg(마그네슘)을 용접할 때 사용하는 극성 : 직류역극성(DCRP)
   ※ Al과 산화Al(산화피막)의 융점 : Al 660℃, 산화Al 2,050℃

④ TIG용접 시 공랭식인 토치를 사용하는 전류의 한계 : 100A 이하이며, 100A 이상은 수랭식

⑤ 텅스텐전극봉의 종류
- 순텅스텐봉 : 전극봉 소모량이 많으므로 자주 연마해야 한다.
- 토륨 1~2% 함유봉 : 전자방사능이 매우 커서 전극온도가 낮아도 전류용량을 크게 할 수 있다.
- TIG용접 시 텅스텐전극봉은 세라믹(Al_2O_3) 끝보다 3~4mm 돌출(전극봉의 약 2배)시킨다.

⑥ TIG용접 시 뒷받침을 사용할 경우의 형식
- 금속제
- 불활성가스를 용접부 뒤에 흘림
- 금속제와 불활성가스를 용접부 뒤에 흘림방식의 조합

• 분말제(물+알코올), 용제를 녹여 도포(덮음)
⑦ MIG용접의 별칭 : 용극식(소모식) 불활성가스 아크용접법, 시그마 용접법, 아르고노트 용접법, 에어코매틱 용접법, 필러 아크용접법
⑧ MIG용접 시 전원과 사용극성 : 직류역극성
⑨ MIG용접의 전압특성
• 정전압특성(CP특성) : 부하전압이 변해도 단자전압은 변화 없음
• 상승특성 : 전류증가에 따라 전압이 상승
⑩ MIG용접과 전류
• MIG용접과 아크용접, TIG용접과의 전류밀도비교 : 아크용접의 4~6배, TIG용접의 2배
• 전류가 일정할 때 MIG용접 시 아크전압이 커지면 용융속도는 낮아진다.
⑪ MIG용접에서 와이어송급장치의 형식 : 미는 식(Push), 당기는 식(Pull), 푸시풀 식
⑫ MIG용접에서 판두께 10~12mm일 때 선택하는 홈의 형상 : Ⅰ형 이음
⑬ MIG용접 시 아크길이 : 6~8mm
⑭ MIG용접 시 토치를 전진법으로 이동할 때 모재의 수직면에 대한 각도 : 아래보기자세일 때 5~15°
⑮ 용접모재에 기름이나 페인트가 묻어 있으면 용접 후 기공과 균열이 발생하고 표면이 더러워짐(내식성 저하, 녹이 슬게 됨)

(3) CO_2용접
① CO_2를 보호가스로 쓰는 용극방식의 용접법 : 솔리드 와이어, CO_2법(이산화탄소 아크용접)
② 실체와이어의 경우 이산화탄소 용접방법
• 솔리드와이어 이산화탄소법(CO_2)
• 솔리드와이어 이산화탄소-산소법 : CO_2(75%)-O_2(25%)
• 용제가 들어있는 와이어 이산화탄소법
  - 아아코스아크법   - 퓨즈아크법
  - NCG법   - 유니언아크법
  ※ CO_2용접의 와이어송급방식 종류 : 미는 식(Push), 당기는 식(Pull), 푸시풀식
③ CO_2용접의 전압특성 : 직류정전압특성, 상승특성
④ CO_2용접의 장점 : 기계적성질 개선, 가스가격 저렴, 용입 깊음, 속도 빠름, 전자세용접, 필릿용접 시 정적강도·피로강도 우수
⑤ CO_2와 신체의 영향
• 두통이나 뇌빈혈을 일으키는 CO_2의 함량 : 3~4%

- 위험한 정도의 CO_2 함량 : 15% 이상
- 치사량의 CO_2 함량 : 30% 이상
⑥ CO_2용접 토치의 공랭식·수랭식의 구분 : 300A 이상이면 수랭식
⑦ CO_2용접 시 사용하는 가스의 성질
- 탄산가스(CO_2) : 무색, 무취, 무미
- 비중 : 공기보다 1.53배, 아르곤보다 1.38배
- 송급량 : 20L/min 전후
- CO_2가스의 보관온도 : 35℃ 이하
⑧ CO_2용접과 여러 가지 분류
- 용극법의 분류 : 순CO_2법, 혼합가스법, CO_2용제법
- 혼합가스법의 분류 : CO_2-O_2법, CO_2-CO법, CO_2-Ar법
- CO_2용제법의 분류 : CO_2-Ar-O_2법, 아아코스아크법, 퓨즈아크용접, 버나드아크법, 유니온아크법
  ※ 아아코스 용접와이어 : 아크용접에서 쓰이는 복합와이어(곰바인드와이어)로서 얇은 박 강판을 여러 형태로 구부려 원통형을 만들고, 그 안에 플럭스를 내재한 형식의 용접와이어
  ※ 퓨즈아크 용접와이어 : 용접용 와이어의 둘레에 나선형을 만들고 그 틈새에 플럭스를 도포하여 제작하는 용접와이어
  ※ 버나드아크 용접와이어 : 중공의 와이어 안에 플럭스를 내재한 용접와이어
⑨ CO_2용접에서 노즐과 모재 사이의 길이 : 20mm(저전류)~30mm(고전류)

(4) 스터드용접
① 아크스터드용접 : 볼트나 환봉, 핀 등을 강판이나 형강에 용접하는 방법
② 아크스터드용접의 구성요소 : 용접건, 스터드용접 헤드 제어장치, 스터드 페룰, 용제
  ※ 스터드 페룰(Ferrule) : 스터드용접에서 용착금속을 보호하는데 필요한 요소

(5) 테르밋용접
① 테르밋제 : 미세한 Al분말 + 산화철 혼합물
② 테르밋반응에 필요한 온도 : 2,800℃(반응온도는 2,800℃~3,000℃)
③ 테르밋용접의 용도 : 차축, 레일, 선박의 선미프레임

(6) 납땜
① 납땜 시 인두를 구리로 쓰는 이유 : 녹 방지를 위함
② 연납(Sn+Pb)땜과 경납땜을 구분하는 온도 : 450℃
③ 경납땜의 종류 : 가스경납땜, 노내경납땜, 유도가열경납땜, 저항경납땜, 담금경납땜
④ 은납의 경우 은과 구리를 주성분으로 한 첨가제의 종류 : 아연, 카드뮴, 주석, 니켈, 망간
　※ 아연, 아연도금판의 용제 : 염산(HCl)
⑤ 황동납땜의 융점 : 800~1,000℃
⑥ 은납땜과 황동납땜의 용제는 붕사, 연납땜의 용제는 염화아연, 염산, 연화암모늄

(7) 저항용접
① 저항용접의 장점
- 숙련된 용접공이 불필요함
- 가압효과로 조직이 치밀함
- 용접시간이 짧고, 대량생산이 가능함
- 용접부가 깨끗함, 산화작용이 적고, 용접변형이 적음

② 저항용접의 단점
- 설비가 복잡함
- 고비용
- 급랭경화를 받게 되므로 후열처리가 필요함
- 다른 금속 간 접합이 곤란함

③ 저항용접의 3대 요소 : 용접전류, 통전시간, 가압력
④ 너겟 : 전극 사이에 용접물을 넣고 가입하면서 진류를 통하면 그 접촉부분의 저항열로 가압부분을 융합시킬 때의 융합부분
⑤ 저항용접 중 겹치기용접법 : 점용접, 프로젝션용접, 심용접
⑥ 저항용접 중 맞대기용접법 : 플래시용접, 업셋(벗트)용접, 퍼커션용접

(8) 점용접과 심용접
① 점용접의 전극에 형상별 약칭 : R형, P형, F형, E형, C형(가장 많이 사용)
② 점용접의 종류 : 단극식(점용접), 직렬식(점용접), 다전극(점용접), 맥동용접, 인터랙(점용접)
③ 점용접 시 고탄소강을 용접할 때는 연강보다 가압력을 10% 정도 증가시킨다.
④ 심용접은 점용접보다 1.5~2배 정도 전류를 증가시킨다. 가압력은 점용접의 1.2~1.6배이다.
⑤ 심용접의 종류 : 맞대기심, 포일심, 매쉬심
⑥ 심용접 시 통전방법 : 단속통전, 연속통전, 맥동통전법

(9) 기타 특수용접

① 논실드가스 아크용접의 용접토치각도 : 75~85°
② 원자수소 아크용접 : 원자수소의 해리에 의한 흡열·발열을 통해 용접이 이루어지는 용접법
③ 아크점용접 : 겹친 철판상단에 아크를 0.5~5초 동안 일으켜 전극팁 아래 부분을 국부적으로 융합시키는 용접법
④ 일렉트로가스 아크용접(수직전용용접) : 수랭동판으로 용접부를 둘러싼 후, 그 안에 탄산가스를 집어넣어 실딩하는 가운데 아크를 일으켜 두꺼운 판을 용접하는 방법
  ※ 탄산가스의 적당한 유량 : 15L/min
⑤ 일렉트로 슬래그용접 : 수랭동판으로 용접부를 둘러싼 후, 그 안에 일시적으로 아크를 일으켜 용접봉과 플럭스가 용융되고 그 잠열로 용접하는 방법
⑥ 전자빔용접법 : 고진공(104~100mmHg) 중 고속의 전자빔을 모아, 에너지를 접합부에 보낸 충격열을 이용한 용접법
⑦ 플라즈마 아크의 온도 : 10,000~18,000℃
⑧ 가스압접의 예열온도 : 1,300~1,350℃
⑨ 단접의 3요소 : 고온가열, 강한 타격, 접합부 청소
⑩ 프로젝션용접의 다른 명칭 : 돌기용접
⑪ 업셋버트용접의 장점
  - 접합부가 비산하지 않음
  - 접합부 중앙에 삐져나옴이 없음
  - 이음부가 매끄러운 원형
  - 용접기가 간단하고 설비가 저렴함
⑫ 플래시용접의 3단계 과정 : 예열-플래시-업셋

용접기능사
필기시험문제

발 행 일	2026년 1월 10일 개정2판 1쇄 인쇄
	2026년 1월 20일 개정2판 1쇄 발행
저 자	이동명
발 행 처	크라운출판사 http://www.crownbook.com
발 행 인	李尚原
신고번호	제 300-2007-143호
주 소	서울시 종로구 율곡로13길 21
공 급 처	(02) 765-4787, 1566-5937
전 화	(02) 745-0311~3
팩 스	(02) 743-2688, (02) 741-3231
홈페이지	www.crownbook.co.kr
I S B N	978-89-406-4974-9 / 13550

판권
본사
소유

특별판매정가 20,000원

이 도서의 판권은 크라운출판사에 있으며, 수록된 내용은
무단으로 복제, 변형하여 사용할 수 없습니다.
    Copyright CROWN, ⓒ 2026 Printed in Korea

이 도서의 문의를 편집부(02-744-4959)로 연락주시면
친절하게 응답해 드립니다.